에듀윌과 함께 시작하면,
당신도 합격할 수 있습니다!

대학 졸업 후 취업을 위해 바쁜 시간을 쪼개며
전기산업기사 자격시험을 준비하는 취준생

비전공자이지만 더 많은 기회를 만들기 위해
전기산업기사에 도전하는 수험생

전기직 업무를 수행하면서 승진을 위해
전기산업기사에 도전하는 주경야독 직장인

누구나 합격할 수 있습니다.
시작하겠다는 '다짐' 하나면 충분합니다.

마지막 페이지를 덮으면,

에듀윌과 함께
전기산업기사 합격이 시작됩니다.

꿈을 실현하는 에듀윌
Real 합격 스토리

이○름 3주 초단기 동차합격

3주 만에 전기기사 취득, 과목별 전문 교수진 덕분

자격증을 따야겠다고 결심했던 시기가 시험 접수 기간이었습니다. 친구들에게 좋은 이야기를 많이 들었던 에듀윌이 생각나서 상담을 받고 본격적인 준비를 시작했습니다. 에듀윌은 과목별로 교수 라인업이 잘 짜여 있고, 취약한 부분은 교수님 별로 다양한 관점의 강의를 들을 수 있어서 많은 도움이 됐습니다. 또, 이 과정을 통해 학습 내용을 정리할 수 있는 점도 정말 좋았습니다.

이○학 3개월 단기 합격

나를 합격으로 이끌어 준 에듀윌 전기기사

공기업 취업을 준비하던 중에 취업에 도움이 될 거라는 생각에 전기기사 자격증 공부를 시작했습니다. 강의를 듣고 난 당일 복습했던 게 빠르게 합격할 수 있었던 이유라고 생각합니다. 아버지께서 에듀윌에서 전기산업기사 준비를 하셔서 자연스럽게 에듀윌을 선택하게 됐습니다. 전문 교수님들이 에듀윌의 가장 큰 장점이라고 생각합니다. 그리고 학습 상황을 객관적으로 파악할 수 있었던 모의고사 서비스도 만족스러웠습니다.

김○연 비전공자 3개월 합격

에듀윌이라 가능했던 3개월 단기 합격

비전공자임에도 불구하고 3개월 만에 전기기사 자격증을 취득할 수 있었습니다. 제게 맞는 강의를 선택할 수 있도록 다양한 콘텐츠를 지원해 준 에듀윌에 감사드립니다. 일반 물리학 정도의 지식만 있던 상태라 강의를 따라가기가 쉽지만은 않았습니다. 하지만 힘들어서 포기하고 싶을 때마다 용기를 주시고 격려해주신 교수님과 학습 매니저 분들에게 정말 감사 인사를 전하고 싶습니다.

다음 합격의 주인공은 당신입니다!

더 많은
합격 비법

에듀윌 **직영학원**에서 합격을 수강하세요

언제나 전문 학습 매니저와 상담이 가능한 안내데스크

고품질 영상 및 음향 장비를 갖춘 최고의 강의실

재충전을 위한 카페 분위기의 아늑한 휴게실

에듀윌의 상징 노란색의 환한 학원 입구

에듀윌 직영학원 대표전화

공인중개사 학원 02)815-0600	공무원 학원 02)6328-0600	편입 학원 02)6419-0600
주택관리사 학원 02)815-3388	소방 학원 02)6337-0600	세무사·회계사 학원 02)6010-0600
전기기사 학원 02)6268-1400	부동산아카데미 02)6736-0600	

전기기사 학원
바로가기

4주 합격 플래너

하루 5시간 플랜
- **추천대상**: 학생, 취준생
- **학습전략**: 하루 5시간 이상 꾸준히 학습

구분	DAY	진도	완료
1주	DAY 1	핵심이론만 싹!	☐
	DAY 2	출제 유형 3 무료특강 1~4강	☐
	DAY 3	출제 유형 3 무료특강 5~7강	☐
	DAY 4	출제 유형 3 무료특강 8~10강	☐
	DAY 5	2025년 기출	☐
	DAY 6	2024년 기출	☐
	DAY 7	2023년 기출	☐
2주	DAY 8	2022년 기출	☐
	DAY 9	2021년 기출	☐
	DAY 10	2020년 기출	☐
	DAY 11	2019년 기출	☐
	DAY 12	2018년 기출 1회독	☐
	DAY 13	2025~2024년 오답	☐
	DAY 14	2023~2022년 오답	☐
3주	DAY 15	2021~2020년 오답	☐
	DAY 16	2019~2018년 오답	☐
	DAY 17	2025~2024년 기출	☐
	DAY 18	2023~2022년 기출	☐
	DAY 19	2021~2020년 기출	☐
	DAY 20	2019~2018년 기출 2회독	☐
	DAY 21	2025~2022년 오답	☐
4주	DAY 22	2021~2018년 오답	☐
	DAY 23	2025~2024년 기출 + 암기카드	☐
	DAY 24	2023~2022년 기출 + 암기카드	☐
	DAY 25	2021~2020년 기출 + 암기카드	☐
	DAY 26	2019~2018년 기출 + 암기카드 3회독	☐
	DAY 27	전체 오답 + 암기카드	☐
	DAY 28	전체 오답 + 암기카드	☐

주말 집중 플랜
- **추천대상**: 직장인
- **학습전략**: 평일 2시간 이상, 주말 10시간 이상 학습

구분	DAY	진도	완료
1주	SAT	핵심이론만 싹! + 출제 유형 3 무료특강 1~4강	☐
	SUN	출제 유형 3 무료특강 5~10강 + 2025년 기출	☐
	MON	2024년 1회 기출	☐
	TUE	2024년 2회 기출	☐
	WED	2024년 3회 기출	☐
	THU	2023년 1회 기출	☐
	FRI	2023년 2회 기출	☐
2주	SAT	2023년 3회~2021년 1회 기출	☐
	SUN	2021년 2회~2019년 1회 기출	☐
	MON	2019년 2회 기출	☐
	TUE	2019년 3회 기출	☐
	WED	2018년 1회 기출	☐
	THU	2018년 2회 기출	☐
	FRI	2018년 3회 기출 1회독	☐
3주	SAT	2025~2023년 기출	☐
	SUN	2022~2020년 기출	☐
	MON	2019년 1회 기출	☐
	TUE	2019년 2회 기출	☐
	WED	2019년 3회 기출	☐
	THU	2018년 1회 기출	☐
	FRI	2018년 2회 기출	☐
4주	SAT	2018년 3회, 2025~2022년 기출 2회독	☐
	SUN	2021~2019년 기출	☐
	MON	2018년 1회 기출	☐
	TUE	2018년 2회 기출	☐
	WED	2018년 3회 기출 3회독	☐
	THU	전체 오답 + 암기카드	☐
	FRI	전체 오답 + 암기카드	☐

"꾸준한 학습이 내일의 성공으로 이어집니다."

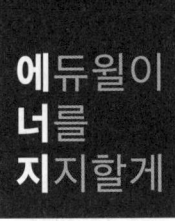

에너지
에듀윌이
너를
지지할게

ENERGY

세상을 움직이려면
먼저 나 자신을 움직여야 한다.

– 소크라테스(Socrates)

ISSUE

KEC(한국전기설비규정) 개정에 따른 안내사항

KEC 개정 안내

- 2025년 12월 30일, 2026년 1월 5일 두 차례에 걸쳐 KEC(한국전기설비규정)가 개정되었습니다.
- 개정된 내용은 시행일 이후 진행되는 모든 시험에 적용되며, 저희 에듀윌은 개정 이후 출간된 모든 교재에 최신 개정 사항을 반영하였습니다. (최신 개정안: 기후에너지환경부 공고 제2025-227호)

KEC 개정안 신구 비교표 + 개정 특강 무료제공

개정 내용에 대하여 쉽게 이해하실 수 있도록 정리한 KEC 개정안 신구 비교표(PDF)와 개정 특강을 무료로 제공합니다.

※ 신구 비교표 및 개정 특강은 순차적으로 업로드될 예정입니다.

[신구 비교표] 에듀윌 도서몰(book.eduwill.net) ▶ 도서자료실 ▶ 부가학습자료 ▶ '전기산업기사' 검색
[개정 특강] 에듀윌 도서몰(book.eduwill.net) ▶ 도서자료실 ▶ 동영상강의실 ▶ '전기산업기사' 검색

신구 비교표

KEC 개정 특강

에듀윌 전기 전기산업기사

실기 8개년 기출문제집

선택의 이유

> **전기산업기사 실기 합격은**
> **8개년 기출로도 충분합니다!**

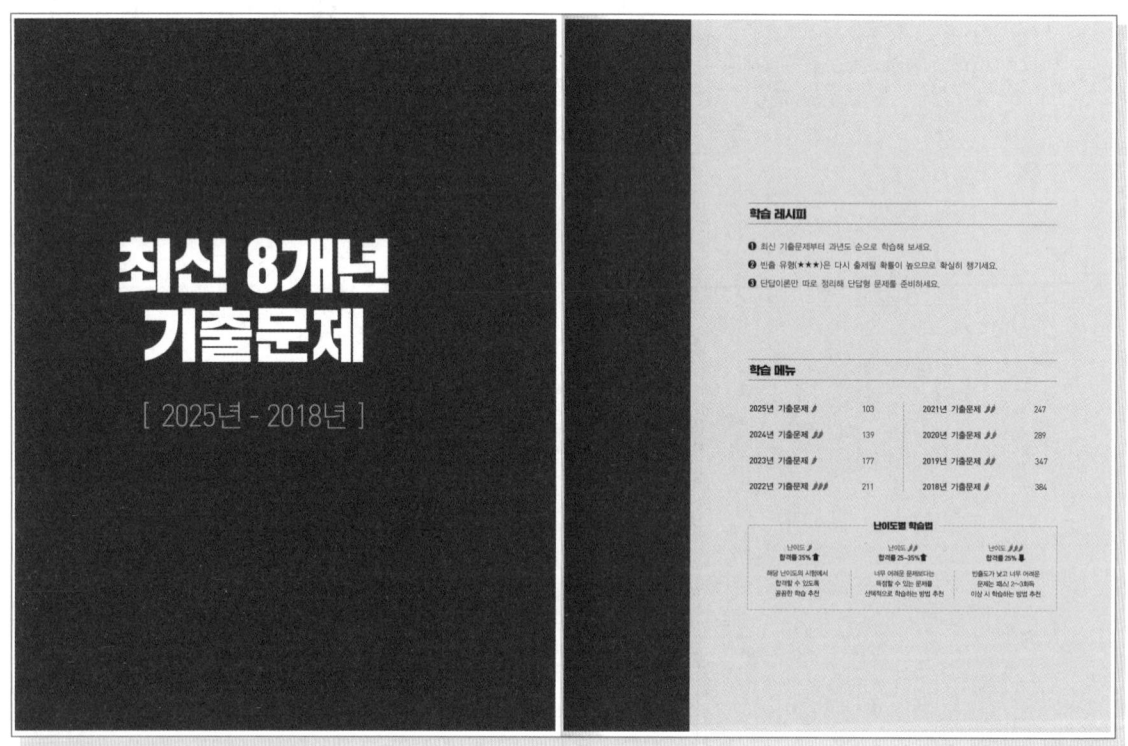

기출문제 = 시험문제

전기산업기사는 전기기사보다 역대 기출문제에서 재출제되는 경향이 높습니다.
반복적인 기출 학습을 통해 출제 경향을 빠르게 파악한다면, 이는 곧 합격으로 가는 지름길입니다.

효율적인 학습 분량

많은 분량을 학습한다면 시험에 합격할 가능성이 높아지는 것은 사실입니다. 하지만 실기 시험의 특성상 전략적으로 학습분량을 설정한다면 단기간에 충분히 합격할 수 있습니다. 8개년 기출문제 학습은 단기합격을 위한 가장 효율적인 전략입니다.

이해하기 쉬운 해설

학습자의 빠른 이해를 위해 모든 문제에 대한 해설을 상세히 작성하였습니다. 전기에 관한 이론이 부족한 학습자도 막힘없이 학습할 수 있도록 관련 내용을 상세히 기술하였습니다.

1 싹! 쓰리 노트 합격을 더욱 쉽게 만들어주는 학습자료

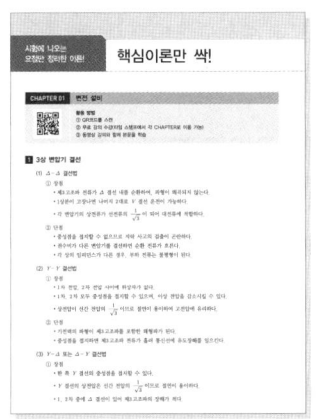

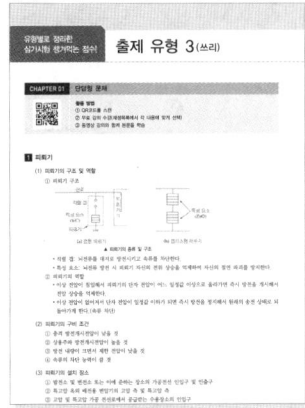

❶ 핵심이론만 싹!

시험에 나오는 중요한 이론을 모았습니다.

❷ 출제 유형 3(쓰리)

유형별 개념 및 문제 풀이에 익숙해질 수 있습니다.

2 무료특강 최신 3개년 기출 + 출제 유형 3(쓰리)

[**무료특강**]

전기산업기사 실기
기출문제집 + 무료특강

❶ 최신 3개년 기출 강의

전기산업기사 최신 트렌드와 가장 가까운 3개년 기출 강의를 통해
최신 출제 경향을 쉽게 파악할 수 있습니다.

※ 4월 말부터 순차적으로 제공될 예정입니다.

3개년 기출

❷ 출제 유형 3(쓰리) 강의

공식형/단답형/복합형 각 유형에 대한 접근법을 배울 수 있습니다.
또한 핵심이론 노트에서 학습한 이론이 실제 문제에 적용되는 방
법을 이해할 수 있습니다.

출제 유형 3

3 빈출 암기카드 언제 어디서든 효율적인 단답 암기

생활 밀착 학습 가능

빈출 암기카드를 활용해 언제 어디서든 단답형 빈출개념을 암기, 학습할
수 있습니다.

빈출 암기카드

eduwill

전기산업기사 실기 기출문제집

암 기 카 드

교재 설명서

싹! 쓰리 노트 │ 본문 시작 전! 적응력을 높여주는 비법 노트

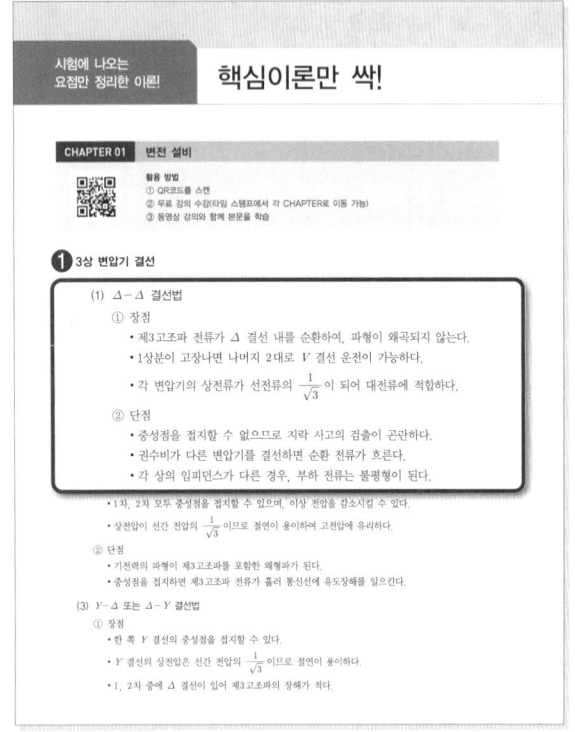

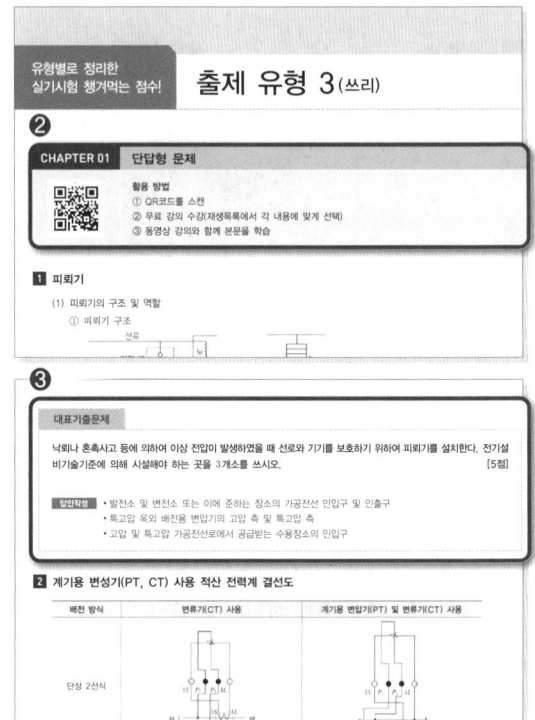

❶ 전기산업기사 실기 이론 중 가장 중요한 내용만을 모았습니다. 이후 출제 유형 3(쓰리)를 통해 더욱 효과적으로 학습할 수 있습니다.

❷ QR코드를 통해 무료강의를 수강하실 수 있습니다. (에듀윌 도서몰 회원가입/로그인 후 수강 가능)

❸ 유형별 이론을 학습하고 '대표기출문제' 풀이를 통해 이해도를 점검하고 문제에 적용해볼 수 있습니다.

기출문제편 | 8개년 총 25회차의 시험 분석을 통한 **스마트 학습**

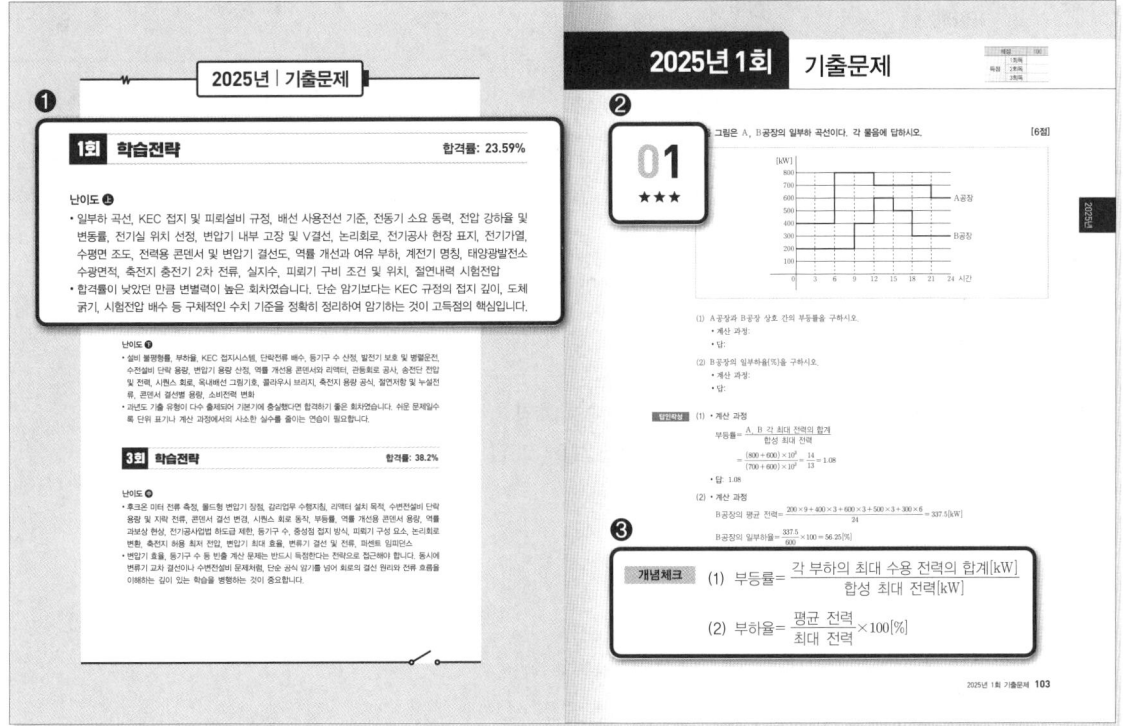

❶ **학습전략**

학습전략을 통해 전략적인 학습이 가능하며, 회차별 난이도와 합격률을 통해 보다 정확하게 학습 성과를 확인 할 수 있습니다.

❷ **전 문항 빈출도 표기**

별표를 통해 각 문제의 빈출도를 확인할 수 있습니다. 시험 직전 빈출도가 높은 별 2~3개 문제에 집중함으로써 시간을 절약하는 효율적인 학습할 수 있습니다.

❸ **개념체크**

관련 이론은 '개념체크', 추가 정보는 '해설비법', 단답 풀이에 참고하기 좋은 내용은 '단답 정리함'으로 구분하였습니다.

시험소개

1. 2026 전기산업기사 시험 일정

구분	필기원서접수 (인터넷)	필기시험	필기합격 (예정자) 발표	실기원서 접수	실기시험	최종합격 발표일
제1회	01.12 ～ 01.15	01.30 ～ 03.03	03.11	03.23 ～ 03.26	04.18	06.12
제2회	04.20 ～ 04.23	05.09 ～ 05.29	06.10	06.22 ～ 06.25	07.19	09.11
제3회	07.20 ～ 07.23	08.07 ～ 09.01	09.09	09.21 ～ 09.23, 09.28	10.25	12.18

※ 정확한 시험 일정은 큐넷 홈페이지(www.q-net.or.kr) 참고
- 원서접수 시간은 원서접수 첫 날 10:00부터 마지막 날 18:00까지임
- 필기시험 합격(예정)자 및 최종합격자 발표시간은 해당 발표일 09:00임

2. 전기산업기사 시험 정보

구분	시험과목	검정방법	합격기준
필기	• 전기자기학 • 전력공학 • 전기기기 • 회로이론 • 전기설비기술기준	객관식 4지 택일형, 과목당 20문항(30분)	과목당 40점 이상, 전과목 평균 60점 이상 (100점 만점 기준)
실기	전기설비설계 및 관리	필답형(2시간)	60점 이상(100점 만점 기준)

- 원서접수: 큐넷 홈페이지(www.q-net.or.kr)
- 시행기관: 한국산업인력공단
- 응 시 료: 필기 – 19,400원
　　　　　실기 – 20,800원

3. 출제 기준

실기과목명	주요항목
전기설비설계 및 관리	1. 전기계획
	2. 전기설계
	3. 자동제어 운용
	4. 전기설비 운용
	5. 전기설비 유지관리
	6. 감리업무 수행계획
	7. 감리 여건제반조사
	8. 감리행정업무
	9. 전기설비감리 안전관리
	10. 전기설비감리 기성준공관리
	11. 전기설비 설계감리업무

※ 출제기준의 세부항목 및 세세항목은 큐넷 홈페이지(www.q-net.or.kr) 참고

차례

싹! 쓰리 노트

최신 8개년 기출문제

싹! 쓰리
노트

학습 레시피

❶ 기출문제를 풀기 전 핵심이론을 살펴보고 학습해 보세요.

❷ 실기시험의 출제 유형을 크게 3가지로 나누어 각 유형에 따른 풀이를 학습해 보세요.

❸ 무료강의를 함께 수강하면 더 빠르고 쉽게 이해할 수 있습니다.

핵심이론만 쌕!

출제 유형 3(쓰리)

CHAPTER 01 변전 설비

활용 방법
① QR코드를 스캔
② 무료 강의 수강(타임 스탬프에서 각 CHAPTER로 이동 가능)
③ 동영상 강의와 함께 본문을 학습

1 3상 변압기 결선

(1) $\Delta - \Delta$ 결선법

① 장점

- 제3고조파 전류가 Δ 결선 내를 순환하여, 파형이 왜곡되지 않는다.
- 1상분이 고장나면 나머지 2대로 V 결선 운전이 가능하다.
- 각 변압기의 상전류가 선전류의 $\dfrac{1}{\sqrt{3}}$ 이 되어 대전류에 적합하다.

② 단점

- 중성점을 접지할 수 없으므로 지락 사고의 검출이 곤란하다.
- 권수비가 다른 변압기를 결선하면 순환 전류가 흐른다.
- 각 상의 임피던스가 다른 경우, 부하 전류는 불평형이 된다.

(2) $Y - Y$ 결선법

① 장점

- 1차 전압, 2차 전압 사이에 위상차가 없다.
- 1차, 2차 모두 중성점을 접지할 수 있으며, 이상 전압을 감소시킬 수 있다.
- 상전압이 선간 전압의 $\dfrac{1}{\sqrt{3}}$ 이므로 절연이 용이하여 고전압에 유리하다.

② 단점

- 기전력의 파형이 제3고조파를 포함한 왜형파가 된다.
- 중성점을 접지하면 제3고조파 전류가 흘러 통신선에 유도장해를 일으킨다.

(3) $Y - \Delta$ 또는 $\Delta - Y$ 결선법

① 장점

- 한 쪽 Y 결선의 중성점을 접지할 수 있다.
- Y 결선의 상전압은 선간 전압의 $\dfrac{1}{\sqrt{3}}$ 이므로 절연이 용이하다.
- 1, 2차 중에 Δ 결선이 있어 제3고조파의 장해가 적다.

② 단점
  - 1, 2차 선간 전압 사이에 30°의 위상차가 있다.
  - 1상에 고장이 생기면 전원 공급이 불가능해진다.
  - 중성점 접지로 인한 유도장해를 초래한다.

2 특수한 변압기 결선

(1) $V-V$ 결선법
  ① $\Delta-\Delta$ 결선의 출력

  $$P_\Delta = 3 \times EI = 3P[\text{kVA}]$$

  ② $V-V$ 결선의 출력

  $$P_V = \sqrt{3}\,P[\text{kVA}]$$

  ③ 출력비

  $$출력비 = \frac{고장\ 후\ 출력(P_V)}{고장\ 전\ 출력(P_\Delta)} = \frac{\sqrt{3}\,P}{3P} = \frac{1}{\sqrt{3}} = 0.577\ (\therefore 57.7[\%])$$

  ④ 이용률

  $$이용률 = \frac{실제출력(P_V)}{이론출력(P_V{}')} = \frac{\sqrt{3}\,P}{2P} = \frac{\sqrt{3}}{2} = 0.866\ (\therefore 86.6[\%])$$

(2) 단권 변압기
  ① 승압 2차 전압

  $$V_2 = V_1\left(1 + \frac{e_2}{e_1}\right) = V_1\left(1 + \frac{1}{a}\right)[\text{V}]\,(단,\ a = \frac{e_1}{e_2})$$

  ② 단권 변압기의 자기(고유) 용량과 부하 용량의 비

  $$\frac{자기용량}{부하용량} = \frac{(V_2 - V_1)I_2}{V_2 I_2} = 1 - \frac{V_1}{V_2}$$

  ③ 단권 변압기의 장점
    - 동량이 감소된다.
    - 크기와 중량이 작아 조립 및 수송이 용이하다.
    - 변압기의 동손($I^2 R\,[\text{W}]$)이 줄어 변압기 효율이 증대된다.
    - 작은 용량의 변압기로 큰 용량의 부하를 걸 수 있다.
  ④ 단권 변압기의 단점
    - 저압 측도 고압 측과 같은 수준의 절연이 요구된다.
    - 단락 전류가 크다.

3 변압기의 병렬 운전

(1) 단상 변압기 병렬 운전 조건
  ① 각 변압기의 극성이 같을 것
  ② 각 변압기의 권수비 및 1차, 2차 정격 전압이 같을 것
  ③ 각 변압기의 %임피던스 강하가 같을 것
  ④ 각 변압기의 저항과 누설 리액턴스 비가 같을 것

(2) 3상 변압기 병렬 운전 조건
  3상 변압기의 병렬 운전 조건은 단상 변압기의 병렬 운전 조건 이외에도 다음의 조건을 만족해야 한다.
  ① 상회전 방향이 같을 것
  ② 위상 변위가 같을 것

(3) 변압기 병렬 운전 가능 결선과 불가능 결선

병렬 운전 가능 결선		병렬 운전 불가능 결선	
A 변압기	B 변압기	A 변압기	B 변압기
$\Delta - \Delta$	$\Delta - \Delta$	$\Delta - \Delta$	$\Delta - Y$
$\Delta - \Delta$	$Y - Y$	$Y - Y$	$Y - \Delta$
$Y - Y$	$Y - Y$	$\Delta - \Delta$	$Y - \Delta$
$\Delta - Y$	$\Delta - Y$	$\Delta - Y$	$Y - Y$
$\Delta - Y$	$Y - \Delta$		
$Y - \Delta$	$Y - \Delta$		

4 변압기의 효율

(1) 규약 효율

$$규약\ 효율 = \frac{출력[\text{kW}]}{출력[\text{kW}] + 손실[\text{kW}]} \times 100\,[\%] = \frac{P_0[\text{kW}]}{P_0[\text{kW}] + P_l[\text{kW}]} \times 100\,[\%]$$

(2) 변압기의 최고 효율 운전

$$W_i = m^2\,W_c = \left(\frac{P_1}{P}\right)^2 W_c$$

$$(단,\ W_i: 철손,\ W_c: 전부하\ 동손)$$

즉, (철손 = P_1 부하에서의 동손)이 최대 효율 조건이 된다.

(3) 변압기 효율이 저하되는 이유
  ① 부하 역률이 저하되는 경우
  ② 경부하 운전하는 경우
  ③ 부하 변동이 심한 경우

5 변압기 보호 장치

(1) 전기적 보호 장치

비율 차동 계전기 원리

① 내부 고장 보호용의 동작전류의 비율이 억제 전류의 일정치 이상일 때 동작

② 동작 비율

$$동작 비율 = \frac{|I_1 - I_2|}{|I_1| \text{ or } |I_2|} \times 100[\%] \, (|I_1| \text{ 또는 } |I_2| \text{ 중 작은 값을 선택})$$

(2) 기계식 보호 계전기의 종류

① 부흐홀츠계전기(96B)

변압기 본체와 콘서베이터를 연결하는 관 도중에 설치한다.

② 충격압력계전기(96P)

변압기 내부사고 시 또는 가스 발생 시 검출, 차단한다.

③ 방압 장치

④ 권선 온도계

⑤ 유면계

6 변압기의 열화

(1) 변압기의 호흡 작용

변압기에 사용되는 절연유가 변압기 외부 온도와 내부에서 발생하는 열에 의해 부피가 수축·팽창하여 외부 공기가 변압기 내부로 출입하는 현상

(2) 열화에 의한 영향

① 절연내력의 저하

② 냉각효과 감소

③ 침식 작용

(3) 열화방지 설비

① 브리더(흡습 호흡기)

② 밀폐형(진공 상태)

③ 콘서베이터(질소 봉입)

7 변압기 용량 산정

(1) 변압기의 용량 결정

① 변압기의 용량 결정을 위한 합성 최대 전력 계산

$$합성 \ 최대 \ 전력 = \frac{각 \ 부하의 \ 최대 \ 수용 \ 전력의 \ 합계}{부등률} = \frac{\Sigma(설비 \ 용량[kVA] \times 수용률)}{부등률}$$

② 변압기의 용량 결정
  • 변압기 용량은 위에서 구한 합성 최대 전력보다 큰 용량으로 결정해야 한다.
  • 변압기 용량[kVA] ≥ 합성 최대 전력
③ 전력용 3상 변압기 표준 용량[kVA]
  5, 10, 15, 20, 30, 40, 50, 75, 100, 150, 200, 250, 300, 500, 750, 1,000

(2) 변압기의 용량의 결정 시 필요한 인자

① 수용률
  • 수용 설비가 동시에 사용되는 정도를 나타낸다.
  • 변압기 등의 적정한 공급 설비 용량을 파악하기 위해 사용된다.

$$수용률 = \frac{최대 \ 수용 \ 전력[kW]}{부하 \ 설비 \ 합계[kW]} \times 100[\%]$$

② 부하율
  • 공급 설비가 어느 정도 유용하게 사용되는지를 나타낸다.
  • 부하율이 클수록 공급 설비가 그만큼 유효하게 사용된다는 것을 뜻한다.

$$부하율 = \frac{평균 \ 수용 \ 전력[kW]}{최대 \ 수용 \ 전력[kW]} \times 100[\%]$$

③ 부등률
  • 전력 소비 기기가 동시에 사용되는 정도를 나타낸다.
  • 부등률이 클수록 설비의 이용률이 크다는 것을 의미하므로 그만큼 유리하다.
  • 부등률은 항상 1보다 크다.

$$부등률 = \frac{각 \ 부하의 \ 최대 \ 수용 \ 전력의 \ 합계[kW]}{합성 \ 최대 \ 전력[kW]} \geq 1$$

8 전력용 개폐장치

(1) 차단기(CB)

① 차단기의 역할: 부하 전류를 개폐하고 계통에서 사고 발생 시 신속히 회로를 차단
② 소호 원리에 따른 차단기의 종류
  • 유입 차단기(OCB): 절연유가 아크에 의해 발생하는 수소 가스의 열전도를 이용하여 아크를 냉각, 소호
  • 자기 차단기(MBB): 아크와 직각으로 자계를 주어 소호실로 끌어들이며 냉각하여 소호
  • 진공 차단기(VCB): 진공 중으로 아크 확산 후 전류 영점에서 아크 소호
  • 공기 차단기(ABB): 아크를 강력한 압축 공기로 불어서 소호
  • 가스 차단기(GCB): SF_6 가스의 강력한 소호 능력으로 아크를 강력하게 흡습하여 소호
③ 육불화황(SF_6) 가스의 성질
  • 안정도가 매우 높은 불활성 기체이다.
  • 공기에 비해 절연 강도가 크다.
  • 소호 능력이 우수하다.(아크의 시정수가 작아서 대전류 차단에 유리)

- 절연 회복이 빠르다.
- 가스의 성질이 우수하여 차단기가 소형화된다.

④ 차단기의 정격과 동작 책무
- 정격 전압(V_n)
  - 차단기에 가할 수 있는 사용 회로 전압의 최대 공급 전압을 말한다.
  - 차단기의 정격 전압은 선간 전압의 실효값으로 표시한다.
  - 계통의 공칭 전압별 정격 전압 관계

공칭 전압	6.6[kV]	22.9[kV]	66[kV]	154[kV]	345[kV]	765[kV]
정격 전압	7.2[kV]	25.8[kV]	72.5[kV]	170[kV]	362[kV]	800[kV]

- 정격 전류(I_n)
  - 정격 전압, 정격 주파수에서 규정된 온도 상승 한도(40[℃])를 초과하지 않고, 연속적으로 흘릴 수 있는 전류 한도이다.
  - 보통 교류 전류의 실효치로 나타낸다.

$$I_n = \frac{P}{\sqrt{3}\, V_n \cos\theta}[A]$$

- 정격 차단 전류(I_s)
  - 정격 전압, 정격 주파수에서 표준 동작책무에 따라 차단할 수 있는 전류 한도이다.
  - 직류 비율 20[%] 미만일 때 교류 성분 대칭분의 실효치로 [kA]로 표시한다.

$$I_s = \frac{100}{\%Z} I_n = \frac{E}{Z}[kA]$$

- 정격 차단 용량(P_s)
  - 3상 단락사고 시 이를 차단할 수 있는 차단 용량 한도를 말한다.
  - 정격 차단 용량 산출식

$$P_s = \frac{100}{\%Z} P_n = \sqrt{3}\, V_n I_s [MVA]$$

- 정격 투입 전류
  - 규정된 표준 동작책무에 따라 투입할 수 있는 전류 한도를 말한다.
  - 통상 정격 차단 전류 I_s(대칭 단락전류)의 2.5배를 표준으로 한다.
- 정격 차단 시간
  - 정격 차단 전류 I_s를 완전히 차단시키는 시간을 말한다.
  - 보통 차단기의 정격 차단 시간이란 개극 시간과 아크 시간의 합을 말한다.
    개극 시간: 트립 코일(TC) 여자 순간부터 접촉자 분리 시까지의 시간
    아크 시간: 접촉자 분리 시부터 아크 소호까지의 시간
- 정격 차단시간

정격 전압	25.8[kV]	170[kV]	362[kV]	800[kV]
정격 차단시간	5[Hz]	3[Hz]	3[Hz]	2[Hz]

- 차단기의 동작책무
  - 차단기에 부과된 1~2회 이상의 투입, 차단 동작을 일정 시간 간격을 두고 행하는 일련의 동작을 차단기의 동작책무라고 한다. 이를 전력 계통 특성에 맞게 표준화한 것을 표준 동작책무라고 한다.
- 표준 동작책무
  [KS C 규정]

동력 조작	기호 A	O – (1분) – CO – (3분) – CO
	기호 B	CO – (15초) – CO
수동 조작	기호 M	O – (2분) – CO 및 O

(2) 단로기(DS)

① 단로기(DS)의 역할
- 단로기는 고압 이상의 전로에서 단독으로 선로의 접속 또는 분리하는 것을 목적으로 무부하 시 선로를 개폐한다.
- 단로기는 차단기와 달리 아크 소호 능력이 없기 때문에 단로기는 부하 전류의 개폐를 하지 않는 것이 원칙이다.
- 충전 전류는 개폐 가능하다.(부하 전류, 사고 전류는 개폐 불가)

② 접지 개폐기(ES: Earthing Switch)
전로를 점검 · 보수하기 위하여 전로를 대지에 접지시키는 개폐기

(3) 전력 퓨즈(PF)

① 전력 퓨즈(PF)의 역할
- 평상시에 부하 전류는 안전하게 통전시킨다.
- 이상 전류나 사고 전류(단락 전류)에 대해서는 즉시 차단시킨다.

② 한류형 전력 퓨즈(PF)의 특징

장점	단점
• 소형이면서 차단 용량이 크다.	• 재투입이 불가능하다.(가장 큰 단점)
• 한류 효과가 크다.	• 차단 시 과전압이 발생한다.
• 차단 시 무소음, 무방출이다.	• 과도 전류에 용단되기 쉽다.
• 고속도 차단할 수 있다.	• 용단되어도 차단하지 못하는 전류 범위가 있다.
• 소형, 경량이다.	• 동작시간과 전류 특성을 자유롭게 조정할 수 없다.
• 가격이 저렴하다.	

③ 퓨즈의 주요 특성
- 용단 특성
- 단시간 허용 특성
- 전차단 특성

④ 퓨즈 선정 시 고려 사항
- 변압기 여자 돌입 전류에 동작하지 말 것
- 타 보호기기와 보호 협조를 가질 것

⑤ 고압 퓨즈의 규격
- 고압 전로에 사용하는 포장 퓨즈는 정격 전류의 1.3배의 전류에 견디고, 2배의 전류에서 120분 이내에 용단되는 것이어야 한다.

- 고압 전로에 사용하는 비포장 퓨즈는 정격 전류의 1.25배의 전류에 견디고, 2배의 전류에서 2분 이내에 용단되는 것이어야 한다.

⑥ 각종 개폐기의 기능 비교

기능 \ 능력	회로 분리		사고 차단	
	무부하	부하	과부하	단락
퓨즈	○	×	×	○
차단기	○	○	○	○
개폐기	○	○	○	×
단로기	○	×	×	×
전자 접촉기	○	○	○	×

9 계기용 변성기

(1) 변류기(CT: Current Transformer)

① 변류기(CT)의 역할
- 고압 회로의 대전류를 소전류로 변성하여 측정 계기나 보호 계전기에 안전하게 공급하는 장치이다.
- 회로에 직렬로 접속하여 사용한다.

② 변류기(CT)의 변류비 선정
- 변압기, 수전 회로

$$변류기\ 1차\ 전류 = \frac{P_1}{\sqrt{3}\ V_1\cos\theta} \times (1.25 \sim 1.5)[A]$$

(단, $k = 1.25 \sim 1.5$: 변압기의 여자 돌입 전류를 감안한 여유도)

$변류비 = \dfrac{I_1}{I_2}$ (단, 정격 2차 전류는 $I_2 = 5[A]$)

- 전동기 회로

$$변류기\ 1차\ 전류 = \frac{P_1}{\sqrt{3}\ V_1\cos\theta} \times (2.0 \sim 2.5)[A]$$

(단, $k = 2.0 \sim 2.5$: 전동기의 기동 전류를 감안한 여유도)

- 전력 수급용 계기용 변성기(MOF)

$$변류기\ 1차\ 전류 = \frac{P_1}{\sqrt{3}\ V_1\cos\theta}[A]$$

($\because$ MOF에서는 이미 충분한 절연 설계가 되어 있어 여유를 두지 않는다.)

- 변류비 및 부담
  - 1차 전류: 5, 10, 15, 20, 30, 40, 50, 75, 100, 150, 200, 300, 400, 500[A]
  - 2차 전류: 5[A]
  - 정격 부담: 5, 10, 15, 25, 40, 100[VA]

③ 변류기(CT)의 결선 방식
- 가동 접속(정상 접속)

  부하 전류: $I_1 = $ 전류계 Ⓐ의 지시값 × CT 비
- 차동 접속(교차 접속)

  부하 전류: $I_1 = $ 전류계 Ⓐ의 지시값 × CT 비 × $\dfrac{1}{\sqrt{3}}$

(2) 계기용 변압기(PT: Potential Transformer)
① 원리: 계기용 변압기는 1차 권선, 2차 권선 및 이것들을 결합하는 철심으로 구성, 1차 전압에 비례한 2차 전압을 변성(단, 정격 2차 전압은 $V_2 = 110[\text{V}]$)
② CT와 PT의 적용 시 차이점

항목	CT	PT
1차 측 접속	주회로에 직렬 접속	주회로에 병렬 접속
2차 측 접속	임피던스가 작은 부하	임피던스가 큰 부하
2차 정격 전류 및 전압	정격 전류 5[A]	정격 전압 110[V]
점검 시 주의점	2차 측 단락	2차 측 개방

(3) 특수 변성기
① 전력 수급용 계기용 변성기(MOF: Metering Out Fit)
- 계기용 변압기와 변류기를 조합하여 한 탱크 내에 수납한 것
- 전력 사용량을 측정하기 위하여 적절히 변압 및 변류시켜서 전력량계에 전달시켜 주는 장치
② 영상 변류기(ZCT)

  지락 사고 시 지락 전류(영상 전류)를 검출하는 것으로 지락 계전기와 조합하여 차단기를 동작시킨다.
③ 접지형 계기용 변압기(GPT)

  지락 사고 시 영상 전압를 검출하여 지락 과전압 계전기(OVGR)를 동작시키기 위하여 설치한다.

CHAPTER 02 부하 설비

1 조명 설비

(1) 조명의 기초 용어
① 광속
- 광원에서 나오는 방사속(복사속)을 눈으로 보아 느껴지는 크기를 나타낸 것
- 기호로는 F, 단위로는 [lm](루멘: lumen)을 사용한다.
- 광속의 계산(단, I: 광도[cd])
  - 구 광원(백열등): $F = 4\pi I [\text{lm}]$
  - 원통 광원(형광등): $F = \pi^2 I [\text{lm}]$
  - 평판 광원: $F = \pi I [\text{lm}]$

② 광도
- 모든 방향으로 나오는 광속 중에서 어느 임의의 방향인 단위 입체각에 포함되는 광속수로서, 빛의 세기라고도 한다.
- 기호로는 I, 단위로는 [cd](칸델라: candela)을 사용한다.
- 광도의 계산

$$I = \frac{F}{\omega}[\text{cd}]$$

(단, ω: 입체각[sr])

③ 광속 발산도
- 단위 면적에서 나가는 빛의 양
- 기호로는 R, 단위로는 [rlx](레드룩스: radlux)를 사용한다.
- 광속 발산도의 계산

$$R = \frac{F}{A}[\text{rlx}]$$

(단, A: 발산 면적[m²], F: 면적 A에서 발산하는 광속[lm])

④ 휘도
- 단위 면적당 광도로 눈부심의 정도를 나타낸다.
- 기호로는 B, 단위로는 [cd/cm² = sb](스틸브: stilb), 또는 [cd/m² = nt](니트: nit)를 사용한다.
- 휘도의 계산

$$B = \frac{I}{A}[\text{cd/m}^2 = \text{nt}]$$

⑤ 조도
- 어떤 물체에 광속이 입사하면 그 면이 밝게 빛나게 되는 정도로 정의되며, 어떤 면에 입사되는 광속의 밀도를 나타낸다.
- 기호로는 E, 단위로는 [lx](룩스: lux)를 사용한다.
- 조도의 계산

$$E = \frac{F}{A} = \frac{I}{r^2}[\text{lx}]$$

조도는 광원의 광도(I)에 비례하고, 거리(r)의 제곱에 반비례한다.

⑥ 조명률
- 사용 광원의 총 광속과 실제 작업면에 입사하는 광속의 비율
- 조명률의 계산

$$U = \frac{F}{F_0}$$

(단, F: 작업면에 입사하는 광속[lm], F_0: 광원의 총 광속[lm])

⑦ 감광 보상률
  • 광원이 사용년수가 경과함에 따라 광속의 감소에 대해 여유를 두는 정도
  • 유지율(보수율): 감광 보상률의 역수

$$D = \frac{1}{M}$$
(단, M: 유지율(보수율))

(2) 조명 설계
  ① 전등의 설치 높이와 간격
    • 등 높이(등고)
      − 직접 조명 방식: 등 높이 H = 작업면에서 광원까지의 높이
      − 간접 조명 방식: 등 높이 H = 작업면에서 천장까지의 높이
    • 등 간격
      − 등기구와 등기구의 간격: $S \leq 1.5H$
      − 벽과 등기구의 간격

$$S \leq \frac{H}{2} \text{(벽면을 사용하지 않을 경우)}, \quad S \leq \frac{H}{3} \text{(벽면을 사용할 경우)}$$

  ② 실지수 또는 방지수(RI: Room Index)
    • 광속법에 의해 실내의 전등 조명 계산을 하는 경우, 조명 기구의 이용률(조명률) U를 구하기 위한 하나의 지수로 방의 모양에 의한 영향을 나타낸 것
    • 실지수 RI은 방의 폭 X, 길이 Y, 작업면에서 광원까지의 높이 H의 함수로서 나타낸다.
    • 실지수 계산식

$$RI = \frac{XY}{H(X+Y)}$$
(단, X: 방의 폭[m], Y: 방의 길이[m], H: 작업면에서 광원까지의 높이[m])

  ③ 조도(E)의 산출

$$FUN = EAD$$
(단, F: 광속[lm], U: 조명률, N: 사용하는 등의 개수
E: 조도[lx], A: 방의 면적[m²], D: 감광 보상률$(= \frac{1}{M})$)

(3) 광원
  ① 형광등의 장·단점
    • 장점
      − 수명이 길고, 효율이 좋다.   − 휘도가 낮다.
      − 임의의 광색을 얻을 수 있다.   − 열방사가 백열등에 비해 1/4 정도로 작다.
    • 단점
      − 역률이 나쁘다.   − 점등에 시간이 걸린다.
      − 플리커(빛의 깜박임) 현상이 있다.   − 주위 온도의 영향을 받는다.
      − 여러 가지 부속장치가 필요하여 가격이 비싸다.

② 고휘도 방전등(HID: High Intensity Discharge Lamp)의 종류
- 고압 나트륨등
- 메탈 핼라이드등
- 고압 수은등
- 고압 크세논 방전등
- 초고압 수은등

③ 램프의 효율 비교
- 나트륨등: $80 \sim 150 [\mathrm{lm/W}]$
- 수은등: $35 \sim 55 [\mathrm{lm/W}]$
- 메탈 핼라이드등: $75 \sim 105 [\mathrm{lm/W}]$
- 할로겐등: $20 \sim 22 [\mathrm{lm/W}]$
- 형광등: $48 \sim 80 [\mathrm{lm/W}]$
- 백열등: $7 \sim 20 [\mathrm{lm/W}]$

④ 램프의 효율이 좋은 순서
나트륨등 > 메탈 핼라이드등 > 형광등 > 수은등 > 할로겐등 > 백열등

⑤ 조명설비의 에너지 절약 방안
- 고효율 등기구 사용
- 슬림 라인 형광등 및 전구식 형광등 사용
- 창 측 조명기구 개별 점등
- 재실 감지기 및 카드키 채용
- 고역률 등기구 채용
- 등기구의 격등 제어 회로 구성
- 등기구의 정기 보수 및 유지 관리
- 고조도 저휘도 반사갓 채용
- 전반 조명과 국부 조명의 적절한 병용(TAL 조명)

2 전동기

(1) 전동기의 용량 산정

① 양수 펌프용 전동기 용량

$$P = \frac{9.8QH}{\eta}k[\mathrm{kW}] (단, \ Q: \ 양수량[\mathrm{m^3/s}]), \quad P = \frac{QH}{6.12\eta}k[\mathrm{kW}] (단, \ Q: \ 양수량[\mathrm{m^3/s}])$$

$$(단, \ H: \ 양정(양수 높이)[\mathrm{m}], \ k: \ 여유 계수, \ \eta: \ 효율)$$

② 권상기용 전동기 용량

$$P = \frac{mv}{6.12\eta}k[\mathrm{kW}]$$

$$(단, \ m: \ 물체의 무게[\mathrm{ton}], \ v: \ 권상 속도[\mathrm{m/min}], \ k: \ 여유 계수, \ \eta: \ 효율)$$

(2) 유도 전동기의 기동 방식

① 농형 유도 전동기의 기동 방식
- 전 전압 기동(직입 기동)
  - 정지하고 있는 전동기에 정격 전압을 인가하여 기동하는 방식
  - $5[\mathrm{kW}]$ 이하의 소용량 또는 기동 전류가 특히 작게 설계된 특수 농형 전동기에 적용

② $Y-\Delta$ 기동

- 기동 시는 1차 권선을 Y 접속으로 기동하고, 정격 속도에 가까워지면 Δ 접속으로 교체 운전하는 방식
- 기동할 때에는 1차 각 상의 권선에는 정격 전압의 $\frac{1}{\sqrt{3}}$ 배, 기동전류는 직입 기동의 $\frac{1}{3}$ 배, 기동 토크도 $\frac{1}{3}$ 로 감소
- 5~15[kW]급 농형 유도 전동기에 적합

③ 기동 보상기법

- 기동 보상기로서 3상 단권 변압기를 이용하여 기동 전압을 낮추는 방식(약 15[kW] 정도 이상의 전동기에 적용)
- 기동 전류를 0.5~0.8배 정도로 저감

④ 리액터 기동법

- 리액터를 고정자 권선에 직렬로 삽입하여 단자 전압을 저감하여 기동한 후, 일정 시간이 지난 후에 리액터를 단락시킴
- 리액터의 크기는 보통 정격 전압의 50~80[%]가 되는 값을 선택

(3) 권선형 유도 전동기의 기동 방식

① 2차 저항 기동법
② 2차 임피던스 기동법

3 부하 산정

(1) 부하 설비 용량 산정

① 표준 부하

- 건축물의 종류에 따른 표준 부하(P)

건축물의 종류	표준 부하[VA/m²]
공장, 공회당, 사원, 교회, 극장, 영화관, 연회장 등	10
기숙사, 여관, 호텔, 병원, 학교, 음식점, 다방, 대중목욕탕	20
사무실, 은행, 상점, 이발소, 미용원	30

- 주상복합 등과 같이 건축물이 여러 종류로 분리될 경우는 각각 적용할 것
- 학교와 같이 건축물의 일부분이 사용되는 경우는 그 부분만을 적용한다.

- 주택의 부하설비용량 산정기준

구분	부하설비용량
전용면적 60[m²] 이하	3[kW]
전용면적 60[m²] 초과	3[kW] + 0.5[kW/10m²]

• 건축물 중 별도 계산할 부분의 표준 부하(Q)

건축물의 부분	표준 부하[VA/m²]
복도, 계단, 세면장, 창고, 다락	5
강당, 관람석	10

• 표준 부하에 따라 산출한 수치에 별도로 가산하여야 할 용량(C)
  – 상점의 진열장에 대하여는 진열장 폭 1[m]에 대하여 300[VA]
  – 옥외의 광고등, 전광사인, 네온사인 등의 [VA] 수
  – 극장, 댄스홀 등의 무대조명, 영화관 등의 특수전등부하의 [VA] 수

② 부하의 용량 산정

위에서 구한 값들을 건축물의 바닥 면적[m²]을 감안하여 다음과 같은 식에 의해서 총 부하 설비 용량을 계산한다.

$$부하\ 설비\ 용량 = P \times A + Q \times B + C[VA]$$
$$(단,\ A:\ 건축물의\ 바닥\ 면적[m^2],\ B:\ 별도\ 계산할\ 부분의\ 바닥\ 면적[m^2])$$

(2) 분기 회로 수 결정

① 부하 설비 용량에 맞는 분기 회로 수는 다음과 같이 구한다.

$$분기\ 회로\ 수 = \frac{표준\ 부하\ 밀도[VA/m^2] \times 바닥\ 면적[m^2]}{전압[V] \times 분기\ 회로의\ 전류[A]}$$

② 분기 회로 수 계산 결과가 소수점이 발생하면 소수점 이하 절상한다.

③ 냉방 기기(에어컨디셔너) 및 취사용 기기의 용량이 110[V] 사용 전압에서 1.5[kW], 220[V] 사용 전압에서 3[kW] 이상이면 전용 분기 회로로 하여야 한다.

④ 분기 회로의 전류가 주어지지 않을 때에는 16[A]를 표준으로 한다.

(3) 설비 불평형률

① 저압 수전의 단상 3선식
  • 설비 불평형률

$$\frac{중성선과\ 각\ 전압\ 측\ 전선\ 간에\ 접속되는\ 부하\ 설비\ 용량[kVA]의\ 차}{총\ 부하\ 설비\ 용량[kVA] \times \frac{1}{2}} \times 100[\%]$$

  • 단상 3선식의 설비 불평형률은 40[%] 이하이어야 한다.

② 저압, 고압 및 특고압 수전의 3상 3선식 또는 3상 4선식
  • 설비 불평형률

$$\frac{각\ 선간에\ 접속되는\ 단상\ 부하\ 설비\ 용량[kVA]의\ 최대와\ 최소의\ 차}{총\ 부하\ 설비\ 용량[kVA] \times \frac{1}{3}} \times 100[\%]$$

  • 3상 3선식 및 3상 4선식의 설비 불평형률은 30[%] 이하이어야 한다.
    단, 다음에 해당하는 경우에는 예외로 한다.

– 저압 수전에서 전용 변압기 등으로 수전하는 경우
– 고압 및 특고압 수전에서 100[kVA] 이하의 단상 부하의 경우
– 고압 및 특고압 수전에서 단상 부하 용량의 최대와 최소의 차가 100[kVA] 이하인 경우
– 특고압 수전에서 100[kVA] 이하의 단상 변압기 2대로 역V결선하는 경우

4 역률 개선

(1) 역률 개선 효과

① 역률 개선 방법
- 역률은 부하에 의한 지상 무효 전력($-jQ$) 때문에 저하되므로 부하와 병렬로 역률 개선용 콘덴서(진상 무효전력 $+jQ$ 공급) Q_c를 접속한다.
- 역률 개선용 콘덴서 용량

$$Q_c = P(\tan\theta_1 - \tan\theta_2) = P\left(\frac{\sin\theta_1}{\cos\theta_1} - \frac{\sin\theta_2}{\cos\theta_2}\right)[kVA]$$

(단, P: 부하 전력[kW], $\cos\theta_1$: 개선 전 역률, $\cos\theta_2$: 개선 후 역률)

② 역률 개선 효과
- 배전선로의 전력 손실 경감
- 설비 용량의 여유 증가
- 전압 강하의 경감
- 역률 개선에 의한 전기 요금의 경감

(2) 역률 개선용 콘덴서 설비의 부속 장치

① 직렬 리액터(SR: Series Reactor)
- 변압기 등에서 발생하는 제5고조파 제거
- 제5고조파 제거를 위한 직렬 리액터 용량
    – 이론상: 콘덴서 용량의 4[%] 설치
    – 실제상: 여유를 두어 6[%] 설치
② 방전 코일(DC: Discharging Coil)
- 콘덴서에 남아 있는 잔류 전하를 신속히 방전시켜 인체의 감전 사고 방지
- 5초 이내에 50[V] 이하로 방전

5 예비전원설비

(1) 자가 발전설비

① 발전기의 용량 계산
- 단순 부하인 경우

$$P_{G1} = \frac{\sum W_L \times L}{\cos\theta}[kVA]$$

(단, $\sum W_L$: 부하 용량 합계[kW], L: 수용률, $\cos\theta$: 역률)

• 기동 용량이 큰 전동기 부하인 경우

$$P_{G2} = \left(\frac{1}{e} - 1\right) X_d P_s \, [\text{kVA}]$$

(단, e: 허용 전압 강하(소수점), X_d: 발전기의 과도 리액턴스(소수점), P_s: 기동 용량[kVA])

② 발전기와 부하 사이에 설치하는 기기
  • 각 극에 개폐기 및 과전류 차단기를 설치할 것
  • 전압계는 각 상의 전압을 측정할 수 있도록 설치할 것
  • 전류계는 각 선의 전류를 측정할 수 있도록 설치할 것
③ 발전기의 병렬 운전 조건
  • 기전력의 크기가 같을 것
  • 기전력의 위상이 같을 것
  • 기전력의 주파수가 같을 것
  • 기전력의 파형이 같을 것

(2) 무정전 전원 공급 장치(UPS: Uninterruptible Power Supply)
  ① UPS의 역할: 선로의 정전이나 입력 전원에 이상 상태가 발생하였을 경우에도 정상적으로 전력을 부하 측에 공급하는 무정전 전원 공급 장치
  ② UPS의 구성
    • 정류 장치(Converter): 교류를 직류로 변환시킨다.
    • 축전지: 직류 전력을 저장시킨다.
    • 역변환 장치(Inverter): 직류를 교류로 변환시킨다.

(3) 축전지
  ① 축전지 설비의 구성 요소
    • 축전지
    • 제어 장치
    • 보안 장치
    • 충전 장치
  ② 연축전지
    • 화학 반응식

$$PbO_2 + 2H_2SO_4 + Pb \underset{\text{충전}}{\overset{\text{방전}}{\rightleftarrows}} PbSO_4 + 2H_2O + PbSO_4$$

    − 양극: 이산화 납(PbO_2)
    − 음극: 납(Pb)
    − 전해액: 황산(H_2SO_4)
    • 공칭 전압: 2.0[V/cell]
    • 공칭 용량: 10시간율[Ah]
    • 연 축전지의 종류
      − 클래드식(CS형: 완 방전형): 변전소 및 일반 부하에 사용, 부동 충전 전압 2.15[V/cell]
      − 페이스트식(HS형: 급 방전형): UPS 설비 등의 대전류용에 사용, 부동 충전 전압 2.18[V/cell]

③ 알칼리 축전지
- 화학 반응식

$$2Ni(OH)_2 + Cd(OH)_2 \underset{\text{충전}}{\overset{\text{방전}}{\rightleftharpoons}} 2NiOOH + 2H_2O + Cd$$

- 양극: 수산화 니켈($Ni(OH)_2$)
- 음극: 카드뮴(Cd)
- 전해액: 수산화 칼륨(KOH)
- 공칭 전압: 1.2[V/cell]
- 공칭 용량: 5시간율[Ah]
- 알칼리 축전지의 장점
- 수명이 길다.(연 축전지에 비해서 3~4배)
- 진동과 충격에 강하다.
- 충전 및 방전 특성이 양호하다.
- 방전 시 전압 변동이 작다.
- 사용 온도 범위가 넓다.
- 알칼리 축전지의 단점
- 연 축전지보다 공칭 전압이 낮다.
- 가격이 비싸다.
④ 축전지 충전 방식
- 초기 충전
- 축전지 제작 후, 처음 충전하는 것
- 축전지에 전해액을 넣지 않은 미충전 축전지에 전해액을 주입하여 행하는 충전 방식
- 보통 충전
- 일반적인 충전 방식
- 필요할 때마다 표준 시간율로 소정의 전류로 충전하는 방식
- 부동 충전
- 축전지의 자기 방전을 보충하는 충전 방식
- 상용 부하에 대한 전력 공급은 충전기가 부담하고, 충전기가 공급하기 어려운 일시적인 대전류 사용 부하에 대해서는 축전지로 하여금 부담하게 하는 방식
- 충전기 2차 전류

$$\text{충전기 2차 전류[A]} = \frac{\text{축전지 용량[Ah]}}{\text{정격 방전율[h]}} + \frac{\text{상시 부하 용량[VA]}}{\text{표준 전압[V]}}$$

- 세류 충전
- 자기 방전량만을 항시 충전시키는 방식
- 부동 충전 방식의 일종이다.
- 균등 충전
- 각 전해조에 일어나는 전위차를 보정하기 위해 충전하는 방식
- 1~3개월마다 1회 정전압으로 10~12시간씩 충전한다.

- 급속 충전
  - 비교적 단시간에 보통 전류의 2~3배의 전류로 충전시키는 방식
  - 축전지 수명에는 바람직하지 못한 충전 방식이다.
⑤ 축전지의 설페이션(Sulfation) 현상
  - 설페이션은 축전지 극판이 황산납으로 결정체가 되는 것으로 축전지를 방전 상태로 장기간 방치하면 극판이 불활성 물질로 덮이는 현상을 말한다.
  - 설페이션(Sulfation) 현상의 원인
    - 축전지를 과방전하였을 경우
    - 축전지를 장기간 방전 상태로 방치하였을 경우
    - 전해액의 비중이 너무 낮을 경우
    - 전해액의 부족으로 극판이 노출되었을 경우
    - 전해액에 불순물이 혼입되었을 경우
    - 불충분한 충전을 반복하였을 경우
  - 설페이션(Sulfation)으로 인해 나타나는 현상
    - 극판이 회색으로 변하고 극판이 휘어진다.
    - 충전 시 전해액의 온도 상승이 크고 비중 상승이 낮으며 가스의 발생이 심하다.
⑥ 축전지의 용량 계산

$$C = \frac{1}{L}KI[\text{Ah}]$$

(단, C: 축전지 용량[Ah], I: 방전 전류[A], L: 보수율, K: 용량 환산 시간 계수)

CHAPTER 03   전력 설비

1 송·배전 선로의 전기적 특성

(1) 송·배전 선로에 흐르는 전류에 의한 영향
  ① 전압 강하
    - 단상 선로: $e = V_s - V_r = I(R\cos\theta + X\sin\theta)[\text{V}]$
    - 3상 선로: $e = V_s - V_r = \sqrt{3}I(R\cos\theta + X\sin\theta)[\text{V}]$
    단, I: 부하 전류[A], R: 전선의 저항[Ω], X: 전선의 리액턴스[Ω], $\cos\theta$: 부하 측의 역률, $\sin\theta$: 무효율
  ② 전압 강하율: 수전단 전압을 기준으로 하였을 때 선로에서 발생한 전압 강하의 백분율을 말한다.

$$\varepsilon = \frac{e}{V_r} \times 100[\%] = \frac{V_s - V_r}{V_r} \times 100[\%] = \frac{\sqrt{3}I(R\cos\theta + X\sin\theta)}{V_r} \times 100[\%]$$

(단, V_s: 송전단 선간 전압[kV], V_r: 수전단 선간 전압[kV])

  ③ 전압 변동률: 부하 측(수전단 측)의 전압은 부하의 크기에 따라서 달라지는데, 부하의 접속 상태에 따른 부하 측의 전압 변동을 백분율로 표현한 것이다.

$$\delta = \frac{V_{r0} - V_r}{V_r} \times 100 [\%]$$

(단, V_{r0}: 무부하 시 수전단 선간 전압[kV], V_r: 전부하 시 수전단 선간 전압[kV])

④ 3상 소비전력
- 부하에서 소비된 유효 전력(P_r[W])을 말한다.
- 3상 부하 기준에서의 소비전력은 다음과 같다.

$$P_r = \sqrt{3}\, V_r I \cos\theta [\text{W}]$$

(단, I: 부하 전류[A], V_r: 수전단 선간 전압[V], $\cos\theta$: 부하 측의 역률)

⑤ 전력 손실
- 선로에 전류가 흐르면서 발생되는 유효전력의 손실을 말한다.
- 3상 3선식 기준에서의 전력 손실은 다음과 같다.

$$P_l = 3I^2 R = 3\left(\frac{P_r}{\sqrt{3}\,V_r \cos\theta}\right)^2 R = \frac{P_r^2 R}{V_r^2 \cos^2\theta}[\text{W}]$$

⑥ 선로의 충전 전류 및 충전 용량
- 1선당 충전 전류

$$I_c = 2\pi f C E = 2\pi f C \frac{V}{\sqrt{3}}[\text{A}]$$

- 3선에 충전되는 충전 용량

$$Q_c = 3 \times 2\pi f C E^2 [\text{VA}]$$

(단, f: 주파수[Hz], C: 전선 1선당 정전 용량[F], E: 상전압[V])

⑦ 승압의 필요성과 효과
- 전력 공급자 측에서의 승압 필요성
  - 전력 손실의 감소
  - 전압 강하 및 전압 변동률의 감소
  - 저압 설비의 투자비 절감
  - 전력 판매 원가 절감
- 수용가 측에서의 승압 필요성
  - 고품질의 전기를 풍족하게 사용
  - 옥내 배선의 증설 없이 대용량 기기 사용 가능
- 승압 효과
  - 공급 능력 증대
  - 공급 전력 증대
  - 전력 손실 감소
  - 전압 강하 및 전압 강하율 감소
  - 고압 배전선 연장의 감소

– 대용량 전기기기 사용이 용이
- 승압 관련 공식 정리
  – 공급 능력: $P_a \propto V$(전압에 비례)
  – 공급 전력: $P \propto V^2$(전압의 제곱에 비례)
  – 전압 강하: $e \propto \dfrac{1}{V}$(전압에 반비례)
  – 전압 강하율: $\varepsilon \propto \dfrac{1}{V^2}$(전압의 제곱에 반비례)
  – 전압 변동률: $\delta \propto \dfrac{1}{V^2}$(전압의 제곱에 반비례)
  – 전력 손실: $P_l \propto \dfrac{1}{V^2}$(전압의 제곱에 반비례)
  – 전력 손실률: $k \propto \dfrac{1}{V^2}$(전압의 제곱에 반비례)

2 절연 협조

(1) 계통 내의 각 기기, 기구 및 애자 등의 상호 간에 적정한 절연 강도를 지니게 하여 계통의 설계를 합리적, 경제적으로 할 수 있게 한 것을 말한다.

(2) 절연 협조의 기준: 피뢰기의 제한전압

3 전력선 근처의 통신선 유도장해

(1) 정전 유도장해
  ① 전력선과 통신선과의 상호 정전 용량(C)에 의하여 통신선에 정전 유도 전압이 발생하여 통신선에 생기는 유도장해이다.
  ② 정전 유도 전압의 크기

$$E_s = \frac{\sqrt{C_a(C_a - C_b) + C_b(C_b - C_c) + C_c(C_c - C_a)}}{C_a + C_b + C_c + C_s} \times \frac{V}{\sqrt{3}} \, [\text{V}]$$

$$\text{(단, } V \text{는 선간 전압으로 } V = \sqrt{3}E[\text{V}])$$

  ③ 정전 유도장해 경감 대책: 송전선의 완전 연가 실시

(2) 전자 유도장해
  ① 전력선과 통신선과의 상호 인덕턴스(M)에 의하여 통신선에 전자 유도 전압이 발생하여 통신선에 생기는 유도장해이다.
  ② 전자 유도 전압의 크기

$$E_m = -j\omega Ml \times 3I_0 \, [\text{V}]$$

$$\text{(단, } M\text{: 전력선과 통신선 간의 상호 인덕턴스[mH/km], } l\text{: 전력선과 통신선의 병행 길이[km]}$$
$$I_0\text{: 지락사고에 의해 발생하는 영상 전류(}\because I_g = 3I_0 \, [\text{A}]\text{))}$$

③ 전자 유도장해 근본 억제 대책
- 통신선과 전력선 간의 상호 인덕턴스(M) 감소
- 기유도 전류(I_0)의 감소
- 선로의 병행 길이(l) 감소

④ 전자 유도장해 전력선 측 억제 대책
- 차폐선(Shielding Wire)의 설치
- 중성점 접지 저항을 크게 하거나, 소호 리액터 접지 방식 채용
- 고장 회선의 신속한 차단(고속도 차단)
- 3상 연가를 충분히 실시
- 송전선로를 통신선로와 충분히 이격시켜 건설

⑤ 전자 유도장해 통신선 측 억제 대책
- 통신선로에 고성능 피뢰기(LA) 설치
- 통신선에 연피 케이블 사용
- 통신선 중간에 배류 코일 설치
- 통신선 도중에 절연 변압기 설치
- 전력선과의 교차는 직각으로 실시

4 전선의 코로나 현상

(1) 코로나의 정의

송전 선로의 공기가 부분적으로 절연이 파괴되어서 낮은 소리와 푸른 빛을 내면서 방전하게 되는 이상 현상이다.

(2) 파열 극한 전위 경도(E[kV/cm])

공기의 간격이 1[cm]에서 절연이 파괴되기 시작하는 전압을 말한다.
① 직류: 30[kV/cm]

② 교류: $\dfrac{30}{\sqrt{2}} \fallingdotseq 21$[kV/cm](실효값)

(3) 코로나 임계 전압(E_0)

코로나 방전이 시작되는 코로나 임계 전압 산출 식은 다음과 같다.

$$E_0 = 24.3\, m_0\, m_1\, \delta d \log_{10} \frac{D}{r}\,[\text{kV}]$$

(단, m_0: 전선의 표면 계수(매끈한 전선=1, 거친 전선=0.8)

m_1: 날씨 계수(맑은 날=1, 비, 눈, 안개 등 악천후=0.8)

δ: 상대 공기 밀도($\delta = \dfrac{0.386b}{273+t}$), d: 전선의 직경 D: 등가 선간 거리)

(4) 코로나에 의한 악영향

① 코로나 전력 손실 발생

$$P = \frac{241}{\delta}(f+25)\sqrt{\frac{d}{2D}}\,(E-E_0)^2 \times 10^{-5}\,[\text{kW/km/wire}]$$

② 코로나 고조파 발생

③ 전력선 주변 통신선로에 전파 장해 발생

④ 소호 리액터 접지에서 소호 능력의 저하

⑤ 전선 부식(코로나 방전 시 오존이 발생하여 공기의 수분과 결합하여 초산 발생)

(5) 코로나 방지 대책

① 굵은 전선 사용, 복도체(다도체)를 사용한다.

② 전선의 표면을 매끄럽게 유지한다.

③ 가선 금구를 매끄럽게 개량한다.

5 지중 전선로

(1) 지중 전선로를 건설하는 이유

① 도시의 미관을 중요하게 생각하는 경우

② 수용 밀도가 현저하게 높은 대도시 지역에 전력을 공급하는 경우

③ 낙뢰, 풍수해에 의한 사고로부터 높은 공급 신뢰도가 요구되는 경우

④ 보안상 등의 이유로 가공 전선로를 건설할 수 없는 경우

(2) 지중 케이블의 포설 방식

① 직접 매설식

• 매설 방법: 지하에 트러프를 묻고, 그 안에 케이블 포설 후 모래를 채우는 방법

장점	단점
• 공사가 간단하여 경제적이다. • 케이블 융통성이 좋다. • 케이블의 온도 상승이 적어 전류 용량을 크게 할 수 있다.	• 케이블이 손상되기 쉽다. • 사고 시 수리가 어렵다. • 재시공이나 증설이 곤란하다. • 케이블 포설 가닥 수에 한계가 있다.

② 관로식

• 매설 방법: 적당한 간격마다 맨홀(M/H)을 만들고, 그 사이에 관로 설치 후 케이블을 끌어 넣는 방식

장점	단점
• 케이블 손상이 적다. • 케이블의 재시공이나 증설이 용이하다. • 고장점 탐지가 용이하고 고장 시 일부 구간의 케이블 교체가 용이하다.	• 직접 매설식에 비해 건설비 증가한다. • 맨홀의 침수 우려 문제가 있다. • 신축에 의한 케이블 시스 피로가 크다. • 온도 상승이 커서 전류 용량이 감소한다.

③ 암거식

• 매설 방법: 지하에 완전히 넓은 지하 터널(전력구)에 케이블-트레이를 설치 후 케이블을 포설하는 방식

장점	단점
• 케이블 손상이 적다. • 관로식보다 전류 용량이 크다. • 고장 시 케이블 교체가 용이하다. • 다량의 케이블 포설에 유효하다.	• 공사비가 가장 비싸다. • 공사 기간이 가장 길다. • 경과지 선정에 주의해야 한다. • 시공 중 민원이 발생할 소지가 있다.

(3) 지중 전선로의 고장점 측정법

    ① 머레이 루프법　　　　　　　　② 펄스 레이더법

    ③ 수색 코일법　　　　　　　　　④ 정전용량 브리지법

6 전력 설비의 보호 및 측정

(1) 접지 공사

  ① 중성점 접지의 목적

    • 지락 고장 시 건전상의 전위 상승을 억제하여 기기의 절연 레벨을 경감

    • 낙뢰, 아크 지락, 기타에 의한 이상 전압의 억제

    • 지락 고장 시 보호 계전기의 동작 확보

    • 1선 지락 시 아크 지락을 빨리 소멸시켜 계속해서 송전을 유지

  ② 접지방식

접지 대상	폐지된 규정 기준	현행 방식[KEC]
(특)고압 설비	1종: $10[\Omega]$	• 계통 접지: TN, TT, IT
$400[V]$ 이상 ~ $600[V]$ 이하	특3종: $10[\Omega]$	• 보호 접지: 등전위 본딩
$400[V]$ 미만	3종: $100[\Omega]$	• 피뢰시스템 접지
변압기	2종: 계산	변압기 중성점 접지

  ③ 접지도체 최소 단면적

종류	접지도체 굵기[KEC]
특고압 · 고압 전기설비용	$6[mm^2]$ 이상
중성점 접지용 접지 도체	$16[mm^2]$ 이상 (단, 사용전압이 $25[kV]$ 이하인 특고압 가공전선로 중성선 다중접지식 전로에 지락이 생겼을 때 2초 이내에 자동적으로 이를 전로로부터 차단하는 장치가 되어 있는 것은 $6[mm^2]$ 이상)
$7[kV]$ 이하의 전로	$6[mm^2]$ 이상
저압 전기설비용 접지도체는 다심 또는 다심 캡타이어 케이블의 1개 도체의 단면적	$0.75[mm^2]$ 이상 (단, 연동 연선은 1개 도체의 단면적이 $1.5[mm^2]$ 이상)

  ④ 선도체 및 보호도체의 최소 단면적

선도체의 단면적 S ($[mm^2]$, 구리)	보호도체의 최소 단면적($[mm^2]$, 구리)	
	보호도체의 재질	
	선도체와 같은 경우	선도체와 다른 경우
$S \leq 16$	S	$\left(\dfrac{k_1}{k_2}\right) \times S$
$16 < S \leq 35$	16^a	$\left(\dfrac{k_1}{k_2}\right) \times 16$
$S > 35$	$\dfrac{S^a}{2}$	$\left(\dfrac{k_1}{k_2}\right) \times \left(\dfrac{S}{2}\right)$

(단, k_1: 선도체에 대한 k값, k_2: 보호 도체에 대한 k값, a: PEN 도체의 최소 단면적은 중성선과 동일 하게 적용)

⑤ 계통 접지 방식
  • 저압전로의 보호도체 및 중성선의 접속 방식에 따른 접지계통의 분류
    – TN 계통
    – TT 계통
    – IT 계통

[표] 기호 설명

기호 설명	
	중성선(N), 중간도체(M)
	보호도체(PE)
	중성선과 보호도체겸용(PEN)

⑥ 접지도체 굵기를 결정하는 조건
  • 전류 용량
  • 기계적 강도
  • 내식성

(2) 전로의 절연
  ① 절연에 대한 시험 방법
    • 절연 내력 시험 전로의 최대 사용전압을 기준으로 하여 정해진 시험 전압을 10분간 가했을 때 이상이 생기는지의 여부를 확인하는 방법
    • 절연저항 측정
      전로의 절연저항이 몇 $[M\Omega]$인가를 측정하여 사용 상태에서의 누설 전류의 크기를 확인하는 방법
  ② 저압 전로의 절연저항값

전로의 사용전압[V]	DC 시험전압[V]	절연저항[MΩ]
SELV 및 PELV	250	0.5 이상
FELV를 포함한 500[V] 이하	500	1.0 이상
500[V] 초과	1,000	1.0 이상

  • 전선 상호 간의 절연저항은 기계기구를 쉽게 분리가 곤란한 분기 회로의 경우 기기 접속 전에 측정할 것
  • 측정 시 영향을 주거나 손상을 받을 수 있는 서지보호장치(SPD) 또는 기타 기기 등은 측정 전에 분리시켜야 하고, 부득이하게 분리가 어려운 경우에는 시험전압을 250[V] 직류(DC)로 낮추어 측정할 수 있지만 절연저항 값은 1[MΩ] 이상일 것

(3) 저항 및 접지 저항 측정법

① 저항 측정
- 저저항 측정(1[Ω] 이하): 켈빈 더블 브리지법(저저항 정밀 측정)
- 중저항 측정(1[Ω]~10[kΩ])
  - 전압 강하법: 백열등의 필라멘트 저항 측정
  - 휘스톤 브리지법
  - 특수 저항 측정
- 검류계의 내부 저항: 휘스톤 브리지법
- 전해액의 저항: 콜라우시 브리지법
- 접지 저항: 콜라우시 브리지법

② 콜라우시 브리지법에 의한 접지 저항 측정
- 대지의 접지 저항을 주 접지극(a)과 일정한 간격으로 보조 접지극(b, c)을 설치하여 $a-b$극 간의 저항 값, $b-c$극 간의 저항 값, $c-a$극 간의 저항값을 측정기로써 측정하여 각각의 접지극의 저항값을 얻어 내는 측정 방법이다.
- 접지극의 접지 저항 값 산출 식

$$R_a = \frac{1}{2}(R_{ab} + R_{ca} - R_{bc})[\Omega]$$

$$R_b = \frac{1}{2}(R_{ab} + R_{bc} - R_{ca})[\Omega]$$

$$R_c = \frac{1}{2}(R_{bc} + R_{ca} - R_{ab})[\Omega]$$

(4) 누전 차단기

① 누전 차단기의 설치
- 사람이 쉽게 접촉될 우려가 있는 장소에 시설하는 사용 전압이 50[V]를 초과하는 저압의 금속제 외함을 가지는 기계 기구에 전기를 공급하는 전로에 누전이 발생하였을 때, 자동적으로 전로를 차단하는 누전 차단기 등을 설치하여야 한다.
- 주택의 구내에 시설하는 대지 전압 150[V] 초과 300[V] 이하의 저압 전로 인입구에는 인체 감전 보호 용 누전 차단기를 설치한다.

② 누전 차단기 시설 장소

전로의 대지전압 \ 기계기구의 시설장소	옥내		옥측		옥외	물기가 있는 장소
	건조한 장소	습기가 많은 장소	우선 내	우선 외		
150[V] 이하	×	×	×	□	□	○
150[V] 초과 300[V] 이하	△	○	×	○	○	○

단,
○: 누전 차단기를 반드시 시설할 곳
△: 주택에 기계 기구를 시설하는 경우 누전 차단기를 시설할 곳
□: 주택구내 또는 도로에 접한 면에 룸 에어컨디셔너, 아이스박스, 진열창, 자동 판매기 등 전동기를 부품으로 한 기계 기구를 시설하는 경우 누전 차단기를 시설하는 것이 바람직한 곳
×: 누전 차단기를 설치하지 않아도 되는 곳

(5) 피뢰기

① 피뢰기의 구조 및 역할
- 피뢰기 구조
  - 직렬 갭: 뇌전류를 대지로 방전시키고, 속류를 차단한다.
  - 특성 요소: 뇌전류 방전 시 피뢰기 자신의 전위 상승을 억제하여 자신의 절연 파괴를 방지한다.
- 피뢰기의 역할
  - 이상 전압이 침입해서 피뢰기의 단자 전압이 어느 일정 값 이상으로 올라가면 즉시 방전을 개시해서 전압 상승을 억제한다.
  - 이상 전압이 없어져서 단자 전압이 일정 값 이하가 되면 즉시 방전을 정지해서 원래의 송전 상태로 되돌아가게 한다.

② 피뢰기의 구비 조건
- 충격 방전 개시 전압이 낮을 것
- 상용 주파 방전 개시 전압이 높을 것
- 방전 내량이 크면서 제한 전압이 낮을 것
- 속류의 차단 능력이 클 것

③ 피뢰기의 정격 전압
- 정격 전압(Rated Voltage)이란 피뢰기 방전 후 속류를 차단할 수 있는 전압을 말한다.
- 방전 후 피뢰기 단자 간에 인가되는 전압이 높으면 피뢰기는 속류를 차단할 수 없어 퓨즈와 같이 타버린다.

④ 정격 전압의 계산

$$V = \alpha\beta V_m \,[\text{kV}]$$
(단, α: 접지 계수, β: 여유 계수, V_m: 계통 최고 전압)

⑤ 적용 장소별 피뢰기 정격 전압

전력 계통		피뢰기 정격 전압[kV]	
전압[kV]	중성점 접지 방식	변전소	배전 선로
345	유효 접지	288	–
154	유효 접지	144	–
66	PC 접지 또는 비접지	72	–
22	PC 접지 또는 비접지	24	–
22.9	3상 4선 다중 접지	21	18

⑥ 피뢰기의 제한 전압
- 피뢰기의 동작으로 내습한 충격파 전압이 방전으로 저하되어 피뢰기의 단자 간에 남게 되는 충격 전압을 말한다.
- 즉, 피뢰기 동작 중 계속해서 걸리고 있는 피뢰기 단자 전압의 파고값을 말한다.

⑦ 방전 전류
- 피뢰기가 방전하는 중 피뢰기에 흐르는 전류를 말한다.
- 피뢰기에 흐르는 방전 전류는 선로 및 발전소의 차폐 유무와 그 지역의 IKL(연간 뇌우 발생 일수)를 참고하여 결정한다.

- 피뢰기의 공칭 방전전류를 다음과 같이 결정한다.

공칭 방전 전류	설치 장소	적용 조건
10,000[A]	변전소	– 154[kV] 이상 계통 – 66[kV] 및 그 이하 계통에서 뱅크 용량이 3,000[kVA]를 초과하거나 특히 중요한 곳 – 장거리 송전선 및 콘덴서 뱅크를 개폐하는 곳
5,000[A]	변전소	66[kV] 및 그 이하 계통에서 뱅크 용량이 3,000[kVA] 이하인 곳
2,500[A]	변전소	배전선 피더 인출 측
	선로	배전 선로

⑧ 상용주파 방전 개시 전압
- 피뢰기 단자 간에 상용 주파수의 전압을 인가할 경우 방전을 개시하는 전압
- 보통 피뢰기 방전 개시 전압은 피뢰기 정격 전압의 1.5배 이상으로 한다.

⑨ 충격 방전 개시 전압
피뢰기 단자 간에 충격 전압을 인가하였을 경우 방전을 개시하는 전압을 말한다.

⑩ 피뢰기의 설치 장소
- 발전소 및 변전소 또는 이에 준하는 장소의 가공 전선 인입구 및 인출구
- 특고압 옥외 배전용 변압기의 고압 측 및 특고압 측
- 특고압이나 고압 가공 전선로에서 공급받는 수용 장소의 인입구
- 가공 전선로와 지중 전선로가 만나는 곳

(6) 간선 및 분기 회로 보호

① 간선의 허용전류
- 설계전류(I_B): 분기회로에 접속된 부하에 흐르는 전체 전류의 합
- 간선을 보호하는 보호장치의 정격전류(I_n)와 허용전류(I_Z)의 조건을 이용하여 간선의 허용전류를 계산

$$I_B \leq I_n \leq I_Z$$
$$I_2 \leq 1.45 \times I_Z$$

(단, I_B: 회로의 설계전류[A], I_Z: 케이블의 허용전류[A], I_n: 보호장치의 정격전류[A], I_2: 보호장치가 규약 시간 이내에 유효하게 동작하는 것을 보장하는 전류[A])

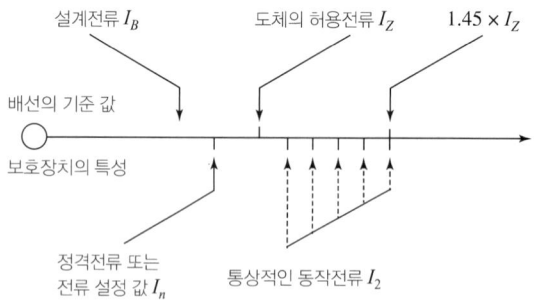

▲ 과부하 보호 설계 조건도

② 과부하 보호장치의 시설
- 과부하 보호장치(P_2)는 분기점(O)에 설치할 것
- 과부하 보호장치(P_2)의 전원 장치에서 분기점(O) 사이에 다른 분기회로 또는 콘센트의 접속이 없고, 단락의 위험과 화재 및 인체에 대한 위험성이 최소화되도록 시설된 경우, 보호장치(P_2)는 분기점(O)으로부터 3[m]까지 이동하여 설치 가능

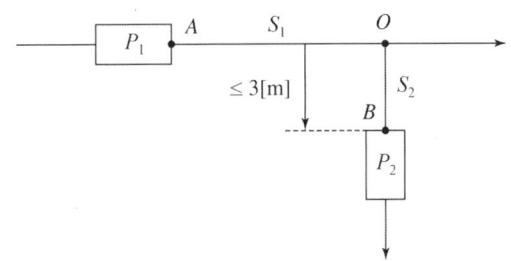

▲ 분기회로(S_2)의 분기점(O)에서 3[m] 이내에 설치된 과부하 보호장치(P_2)

(7) 단상 3선식 배전선로의 보호

① 보호 방법
- 변압기의 중성점은 접지 공사를 하여야 한다.
- 2차 측 개폐기는 동시 동작형이어야 한다.
- 중성선에는 퓨즈를 삽입할 수 없다.

② 허용 전압 강하

설비의 유형	조명[%]	기타[%]
A – 저압으로 수전하는 경우	3	5
B – 고압 이상으로 수전하는 경우*	6	8

*가능한 한 최종회로 내의 전압강하가 A 유형의 값을 넘지 않도록 하는 것이 바람직하다. 사용자의 배선설비가 100[m]를 넘는 부분의 전압강하는 미터당 0.005[%] 증가할 수 있으나 이러한 증가분은 0.5[%]를 넘지 않아야 한다.

③ 전압 강하 및 전선의 단면적 계산

전기 방식	전압 강하	전선 단면적
단상 3선식 직류 3선식 3상 4선식	$e = \dfrac{17.8LI}{1,000A}[\text{V}]$	$A = \dfrac{17.8LI}{1,000e}[\text{mm}^2]$
단상 2선식 직류 2선식	$e = \dfrac{35.6LI}{1,000A}[\text{V}]$	$A = \dfrac{35.6LI}{1,000e}[\text{mm}^2]$
3상 3선식	$e = \dfrac{30.8LI}{1,000A}[\text{V}]$	$A = \dfrac{30.8LI}{1,000e}[\text{mm}^2]$

단, L: 전선 1본의 길이[m], I: 부하 전류[A]

④ 전선의 공칭 단면적[mm²]: 1.5, 2.5, 4, 6, 10, 16, 25, 35, 50, 70, 95, 120, 150, 185, 240, 300

(8) 적산 전력계

① 적산 전력계의 측정

$$\text{적산 전력계의 측정값 } P = \frac{3,600\,n}{t \times k}\,[\text{kW}]$$

(단, n: 적산 전력계 원판의 회전 수[회], t: 시간[sec], k: 계기정수[Rev/kWh])

② 오차율

$$\varepsilon = \frac{M - T}{T} \times 100\,[\%]$$

(단, M: 측정값, T: 참값)

③ 적산 전력계의 구비 조건
- 부하 특성이 양호할 것
- 기계적 강도가 클 것
- 과부하 내량이 클 것
- 온도나 주파수 변화에 보상이 되도록 할 것
- 옥내 및 옥외 설치가 가능할 것

④ 적산 전력계의 잠동 현상
- 적산 전력계의 잠동: 무부하 상태에서 정격 주파수 및 정격 전압의 110[%]를 인가하여 계기의 원판이 1회전 이상 회전하는 현상
- 잠동 방지 대책
  - 회전 원판에 소철편을 붙인다.
  - 회전 원판에 작은 구멍을 뚫어 놓는다.

CHAPTER 04 수 · 변전 설비

1 수 · 변전 설비의 기본 계획

(1) 수 · 변전 설비의 구비 조건
  ① 설비의 신뢰성이 높을 것
  ② 설비의 운전이 안전한 설비로 될 것
  ③ 운전보수 및 점검이 용이할 것
  ④ 장래 확장이나 증설에 대체할 수 있는 구조일 것
  ⑤ 방재대책 및 환경보전에 유의할 것
  ⑥ 설치비 및 운전유지 경비가 저렴할 것

(2) 변전실의 위치와 넓이 선정
  ① 변전실의 위치
    - 부하 중심에 가깝고 배전에 편리한 장소이어야 한다.
    - 전원의 인입이 편리하여야 한다.

- 기기의 반출 및 반입이 편리해야 한다.
- 습기, 먼지가 적은 장소이어야 한다.
- 기기에 대하여 천장의 높이가 충분해야 한다.
- 물이 침입하거나 침투할 우려가 없어야 한다.
- 발전기실, 축전지실 등과의 관련성을 고려하여 가급적 이들과 인접한 장소이어야 한다.

② 변전실의 구조
- 기기를 설치하기에 충분한 높이일 것
- 바닥의 하중 강도는 $500 \sim 1,000[\mathrm{kg/m^2}]$ 이상일 것
- 방화 및 방수 구조일 것

③ 기기의 배치
- 보수 점검이 용이할 것
- 기기의 반출, 반입에 지장이 없을 것
- 안정성이 높을 것
- 증설 계획에 지장이 없을 것
- 합리적 배치로 배선이 경제적일 것
- 미적, 기능적 배치가 되도록 할 것

(3) 수전 설비의 종류

① 폐쇄형 수전 설비
- 수전 설비를 구성하는 기기를 단위 폐쇄 배전반이라는 금속제 외함에 넣어서 수전 설비를 구성하는 것으로 다음과 같은 종류가 있다.
  - 큐비클(Cubicle)
  - 메탈클래드 스위치기어(Metal-Clad Switchgear)
  - 금속 폐쇄형 스위치기어(Metal Enclosed Switchgear)
- 주차단 장치의 구성에 따른 큐비클의 종류

큐비클의 종류	설명
CB형	차단기(CB)를 사용하는 것
PF-CB형	한류형 전력 퓨즈(PF)와 차단기(CB)를 조합하여 사용하는 것
PF-S형	한류형 전력 퓨즈(PF)와 고압 개폐기(S)를 조합하여 사용하는 것

② 폐쇄형 수전 설비의 특징
- 충전부가 접지된 금속제 외함 내부에 있으므로 안정성이 높다.
- 단위 회로로 제작소에서 표준화할 수 있으므로 장치에 호환성이 있어 증설이나 보수에 편리하다.
- 현지 작업이 용이하여 공사 기간이 단축되므로 공사비가 저렴해진다.
- 개방형에 비하여 약 $40[\%]$ 정도의 전용 면적을 줄일 수 있다.
- 보수 및 점검이 용이해진다.

② 수 · 변전 설비의 구성 기기

명칭	약호	심벌 (단선도)	용도(역할)
케이블 헤드	CH		가공전선과 케이블 단말(종단) 접속
단로기	DS		무부하 전류 개폐, 회로의 접속 변경, 기기를 전로로부터 개방
피뢰기	LA		뇌전류를 대지로 방전하고 속류 차단
전력 퓨즈	PF		단락 전류 차단, 부하 전류 통전
전력 수급용 계기용 변성기	MOF	MOF	전력량을 적산하기 위하여 고전압과 대전류를 각각 저전압, 소전류로 변성하여 전력량계에 공급
영상 변류기	ZCT		지락 전류의 검출
계기용 변압기	PT		고전압을 저전압으로 변성하여 계기나 계전기에 공급
차단기	CB		부하 전류 개폐 및 사고 전류의 차단
트립 코일	TC		보호 계전기 신호에 의해 차단기 개로
변류기	CT		대전류를 소전류로 변성하여 계기나 계전기에 공급
접지 계전기	GR	GR	영상 전류에 의해 동작하며, 차단기 트립 코일 여자
과전류 계전기	OCR	OCR	과전류에 의해 동작하며, 차단기 트립 코일 여자
전압계용 전환 개폐기	VS		1대의 전압계로 3상 전압을 측정하기 위하여 사용하는 전환 개폐기
전류계용 전환 개폐기	AS		1대의 전류계로 3상 전류를 측정하기 위하여 사용하는 전환 개폐기
전압계	V	V	전압 측정
전류계	A	A	전류 측정
전력용 콘덴서 (방전 코일 내장)	SC		진상 무효 전력을 공급하여 역률 개선
방전 코일	DC		잔류 전하 방전
직렬 리액터	SR		제5고조파 제거
컷아웃 스위치	COS		기계 기구(변압기)를 과전류로부터 보호

핵심이론

1 기본 논리 소자 회로

(1) AND 회로

① 정의: 2개의 입력 A, B가 모두 "1"일 경우에만 출력이 "1"이 되는 회로를 말하며, 논리식은 $X = A \cdot B$로 표시한다.

② AND 유접점 회로, 무접점 회로 및 진리표

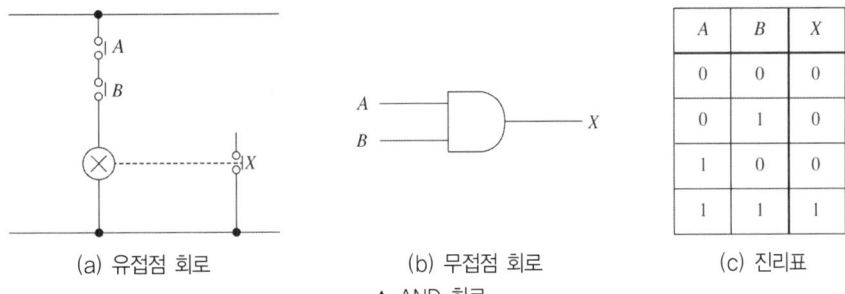

A	B	X
0	0	0
0	1	0
1	0	0
1	1	1

(a) 유접점 회로　　　　(b) 무접점 회로　　　　(c) 진리표

▲ AND 회로

(2) OR 회로

① 정의: 2개의 입력 A, B 중 어느 한 입력이라도 "1"일 경우에 출력이 "1"이 되는 회로를 말하며, 논리식은 $X = A + B$로 표시한다.

② OR 유접점 회로, 무접점 회로 및 진리표

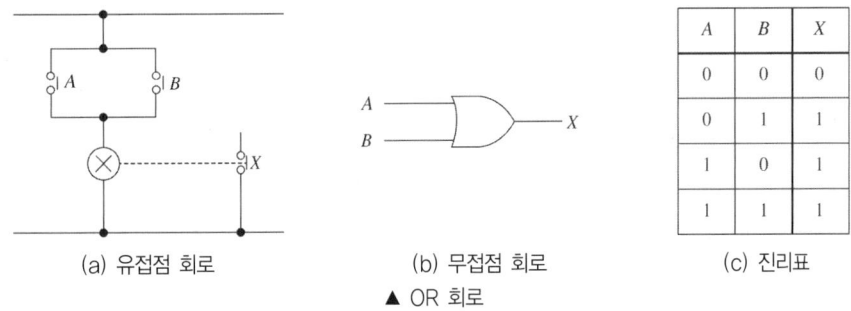

A	B	X
0	0	0
0	1	1
1	0	1
1	1	1

(a) 유접점 회로　　　　(b) 무접점 회로　　　　(c) 진리표

▲ OR 회로

(3) NOT 회로

① 정의: 입력 신호에 대해서 출력 신호가 항상 반대가 나오는 부정 회로를 말하며, 논리식은 $X = \overline{A}$로 표시한다.

② NOT 유접점 회로, 무접점 회로 및 진리표

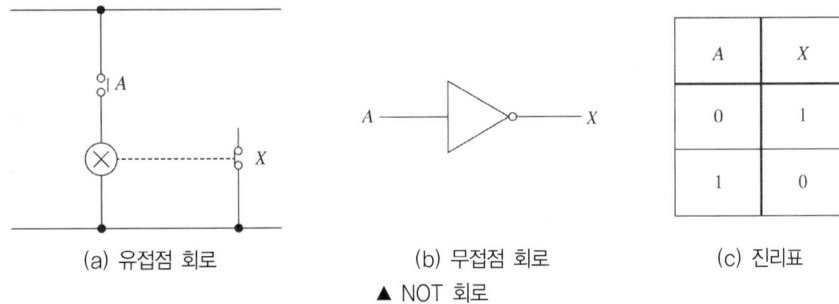

A	X
0	1
1	0

(a) 유접점 회로　　　　(b) 무접점 회로　　　　(c) 진리표

▲ NOT 회로

2 조합 논리 소자 회로

(1) NAND 회로

① 정의: AND 회로와 NOT 회로를 접속한 회로를 말하며 논리식은 $X = \overline{A \cdot B}$ 로 표시한다.

② NAND 유접점 회로, 무접점 회로 및 진리표

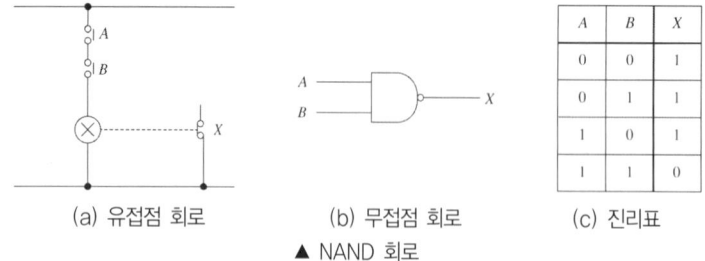

A	B	X
0	0	1
0	1	1
1	0	1
1	1	0

(a) 유접점 회로　　(b) 무접점 회로　　(c) 진리표

▲ NAND 회로

(2) NOR 회로

① 정의: OR 회로와 NOT 회로를 접속한 회로를 말하며 논리식은 $X = \overline{A + B}$ 로 표시한다.

② NOR 유접점 회로, 무접점 회로 및 진리표

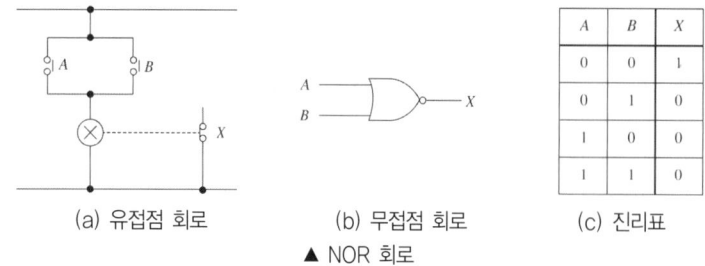

A	B	X
0	0	1
0	1	0
1	0	0
1	1	0

(a) 유접점 회로　　(b) 무접점 회로　　(c) 진리표

▲ NOR 회로

3 논리 대수 및 드 모르간 정리

교환 법칙	$A+B = B+A, \ A \cdot B = B \cdot A$
결합 법칙	$(A+B)+C = A+(B+C), \ (A \cdot B) \cdot C = A \cdot (B \cdot C)$
분배 법칙	$A \cdot (B+C) = A \cdot B + A \cdot C, \ A+(B \cdot C) = (A+B) \cdot (A+C)$
동일 법칙	$A+A = A, \ A \cdot A = A$
공리 법칙	$A+0 = A, \ A \cdot 1 = A, \ A+1 = 1, \ A \cdot 0 = 0$
드 모르간 정리	$\overline{A+B} = \overline{A} \cdot \overline{B}, \ \overline{A \cdot B} = \overline{A} + \overline{B}$

4 여러 가지 논리회로 이해

(1) 인터록(Interlock) 회로: 어느 한 쪽이 동작하면 다른 한 쪽은 동작할 수 없는 동작을 행하는 논리 회로이다.

(2) 신입 신호 우선 회로: 어느 한 쪽이 동작하면 다른 한 쪽이 복귀되는 논리 회로이다.

(3) 동작 우선 회로: 정해진 순서대로 동작하는 논리 회로이다.

(4) 시한 회로(On Delay Timer: T_{ON}): 동작 입력을 주면 타이머의 설정 시간(t)이 지난 후 출력이 동작한다.

(5) 시한 복귀 회로(Off Delay Timer: T_{OFF}): 정지 입력을 주면 타이머의 설정 시간(t)이 지난 후 출력이 복귀한다.

(6) 단안정(Monostable) 회로: 정해진 시간(설정 시간) 동안만 출력이 생기는 회로이다.

(7) 전동기 $Y-\Delta$ 기동 회로
- 전동기의 기동 전류를 줄이기 위하여 Y 결선으로 기동하고 기동이 끝나면 Δ 결선으로 운전한다.
- 구동 회로
  - 전전압 기동 시 기동 전류는 정격 전류의 6~7배 정도
  - $Y-\Delta$ 기동 시 전전압 기동 전류의 $\dfrac{1}{3}$ 배, 즉 정격의 2배

CHAPTER 06 감리 업무

1 감리 관련 용어 정리

(1) 감리원의 근무 수칙
① 감리원은 공사의 품질 확보 및 질적 향상을 위하여 기술 지도와 지원 및 기술 개발·보급에 노력하여야 한다.
② 감리원은 감리 업무를 수행함에 있어 발주자의 감독 권한을 대행하는 사람으로서 공정하고 청렴 결백하게 업무를 수행하여야 한다.
③ 감리원은 감리 업무를 수행함에 있어 해당 공사의 공사 계약 문서, 감리 과업 지시서, 그 밖에 관련 법령 등의 내용을 숙지하고 해당 공사의 특수성을 파악한 후 감리 업무를 수행하여야 한다.
④ 감리원은 해당 공사가 공사 계약 문서, 예정 공정표, 발주자의 지시 사항, 그 밖에 관련 법령의 내용대로 시공되는가를 공사 시행 시 수시로 확인하여 품질 관리에 임하여야 하고 공사업자에게 품질·시공·안전·공정 관리 등에 대한 기술 지도와 지원을 하여야 한다.

(2) 상주 감리원 업무
① 상주 감리원은 공사 현장에서 운영 요령에 따라 배치된 일수를 상주하여야 하며 다른 업무 또는 부득이한 사유로 1일 이상 현장을 이탈하는 경우에는 반드시 감리 업무 일지에 기록하고, 발주자의 승인을 받아야 한다.
② 상주 감리원은 감리 사무실 출입구 부근에 부착한 근무 상황판에 현장 근무 위치 및 업무내용 등을 기록하여야 한다.
③ 상주 감리원은 발주자의 요청이 있는 경우에는 초과 근무를 하여야 하며, 공사업자의 요청이 있을 경우에는 발주자의 승인을 받아 초과 근무를 하여야 한다.

(3) 비상주 감리원 업무
① 설계 도서 등의 검토
② 상주 감리원이 수행하지 못하는 현장 조사 분석 및 시공상의 문제점에 대한 기술 검토와 민원 사항에 대한 현지 조사 및 해결 방안 검토
③ 중요한 설계 변경에 대한 기술 검토
④ 설계 변경 및 계약 금액 조정의 심사

⑤ 기성 및 준공 검사

⑥ 정기적(분기 또는 월별)으로 현장 시공 상태를 종합적으로 점검·확인·평가하고 기술 지도

⑦ 공사와 관련하여 발주자가 요구한 기술적 사항 등에 대한 검토

⑧ 그 밖에 감리 업무 추진에 필요한 기술 지원 업무

2 공사착공 단계에서의 감리 업무

(1) 설계 도서 검토

① 감리원은 설계 도면, 설계 설명서, 공사비 산출 내역서, 기술 계산서, 공사 계약서의 계약 내용과 해당 공사의 조사 설계 보고서 등의 내용을 완전히 숙지하여 새로운 방향의 공법 개선 및 예산 절감을 도모하도록 노력하여야 한다.

② 감리원의 설계 도서 검토 내용
  • 현장 조건에 부합 여부
  • 시공의 실제 가능 여부
  • 다른 사업 또는 다른 공정과의 상호 부합 여부
  • 설계 도면, 설계 설명서, 기술 계산서, 산출 내역서 등의 내용에 대한 상호 일치 여부
  • 설계 도서의 누락, 오류 등 불명확한 부분의 존재 여부

(2) 착공 신고서 검토 및 보고

① 감리원은 공사가 시작된 경우에는 공사업자로부터 다음 각 호의 서류가 포함된 착공 신고서를 제출받아 적정성 여부를 검토하여 7일 이내에 발주자에게 보고하여야 한다.
  • 시공 관리 책임자 지정 통지서(현장 관리 조직, 안전 관리자)
  • 공사 예정 공정표
  • 품질 관리 계획서
  • 공사 도급 계약서 사본 및 산출 내역서
  • 공사 시작 전 사진
  • 현장 기술자 경력 사항 확인서 및 자격증 사본
  • 안전 관리 계획서

② 감리원은 다음 각 호를 참고하여 착공 신고서의 적정 여부를 검토하여야 한다.
  • 계약 내용의 확인
    − 공시 기간(착공 ~ 준공)
    − 공사비 지급 조건 및 방법(선급금, 기성 부분 지급, 준공금 등)
    − 그 밖에 공사 계약 문서에 정한 사항
  • 현장 기술자의 적격 여부
    − 시공 관리 책임자: "전기공사업법" 제17조
    − 안전 관리자: "산업안전보건법" 제15조
  • 공사 예정 공정표
  • 품질 관리 계획
  • 공사 시작 전 사진
  • 안전 관리 계획
  • 작업 인원 및 장비 투입 계획

③ 현장 사무소, 공사용 도로, 작업장 부지 등의 선정

- 감리원은 공사 시작과 동시에 공사업자에게 다음 각 호에 따른 가설 시설물의 면적, 위치 등을 표시한 가설 시설물 설치 계획표를 작성하여 제출하도록 하여야 한다.
  - 공사용 도로(발·변전 설비, 송·배전 설비에 해당)
  - 가설 사무소, 작업장, 창고, 숙소, 식당 및 그 밖의 부대설비
  - 자재 야적장
  - 공사용 임시 전력
- 감리원은 제 ③에 따른 가설 시설물 설치 계획에 대하여 다음 각 호의 내용을 검토하고 지원 업무 담당자와 협의하여 승인하도록 하여야 한다.
  - 가설 시설물의 규모는 공사 규모 및 현장 여건을 고려하여 정하여야 하며, 위치는 감리원이 공사 전 구간의 관리가 용이하도록 공사 중의 동선 계획을 고려할 것
  - 가설 시설물이 공사 중에 이동, 철거되지 않도록 지하 구조물의 시공 위치와 중복되지 않는 위치를 선정
  - 가설 시설물에 우수가 침입되지 않도록 대지 조성 시공기면(F.L)보다 높게 설치하여 홍수 시 피해 발생 유무 등을 고려할 것

3 공사시행 단계에서의 감리 업무

(1) 일반 행정 업무

① 감리원은 감리 업무 착수 후 빠른 시일 내에 해당 공사의 내용, 규모, 감리원 배치, 인원수 등을 감안하여 결정하고 이를 공사업자에게 통보하여야 한다.

② 감리원은 다음 각 호의 서식 중 해당 감리 현장에서 감리 업무 수행 상 필요한 서식을 비치하고 기록·보관하여야 한다.

감리 업무 일지	근무 상황판	지원 업무 수행 기록부
착수 신고서	회의 및 협의 내용 관리 대장	문서 접수대장
문서 발송 대장	교육 실적 기록부	민원 처리부
지시부	발주자 지시 사항 처리부	품질 관리 검사·확인 대장
설계 변경 현황	검사 요청서	검사 체크 리스트
시공 기술자 실명부	검사 통보서	기술검토 의견서
주요 기자재 검수 및 수불부	기성 부분 감리 조서	발생품(잉여 자재)정리부

(2) 감리 보고

① 책임 감리원은 다음 각 호의 사항이 포함된 분기 보고서를 작성하여 발주자에게 제출하여야 한다. 보고 자는 매 분기말 다음 달 7일 이내로 제출한다.

- 공사 추진 현황(공사 계획의 개요와 공사 추진 계획 및 실적, 공정 현황, 감리 용역 현황, 감리 조직, 감리원 조치 내역 등)
- 감리원 업무 일지
- 품질 검사 및 관리 현황
- 검사 요청 및 결과 통보 내용
- 주요 기자재 검사 및 수불 내용(주요 기자재 검사 및 입·출고가 명시된 수불 현황)

② 책임 감리원은 다음 각 호의 사항이 포함된 최종 감리 보고서를 감리 기간 종료 후 14일 이내에 발주자에게 제출하여야 한다.
- 공사 및 감리 용역 개요 등(사업 목적, 공사 개요, 감리 용역 개요, 설계 용역 개요)
- 공사 추진 실적 현황(기성 및 준공 검사 현황, 공종별 추진 실적, 설계 변경 현황, 공사 현장 실정 보고 및 처리 현황, 지시 사항 처리, 주요 인력 및 장비 투입 현황, 하도급 현황, 감리원 투입 현황)
- 품질 관리 실적(검사 요청 및 결과 통보 현황, 각종 특정 기록 및 조사표, 시험 장비 사용 현황, 품질 관리 및 측정자 현황, 기술 검토 실적 현황 등)
- 주요 기자재 사용 실적(기자재 공급원 승인 현황, 주요 기자재 투입 현황, 사용 자재 투입 현황)
- 안전 관리 실적(폐기물 발생 및 처리 실적)

(3) 현장 정기 교육

감리원은 공사업자에게 현장에 종사하는 시공 기술자의 양질 시공 의식 고취를 위한 다음 각 호와 같은 내용의 현장 교육을 해당 현장의 특성에 적합하게 실시하도록 하고 그 내용을 교육 실적 기록부에 기록·비치하여야 한다.
① 관련 법령·전기 설비 기준 등의 내용과 공사 현황 숙지에 관한 사항
② 감리원과 현장에 종사하는 기술자들의 화합과 협조 및 양질 시공을 위한 의식 교육
③ 시공 결과 분석 및 평가
④ 작업 시 유의 사항

(4) 감리원의 의견 제시 등

① 감리원은 해당 공사와 관련하여 공사업자의 공법 변경 요구 등 중요한 기술적인 사항에 대하여 요구한 날로부터 7일 이내에 이를 검토하고 의견서를 첨부하여 발주자에게 보고하여야 하며, 전문성이 요구되는 경우에는 요구가 있는 날로부터 14일 이내에 비상주 감리의 검토 의견서를 첨부하여 발주자에 보고하여야 한다.
② 이 경우 발주자는 그가 필요하다고 인정하는 때에는 제3자에게 자문을 의뢰할 수 있다.

(5) 시공 기술자 등의 교체

감리원은 공사업자의 시공 기술자 등이 각 호에 해당되어 해당 공사 현장에 적합지 않다고 인정되는 경우에는 공사업자 및 시공 기술자에게 문서로 시정을 요구하고 이에 불응하는 때에는 발주자에게 그 시정을 보고하여야 한다.
① 시공 기술자 및 안전 관리자가 관계 법령에 따른 배치 기준 겸직 금지 보수교육 이수 및 품질 관리 등의 법규를 위반하였을 때
② 시공 관리 책임자가 감리원과 발주자의 사전 승낙을 받지 아니하고 정당한 사유 없이 해당 공사 현장을 이탈한 때
③ 시공관리 책임자가 고의 또는 과실로 공사를 조잡하게 시공하거나 부실시공을 하여 일반인에게 위해를 끼친 때
④ 시공 관리 책임자가 계약에 따른 시공 및 기술 능력이 부족하다고 인정되거나 정당한 사유 없이 기성 공정이 예정 공정에 현격히 미달한 때
⑤ 시공 관리 책임자가 불법 하도급을 하거나 이를 방치하였을 때
⑥ 시공 기술자의 기술 능력이 부족하여 시공에 차질을 초래하거나 감리원의 정당한 지시에 응하지 아니할 때
⑦ 시공 관리 책임자가 감리원의 검사 확인 등 승인을 받지 아니하고 후속 공정을 진행하거나 정당한 사유 없이 공사를 중단할 때

(6) 사진 촬영 및 보관

① 감리원은 공사업자에게 촬영 일자가 나오는 시공 사진을 공종별로 공사 시작 전부터 끝났을 때까지의 공사 과정, 공법, 특기 사항을 촬영하고 공사 내용(시공 일자, 위치, 공종, 작업 내용 등) 설명서를 기재, 제출하도록 하여 후일 참고 자료로 활용하도록 한다.

② 공사 기록 사진은 공종별 공사 추진 단계에 따라 다음의 사항을 촬영·정리하도록 하여야 한다.
- 주요한 공사 현황은 공사 시작 전, 시공 중, 준공 등 시공 과정을 알 수 있도록 가급적 동일 장소에서 촬영
- 시공 후 검사가 불가능하거나 곤란한 부분
  - 암반선 확인 사진(송·배·변전 접지 설비 해당)
  - 매몰 수중 구조물
  - 매몰되는 옥내외 배관 등 광경
  - 배전반 주변의 매몰 배관 등

③ 감리원은 특별히 중요하다고 판단되는 시설물에 대하여는 공사 과정을 비디오 테이프 등으로 촬영하도록 하여야 한다.

(7) 시공 관리 관련 감리 업무

감리원은 공사가 설계 도서 및 관계 규정 등에 적합하게 시공되는지 여부를 확인하고 공사업자가 작성 제출한 시공 계획서, 시공 상세도의 검토 확인 및 시공 단계 별 검사, 현장 설계 변경, 여건 처리 등의 시공 관리 업무를 통하여 공사 목적물이 소정의 공기 내에 우수한 품질로 완공되도록 철저히 관리한다.

(8) 시공 계획서의 검토 확인

① 감리원은 공사업자가 작성하여 제출한 시공 계획서를 공사 시작일로부터 30일 이내에 제출받아 이를 검토 확인하여 7일 이내에 승인하여 시공하도록 하여야 하고 시공 계획서의 보완이 필요한 경우에는 그 내용과 사유를 문서로 공사업자에게 통보하여야 한다. 시공 계획서에는 시공 계획서의 작성 기준과 함께 다음 각 호의 내용 등이 포함되어야 한다.

현장 조직표	공사 세부 공정표	주요 공정의 시공 절차 및 방법
시공 일정	주요 장비 동원 계획	주요 설비
주요 기자재 및 인력 투입 계획	주요 설비	품질 안전 환경 관리 대책

② 감리원은 시공 계획서를 공사 착공 신고서와 별도로 실제 공사 시작 전에 제출받아야 하며 공사 중 시공 계획서에 중요한 내용 변경이 발생할 경우에는 그때마다 변경 시공 계획서를 제출받은 후 5일 이내에 검토 확인하여 승인 후 시공하도록 하여야 한다.

(9) 시공 상세도 승인

① 감리원은 공사 사업자로부터 시공 상세도를 사전에 제출받아 다음 각 호의 사항을 고려하여 공사업자가 제출한 날로부터 7일 이내에 검토 확인하여 승인한 후 시공할 수 있도록 하여야 한다. 다만 7일 이내에 검토 확인이 불가능한 때에는 사유 등을 명시하여 통보하고 통보 사항이 없는 때에는 승인한 것으로 본다.
- 설계 도면, 설계 설명서 또는 관계 규정에 일치하는지 여부
- 현장의 시공 기술자가 명확하게 이해할 수 있는지 여부
- 실제 시공 가능 여부
- 안정성의 확보 여부
- 계산의 정확성

② 시공 상세도는 설계 도면 및 설계 설명서 등에 불명확한 부분을 명확하게 해줌으로써 시공상의 착오 방지 및 공사 품질을 확보하기 위한 수단으로 다음 각 호의 사항에 대한 것과 공사 설계 설명서에서 작성하도록 명시한 시공 상세도에 대하여 작성하였는지를 확인한다.

- 시설물의 연결 이음 부분의 시공 상세도
- 매몰 시설물의 처리도
- 주요 기기 설치도
- 규격 치수 등이 불명확하여 시공의 어려움이 예상되는 부위의 각종 상세 도면

(10) 현장 상황 보고

감리원은 공사 현장에 다음 각 호의 사태가 발생하였을 때에는 필요한 응급 조치를 취하는 동시에 상세한 경위를 발주자에게 보고하여야 한다.

① 천재 지변 등의 사유로 공사 현장에 피해가 발생하였을 때
② 시공 관리 책임자가 승인 없이 2일 이상 현장에 상주하지 않을 때
③ 공사업자가 정당한 사유 없이 공사를 중단할 때
④ 공사업자가 계약에 따른 시공 능력이 없다고 인정되거나 공정이 현저히 미달될 때
⑤ 공사업자가 불법 하도급 행위를 할 때
⑥ 그 밖에 공사 추진에 지장이 있을 때

(11) 감리원의 공사 중지 명령 등

① 감리원은 공사업자가 공사의 설계 도서, 설계 설명서, 그 밖에 관계 서류의 내용과 적합하지 아니하게 시공하는 경우에는 재시공 또는 공사 중지 명령이나 그 밖에 필요한 조치를 할 수 있다.
② 공사 중지 및 재시공 지시 등의 적용 한계는 다음 각 호와 같다.
- 재시공: 시공된 공사가 품질 확보 미흡 또는 위해를 발생시킬 우려가 있다고 판단되거나 감리원의 확인 검사에 대한 승인을 받지 아니하고 후속 공정을 진행한 경우와 관계 규정에 맞지 아니하게 시공한 경우
- 공사 중지: 시공된 공사가 품질 확보 미흡 또는 중대한 위해를 발생시킬 우려가 있다고 판단되거나 안전상 중대한 위험이 발견된 경우에는 공사 중지를 지시할 수 있으며 공사 중지는 부분 중지와 전면 중지로 구분한다.
- 부분 중지
  - 재시공 지시가 이행되지 않는 상태에서는 다음 단계의 공정이 진행됨으로써 하자 발생이 될 수 있다고 판단될 때
  - 안전 시공상 중대한 위험이 예상되어 물적 인적 중대한 피해가 예견될 때
  - 동일 공정에 있어서 3회 이상 시정 지시가 이행되지 않을 때
  - 동일 공정에 있어 2회 이상 경고가 있었음에도 이행되지 않을 때
- 전면 중지
  - 공사업자가 고의로 공사의 추진을 지연시키거나 공사의 부실 발생 우려가 짙은 상황에서 적절한 조치를 취하지 않은 채 공사를 계속 진행시키는 경우
  - 부분 중지가 이행되지 않음으로써 전체 공정에 영향을 끼칠 것으로 판단될 때
  - 지진, 해일, 폭풍 등 불가항력적인 사태가 발생하여 시공을 계속할 수 없다고 판단될 때
  - 천재지변 등으로 발주자의 지시가 있을 때

(12) 공정 관리

① 감리원은 해당 공사가 정해진 공기 내에 설계 설명서, 도면 등에 따라 우수한 품질을 갖추어 완성될 수 있도록 공정 관리의 계획 수립, 운영 평가에 있어서 공정 진척도 관리와 기성 관리가 동일한 기준으로 이루어질 수 있도록 감리하여야 한다.

② 감리원은 공사 시작일로부터 30일 이내에 공사업자로부터 공정 관리 계획서를 제출받아 제출한 날부터 14일 이내에 검토하여 승인하고 발주자에게 제출하여야 하며 다음 각 호의 사항을 검토 · 확인하여야 한다.
- 공사업자의 공정 관리 기법이 공사의 규모 특성에 적합한지 여부
- 계약서, 설계 설명서 등에 공정 관리 기법이 명시되어 있는 경우에는 명시된 공정 관리 기법으로 시행되도록 감리
- 계약서, 설계 설명서 등에 공정 관리 기법이 명시되어 있지 않을 경우 단순한 동종 및 보통의 공종 공사인 경우에는 공사 조건에 적합한 공정 관리 기법을 적용하도록 하고 복잡한 동종의 공사 또는 감리원이 PERT/CPM 이론을 기본적으로 한 공정 관리가 필요하다고 판단하는 경우에는 별도의 PERT/CPM 기법에 의한 공정 관리를 적용하도록 조치

③ 감리원은 공사의 규모 공종 등 제반 여건을 감안하여 공사업자가 공정 관리 업무를 성공적으로 수행할 수 있는 공정 관리 조직을 갖추도록 다음 각 호의 사항을 검토 · 확인하여야 한다.
- 공정 관리 요원 자격 및 그 요원 수의 적합 여부
- 소프트웨어와 하드웨어 규격 및 그 수량의 적합 여부
- 보고 체계의 적합성 여부
- 계약 공기의 준수 여부
- 각 공정별 작업 공기에 품질 안전 관리가 고려되었는지 여부
- 지정 휴일과 기상 조건 감안 여부
- 자원 조달 여부
- 공사 주변의 여건 및 법적 제약 조건 감안 여부
- 주 공정의 적합 여부

(13) 공사 진도 관리

① 감리원은 공사업자로부터 전체 실시 공정표에 따른 월간 및 주간 상세 공정표를 사전에 제출받아 검토 · 확인하여야 한다.
- 월간 상세 공정표: 작업 착수 7일 전 제출
- 주간 상세 공정표: 작업 착수 4일 전 제출

② 감리원은 매주 또는 매월 정기적으로 공사 진도를 확인하여 예정 공정과 실시 공정을 비교하여 공사의 부진 여부를 검토한다.

③ 감리원은 현장 여건, 기상 조건, 지장물 이설 등에 따른 관련 기관 협의 사항이 정상적으로 추진되는지를 검토 확인하여야 한다.

④ 감리원은 공정 진척도 현황을 최근 1주일 전의 자료가 유지될 수 있도록 관리하고 공정지연을 방지하기 위하여 주 공정 중심의 일정 관리가 될 수 있도록 공사업자를 감리하여야 한다.

(14) 부진 공정 만회 대책

① 감리원은 공사 진도율이 계획 공정 대비 월간 공정 실적이 10[%] 이상 지연되거나, 누적공사 실적이 5[%] 이상 지연될 때에는 공사업자에게 부진 사유 분석 만회 대책 및 만회 공정표를 수립하여 제출하도록 지시하여야 한다.

② 감리원은 공사업자가 제출한 부진 공정 만회 대책을 검토·확인하고 그 이행 상태를 주간단위로 점검 평가하여야 하며 공사 추진 회의 등을 통하여 미 조치 내용에 대한 필요 대책을 수립하여 정상 공정으로 회복할 수 있도록 조치하여야 한다.

(15) 수정 공정 계획

① 감리원은 설계 변경 등으로 인한 물공량의 증가, 공법 변경, 공사 중 재해, 천재지변 등 불가항력에 따른 공사 중지, 지급 자재 공급 지연 등으로 공사 진척 실적이 지속적으로 부진할 경우에는 공정 계획을 재검 토하여 수정 공정 계획 수립의 필요성을 검토하여야 한다.

② 감리원은 공사업자의 요청 또는 감리원의 판단에 따라 수정 공정 계획을 수립할 경우에는 공사업자로부터 수정 공사 계획을 제출받아 제출일로부터 7일 이내에 검토하여 승인하고 발주자에게 보고하여야 한다.

(16) 안전 관리

① 안전 관리 감리원은 공사의 안전 시공을 위하여 안전 조직을 갖추도록 하고, 안전 조직은 현장 규모와 작업 내용에 따라 구성하며 동시에 산업 안전 보건법에 명시된 업무가 수행되도록 조직을 편성하여야 한다.

② 책임 감리원은 소속 직원 중 안전 담당자를 지정하여 공사업자의 안전 관리자를 지도 감독하도록 하여야 하며, 공사 전반에 대한 안전 관리 계획의 사전 검토 실시 확인 및 평가 자료의 기록 유지 등 사고 예방을 위한 제반 안전 관리 업무에 대하여 확인을 하도록 하여야 한다.

③ 감리원은 공사업자에게 공사 현장에 배치된 소속 직원 중 안전 보건 관리 책임자(시공 관리 책임자)와 안전 관리자(법정 자격자)를 지정하게 하여 현장의 전반적인 안전·보건 문제를 책임지고 추진하도록 하여야 한다.

④ 감리원은 공사업자에게 근로 기준법, 산업 안전 보건법, 산업 재해 보상법 및 그 밖의 관계 법규를 준수 하도록 하여야 한다.

⑤ 감리원은 산업 재해 예방을 위한 제반 안전 관리 지도에 적극적인 노력과 동시에 안전 관계 법규를 이행 하도록 하기 위하여 다음 각 호와 같은 업무를 수행하여야 한다.
- 공사업자의 안전 조직 편성 및 임무의 법상 구비 조건 충족 및 실질적인 활동 가능성 검토
- 안전 관리자에 대한 임무 수행 능력 보유 및 권한 부여 검토
- 시공 계획과 연결된 안전 계획의 수립 및 그 내용의 실효성 검토
- 유해 위험 방지 계획(수립 대상에 한함) 내용 및 실천 가능성 검토
- 안전 점검 및 안전 교육 계획의 수립 여부와 내용의 적정성 검토
- 안전 관리 예산 편성 및 집행 계획의 적정성 검토
- 현장 안전 관리 규정의 비치 및 그 내용의 적정성 검토
- 표준 안전 관리비는 다른 용도로 사용 불가
- 감리원이 공사업자에게 시공 과정마다 발생될 수 있는 안전 사고 요소를 도출하고 이를 방지할 수 있 는 절차, 수단 등을 규정한 총체적 안전 관리 계획서를 작성, 활용하도록 적극 권장하여야 한다.
- 안전 관리 계획의 이행 및 여건 변동 시 계획 변경 여부
- 안전 보건 협의회 구성 및 운영 상태
- 안전 점검 계획의 실시
- 위험 장소 및 작업에 대한 안전 조치 이행(고소 작업, 추락 위험 작업, 낙하 비래 위험 작업, 중량물 취급 작업, 화재 위험 작업, 그 밖의 위험 작업)
- 안전 교육 계획의 실시
- 안전 표지 부착 및 유지 관리

- 안전 통로 확보 기자재의 적치 및 정리 정돈
- 사고 조사 및 원인 분석 각종 통계 자료 유지
- 월간 안전 관리비 사용 실적 확인

⑥ 감리원은 안전에 관한 감리 업무를 수행하기 위하여 공사업자에게 다음 각 호의 자료를 기록·유지하도록 하고 이행 상태를 점검한다.
- 안전 업무 일지(일일 보고)
- 안전 점검 실시(안전 업무 일지에 포함 가능)
- 안전 교육(안전 업무 일지에 포함 가능)
- 각종 사고 보고
- 월간 안전 통계(무재해, 사고)
- 안전 관리비 사용 실적(월별)

⑦ 감리원은 공사업자의 안전 관리 책임자 및 안전 관리자로 하여금 현장 기술자에게 다음 각 호의 내용과 자료가 포함된 안전 교육을 실시하도록 지도·감독하여야 한다.
- 산업 재해에 관한 통계 및 정보
- 작업자의 자질에 관한 사항
- 안전 관리 조직에 관한 사항
- 안전 제도 기준 및 절차에 관한 사항
- 작업 공정에 관한 사항
- 산업 안전 보건법 등 관계 법규에 관한 사항
- 작업 환경 관리 및 안전 작업 방법
- 현장 안전 개선 방법
- 안전 관리 기법
- 이상 발견 및 사고 발생 시 처리 방법
- 안전 점검 지도 요령과 사고 조사 분석 요령

(17) 안전 관리 결과 보고서의 검토

감리원은 매분기마다 공사업자로부터 안전 관리 결과 보고서를 제출받아 이를 검토하고 미비한 사항에 대해서는 다음 각 호와 같은 서류가 포함되어야 한다.

① 안전 관리 조직표
② 안전 보건 관리 체제
③ 재해 발생 현황
④ 산재 요양 신청서 사본
⑤ 안전 교육 실적표
⑥ 그 밖에 필요한 서류

(18) 환경 관리

① 감리원은 공사업자에게 시공으로 인한 재해를 예방하고 자연 환경, 생활 환경, 사회·경제 환경을 적정하게 관리·보전함으로써 현재와 장래의 모든 국민이 건강하고 쾌적한 환경에서 생활할 수 있도록 "환경 영향 평가법"에 따른 환경 영향 평가 내용과 이에 대한 협의 내용을 충실히 이행하도록 하여야 한다.

② 감리원은 "환경 영향 평가법"에 따른 환경 영향 조사 결과를 조사 기간이 만료된 날로부터 30일 이내(다만 조사가 1년 이상인 경우에는 매년도별 조사 결과를 다음 해 1월 31일까지 통보하여야 함)에 지방 환경 청장 및 승인 기관장에게 통보할 수 있도록 하여야 한다.

4 설계 변경 및 계약 금액의 조정 관련 감리업무

(1) 감리원은 설계 변경 및 계약 금액의 조정 업무 흐름을 참조하여 감리 업무를 수행하여야 한다.

(2) 감리원은 시공 과정에서 당초 설계의 기본적인 사항인 전압, 변압기 용량, 공급 방식, 접지 방식, 계통 보호, 간선 규격, 시설물 구조, 평면 및 공법 등의 변경 없이 현지 여건에 따른 위치 변경과 연장 증감 등으로 인한 수량 증감이나 단순 시설물의 추가 또는 삭제 등의 경미한 설계 변경 사항이 발생한 경우에는 설계 변경 도면, 수량 증감 및 증감 공사 내역을 공사업자로부터 제출받아 검토·확인하고 우선 변경 시공하도록 지시할 수 있으며, 사후에 발주자에게 서면으로 보고하여야 한다. 이 경우 경미한 설계 변경의 구체적 범위는 발주자가 정한다.

(3) 발주자는 외부적 사업 환경의 변동, 사업 추진 기본 계획의 조정, 민원에 따른 노선 변경, 공법 변경, 그 밖의 시설물 추가 등으로 설계 변경이 필요한 경우에는 다음 각 호의 서류를 첨부하여 반드시 서면으로 책임 감리원에게 설계 변경을 하도록 지시하여야 한다. 다만 발주자가 설계 변경 도서를 작성할 수 없을 경우에는 설계 변경 개요서만 첨부하여 설계 변경 지시를 할 수 있다.
① 설계 변경 개요서
② 설계 변경 도면, 설계 설명서, 계산서
③ 수량 산출 조서
④ 그 밖에 필요한 서류

(4) 감리원은 공사업자가 현지 여건과 설계 도서가 부합되지 않거나 공사비의 절감 및 공사의 품질 향상을 위한 개선 사항 등 설계 변경이 필요하다고 판단되는 경우 설계 변경 사유서, 설계 변경 도면, 개략적인 수량 증감 내역 및 공사비 증감 내역 등의 서류를 첨부하여 제출하면 이를 검토·확인하고 필요 시 기술 검토 의견서를 첨부하여 발주자에게 실정을 보고하고 발주자의 방침을 받은 후 시공하도록 조치하여야 한다.

(5) 감리원은 공사업자로부터 현장 실정 보고를 접수 후 기술 검토 등을 요하지 않는 단순한 사항은 7일 이내 그 외의 사항은 14일 이내에 검토 처리하여야 하며 만일 기일 내 처리가 곤란하거나 기술적 검토가 미비한 경우에는 그 사유와 처리 계획을 발주자에게 보고하고 공사업자에게도 통보하여야 한다.

(6) 감리원은 설계 변경 등으로 인하여 계약 금액 조정 업무 처리를 지체함으로써 공사업자가 지급 자재 수급 및 기성 부분을 인정받지 못하여 공사 추진에 지장을 초래하지 않도록 적기에 계약 변경이 이루어질 수 있도록 조치하여야 한다. 최종 계약 금액의 조정은 예비 준공 검사 기간 등을 고려하여 늦어도 준공 예정일 45일 전까지 발주자에게 제출되어야 한다.

5 기성 및 준공 검사 관련 감리업무

(1) 기성 및 준공 검사자의 임명
감리원은 기성 부분 검사원 또는 준공 검사원을 접수하였을 때에는 신속히 검토·확인하고 기성 부분 감리 조서와 다음의 서류를 첨부하여 지체 없이 감리업자에게 제출하여야 한다.
① 주요 기자재 검수 및 수불부
② 감리원의 검사 기록 서류 및 시공 당시의 사진
③ 품질 시험 및 검사 성과 총괄표
④ 발생품 정리부

⑤ 그 밖에 감리원이 필요하다고 인정하는 서류와 준공 검사원에는 지급 기자재 잉여분 조치 현황과 공사의 사전 검사·확인 서류, 안전 관리 점검 총괄표 추가 첨부

(2) 기성 및 준공 검사

① 검사자는 해당 공사 검사 시에 상주 감리원 및 공사업자 또는 시공 관리 책임자 등을 입회하게 하여 계약서, 설계 설명서, 설계 도서, 그 밖의 관계 서류에 따라 다음 각 호의 사항을 검사하여야 한다. 다만, "국가를 당사자로 하는 계약에 관한 법률 시행령"에 따른 약식 기성 검사의 경우 책임 감리원의 감리 조사와 기성 부분 내역서에 대한 확인으로 갈음할 수 있다.

- 기성 검사
  - 기성 부분 내역이 설계 도서대로 시공되었는지 여부
  - 사용된 가자재의 규격 및 품질에 대한 실험의 실시 여부
  - 시험 기구의 비치와 그 활용도의 판단
  - 지급 기자재의 수불 실태
  - 주요 시공 과정을 촬영한 사진의 확인
  - 감리원의 기성 검사원에 대한 사전 검토 의견서
  - 품질 검사, 성과 총괄표 내용
  - 그 밖에 검사자가 필요하다고 인정하는 사항
- 준공 검사
  - 완공된 시설물이 설계 도서대로 시공되었는지의 여부
  - 시공 시 현장 상주 감리원이 작성한 제 기록에 대한 검토
  - 폐품 또는 발생물의 유무 및 처리의 적정 여부
  - 지급 기자재의 사용 적부와 잉여 자재의 유무 및 그 처리의 적정 여부
  - 제반 가설 시설물의 제거와 원상 복구 정리 상황
  - 감리원의 준공 검사원에 대한 검토 의견서
  - 그 밖에 검사자가 필요하다고 인정하는 사항

② 검사자는 시공된 부분이 수중 또는 지하에 매몰되어 사후 검사가 곤란한 부분과 주요 시설물에 중대한 영향을 주거나 대량의 파손 및 재시공 행위를 요하는 검사는 검사 조서와 사진 검사 등을 근거로 하여 검사를 시행할 수 있다.

(3) 준공 검사 등의 절차

① 감리원은 해당 공사 완료 후 준공 검사 전에 사전 시운전 등이 필요한 부분에 대하여 공사업자에게 다음 각 호의 사항이 포함된 시운전을 위한 계획을 수립하여 시운전 30일 이내에 제출하도록 하고 이를 검토하여 발주자에게 제출하여야 한다.

- 시운전 일정
- 시험 장비 확보 및 보정
- 시운전 항목 및 종류
- 기계·기구 사용 계획
- 시운전 절차
- 운전 요원 및 검사 요원 선임 계획

② 감리원은 공사업자로부터 시운전 계획서를 제출받아 검토, 확정하여 시운전 20일 이내에 발주자 및 공사업자에게 통보하여야 한다.

③ 감리원은 공사업자에게 다음 각 호와 같이 시운전 절차를 준비하도록 하여야 하며 시운전 시에 입회하여야 한다.
  - 기기 점검
  - 성능 보장 운전
  - 예비 운전
  - 검수
  - 시운전
  - 운전 인도
④ 감리원은 시운전 완료 후 다음 각 호의 성과품을 공사업자로부터 제출받아 검토 후 발주자에게 인계하여야 한다.
  - 운전 개시, 가동 절차 및 방법
  - 점검 항목 점검표
  - 운전 지침
  - 기기류 단독 시운전 방법 검토 및 계획서
  - 실가동 다이어그램
  - 시험 구분, 방법, 사용 매체 검토 및 계획서
  - 시험 성적서
  - 성능 시험 성적서(성능 시험 보고서)

(4) 예비 준공 검사

① 공사 현장에 주요 공사가 완료되고 현장이 정리 단계에 있을 때에는 준공 예정일 2개월 전에 준공 기한 내 준공 가능 여부 및 미진한 사항의 사전 보완을 위해 예비 준공 검사를 실시하여야 한다. 다만 소규모 공사인 경우에는 발주자와 협의하여 생략할 수 있다.
② 감리업자는 전체 공사 준공 시에 책임 감리원, 비상주 감리원 중에서 고급 감리원 이상으로 검사자를 지정하여 합동으로 검사하도록 하여야 하며, 필요 시 지원 업무 담당자 또는 시설물 유지 관리 직원 등을 입회하도록 하여야 한다. 연차별로 시행하는 장기 계속 공사의 예비 준공 검사의 경우에는 해당 책임감리원을 검사자로 지정할 수 있다.
③ 예비 준공 검사는 감리원이 확인한 정산 설계 도서 등에 따라 검사하여야 하며, 그 검사 내용은 준공 검사에 준하여 철저히 시행되어야 한다.
④ 책임 감리원은 예비 준공 검사를 실시하는 경우에는 공사업자가 제출한 품질 시험 검사총괄표의 내용을 검토하여야 한다.
⑤ 예비 준공 검사자는 검사를 행한 후, 보완 사항에 대하여는 공사업자에게 보완을 지시하고 준공검사자가 검사 시 확인할 수 있도록 감리업자 및 발주자에게 검사 결과를 제출하여야 한다. 공사업자는 예비 준공 검사의 지적 사항 등을 완전히 보완하고, 책임 감리원의 확인을 받은 후 준공 검사원을 제출하여야 한다.

(5) 준공 도면 등의 검토 · 확인

① 감리원은 준공 설계 도서 등을 검토 · 확인하고 완공된 목적물이 발주자에게 차질 없이 인계될 수 있도록 지도 · 감독하여야 한다. 감리원은 공사업자로부터 가능한 준공 예정일 1개월 전까지 준공 설계 도서를 제출받아 검토 · 확인하여야 한다.
② 감리원은 공사업자가 작성 제출한 준공 도면이 실제 시공된 대로 작성되었는지 여부를 검토 · 확인하여 발주자에게 제출하여야 한다. 준공 도면은 계약서에 정한 방법으로 작성되어야 하며 모든 준공 도면에는 감리원의 확인 · 서명이 있어야 한다.

6 시설물의 인수·인계 관련 감리 업무

(1) 시설물 인수·인계

① 감리원은 공사업자에게 해당 공사의 예비 준공 검사(부분 준공, 발주자의 필요에 따른 기성 부분 포함) 완료 후, 30일 이내에 다음의 사항이 포함된 시설물 인수·인계를 위한 계획을 수립하도록 하고 이를 검토하여야 한다.

- 일반 사항(공사 개요 등)
- 운영 지침서(필요한 경우)
  - 기능 점검 절차
  - 테스트 장비 확보 및 보정
  - 기자재 운전 지침서
  - 제작 도면·절차서 등 관련 자료
- 시운전 결과 보고서(시운전 실적이 있는 경우)
- 예비 준공 검사 결과
- 특기 사항

② 감리원은 공사업자로부터 시설물 인수·인계 계획서를 제출받아 7일 이내에 검토, 확정하여 발주자 및 공사업자에게 통보하여 인수·인계에 차질이 없도록 하여야 한다.

③ 감리원은 발주자와 공사업자 간 시설물 인수·인계의 입회자가 된다.

④ 감리원은 시설물 인수·인계에 대해 발주자 등과 이견이 있는 경우 이에 대한 현상 파악 및 필요 대책 등의 의견을 제시하여 공사업자가 이를 수행하도록 조치한다.

⑤ 인수·인계서는 준공 검사 결과를 포함하는 내용으로 한다.

⑥ 시설물의 인수·인계는 준공 검사 시 지적 사항에 대한 시정 완료일부터 14일 이내에 실시하여야 한다.

(2) 현장 문서 인수·인계

① 감리원은 해당 공사와 관련한 감리 기록 서류 중 다음 각 호의 서류를 포함하여 발주자에게 인계할 문서의 목록을 발주자와 협의하여 작성한다.

준공 사진첩	준공 도면
품질 시험 및 검사 성과 총괄표	기자재 구매서류
시설물 인수 인계서	그 밖에 발주자가 필요하다고 인정하는 서류

② 감리업자는 해당 감리 용역이 완료된 때에는 15일 이내에 공사감리 완료 보고서를 협회에 제출한다.

(3) 유지 관리 및 하자 보수

감리원은 발주자(설계자) 또는 공사업자(주요 설비 납품자) 등이 제출한 시설물의 유지 관리지침 자료를 검토하여 다음 각 항목의 내용이 포함된 유지 관리 지침서를 작성하여 공사 준공 후 14일 이내에 발주자에게 제출한다.

① 시설물의 규격 및 기능 설명서

② 시설물 유지 관리 기구에 대한 의견서

③ 시설물 유지 관리 방법

7 설계 감리업무 수행 지침

(1) 용어 정리

① 설계 감리란, 전력 시설물의 설치·보수공사(이하 '전력 시설물 공사'라 한다.)의 계획·조사 및 설계가 법에 따른 전력기술 기준과 관계 법령에 따라 적정하게 시행되도록 관리하는 것을 말한다.

② 설계 용역 성과란, 법에 따른 설계 도서(설계 도면, 설계 내역서, 설계 설명서, 그 밖에 발주자가 필요하다고 인정하여 요구한 관련 서류) 및 각종 보고서를 포함한 설계자가 발주자에게 제출하여야 하는 성과물을 말한다.

③ 설계의 경제성 검토란, 전력 시설물의 현장 적용 적합성 및 생애 주기 비용 등을 검토하는 것을 말한다.

④ 설계 감리원이란, 설계 감리자에 소속하여 설계 감리 용역 계약에 따라 설계 감리 업무를 직접 수행하는 전기 분야 기술사, 고급 기술자 또는 고급 감리원(경력 수첩 또는 감리원 수첩을 발급받은 사람을 말한다.) 이상인 사람을 말한다.

(2) 설계 감리원의 업무

설계 감리원은 다음 각 호의 업무를 수행하여야 한다.
① 주요 설계 용역 업무에 대한 기술 자문
② 사업 기회 및 타당성 조사 등 전 단계 용역 수행 내용의 검토
③ 시공성 및 유지 관리의 용이성 검토
④ 설계 도서의 누락, 오류, 불명확한 부분에 대한 추가 및 정정 지시 및 확인
⑤ 설계 업무의 공정 및 기성 관리의 검토 확인

(3) 설계 용역 관리

① 설계 감리원은 설계업자로부터 착수 신고서를 제출받아 다음 각 호의 사안에 대한 적정성 여부를 검토하여 보고하여야 한다.
  • 예정 공정표
  • 과업 수행 계획 등 그 밖에 필요한 사항
② 설계 감리원은 필요한 경우 다음 각 호의 문서를 비치하고, 그 세부 양식은 발주자의 승인을 받아 설계 감리 과정을 기록하여야 하며, 설계 감리 완료와 동시에 발주자에게 제출하여야 하며 필요한 경우 전자 매체로 제출할 수 있다.
  • 근무 상황부
  • 설계 감리 추진 현황
  • 설계 감리 일지
  • 설계 감리 검토 의견 및 조치 결과서
  • 설계 감리 지시부
  • 설계 감리 주요 검토 결과
  • 설계 감리 기록부
  • 설계 도서 검토 의견서
  • 설계 감리 협의 사항 기록부

③ 설계 감리원은 발주된 설계 용역의 특성에 맞게 지침에 따른 설계 감리원 세부 업무 내용을 정하고 다음 각 호의 사항을 포함한 설계 감리 수행 계획서를 작성하여 발주자에게 제출하여야 한다.
- 대상: 용역명, 설계 감리 규모 및 설계 감리 기간 등
- 세부 시행 계획: 세부 공정 계획 및 업무 흐름도 등
- 보안 대책 및 보안 각서
- 그 밖에 발주자가 정한 사항

(4) 설계 용역 성과 검토

① 설계 감리원은 설계자가 작성한 전력 시설물 공사의 설계 설명서가 다음 각 호의 사항이 적정하게 반영되어 작성되었는지 여부를 검토하여야 한다.
- 공사 특수성 지역 여건 및 공사 방법 등을 고려하여 설계 도면에 구체적으로 표시할 수 없는 내용
- 자재의 성능, 규격 및 공법, 품질 시험 및 검사 등 품질 관리, 안전 관리 및 환경 관리 등에 관한 사항
- 그 밖에 공사 안전성 및 원활한 수행을 위하여 필요하다고 인정되는 사항

② 설계 감리원은 설계 도면의 적정성을 검토함에 있어 다음 각 호의 사항을 확인하여야 한다.
- 도면 작성이 의도하는 대로 경제성, 정확성 및 적정성을 가졌는지 여부
- 설계 입력 자료가 도면에 맞게 표시되었는지 여부
- 설계 결과물(도면)이 입력 자료와 비교해서 합리적으로 작성되었는지 여부
- 관련 도면들과 다른 관련 문서들의 관계가 명확하게 표시되었는지 여부
- 도면이 적정하게 해석 가능하게 실시 가능하며 지속성 있게 표현되었는지 여부
- 도면상에 사업명을 부여했는지 여부

(5) 설계 감리의 기성 및 준공

책임 설계 감리원이 설계 감리의 기성 및 준공을 처리한 때에는 다음 각 호의 준공 서류를 구비하여 발주자에게 제출하여야 한다.
① 설계 용역 기성 부분 검사원 또는 설계 용역 준공 검사원
② 설계 용역 기성 부분 내역서
③ 설계 감리 결과 보고서
④ 감리 기록 서류
- 설계 감리 일지
- 설계 감리 요청서
- 설계 감리 지시부
- 설계자와 협의 사항 기록부
- 설계 감리 기록부
⑤ 그 밖에 발주자가 과업 지시서상에 요구한 사항

1 전선 및 케이블의 종류와 약호

약호	명칭
ACSR	강심 알루미늄 연선
ACSR-OC	옥외용 강심 알루미늄 도체 가교 폴리에틸렌 절연전선
ACSR-OE	옥외용 강심 알루미늄 도체 폴리에틸렌 절연전선
AL-OC	옥외용 알루미늄 도체 가교 폴리에틸렌 절연전선
AL-OE	옥외용 알루미늄 도체 폴리에틸렌 절연전선
AL-OW	옥외용 알루미늄 도체 비닐 절연전선
CNCV	동심 중성선 차수형 전력 케이블
CNCV-W	동심 중성선 수밀형 전력 케이블
CV1	0.6/1[kV] 가교 폴리에틸렌 절연 비닐 시스 케이블
CV10	6/10[kV] 가교 폴리에틸렌 절연 비닐 시스 케이블
CVV	0.6/1[kV] 비닐 절연 비닐 시스 제어 케이블
DV	인입용 비닐 절연전선
EE	폴리에틸렌 절연 폴리에틸렌 시스 케이블
EV	폴리에틸렌 절연 비닐 시스 케이블
FL	형광 방전등용 비닐전선
NR	450/750[V] 일반용 단심 비닐 절연전선
OC	옥외용 가교 폴리에틸렌 절연전선
OE	옥외용 폴리에틸렌 절연전선
OW	옥외용 비닐 절연전선
VCT	0.6/1[kV] 비닐 절연 비닐 캡타이어 케이블
VV	6/10[kV] 비닐 절연 비닐 시스 케이블

2 주요 기기 및 배선 심벌 기호

(1) 보호 계전기 약호 및 명칭

    ① OCR: 과전류 계전기(Over Current Relay)

    ② OVR: 과전압 계전기(Over Voltage Relay)

    ③ UVR: 부족 전압 계전기(Under Voltage Relay)

    ④ GR: 지락 계전기(Ground Relay)

    ⑤ SGR: 선택 지락 계전기(Selective Ground Relay)

    ⑥ OVGR: 지락 과전압 계전기(Over Voltage Ground Relay)

    ⑦ OLR: 과부하 계전기(Over Load Relay)

(2) 옥내 배선 심벌

    ① ———————: 천장 은폐 배선

    ② ·················: 노출 배선

    ③ ---------------: 바닥 은폐 배선

    ④ —··—··—··—: 노출 배선 중 바닥면 노출 배선

    ⑤ —·—·—·—·—: 천장 은폐 배선 중 천장 속의 배선

(3) 분전반 및 배전반 심벌

① ⊠: 배전반

② ◪: 분전반

③ ◪: 제어반

④ ⊠: 재해 방지 전원 회로용 배전반

⑤ ◪: 재해 방지 전원 회로용 분전반

(4) 소형 변압기 심벌

① T_B: 벨 변압기

② T_R: 리모콘 변압기

③ T_N: 네온 변압기

④ T_F: 형광등용 안정기

⑤ T_H: HID등(고휘도 방전등)용 안정기

3 전등기구 및 콘센트 심벌 기호

(1) 점멸기(스위치)

명칭	그림 기호	적요

점멸기
(스위치)
	●	• 용량의 표시 방법은 다음과 같다.
		  – 10[A]는 표기하지 않는다.
		  – 16[A] 이상은 전류값을 표기한다.
		  [보기] ●16A
		• 극수의 표시 방법은 다음과 같다.
		  – 단극은 표기하지 않는다.
		  – 2극 또는 3로, 4로는 각각 2P 또는 3, 4의 숫자를 표기한다.
		  [보기] ●2P ●3
		• 방수형은 WP를 표기한다. ●WP
		• 방폭형은 EX를 표기한다. ●EX
		• 타이머 붙이는 T를 표기한다. ●T

조광기 스위치	✎	조광기 빛의 밝기를 조정하는 스위치 [보기] ✎15A
리모콘 스위치	●R	먼 거리에서도 스위치로 램프를 점멸할 수 있는 기기 [보기] ●L (파일럿 램프 붙이)
셀렉터 스위치	⊗	방향 표시기로 선택을 할 수 있는 스위치

(2) 등기구 일반용

명칭	그림 기호	적요
백열등 HID등	○	• 벽붙이는 벽 옆을 칠한다. ◐ • 옥외등은 ⊗로 하여도 좋다. • 기타 등은 다음과 같다. 팬던트 ⊖ 실링라이트 (CL) 상들리에 (CH) 매입가구 (DL) (◎) • HID등의 종류를 표시하는 경우는 용량 앞에 다음 기호를 붙인다. 수은등 H 메탈 핼라이드등 M 나트륨등 N [보기] H400
형광등	▭○▭	• 용량을 표시하는 경우는 램프의 크기(형)×램프 수로 표시한다. 또 용량 앞에 F를 붙인다. [보기] F40　　　　F40×2 • 용량 외에 기구 수를 표시하는 경우는 램프의 크기(형)×램프 수 - 기구 수로 표시한다. [보기] F40-2　　　　F40×2-3

(3) 등기구 비상용

명칭	그림 기호	적요
비상용 조명 백열등	●	• 일반용 조명 백열등의 적요를 준용한다. 다만, 기구의 종류를 표시하는 경우는 표기한다. • 일반용 조명 형광등에 조립하는 경우는 다음과 같다. ▭○●
비상용 형광등	■○■	• 일반용 조명 백열등의 적요를 준용한다. 다만, 기구의 종류를 표시하는 경우는 표기한다. • 계단에 설치하는 통로 유도등과 겸용인 것은 ■⊗■로 한다.
유도등 백열등	⊗	• 일반용 조명 백열등의 적요를 준용한다. • 객석 유도등인 경우 필요에 따라 ⊗s로 표기한다.

(4) 콘센트

명칭	그림 기호	적요
콘센트	⊙	• 천장에 부착하는 경우는 다음과 같다. ⊙ • 바닥에 부착하는 경우는 다음과 같다. ⊙ • 용량의 표시 방법은 다음과 같다. - 15[A]는 표기하지 않는다. - 20[A] 이상은 암페어 수를 표기한다. [보기] ⊙20A

- 2구 이상인 경우는 구수를 표기한다.
  [보기] **Ⓑ**₂
- 3극 이상인 것은 극수를 표기한다.
  [보기] **Ⓑ**₃P
- 종류를 표시하는 경우는 다음과 같다.
  빠짐 방지형 **Ⓑ**LK
  걸림형 **Ⓑ**T
  접지극붙이 **Ⓑ**E
  접지단자붙이 **Ⓑ**ET
  누전 차단기붙이 **Ⓑ**EL
- 방수형은 WP를 표기한다. **Ⓑ**WP
- 방폭형은 EX를 표기한다. **Ⓑ**EX
- 의료용은 H를 표기한다. **Ⓑ**H

4 옥내 배선도

(1) 전등 및 스위치만으로 이루어진 회로

① 전등 1개를 스위치 1개로 1개소에서 점멸시키는 회로

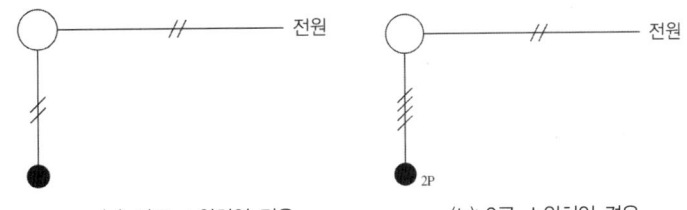

(a) 단극 스위치인 경우   (b) 2극 스위치인 경우

② 전등 2개를 스위치 1개로 1개소에서 동시에 점멸시키는 회로

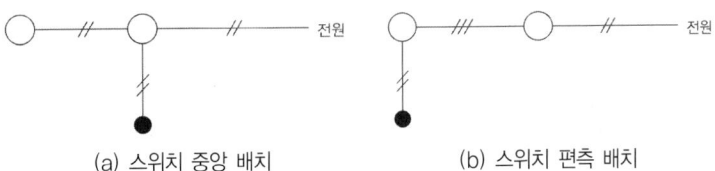

(a) 스위치 중앙 배치   (b) 스위치 편측 배치

(2) 전등, 콘센트 및 스위치로 이루어진 회로

전등 2개를 스위치 1개로 1개소에서 점멸시키는 회로(콘센트는 점멸하지 않음)

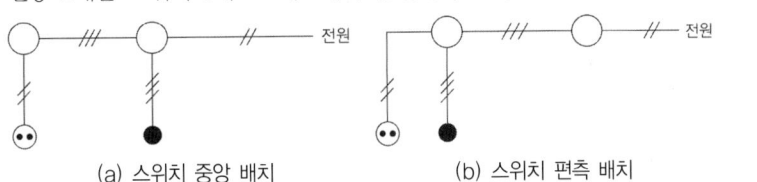

(a) 스위치 중앙 배치   (b) 스위치 편측 배치

(3) 3로 스위치(●₃)를 이용한 회로

   ① 전등 2개를 스위치 2개로 별도로 1개소에서 점멸시키는 회로

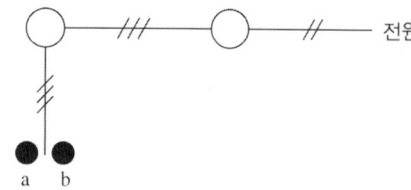

   ② 전등 1개를 스위치 2개로 2개소에서 점멸시키는 회로

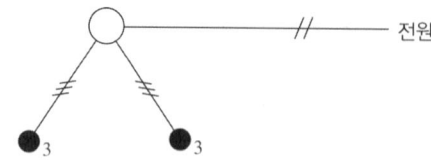

   ③ 전등 2개를 동시에 2개소에서 점멸시키는 회로

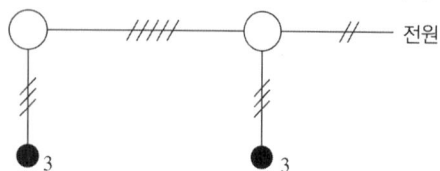

CHAPTER 08   접지 · 피뢰시스템

1 접지시스템의 구분

  (1) 계통접지

  (2) 보호접지

  (3) 피뢰시스템접지

2 접지시스템의 시설 종류

  (1) 단독접지

  (2) 공통접지

  (3) 통합접지

3 접지시스템의 시설

  (1) 접지시스템의 구성요소

    ① 접지극(접지도체를 사용해 주 접지단자에 연결)

    ② 접지도체

③ 보호도체

④ 기타설비

(2) 접지시스템의 요구사항

① 전기설비의 보호 요구사항을 충족할 것

② 지락전류와 보호도체 전류를 대지에 전달할 것

③ 전기설비의 기능적 요구사항을 충족할 것

(3) 접지저항 값의 요구사항

① 부식, 건조 및 동결 등 대지환경 변화에 충족할 것

② 인체감전보호를 위한 값과 전기설비의 기계적 요구에 의한 값을 만족할 것

4 접지극의 시설

(1) 접지극의 종류

① 콘크리트에 매입된 기초 접지극

② 토양에 매설된 기초 접지극

③ 토양에 수직 또는 수평으로 직접 매설된 금속전극(봉, 전선, 테이프, 배관, 판 등)

④ 케이블의 금속외장 및 그 밖에 금속피복

⑤ 지중 금속구조물(배관 등)

⑥ 대지에 매설된 철근콘크리트의 용접된 금속 보강재

(2) 접지극의 매설

① 접지극은 동결 깊이를 감안하여 시설하되, 고압 이상의 전기설비와 변압기 중성점 접지에 의하여 시설하는 접지극의 매설깊이는 지표면으로부터 0.75[m] 이상으로 한다.

② 접지도체를 철주 기타의 금속체를 따라서 시설하는 경우에는 접지극을 철주의 밑면으로부터 0.3[m] 이상의 깊이에 매설하는 경우 이외에는 접지극을 지중에서 그 금속체로부터 1[m] 이상 이격하여 매설하여야 한다.

(3) 접지극의 접속

① 발열성 용접   ② 압착접속

③ 클램프   ④ 그 밖의 적절한 기계적 접속장치

(4) 수도관 등을 접지극으로 사용하는 경우

지중에 매설되어 있고 대지와의 전기저항 값이 3[Ω] 이하의 값을 가지고 있는 금속제 수도관로가 다음을 따르는 경우 접지극으로 사용이 가능하다.

① 접지도체와 금속제 수도관로의 접속은 안지름 75[mm] 이상인 부분 또는 여기에서 분기한 안지름 75[mm] 미만인 분기점으로부터 5[m] 이내의 부분에서 하여야 한다. 다만, 금속제 수도관로와 대지 사이의 전기저항 값이 2[Ω] 이하인 경우에는 분기점으로부터의 거리는 5[m]를 넘을 수 있다.

② 접지도체와 금속제 수도관로의 접속부를 수도계량기로부터 수도 수용가 측에 설치하는 경우에는 수도계량기를 사이에 두고 양측 수도관로를 등전위본딩하여야 한다.

③ 대지와의 사이에 전기저항 값이 2[Ω] 이하인 값을 유지하는 건축물·구조물의 철골 기타의 금속제는 이를 비접지식 고압전로에 시설하는 기계기구의 철대 또는 금속제 외함의 접지공사 또는 비접지식 고압전로와 저압전로를 결합하는 변압기의 저압전로의 접지공사의 접지극으로 사용할 수 있다.

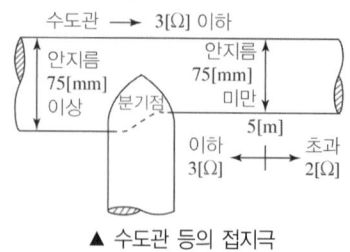

▲ 수도관 등의 접지극

5 접지도체

(1) 접지도체의 선정

접지도체의 종류	구리 도체	철 도체
보호도체의 최소 단면적에 의하는 경우	저압은 6[mm²] 이상, 고압 이상은 16[mm²] 이상	50[mm²] 이상
접지도체에 피뢰시스템이 접속되는 경우	16[mm²] 이상	50[mm²] 이상

알루미늄 도체는 접지도체로 사용해서는 안 된다.

(2) 접지도체의 굵기

구분		단면적
특고압·고압 전기설비용		6[mm²] 이상
중성점 접지용	7[kV] 이하의 전로 또는 사용전압이 25[kV] 이하(지락이 생겼을 경우 2초 이내에 자동적으로 차단하는 장치가 있는 중성선 다중접지 방식)	6[mm²] 이상
	그 외	16[mm²] 이상

6 보호도체

(1) 보호도체의 종류
① 다심케이블의 도체
② 충전도체와 같은 트렁킹에 수납된 절연도체 또는 나도체
③ 고정된 절연도체 또는 나도체

(2) 보호도체의 단면적
① 보호도체의 최소 단면적은 다음 표에 따라 선정해야 하며 보호도체용 단자도 이 도체의 크기에 적합하여야 한다.

선도체의 단면적 S ([mm²], 구리)	보호도체의 최소 단면적([mm²], 구리)	
	보호도체의 재질	
	선도체와 같은 경우	선도체와 다른 경우
$S \leq 16$	S	$\left(\dfrac{k_1}{k_2}\right) \times S$
$16 < S \leq 35$	16	$\left(\dfrac{k_1}{k_2}\right) \times 16$
$S > 35$	$\dfrac{S}{2}$	$\left(\dfrac{k_1}{k_2}\right) \times \left(\dfrac{S}{2}\right)$

② 보호도체의 단면적은 차단시간이 5초 이하인 경우 다음의 계산 값 이상이어야 한다.

$$S = \frac{\sqrt{I^2 t}}{k}$$

(단, S: 단면적[mm²], I: 보호장치를 통해 흐를 수 있는 예상 고장전류 실효값[A], t: 자동차단을 위한 보호장치의 동작시간[s], k: 재질 및 초기온도와 최종온도에 따라 정해지는 계수)

③ 보호도체가 케이블의 일부가 아니거나 선도체와 동일 외함에 설치되지 않을 경우 단면적의 굵기

구분	구리[mm²]	알루미늄[mm²]
기계적 손상에 보호가 되는 경우	2.5 이상	16 이상
기계적 손상에 보호가 되지 않는 경우	4 이상	

④ TT 계통에서 전력 공급계통의 접지극과 노출도전부의 접지극이 전기적으로 독립한 경우 보호도체의 단면적은 구리 25[mm²], 알루미늄 35[mm²]를 초과하지 않아도 된다.

7 전기수용가 접지

(1) 저압수용가 인입구 접지

① 수용장소 인입구 부근에서 다음의 것을 접지극으로 사용하여 변압기 중성점 접지를 한 저압전선로의 중성선 또는 접지 측 전선에 추가로 접지공사를 할 수 있다.
  • 지중에 매설되어 있고 대지와의 전기저항 값이 3[Ω] 이하의 값을 유지하고 있는 금속제 수도관로
  • 대지 사이의 전기저항 값이 3[Ω] 이하인 값을 유지하는 건물의 철골

② 접지도체는 공칭 단면적 6[mm²] 이상의 연동선 또는 이와 동등 이상의 세기 및 굵기의 쉽게 부식하지 않는 금속선으로서 고장 시 흐르는 전류를 안전하게 통할 수 있는 것이어야 한다.

(2) 주택 등 저압수용장소 접지

① 저압수용장소에서 계통접지가 TN-C-S 방식인 경우에 보호도체는 다음에 따라 시설하여야 한다.
  • 중성선 겸용 보호도체(PEN)는 고정 전기설비에만 사용할 수 있고 그 도체의 단면적이 구리는 10[mm²] 이상, 알루미늄은 16[mm²] 이상이어야 하며, 그 계통의 최고전압에 대하여 절연되어야 한다.

② 접지의 경우 감전보호용 등전위본딩을 하여야 한다. 다만, 이 조건을 충족시키지 못하는 경우에는 중성선 겸용 보호도체를 수용장소의 인입구 부근에 추가로 접지하여야 하며, 그 접지저항 값은 접촉전압을 허용접촉전압 범위 내로 제한하는 값 이하로 하여야 한다.

8 계통 접지 방식

(1) 저압전로의 보호도체 및 중성선의 접속 방식에 따른 접지계통의 분류

① TN 계통
② TT 계통
③ IT 계통

[표] 기호 설명

	기호 설명
	중성선(N), 중간도체(M)
	보호도체(PE)
	중성선과 보호도체 겸용(PEN)

(2) 접지계통의 분류

① TN 계통: 전원 측의 한 점을 직접접지하고 설비의 노출도전부를 보호도체로 접속시키는 방식으로 중성선 및 보호도체(PE 도체)의 배치 및 접속 방식에 따라 다음과 같이 분류한다.

• TN-S 계통은 계통 전체에 대해 별도의 중성선 또는 PE 도체를 사용한다. 배전계통에서 PE 도체를 추가로 접지할 수 있다.

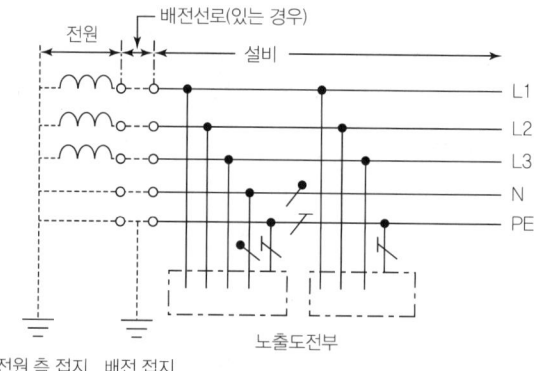

▲ 계통 내에서 별도의 중성선과 보호도체가 있는 TN-S 계통

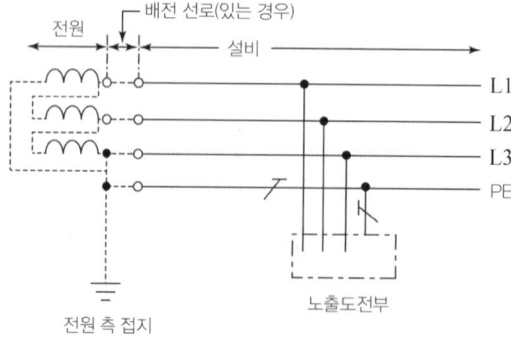

▲ 계통 내에서 별도의 접지된 선도체와 보호도체가 있는 TN-S 계통

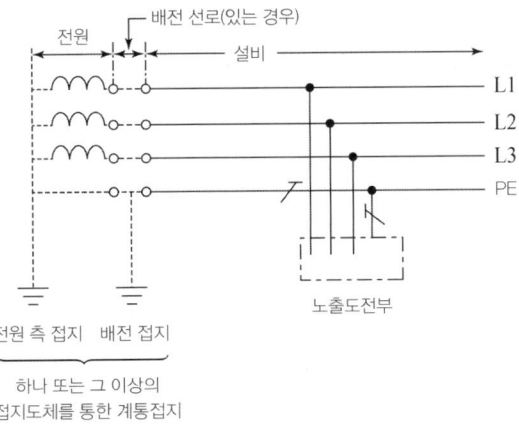

▲ 계통 내에서 접지된 보호도체는 있으나 중성선의 배선이 없는 TN-S 계통

• TN-C 계통은 그 계통 전체에 대해 중성선과 보호도체의 기능을 동일도체로 겸용한 PEN 도체를 사용한다. 배전계통에서 PEN 도체를 추가로 접지할 수 있다.

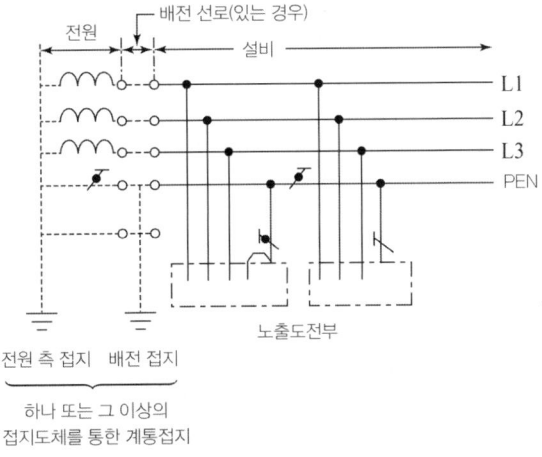

▲ TN-C 계통

• TN-C-S 계통은 계통의 일부분에서 PEN 도체를 사용하거나, 중성선과 별도의 PE 도체를 사용하는 방식이 있다. 배전계통에서 PEN 도체와 PE 도체를 추가로 접지할 수 있다.

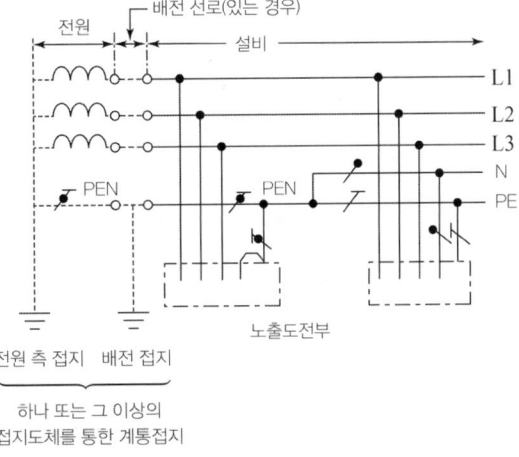

▲ 설비의 어느 곳에서 PEN이 PE와 N으로 분리된 3상 4선식 TN-C-S 계통

② TT 계통: 전원의 한 점을 직접 접지하고 설비의 노출도전부는 전원의 접지전극과 전기적으로 독립적인
접지극에 접속시킨다. 배전계통에서 PE 도체를 추가로 접지할 수 있다.

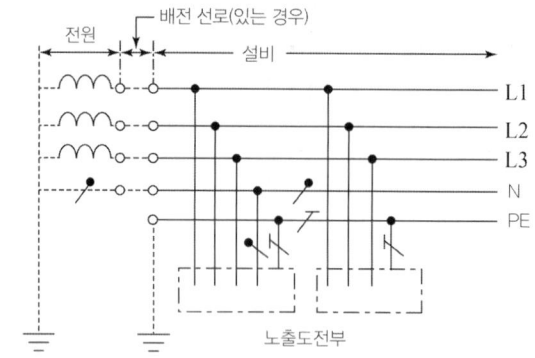

▲ 설비 전체에서 별도의 중성선과 보호도체가 있는 TT 계통

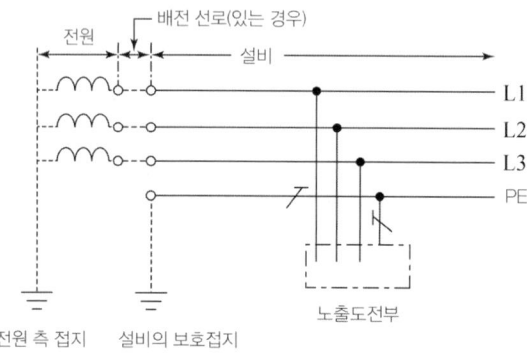

▲ 설비 전체에서 접지된 보호도체가 있으나 배전용 중성선이 없는 TT 계통

③ IT 계통
- 충전부 전체를 대지로부터 절연시키거나, 한 점을 임피던스를 통해 대지에 접속시킨다. 전기설비의 노
  출도전부를 단독 또는 일괄적으로 계통의 PE 도체에 접속시킨다. 배전계통에서 추가접지가 가능하다.
- 계통은 충분히 높은 임피던스를 통하여 접지할 수 있다. 이 접속은 중성점, 인위적 중성점, 선도체 등
  에서 할 수 있다. 중성선은 배선할 수도 있고, 배선하지 않을 수도 있다.

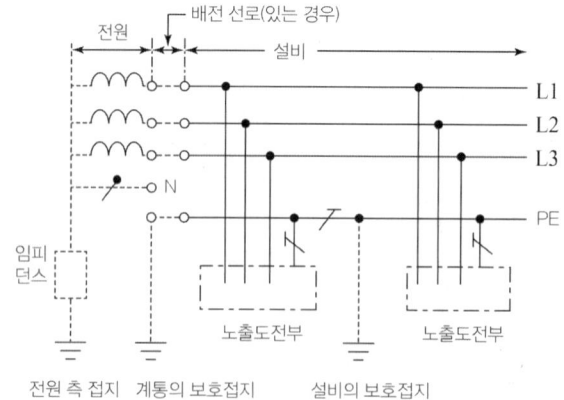

▲ 계통 내의 모든 노출도전부가 보호도체에 의해 접속되어 일괄 접지된 IT 계통

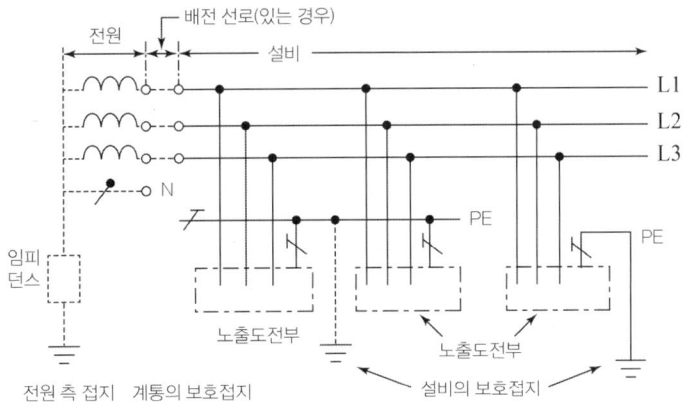

▲ 노출도전부가 조합으로 또는 개별로 접지된 IT 계통

9 피뢰시스템

(1) 적용범위

① 전기전자설비가 설치된 건축물·구조물
- 낙뢰로부터 보호가 필요한 것
- 지상으로부터 높이가 20[m] 이상인 것

② 전기설비 및 전자설비 중 낙뢰로부터 보호가 필요한 설비

(2) 피뢰시스템의 구성

① 직격뢰로부터 대상물을 보호하기 위한 외부피뢰시스템

② 간접뢰 및 유도뢰로부터 대상물을 보호하기 위한 내부피뢰시스템

10 외부 피뢰시스템

(1) 수뢰부 시스템

① 수뢰부 시스템의 선정
돌침, 수평도체, 메시도체의 요소 중에 한 가지 또는 이를 조합한 형식으로 시설

② 수뢰부 시스템의 배치
- 보호각법, 회전구체법, 메시법 중 하나 또는 조합된 방법으로 배치
- 건축물·구조물의 뾰족한 부분, 모서리 등에 우선하여 배치

(2) 인하도선 시스템

① 인하도선 시스템의 배치
- 건축물·구조물과 분리된 피뢰시스템인 경우
  - 뇌전류의 경로가 보호대상물에 접촉하지 않도록 할 것
  - 별개의 지주에 설치되어 있는 경우 각 지주마다 1가닥 이상의 인하도선을 시설
  - 수평도체 또는 메시도체인 경우 지지 구조물마다 1가닥 이상의 인하도선을 시설

- 건축물·구조물과 분리되지 않은 피뢰시스템인 경우
  - 벽이 불연성 재료라면 벽의 표면 또는 내부에 시설 가능. 다만, 벽이 가연성 재료인 경우에는 0.1[m] 이상 이격하고, 이격이 불가능한 경우에는 도체의 단면적을 100[mm²] 이상으로 할 것
  - 인하도선의 수는 2가닥 이상
  - 보호대상 건축물·구조물의 투영에 따른 둘레에 가능한 균등한 간격으로 배치할 것

② 병렬 인하도선의 최대간격

피뢰시스템 등급	최대간격[m]
Ⅰ · Ⅱ	10
Ⅲ	15
Ⅳ	20

③ 인하도선은 구조물의 노출된 모서리에 설치해야 한다. 그러나 가장 가까운 인하도선과 노출된 모서리 사이의 거리가 다음의 어느 하나에 해당하는 경우에는 노출된 모서리에 인하도선을 설치하지 않을 수 있다.
  - 인접한 양쪽의 인하도선까지의 거리가 ②의 조건에 따른 거리의 절반 또는 그보다 작을 경우
  - 인접한 하나의 인하도선까지의 거리가 ②의 조건에 따른 거리의 4분의 1 또는 그보다 작을 경우

(3) 접지극 시스템
  ① 접지극 시스템의 배치
   • A형 접지극은 최소 2개 이상을 균등한 간격으로 배치해야 하고 피뢰시스템 등급별 대지 저항률에 따른 최소 길이 이상으로 할 것
   • B형 접지극은 접지극 면적을 환산한 평균 반지름이 최소 길이 이상으로 하여야 하며, 평균 반지름이 최소 길이 미만인 경우에는 해당하는 길이의 수평 또는 수직매설 접지극을 추가로 시설할 것. 다만, 추가하는 수평 또는 수직매설 접지극의 수는 최소 2개 이상으로 할 것
   • 접지극 시스템의 접지저항이 10[Ω] 이하인 경우 최소길이 이하로 배치 가능
  ② 접지극의 시설접지극의 시설
   • 지표면에서 0.75[m] 이상 깊이로 매설할 것. 다만, 필요 시는 해당 지역의 동결심도를 고려한 깊이로 할 것
   • 대지가 암반지역으로 대지저항이 높거나 건축물·구조물이 전자통신시스템을 많이 사용하는 시설의 경우에는 환상도체접지극 또는 기초접지극으로 할 것
   • 접지극 재료는 대지의 환경오염 및 부식의 문제가 없을 것
   • 철근콘크리트 기초 내부의 상호 접속된 철근 또는 금속제 지하구조물 등 자연적 구성 부재는 접지극으로 사용 가능

11 내부 피뢰시스템

(1) 전기전자설비 보호
  ① 접지와 본딩
   • 뇌서지 전류를 대지로 방류시키기 위한 접지를 시설할 것
   • 전위차를 해소하고 자계를 감소시키기 위한 본딩을 구성하여야 할 것
  ② 서지보호장치 시설
   • 전기전자설비 등에 연결된 전선로를 통하여 서지가 유입되는 경우, 해당 선로에는 서지보호장치를 설치할 것

- 지중 저압수전의 경우, 내부에 설치하는 전기전자기기의 과전압범주별 임펄스내전압이 규정 값에 충족하는 경우는 서지보호장치를 생략 가능

(2) 피뢰 등전위본딩

① 일반사항
- 피뢰시스템의 등전위화는 다음과 같은 설비들을 서로 접속함으로써 이루어진다.
  - 금속제 설비
  - 구조물에 접속된 외부 도전성 부분
  - 내부 시스템
- 등전위본딩의 상호 접속
  - 자연적 구성부재로 인한 본딩으로 전기적 연속성을 확보할 수 없는 장소는 본딩도체로 연결한다.
  - 본딩도체로 직접 접속할 수 없는 장소의 경우에는 서지보호장치를 이용한다.
  - 본딩도체로 직접 접속이 허용되지 않는 장소의 경우에는 절연방전갭(ISG)을 이용한다.

② 등전위본딩 바
- 설치 위치는 짧은 도전성 경로로 접지시스템에 접속할 수 있는 위치이어야 한다.
- 접지시스템(환상접지전극, 기초접지전극, 구조물의 접지보강재 등)에 짧은 경로로 접속하여야 한다.
- 외부 도전성 부분, 전원선과 통신선의 인입점이 다른 경우 여러 개의 등전위본딩 바를 설치할 수 있다.

CHAPTER 09   안전을 위한 보호

1 보호대책 일반 요구사항

인축에 대한 기본보호와 고장보호를 위한 필수 조건을 규정하고 있다. 외부영향과 관련된 조건의 적용과 특수설비 및 특수장소의 시설에 있어서의 추가적인 보호의 적용을 위한 조건도 규정한다.

(1) 전압규정

① 교류전압: 실효값
② 직류전압: 리플프리

(2) 보호의 종류

① 기본보호: 고장이 없는 상태에서의 감전보호로 충전부에 직접접촉을 방지하기 위한 보호 방식
② 고장보호: 저압 전기회로 및 설비기기에서 기본절연의 파괴로 인하여 인체에 위험한 접촉전압이 인가되는 것을 방지하기 위한 보호방식
③ 강화된 보호: 이중절연 또는 강화절연방식
④ 추가적 보호: 외부영향의 특정조건과 특정한 특수장소에서 기본보호와 고장보호방식에 추가하여 적용하는 방식으로 추가적인 보호수단은 누전차단기와 보조 보호등전위본딩으로 감전의 위험성이 없도록 할 것

(3) 보호대책의 구성

① 기본보호와 고장보호를 독립적으로 적절하게 조합
② 기본보호와 고장보호를 모두 제공하는 강화된 보호 규정
③ 추가적 보호는 외부영향의 특정 조건과 특정한 특수장소에서의 보호대책의 일부로 규정

2 전원의 자동차단에 의한 보호대책

(1) 일반 요구사항

① 기본보호는 충전부의 기본절연 또는 격벽이나 외함에 의함

② 고장보호는 보호등전위본딩 및 자동차단에 의함

③ 추가적인 보호로 누전차단기를 시설 가능

(2) 고장보호의 요구사항

① 보호접지

- 노출도전부는 계통접지별로 규정된 특정 조건에서 보호도체에 접속
- 동시에 접근 가능한 노출도전부는 개별적 또는 집합적으로 같은 접지계통에 접속

② 보호등전위본딩

- 도전성 부분은 보호등전위본딩으로 접속
- 건축물 외부로부터 인입된 도전부는 건축물 안쪽의 가까운 지점에서 본딩
- 통신 케이블의 금속외피는 소유자 또는 운영자의 요구사항을 고려하여 보호등전위본딩에 접속

3 기능적 특별저압(FELV)

기능상의 이유로 교류 50[V], 직류 120[V] 이하인 공칭 전압을 사용하지만, SELV 또는 PELV에 대한 모든 요구조건이 충족되지 않고 SELV와 PELV가 필요치 않은 경우에는 기본보호 및 고장보호의 보장을 위해 다음에 따라야 한다.

(1) 기본보호

① 전원의 1차 회로의 공칭 전압에 대응하는 충전부에 접촉하는 것을 방지하기 위한 기본절연

② 인체가 충전부에 접촉하는 것을 방지하기 위한 격벽 또는 외함

(2) 고장보호

전원의 자동차단에 의한 보호가 될 경우 FELV 회로 기기의 노출도전부는 전원의 1차 회로의 보호도체에 접속

4 SELV와 PELV를 적용한 특별저압에 의한 보호

(1) 보호대책 요구사항

① 특별저압계통의 전압한계는 교류 50[V] 이하, 직류 120[V] 이하일 것

② 특별저압 회로를 제외한 모든 회로로부터 특별저압계통을 보호 분리하고, 특별저압계통과 다른 특별저압계통 간에는 기본절연을 할 것

③ SELV계통과 대지 간에 기본절연을 할 것

(2) SELV와 PELV용 전원

① 안전절연변압기 전원

② 안전절연변압기 및 이와 동등한 절연의 전원

③ 축전지 및 디젤발전기 등과 같은 독립전원

5 보호장치의 특성

(1) 저압전로에 사용하는 범용의 퓨즈

과전류차단기로 저압전로에 사용하는 범용의 퓨즈는 gG, gM, gD, gN 등의 종류가 있으며, 용단특성은 다음 표에 적합한 것이어야 한다.

[표] gG, gM 퓨즈의 용단특성

정격전류의 구분	시간	정격전류의 배수		적용
		불용단전류	용단전류	
4[A] 이하	60분	1.5배	2.1배	gG
4[A] 초과 16[A] 미만	60분	1.5배	1.9배	gG
16[A] 이상 63[A] 이하	60분	1.25배	1.6배	gG, gM
63[A] 초과 160[A] 이하	120분	1.25배	1.6배	gG, gM
160[A] 초과 400[A] 이하	180분	1.25배	1.6배	gG, gM
400[A] 초과	240분	1.25배	1.6배	gG, gM

[표] gD, gN 퓨즈의 용단특성

정격전류의 구분	시간	정격전류의 배수	
		불용단전류	용단전류
60[A] 이하	60분	1.1배	1.35배
60[A] 초과 600[A] 이하	120분	1.1배	1.35배
600[A] 초과 6,000[A] 이하	240분	1.1배	1.50배

(2) 배선차단기

과전류차단기로 저압전로에 사용하는 배선차단기는 산업용, 주택용 등의 종류가 있으며 과전류트립 동작시간 및 특성은 다음과 같다. 다만, 일반인이 접촉할 우려가 있는 장소(세대 내 분전반 및 이와 유사한 장소)에는 주택용 배선차단기를 시설해야 하고, 주택용 배선차단기를 정방향(세로)으로 부착할 경우에는 차단기의 위쪽이 켜짐(on)으로, 차단기의 아래쪽은 꺼짐(off)으로 시설하여야 한다.

[표] 과전류트립 동작시간 및 특성

정격전류	규정 시간	정격전류의 배수			
		주택용		산업용	
		부동작전류	동작전류	부동작전류	동작전류
63[A] 이하	60분	1.13배	1.45배	1.05배	1.3배
63[A] 초과	120분	1.13배	1.45배	1.05배	1.3배

[표] 순시트립에 따른 구분(주택용 배선차단기)

형	순시트립 범위
B	$3I_n$ 초과 $5I_n$ 이하
C	$5I_n$ 초과 $10I_n$ 이하
D	$10I_n$ 초과 $20I_n$ 이하

6 과부하전류에 대한 보호

(1) 도체와 과부하 보호장치 사이의 협조: 과부하에 대해 케이블(전선)을 보호하는 장치의 동작특성은 다음의 조건을 충족해야 한다.

① 조정할 수 있게 설계 및 제작된 보호장치의 경우, 정격전류 I_n은 사용현장에 적합하게 조정된 전류의 설정값이다.

$$I_B \le I_n \le I_Z \cdots\cdots\cdots Ⓐ$$
$$I_2 \le 1.45 \times I_Z \cdots\cdots Ⓑ$$

(단, I_B : 회로의 설계전류[A], I_Z : 케이블의 허용전류[A], I_n : 보호장치의 정격전류[A],
I_2 : 보호장치가 규약시간 이내에 유효하게 동작하는 것을 보장하는 전류[A])

② 식 Ⓑ에 따른 보호는 조건에 따라서 보호가 불확실한 경우가 발생할 수 있다. 이러한 경우에는 식 Ⓑ에 따라 선정된 케이블보다 단면적이 큰 케이블을 선정하여야 한다.

③ I_B는 선도체를 흐르는 설계전류이거나, 함유율이 높은 영상분 고조파(특히 제3고조파)가 지속적으로 흐르는 경우 중성선에 흐르는 전류이다.

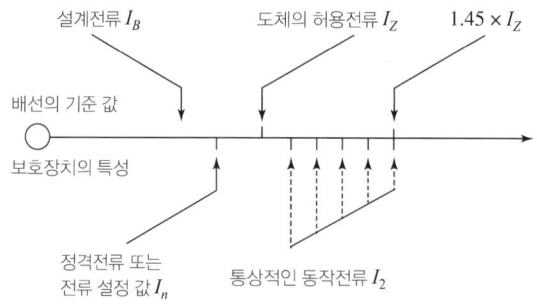

▲ 과부하 보호 설계 조건도

(2) 과부하 보호장치의 설치 위치: 과부하 보호장치는 전로 중 도체의 단면적, 특성, 설치방법, 구성의 변경으로 도체의 허용전류 값이 줄어드는 곳(이하 분기점이라 함)에 설치해야 한다. 다만, 과부하 보호장치는 분기점 (O)에 설치해야 하나, 분기점(O)점과 분기회로의 과부하 보호장치의 설치점 사이의 배선 부분에 다른 분기 회로나 콘센트 회로가 접속되어 있지 않고, 다음 중 하나를 충족하는 경우에는 변경이 있는 배선에 설치할 수 있다.

① 다음 그림과 같이 분기회로(S_2)의 과부하 보호장치(P_2)의 전원 측에 다른 분기 회로 또는 콘센트의 접속 이 없고 분기회로에 대한 단락보호가 이루어지고 있는 경우 P_2는 분기회로의 분기점(O)으로부터 부하 측으로 거리에 구애 받지 않고 이동하여 설치할 수 있다.

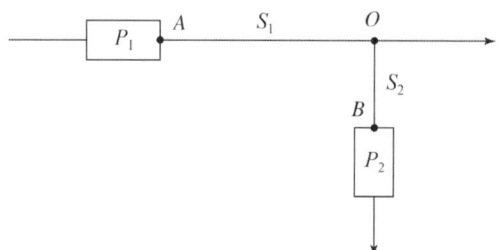

▲ 분기회로(S_2)의 분기점(O)에 설치되지 않은 분기회로 과부하 보호장치(P_2)

② 다음 그림과 같이 분기회로(S_2)의 과부하 보호장치(P_2)는 (P_2)의 전원 측에서 분기점(O) 사이에 다른 분기회로 또는 콘센트의 접속이 없고, 단락의 위험과 화재 및 인체에 대한 위험성이 최소화되도록 시설된 경우, 분기회로의 보호장치(P_2)는 분기회로의 분기점(O)으로부터 3[m]까지 이동하여 설치할 수 있다.

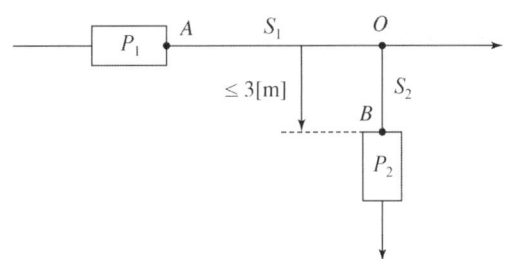

▲ 분기회로(S_2)의 분기점(O)에서 3[m] 이내에 설치된 과부하 보호장치(P_2)

7 단락전류에 대한 보호

(1) 단락보호장치시설

단락전류 보호장치는 분기점(O)에 설치해야 한다. 다만 다음 그림과 같이 분기회로의 단락보호장치 설치점(B)과 분기점(O) 사이에 다른 분기회로 또는 콘센트의 접속이 없고 단락, 화재 및 인체에 대한 위험이 최소화될 경우, 분기회로의 단락 보호장치 P_2는 분기점(O)으로부터 3[m]까지 이동하여 설치할 수 있다.

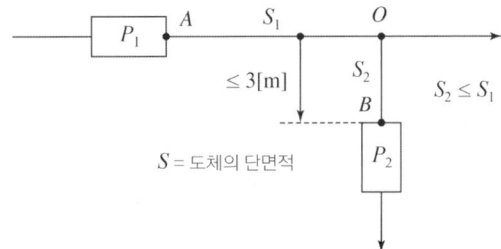

▲ 분기회로 단락보호장치(P_2)의 제한된 위치 변경

(2) 단락보호장치의 생략

배선의 단락위험을 최소화할 수 있는 방법과 가연성 물질 근처에 설치하지 않는 조건이 모두 충족되면 다음과 같은 경우 단락보호장치를 생략할 수 있다.
① 발전기, 변압기, 정류기, 축전지와 보호장치가 설치된 제어반을 연결하는 도체
② 전원차단이 설비의 운전에 위험을 가져올 수 있는 회로
③ 특정 측정회로
④ 내부고장이 발생한 경우에도 출력단자의 전압이 교류 50[V], 직류 120[V] 이하의 값을 초과하지 않도록 적절한 표준에 따른 전자장치
⑤ 안전절연변압기, 전동발전기 등 저압으로 공급되는 이중 또는 강화절연된 이동용 전원

CHAPTER 01 　단답형 문제

활용 방법
① QR코드를 스캔
② 무료 강의 수강(재생목록에서 각 내용에 맞게 선택)
③ 동영상 강의와 함께 본문을 학습

1 피뢰기

(1) 피뢰기의 구조 및 역할

① 피뢰기 구조

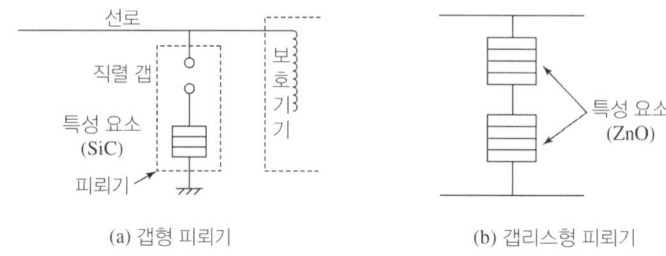

(a) 갭형 피뢰기　　　　　　(b) 갭리스형 피뢰기

▲ 피뢰기의 종류 및 구조

- 직렬 갭: 뇌전류를 대지로 방전시키고 속류를 차단한다.
- 특성 요소: 뇌전류 방전 시 피뢰기 자신의 전위 상승을 억제하여 자신의 절연 파괴를 방지한다.

② 피뢰기의 역할

- 이상 전압이 침입해서 피뢰기의 단자 전압이 어느 일정값 이상으로 올라가면 즉시 방전을 개시해서 전압 상승을 억제한다.
- 이상 전압이 없어져서 단자 전압이 일정값 이하가 되면 즉시 방전을 정지해서 원래의 송전 상태로 되돌아가게 한다.(속류 차단)

(2) 피뢰기의 구비 조건

① 충격 방전개시전압이 낮을 것
② 상용주파 방전개시전압이 높을 것
③ 방전 내량이 크면서 제한 전압이 낮을 것
④ 속류의 차단 능력이 클 것

(3) 피뢰기의 설치 장소

① 발전소 및 변전소 또는 이에 준하는 장소의 가공전선 인입구 및 인출구
② 특고압 옥외 배전용 변압기의 고압 측 및 특고압 측
③ 고압 및 특고압 가공 전선로에서 공급받는 수용장소의 인입구
④ 가공전선로와 지중전선로가 접속되는 곳

낙뢰나 혼촉사고 등에 의하여 이상 전압이 발생하였을 때 선로와 기기를 보호하기 위하여 피뢰기를 설치한다. 전기설
비기술기준에 의해 시설해야 하는 곳을 3개소를 쓰시오.　　　　　　　　　　　　　　　　　　　　　　　[5점]

답안작성　　• 발전소 및 변전소 또는 이에 준하는 장소의 가공전선 인입구 및 인출구
　　　　　　　• 특고압 옥외 배전용 변압기의 고압 측 및 특고압 측
　　　　　　　• 고압 및 특고압 가공 전선로에서 공급받는 수용장소의 인입구

2 계기용 변성기(PT, CT) 사용 적산 전력계 결선도

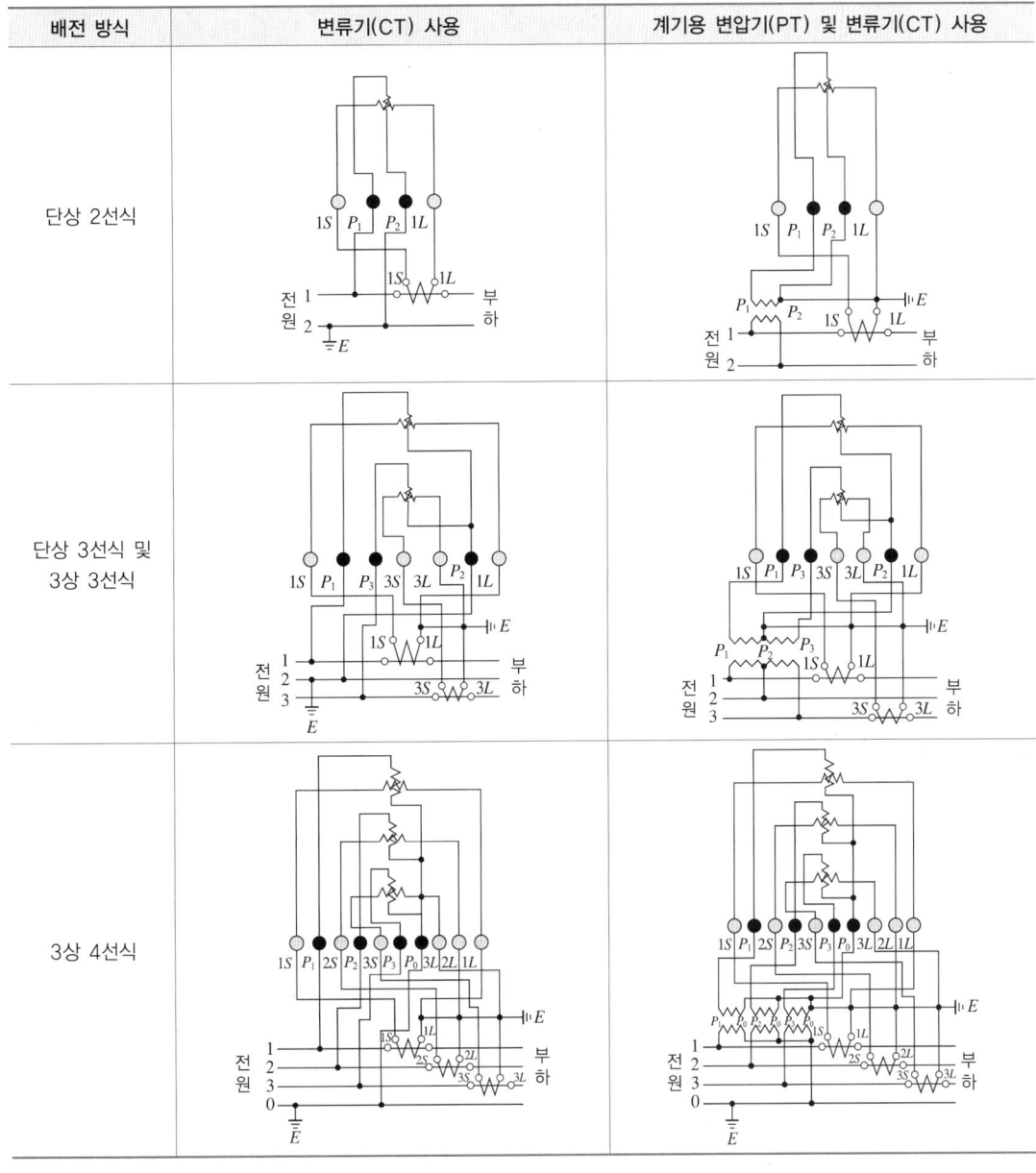

배전 방식	변류기(CT) 사용	계기용 변압기(PT) 및 변류기(CT) 사용
단상 2선식		
단상 3선식 및 3상 3선식		
3상 4선식		

답안지의 그림은 3상 4선식 전력량계의 결선도를 나타낸 것이다. PT와 CT를 사용하여 미완성 부분의 결선도를 완성하시오. [5점]

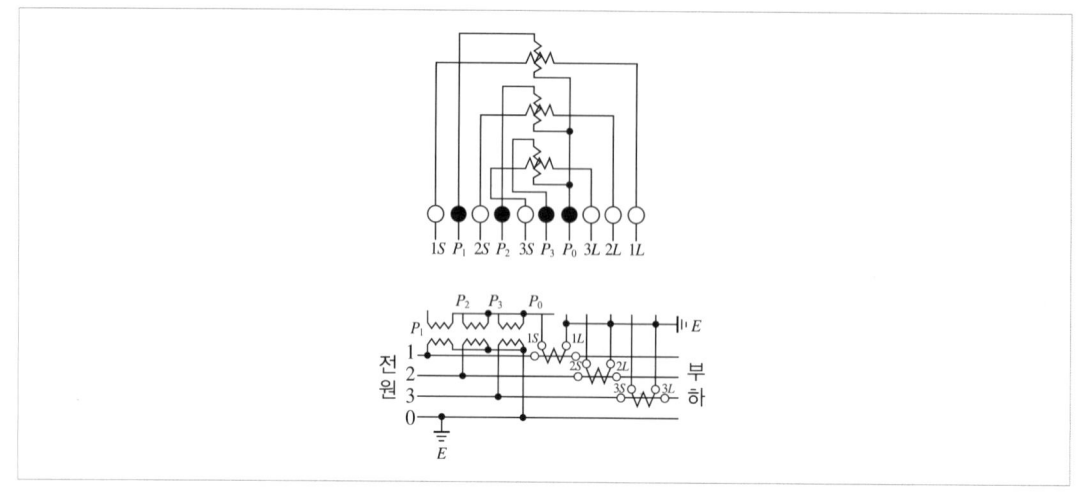

답안작성

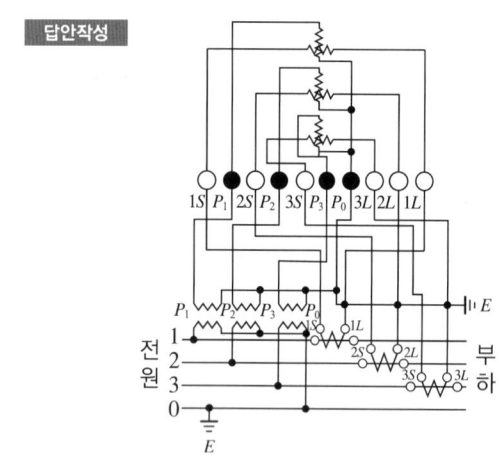

3 기본 명령에 의한 프로그램

(1) 입·출력 회로

① LOAD/OUT

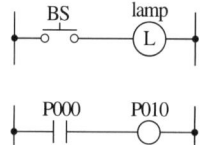

STEP	명령어	번지
0	LOAD	P000
1	OUT	P010

② LOAD NOT/OUT

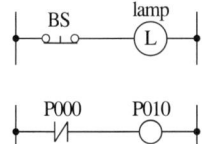

STEP	명령어	번지
0	LOAD NOT	P000
1	OUT	P010

(2) 직렬, 병렬 회로

① 직렬 – AND/AND NOT

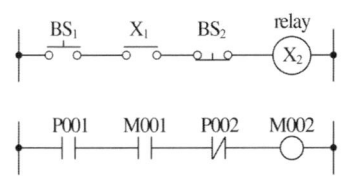

STEP	명령어	번지
0	LOAD	P001
1	AND	M001
2	AND NOT	P002
3	OUT	M002

② 병렬 – OR/OR NOT

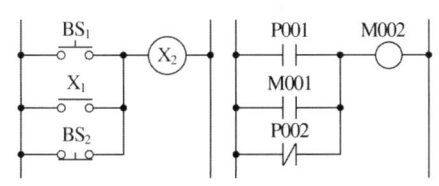

STEP	명령어	번지
0	LOAD	P001
1	OR	M001
2	OR NOT	P002
3	OUT	M002

(3) 타이머 회로의 프로그램

① TON(On Delay Timer: 시한 동작 타이머)

- 동작(기동) 입력을 준 후 설정 시간 t 초가 지나면 타이머 접점이 동작하고, 복귀(정지) 입력을 주면 곧바로 타이머가 복귀하고 접점도 복귀하는 시한 동작 순시 복귀형이다.
- 설정 시간 〈DATA〉의 설정값은 0.1초 단위이고, 2step이 소요된다.

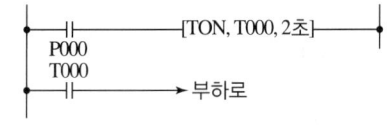

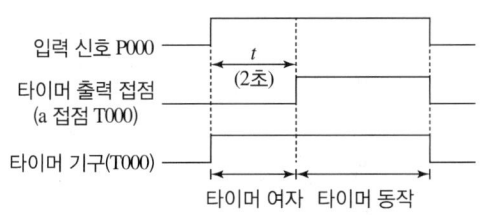

STEP	명령어	번지
0	LOAD	P000
1	TON	T000
2	〈DATA〉	20
3	LOAD	T000

다음과 같은 래더 다이어그램을 보고 PLC 프로그램을 완성하시오.(단, 타이머 설정 시간 t는 0.1초 단위이다.)

[4점]

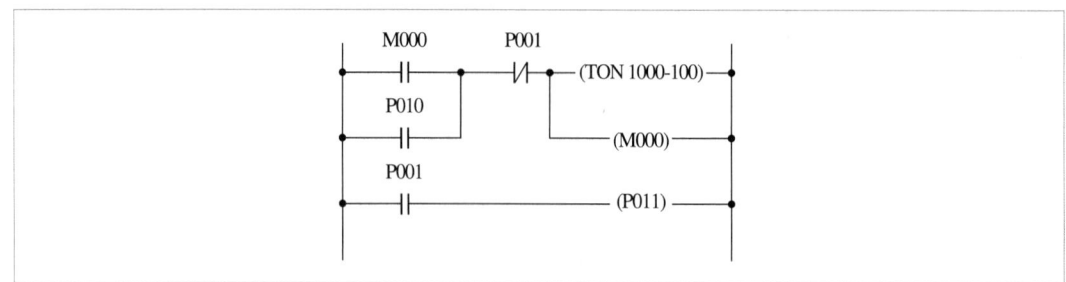

ADD	OP	DATA
0	LOAD	M000
1		
2		
3	TON	1000
4	DATA	100
5		
6		
7	OUT	P011
8	END	

답안작성

ADD	OP	DATA
0	LOAD	M000
1	OR	P010
2	AND NOT	P001
3	TON	1000
4	DATA	100
5	OUT	M000
6	LOAD	P001
7	OUT	P011
8	END	

4 전력 퓨즈(PF: Power Fuse)

(1) 전력 퓨즈(PF)의 역할

① 평상시에 부하 전류는 안전하게 통전시킨다.

② 이상 전류나 사고 전류(단락 전류)에 대해서는 즉시 차단시킨다.

(2) 전력 퓨즈의 장단점

장점	단점
• 소형이면서 차단 용량이 크다. • 한류 효과가 크다. • 차단 시 무소음, 무방출이다. • 고속도 차단할 수 있다. • 소형, 경량이다. • 가격이 저렴하다.	• 재투입이 불가능하다.(가장 큰 단점) • 차단 시 과전압이 발생한다. • 과도 전류에 용단되기 쉽다. • 용단되어도 차단하지 못하는 전류 범위가 있다.(비보호 영역이 있다.) • 동작 시간과 전류 특성을 자유롭게 조정할 수 없다.

(3) 퓨즈의 단점 보완 대책

① 결상 계전기 사용

② 사용 목적에 맞는 전용 전력 퓨즈 사용

③ 계통의 절연 강도를 퓨즈의 과전압 값보다 높게 설정

(4) 퓨즈의 주요 특성

① 용단 특성

② 단시간 허용 특성

③ 전차단 특성

(5) 퓨즈 구입 시 고려 사항

① 정격 전압

② 정격 전류

③ 정격 차단 전류

④ 사용 장소

(6) 퓨즈 선정 시 고려 사항

① 변압기 여자 돌입 전류에 동작하지 말 것

② 전동기와 충전기의 기동 전류에 동작하지 말 것

③ 과부하 전류에 동작하지 말 것

④ 타 보호기기와 보호 협조를 가질 것

대표기출문제

전력 퓨즈의 역할이 무엇인지 쓰시오. [4점]

답안작성 평상시의 부하 전류는 안전하게 통전하고, 단락 전류는 즉시 차단하여 계통을 보호한다.

5 조명 기구

(1) 배광에 따른 조명기구 종류
  ① 직접 조명
  ② 반직접 조명
  ③ 간접 조명
  ④ 반간접 조명
  ⑤ 전반 확산 조명

(2) 건축화 조명의 종류
  ① 다운 라이트 조명
  ② 광량 조명
  ③ 코퍼 조명
  ④ 핀홀라이트 조명
  ⑤ 루버천장 조명

대표기출문제

조명 기구를 배광에 따라 구분할 경우 종류 5가지를 나열하시오.　　　　　　　　[5점]

답안작성　• 직접 조명
　　　　　　• 반직접 조명
　　　　　　• 전반 확산 조명
　　　　　　• 반간접 조명
　　　　　　• 간접 조명

CHAPTER 02　공식형 문제

1 실지수 또는 방지수(RI: Room Index)

(1) 광속법에 의해 실내의 전등 조명 계산을 하는 경우, 조명 기구의 이용률(조명률) U를 구하기 위한 하나의 지수로 방의 모양에 의한 영향을 나타낸 것이다.

(2) 실지수 RI는 방의 폭 $X[\text{m}]$, 길이 $Y[\text{m}]$, 작업면에서 조명 기구까지의 높이 $H[\text{m}]$의 함수로 나타낸다.

(3) 실지수 계산식

$$RI = \frac{XY}{H(X+Y)}$$

(단, X: 방의 폭[m], Y: 방의 길이[m], H: 작업면에서 광원까지의 높이[m])

대표기출문제

방의 가로 길이가 $10[\text{m}]$, 세로 길이가 $8[\text{m}]$, 방바닥에서 천장까지의 높이가 $4.85[\text{m}]$인 방에서 조명기구를 천장에 직접 취부하고자 한다. 이 방의 실지수를 구하시오.(단, 작업면은 방바닥에서 $0.85[\text{m}]$이다.)　　　　[4점]

• 계산 과정:

• 답:

답안작성　• 계산 과정
　　　　작업면 실제 높이는 $H = 4.85 - 0.85 = 4[\text{m}]$이다.
　　　　$\therefore$ 실지수 $RI = \dfrac{XY}{H(X+Y)} = \dfrac{10 \times 8}{4 \times (10+8)} = 1.11$
　　　• 답: 1.11

2 변압기 결선

(1) $\Delta - \Delta$ 결선의 출력

1대당 변압기 용량이 $P[\text{kVA}]$인 단상 변압기 3대를 $\Delta - \Delta$ 결선하여 운전 시 출력은 $P_\Delta = 3 \times EI = 3P[\text{kVA}]$이다.

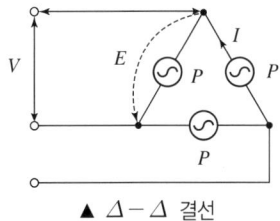

▲ $\Delta - \Delta$ 결선

(2) $\text{V} - \text{V}$ 결선의 출력

V결선은 그림과 같이 선간 전압과 상전압이 $\sqrt{3}$ 배의 차이가 나므로 이때의 3상 출력은 다음과 같다.

$$P_\text{V} = \sqrt{3}\,\text{EI} = \sqrt{3}\,\text{E} \times \frac{\text{P}}{\text{E}} = \sqrt{3}\,P[\text{kVA}]$$

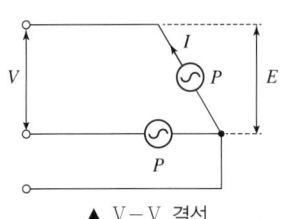

▲ $\text{V} - \text{V}$ 결선

$500[\text{kVA}]$ 단상 변압기 3대를 3상 $\triangle - \triangle$ 결선으로 사용하고 있었는데 부하증가로 $500[\text{kVA}]$ 예비 변압기 1대를 추가하여 공급한다면 몇 $[\text{kVA}]$로 공급할 수 있는가? **[6점]**

- 계산 과정:

- 답:

답안작성 · 계산 과정

예비 변압기 1대를 추가하면 $500[\text{kVA}]$의 동일한 용량의 변압기가 총 4대이므로 $V - V$ 결선의 2뱅크가 된다.

따라서 $P_v = 2 \times \sqrt{3}\, P = 2 \times \sqrt{3} \times 500 = 1{,}732.05[\text{kVA}]$

· 답: $1{,}732.05[\text{kVA}]$

---

3 설비 불평형률

(1) 저압 수전의 단상 3선식

① 설비 불평형률

$$\frac{\text{중성선과 각 전압 측 전선 간에 접속되는 부하 설비 용량[kVA]의 차}}{\text{총 부하 설비 용량[kVA]} \times \dfrac{1}{2}} \times 100[\%]$$

② 단상 3선식의 설비 불평형률은 $40[\%]$ 이하이어야 한다.

(2) 저압, 고압 및 특고압 수전의 3상 3선식 또는 3상 4선식

① 설비 불평형률

$$\frac{\text{각 선간에 접속되는 단상 부하 설비 용량의 최대와 최소의 차}}{\text{총 부하 설비 용량[kVA]} \times \dfrac{1}{3}} \times 100[\%]$$

② 3상 3선식 및 3상 4선식의 설비 불평형률은 $30[\%]$ 이하이어야 한다. 단, 다음에 해당하는 경우에는 예외로 한다.
- 저압 수전에서 전용 변압기 등으로 수전하는 경우
- 고압 및 특고압 수전에서 $100[\text{kVA}]$ 이하인 단상 부하의 경우
- 고압 및 특고압 수전에서 단상 부하 용량의 최대와 최소의 차가 $100[\text{kVA}]$ 이하인 경우
- 특고압 수전에서 $100[\text{kVA}]$ 이하의 단상 변압기 2대로 역 V 결선하는 경우

다음 그림과 같은 3상 3선식 $380[\mathrm{V}]$ 수전의 경우 설비 불평형률$[\%]$은 얼마인가? [5점]

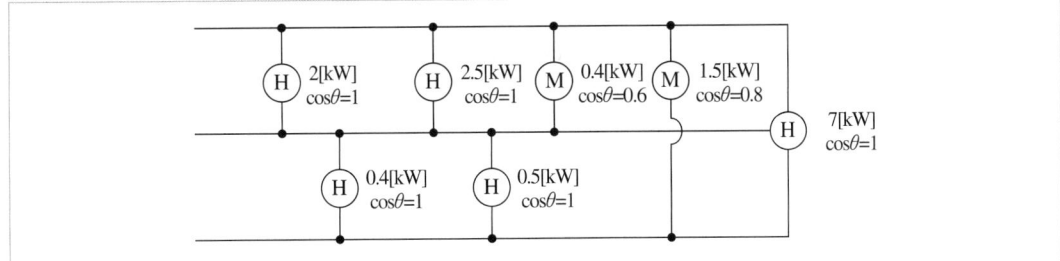

- 계산 과정:

- 답:

답안작성 • 계산 과정

$$설비\ 불평형률 = \frac{\left(\dfrac{2}{1} + \dfrac{2.5}{1} + \dfrac{0.4}{0.6}\right) - \left(\dfrac{0.4}{1} + \dfrac{0.5}{1}\right)}{\left(\dfrac{2}{1} + \dfrac{2.5}{1} + \dfrac{0.4}{0.6} + \dfrac{0.4}{1} + \dfrac{0.5}{1} + \dfrac{1.5}{0.8} + \dfrac{7}{1}\right) \times \dfrac{1}{3}} \times 100 = 85.67[\%]$$

- 답: $85.67[\%]$

4 변압기 용량의 결정

(1) 합성 최대 전력 계산

$$합성\ 최대\ 전력 = \frac{각\ 부하의\ 최대\ 수용\ 전력의\ 합계}{부등률}$$
$$= \frac{설비\ 용량[\mathrm{kVA}] \times 수용률}{부등률}$$

(2) 변압기 용량 결정

① 변압기 용량은 위에서 구한 합성 최대 전력 이상인 용량으로 결정해야 한다.

② 즉, 변압기 용량$[\mathrm{kVA}]$ ≥ 합성 최대 전력$[\mathrm{kVA}]$이어야 한다.

③ 전력용 3상 변압기 표준 용량$[\mathrm{kVA}]$: 5, 10, 15, 20, 30, 40, 50, 75, 100, 150, 200, 250, 300, 500, 750, 1,000

④ 주상 변압기 표준 용량$[\mathrm{kVA}]$: 1, 2, 3, 5, 7.5, 10, 15, 20, 25, 30, 40, 50

어떤 부하 설비의 최대 수용 전력이 각각 200[W], 300[W], 800[W], 1,200[W], 2,500[W]이고, 각 부하 간의 부등률이 1.14, 종합 부하 역률은 90[%]일 경우의 변압기 용량을 결정하시오. [5점]

변압기 표준 용량[kVA]												
1	2	3	5	7.5	10	15	20	30	50	100	150	200

• 계산 과정:

• 답:

답안작성 • 계산 과정

변압기 용량 $P_a = \dfrac{200+300+800+1,200+2,500}{1.14 \times 0.9} \times 10^{-3} = 4.87[\text{kVA}]$

• 답: 5[kVA]

5 송·배전선로에 흐르는 전류에 의한 영향

(1) 전압강하

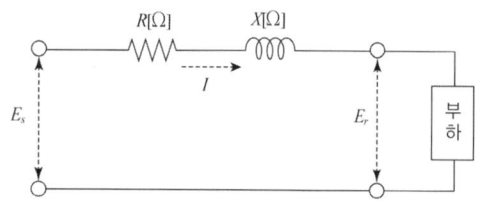

▲ 단거리 송전선로의 등가 회로

① 송·배전선로에 전류가 흐르면 선로의 저항 $R[\Omega]$과 유도성 리액턴스 $X[\Omega]$에 의해 전압의 저하가 발생하는데, 이를 전압강하라고 한다.

② 선로에서 발생하는 전압강하

• 단상 선로: $e = V_s - V_r = I(R\cos\theta + X\sin\theta)[\text{V}]$

  (단, V_s: 송전단 선간 전압[kV], V_r: 수전단 선간 전압[kV], I: 부하 전류[A], R: 전선의 저항[Ω], X: 전선의 리액턴스[Ω], $\cos\theta$: 부하 측의 역률, $\sin\theta$: 무효율)

• 3상 선로: $e = V_s - V_r = \sqrt{3}\,I(R\cos\theta + X\sin\theta) = \dfrac{P_r}{V_r}(R + X\tan\theta)[\text{V}]$

3상 배전선로의 말단에 늦은 역률 80[%]인 평형 3상의 집중 부하가 있다. 변전소 인출구의 전압이 6,600[V]인 경우 부하의 단자 전압을 6,000[V] 이하로 떨어뜨리지 않으려면 부하 전력[kW]은 얼마인가?(단, 전선 1선의 저항은 1.4[Ω], 리액턴스 1.8[Ω]으로 하고 그 이외의 선로 정수는 무시한다.) [4점]

• 계산 과정:

• 답:

• 계산 과정

$$e = \frac{P_r}{V_r}(R + X\tan\theta)\,[\text{V}]\,\text{에서}$$

$$P_r = \frac{e \times V_r}{R + X\tan\theta} = \frac{(6{,}600 - 6{,}000) \times 6{,}000}{1.4 + 1.8 \times \dfrac{0.6}{0.8}} = 1{,}309{,}090\,[\text{W}] = 1{,}309.09\,[\text{kW}]$$

• 답: $1{,}309.09\,[\text{kW}]$

CHAPTER 03 복합형 문제

1 접지저항 측정

(1) 콜라우시 브리지법에 의한 접지저항 측정

① 접지극의 접지저항값 산출식

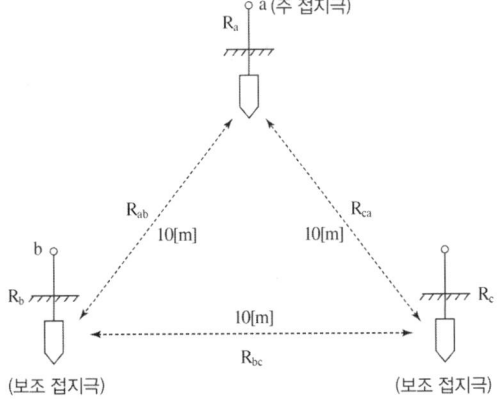

$$R_a = \frac{1}{2}(R_{ab} + R_{ca} - R_{bc})\,[\Omega]$$

$$R_b = \frac{1}{2}(R_{ab} + R_{bc} - R_{ca})\,[\Omega]$$

$$R_c = \frac{1}{2}(R_{bc} + R_{ca} - R_{ab})\,[\Omega]$$

접지저항을 측정하고자 한다. 다음 각 물음에 답하시오. [6점]

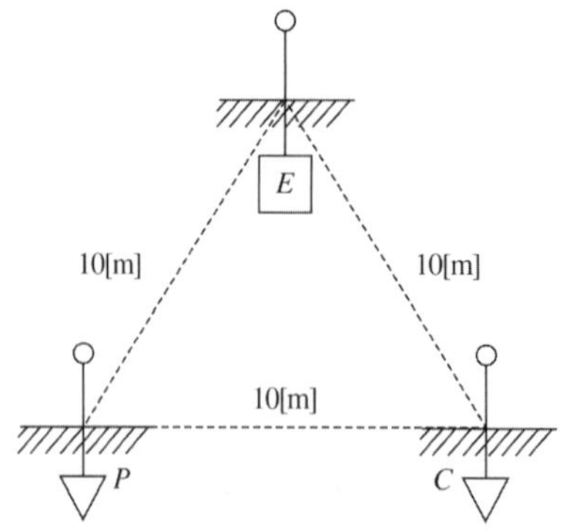

(1) 접지저항을 측정하기 위하여 사용되는 계기는 무엇인가?

(2) 그림의 접지저항 측정 방법은 무엇인가?

(3) 그림과 같이 본접지 E에 제1보조접지 P, 제2보조접지 C를 설치하여 본접지 E의 접지저항을 측정하려고 한다. 본접지 E의 접지저항은 몇 $[\Omega]$인가?(단, 본접지와 P 사이의 저항값은 $86[\Omega]$, 본접지와 C 사이의 접지저항값은 $92[\Omega]$, P와 C 사이의 접지저항값은 $160[\Omega]$이다.)
- 계산 과정:
- 답:

답안작성 (1) 어스테스터

(2) 콜라우시 브리지에 의한 3극 접지저항 측정법

(3) • 계산과정

$$R_E = \frac{1}{2}\left(R_{EP} + R_{CE} - R_{PC}\right) = \frac{1}{2} \times (86 + 92 - 160) = 9[\Omega]$$

• 답: $9[\Omega]$

2 조명설계

(1) 실지수 또는 방지수(RI: Room Index)

① 광속법에 의해 실내의 전등 조명 계산을 하는 경우, 조명 기구의 이용률(조명률) U를 구하기 위한 하나의 지수로 방의 모양에 의한 영향을 나타낸 것이다.

② 실지수 RI는 방의 폭 $X[m]$, 길이 $Y[m]$, 작업면에서 조명 기구까지의 높이 $H[m]$의 함수로 나타낸다.

③ 실지수 계산식

$$RI = \frac{XY}{H(X+Y)}$$

(단, X: 방의 폭$[m]$, Y: 방의 길이$[m]$, H: 작업면에서 광원까지의 높이$[m]$)

(2) 심벌

명칭	그림 기호	적요
형광등		• 용량을 표시하는 경우는 램프의 크기(형)×램프 수로 표시한다. 또 용량 앞에 F를 붙인다. [보기] F40　　　　F40×2 • 용량 외에 기구 수를 표시하는 경우는 램프의 크기(형)×램프 수 − 기구 수로 표시한다. [보기] F40-2　　　　F40×2-3

(3) 등의 개수(N) 산출

$$FUN = EAD$$

(단, F: 광속[lm], U: 조명률, N: 사용하는 등의 개수, E: 조도[lx], A: 방의 면적[m²], D: 감광 보상률($= \dfrac{1}{M}$), M: 보수율(유지율))

대표기출문제

가로 $10[\text{m}]$, 세로 $14[\text{m}]$, 천장 높이 $2.75[\text{m}]$, 작업면 높이 $0.75[\text{m}]$인 사무실에 천장 직부 형광등 $F32 \times 2$를 설치하려고 한다.　　　　　　　　　　　　　　　　　　　　　　　　　　　　　　　　**[8점]**

(1) 이 사무실의 실지수는 얼마인가?
　• 계산 과정:
　• 답:

(2) $F32 \times 2$의 심벌을 그리시오.

(3) 이 사무실의 작업면 조도를 $250[\text{lx}]$, 천장 반사율 $70[\%]$, 벽 반사율 $50[\%]$, 바닥 반사율 $10[\%]$, $32[\text{W}]$ 형광등 1등의 광속 $3,200[\text{lm}]$, 보수율 $70[\%]$, 조명율 $50[\%]$로 한다면 이 사무실에 필요한 소요 등기구 수는 몇 등인가?
　• 계산 과정:
　• 답:

답안작성　(1) • 계산 과정

$$RI = \frac{XY}{H(X+Y)} = \frac{10 \times 14}{(2.75 - 0.75) \times (10 + 14)} = 2.92$$

　　• 답: 2.92

(2)
　　F32×2

(3) • 계산 과정

$FUN = EAD$에서 $N = \dfrac{250 \times (10 \times 14) \times \dfrac{1}{0.7}}{(3,200 \times 2) \times 0.5} = 15.63$이므로 F32×2 16[등]이 필요하다.

　　• 답: 16[등]

3 변전설비

(1) 수용률

① 수용 설비가 동시에 사용되는 정도를 나타낸다.

② 변압기 등의 적정한 공급 설비 용량을 파악하기 위해 사용된다.

$$수용률 = \frac{최대 \ 수용 \ 전력[kW]}{부하 \ 설비 \ 합계[kW]} \times 100[\%]$$

(2) 부하율

① 공급 설비가 어느 정도 유용하게 사용되는지를 나타낸다.

② 부하율이 클수록 공급 설비가 그만큼 유효하게 사용된다는 것을 뜻한다.

$$부하율 = \frac{평균 \ 수용 \ 전력[kW]}{최대 \ 수용 \ 전력[kW]} \times 100[\%]$$

(3) 부등률

① 부하의 최대 수용 전력의 발생 시간이 서로 다른 정도를 나타낸다.

② 부등률이 클수록 최대 전력을 소비하는 기기의 사용 시간대가 서로 다르다는 것을 의미하므로 그만큼 유리하다.

$$부등률 = \frac{각 \ 부하의 \ 최대 \ 수용 \ 전력의 \ 합계[kW]}{합성 \ 최대 \ 전력[kW]} \geq 1$$

대표기출문제

어느 변전소에서 그림과 같은 일부하 곡선을 가진 3개의 부하 A, B, C의 수용가에 있을 때 다음 각 물음에 답하시오.(단, 부하 A, B, C의 평균전력은 각각 4,500[kW], 2,400[kW], 900[kW]라 하고 역률은 각각 100[%], 80[%], 60[%]라 한다.)   [10점]

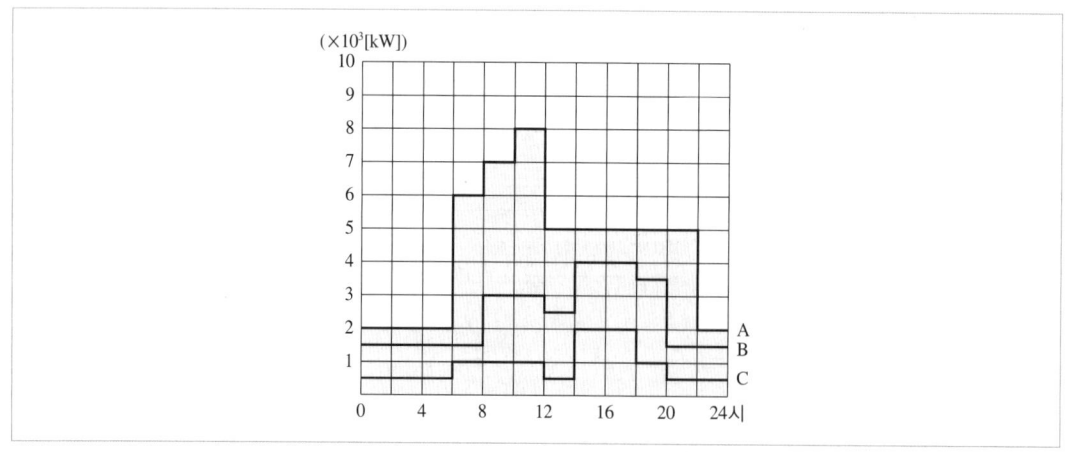

(1) 합성 최대 전력[kW]을 구하시오.

　　• 계산 과정:

　　• 답:

(2) 종합 부하율[%]을 구하시오.

　　• 계산 과정:

　　• 답:

(3) 부등률을 구하시오.

　　• 계산 과정:

　　• 답:

(4) 최대 부하 시의 종합역률[%]을 구하시오.

　　• 계산 과정:

　　• 답:

(5) A 수용가에 관한 다음 물음에 답하시오.

　　① 첨두부하는 몇 [kW]인가?

　　② 지속첨두부하가 되는 시간은 몇 시부터 몇 시까지인가?

답안작성 (1) • 계산 과정

　　　　합성 최대 전력 $= (8+3+1) \times 10^3 = 12,000[\text{kW}]$

　　　• 답: $12,000[\text{kW}]$

(2) • 계산 과정

　　종합 부하율 $= \dfrac{\text{각 평균 전력의 합}}{\text{합성 최대 전력}} = \dfrac{4,500+2,400+900}{12,000} \times 100 = 65[\%]$

　　• 답: $65[\%]$

(3) • 계산 과정

　　부등률 $= \dfrac{\text{각 수용가의 최대 전력의 합}}{\text{합성 최대 전력}} = \dfrac{(8+4+2) \times 10^3}{12 \times 10^3} = 1.17$

　　• 답: 1.17

(4) • 계산 과정

　　A 수용가 유효전력 $= 8,000[\text{kW}]$

　　A 수용가 무효전력 $= 0[\text{kVar}] (\because \cos\theta = 1)$

　　B 수용가 유효전력 $= 3,000[\text{kW}]$

　　B 수용가 무효전력 $= 3,000 \times \dfrac{0.6}{0.8} = 2,250[\text{kVar}]$

　　C 수용가 유효전력 $= 1,000[\text{kW}]$

　　C 수용가 무효전력 $= 1,000 \times \dfrac{0.8}{0.6} = 1,333.33[\text{kVar}]$

　　유효전력 합계 $= 8,000+3,000+1,000 = 12,000[\text{kW}]$

　　무효전력 합계 $= 0+2,250+1,333.33 = 3,583.33[\text{kVar}]$

　　$\therefore$ 종합 역률 $= \dfrac{12,000}{\sqrt{12,000^2+3,583.33^2}} \times 100 = 95.82[\%]$

　　• 답: $95.82[\%]$

(5) ① $8,000[\text{kW}]$

　　② 10시 ~ 12시

4 수변전설비

(1) 차단기

① 정격 전압(V_n)

- 차단기에 가할 수 있는 사용 회로 전압의 최대 공급 전압을 말한다.
- 차단기의 정격 전압은 선간 전압의 실효값으로 표시한다.
- 계통의 공칭 전압(V)별 정격 전압(V_n)의 관계

공칭 전압	6.6[kV]	22.9[kV]	66[kV]	154[kV]	345[kV]	765[kV]
정격 전압	7.2[kV]	25.8[kV]	72.5[kV]	170[kV]	362[kV]	800[kV]

② 정격 전류(I_n)

- 정격 전압, 정격 주파수에서 규정된 온도 상승 한도를 초과하지 않고 연속적으로 흘릴 수 있는 전류 한도를 말한다.
- 보통 교류 전류의 실효치로 나타낸다.

$$I_n = \frac{P}{\sqrt{3}\,V\cos\theta}[\text{A}]$$

③ 정격 차단전류(I_s)

- 정격 전압, 정격 주파수에서 표준 동작책무에 따라 차단할 수 있는 전류 한도를 말한다.
- 직류 비율 20[%] 미만일 때 교류 성분 대칭분의 실효치로 [kA]로 표시한다.

$$I_s = \frac{100}{\%Z}I_n = \frac{E}{Z}[\text{kA}]$$

④ 정격 차단용량(P_s)

- 3상 단락사고 시 이를 차단할 수 있는 차단용량 한도를 말한다.
- 정격 차단용량 산출식
  - 정격 차단전류가 주어진 경우

$$P_s = \sqrt{3}\,V_n I_s[\text{MVA}]$$

  - 퍼센트 임피던스(%Z)가 주어진 경우

$$P_s = \frac{100}{\%Z}P_n[\text{MVA}]$$

(P_n: 기준 용량[MVA], %Z: 전원 측으로부터 합성 퍼센트 임피던스)

(2) 변류기의 변류비 선정

① 변압기, 수전 회로

$$\text{변류기 1차 전류} = \frac{P_1}{\sqrt{3}\,V_1\cos\theta} \times (1.25 \sim 1.5)[\text{A}]$$

(단, $k = 1.25 \sim 1.5$: 변압기의 여자 돌입 전류를 감안한 여유도)

$$\text{변류비} = \frac{I_1}{I_2}\,(\text{단, 정격 2차 전류 } I_2 = 5[\text{A}])$$

(3) 접지형 계기용 변압기(GPT)

① 지락 사고 시 영상 전압을 검출한다.

② 지락 과전압 계전기(OVGR)를 동작시키기 위해 설치한다.

(4) 피뢰기의 정격 전압

① 피뢰기 방전 후 속류를 차단할 수 있는 전압을 말한다.

② 정격 전압의 계산

$$V = \alpha \beta V_m [\text{kV}]$$

(단, α: 접지 계수, β: 여유 계수, V_m: 계통 최고 전압)

③ 적용 장소별 피뢰기 정격 전압

전력 계통		피뢰기 정격 전압[kV]	
전압[kV]	중성점 접지 방식	변전소	배전 선로
345	유효접지	288	–
154	유효접지	144	–
66	PC 접지 또는 비접지	72	–
22	PC 접지 또는 비접지	24	–
22.9	3상 4선 다중접지	21	18

대표기출문제

도면은 어떤 배전용 변전소의 단선 결선도이다. 이 도면과 주어진 조건을 이용하여 다음 각 물음에 답하시오.

[12점]

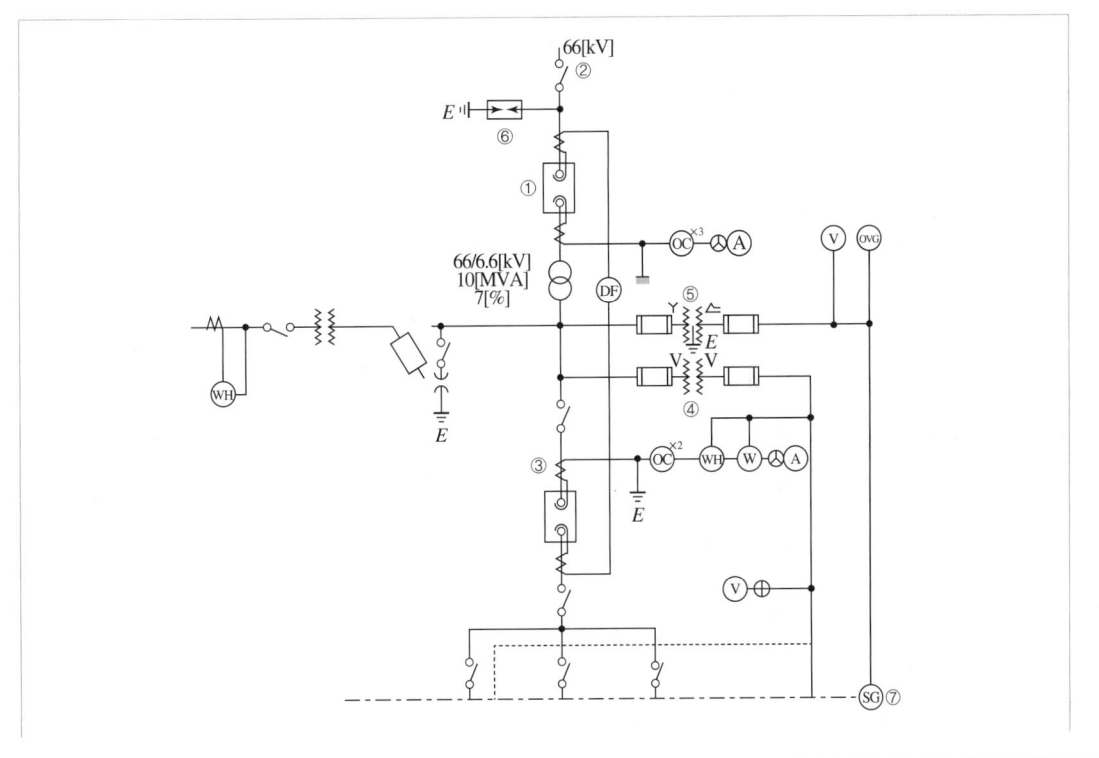

[조건]

- 주변압기의 정격은 1차 정격 전압 66[kV], 2차 정격 전압 6.6[kV], 정격 용량은 3상 10[MVA]라고 한다.
- 주변압기의 1차 측(즉, 1차 모선)에서 본 전원 측 등가 임피던스는 100[MVA] 기준으로 16[%]이고, 변압기의 내부 임피던스는 자기 용량 기준으로 7[%]라고 한다.
- 각 Feeder에 연결된 부하는 거의 동일하다고 한다.
- 차단기의 정격 차단용량, 정격 전류, 단로기의 정격 전류, 변류기의 1차 정격 전류 표준은 다음과 같다.

정격 전압[kV]	공칭 전압[kV]	정격 차단용량[MVA]	정격 전류[A]	정격 차단시간[Hz]
7.2	6.6	25	200	5
		50	400, 600	5
		100	400, 600, 800, 1,200	5
		150	400, 600, 800, 1,200	5
		200	600, 800, 1,200	5
		250	600, 800, 1,200, 2,000	5
72.5	66	1,000	600, 800	3
		1,500	600, 800, 1,200	3
		2,500	600, 800, 1,200	3
		3,500	800, 1,200	3

- 단로기 또는 선로 개폐기 정격 전류의 표준 규격

  72.5[kV]: 600[A], 1,200[A]

  7.2[kV] 이하: 400[A], 600[A], 1,200[A], 2,000[A]
- CT 1차 정격 전류 표준 규격(단위: [A])

  50, 75, 100, 150, 200, 300, 400, 600, 800, 1,200, 1,500, 2,000
- CT 2차 정격 전류는 5[A], PT의 2차 정격 전압은 110[V]이다.

(1) 차단기 ①에 대한 정격 차단용량과 정격 전류를 산정하시오.
- 계산 과정:
- 답:

(2) 선로 개폐기 ②에 대한 정격 전류를 산정하시오.
- 계산 과정:
- 답:

(3) 변류기 ③에 대한 1차 정격 전류를 산정하시오.
- 계산 과정:
- 답:

(4) PT ④에 대한 1차 정격 전압은 얼마인가?

(5) ⑤로 표시된 기기의 명칭은 무엇인가?

(6) 피뢰기 ⑥에 대한 정격 전압은 얼마인가?

(7) ⑦의 역할을 간단히 설명하시오.

답안작성 (1) • 계산 과정

$$P_s = \frac{100}{\%Z} P_n = \frac{100}{16} \times 100 = 625[\text{MVA}] \quad \rightarrow \text{ 차단 용량은 표에서 } 1,000[\text{MVA}] \text{ 선정}$$

$$I_n = \frac{P}{\sqrt{3}\,V} = \frac{10 \times 10^3}{\sqrt{3} \times 66} = 87.48[\text{A}] \quad \rightarrow \text{ 정격 전류는 표에서 } 600[\text{A}] \text{ 선정}$$

• 답: 차단 용량 1,000[MVA], 정격 전류: 600[A]

(2) • 계산 과정

$$I_n = \frac{P}{\sqrt{3}\,V} = \frac{10 \times 10^3}{\sqrt{3} \times 66} = 87.48[\text{A}] \quad \rightarrow \text{ 문제 조건에서 } 600[\text{A}] \text{ 선정}$$

• 답: 600[A]

(3) • 계산 과정

$$I_n = \frac{P}{\sqrt{3}\,V} \times k = \frac{10 \times 10^3}{\sqrt{3} \times 6.6} \times (1.25 \sim 1.5) = 1,093.47 \sim 1,312.16[\text{A}] \quad \rightarrow \text{ 표에서 } 1,200[\text{A}] \text{ 선정}$$

• 답: 1,200[A]

(4) 6,600[V]

(5) 접지형 계기용 변압기

(6) 72[kV]

(7) 다회선 배전선로에서 지락사고 시 지락회선을 선택 차단

최신 8개년 기출문제

[2025년 - 2018년]

학습 레시피

❶ 최신 기출문제부터 과년도 순으로 학습해 보세요.

❷ 빈출 유형(★★★)은 다시 출제될 확률이 높으므로 확실히 챙기세요.

❸ 단답이론만 따로 정리해 단답형 문제를 준비하세요.

학습 메뉴

난이도별 학습법

난이도 ♪	난이도 ♪♪	난이도 ♪♪♪
합격률 35% ⬆	합격률 25~35% ⬆	합격률 25% ⬇
해당 난이도의 시험에서 합격할 수 있도록 꼼꼼한 학습 추천	너무 어려운 문제보다는 득점할 수 있는 문제를 선택적으로 학습하는 방법 추천	빈출도가 낮고 너무 어려운 문제는 패스! 2~3회독 이상 시 학습하는 방법 추천

1회 학습전략

합격률: 23.59%

난이도 ⊥

- 일부하 곡선, KEC 접지 및 피뢰설비 규정, 배선 사용전선 기준, 전동기 소요 동력, 전압 강하율 및 변동률, 전기실 위치 선정, 변압기 내부 고장 및 V결선, 논리회로, 전기공사 현장 표지, 전기가열, 수평면 조도, 전력용 콘덴서 및 변압기 결선도, 역률 개선과 여유 부하, 계전기 명칭, 태양광발전소 수광면적, 축전지 충전기 2차 전류, 실지수, 피뢰기 구비 조건 및 위치, 절연내력 시험전압
- 합격률이 낮았던 만큼 변별력이 높은 회차였습니다. 단순 암기보다는 KEC 규정의 접지 깊이, 도체 굵기, 시험전압 배수 등 구체적인 수치 기준을 정확히 정리하여 암기하는 것이 고득점의 핵심입니다.

2회 학습전략

합격률: 55.4%

난이도 ⊤

- 설비 불평형률, 부하율, KEC 접지시스템, 단락전류 배수, 등기구 수 산정, 발전기 보호 및 병렬운전, 수전설비 단락 용량, 변압기 용량 산정, 역률 개선용 콘덴서와 리액터, 관등회로 공사, 송전단 전압 및 전력, 시퀀스 회로, 옥내배선 그림기호, 콜라우시 브리지, 축전지 용량 공식, 절연저항 및 누설전류, 콘덴서 결선별 용량, 소비전력 변화
- 과년도 기출 유형이 다수 출제되어 기본기에 충실했다면 합격하기 좋은 회차였습니다. 쉬운 문제일수록 단위 표기나 계산 과정에서의 사소한 실수를 줄이는 연습이 필요합니다.

3회 학습전략

합격률: 38.2%

난이도 ⊕

- 후크온 미터 전류 측정, 몰드형 변압기 장점, 감리업무 수행지침, 리액터 설치 목적, 수변전설비 단락 용량 및 지락 전류, 콘덴서 결선 변경, 시퀀스 회로 동작, 부등률, 역률 개선용 콘덴서 용량, 역률 과보상 현상, 전기공사업법 하도급 제한, 등기구 수, 중성점 접지 방식, 피뢰기 구성 요소, 논리회로 변환, 축전지 허용 최저 전압, 변압기 최대 효율, 변류기 결선 및 전류, 퍼센트 임피던스
- 변압기 효율, 등기구 수 등 빈출 계산 문제는 반드시 득점한다는 전략으로 접근해야 합니다. 동시에 변류기 교차 결선이나 수변전설비 문제처럼, 단순 공식 암기를 넘어 회로의 결선 원리와 전류 흐름을 이해하는 깊이 있는 학습을 병행하는 것이 중요합니다.

01 ★★★

다음 그림은 A, B공장의 일부하 곡선이다. 각 물음에 답하시오.　　　　　　[6점]

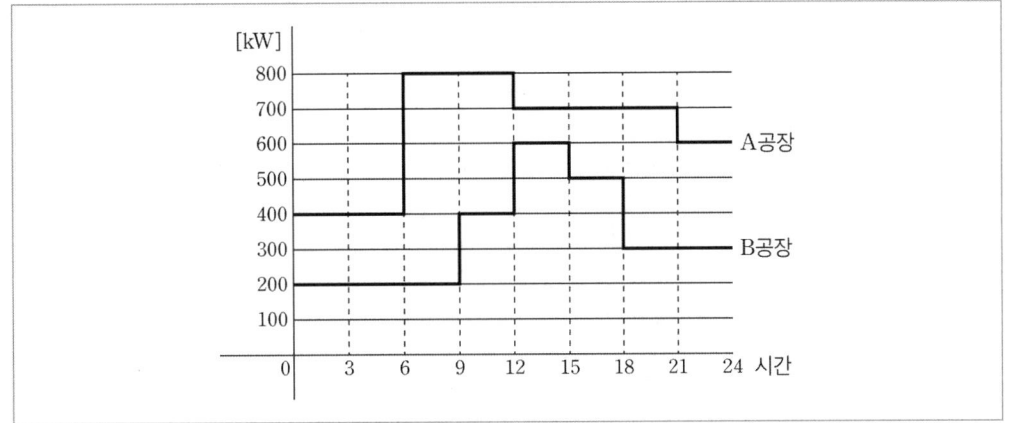

(1) A공장과 B공장 상호 간의 부등률을 구하시오.
  • 계산 과정:
  • 답:

(2) B공장의 일부하율[%]을 구하시오.
  • 계산 과정:
  • 답:

답안작성

(1) • 계산 과정

$$부등률 = \frac{A, B \ 각 \ 최대 \ 전력의 \ 합계}{합성 \ 최대 \ 전력}$$

$$= \frac{(800+600)\times 10^3}{(700+600)\times 10^3} = \frac{14}{13} = 1.08$$

  • 답: 1.08

(2) • 계산 과정

$$B공장의 \ 평균 \ 전력 = \frac{200\times 9 + 400\times 3 + 600\times 3 + 500\times 3 + 300\times 6}{24} = 337.5[kW]$$

$$B공장의 \ 일부하율 = \frac{337.5}{600}\times 100 = 56.25[\%]$$

  • 답: 56.25[%]

개념체크

(1) $부등률 = \dfrac{각 \ 부하의 \ 최대 \ 수용 \ 전력의 \ 합계[kW]}{합성 \ 최대 \ 전력[kW]}$

(2) $부하율 = \dfrac{평균 \ 전력}{최대 \ 전력}\times 100[\%]$

02 ★★☆

다음은 한국전기설비규정에 따른 접지 및 피뢰설비에 관한 내용이다. 빈칸에 알맞은 내용을 쓰시오.
[10점]

- 접지극은 동결 깊이를 고려하여 시설하되, 고압 이상의 전기설비와 변압기 중성점 접지에 의하여 시설하는 접지극의 매설 깊이는 지표면으로부터 지하 (①)[m] 이상으로 한다. 접지도체를 철주 기타의 금속체를 따라 시설하는 경우에는 접지극을 철주의 밑면으로부터 0.3[m] 이상의 깊이에 매설하는 경우 이외에는 접지극을 지중에서 그 금속체로부터 (②)[m] 이상 떼어 매설하여야 한다. 접지도체는 지하 0.75[m]부터 지표상 (③)[m]까지 부분은 합성수지관 또는 이와 동등 이상의 절연효과와 강도를 가지는 몰드로 덮어야 한다.
- 접지도체의 굵기는 제1의 "가"에서 정한 것 이외에 고장 시 흐르는 전류를 안전하게 통할 수 있는 것으로서 다음에 의한다.
  가. 특고압 · 고압 전기설비용 접지도체는 단면적 (④)[mm²] 이상의 연동선 또는 동등 이상의 단면적 및 강도를 가져야 한다.
  나. 중성점 접지용 접지도체는 공칭단면적 (⑤)[mm²] 이상의 연동선 또는 동등 이상의 단면적 및 세기를 가져야 한다. 다만, 다음의 경우에는 공칭단면적 (⑥)[mm²] 이상의 연동선 또는 동등 이상의 단면적 및 강도를 가져야 한다.
  (1) 7[kV] 이하의 전로
  (2) 사용전압이 25[kV] 이하인 특고압 가공전선로. 다만, 중성선 다중접지 방식의 것으로서 전로에 지락이 생겼을 때 2초 이내에 자동적으로 이를 전로로부터 차단하는 장치가 되어 있는 것
- 인하도선의 수는 (⑦)가닥 이상으로 하고, 보호대상 건축물 · 구조물의 투영에 따른 둘레에 가능한 한 균등한 간격으로 배치한다. 또, 병렬 인하도선의 최대 간격은 피뢰시스템 등급에 따라 I · II 등급은 (⑧)[m], III 등급은 (⑨)[m], IV 등급은 (⑩)[m]로 한다.

답안작성

① 0.75 ② 1 ③ 2 ④ 6 ⑤ 16
⑥ 6 ⑦ 2 ⑧ 10 ⑨ 15 ⑩ 20

개념체크

접지극의 시설 및 접지저항(KEC 142.2)

- 매설 깊이(① 0.75[m]): 접지극은 동결 깊이를 고려하여 시설하되, 고압 이상의 전기설비와 변압기 중성점 접지에 의하여 시설하는 접지극은 지표면으로부터 지하 0.75[m] 이상 깊게 매설해야 한다. (사람이 접촉할 우려를 줄이고 동결층 아래에 설치하기 위함)
- 금속체 이격(② 1[m]): 접지극을 철주 등 금속체에 근접하여 시설하는 경우, 접지극을 철주의 밑면으로부터 0.3m 이상 깊게 매설하는 경우를 제외하고는 금속체로부터 1[m] 이상 떼어서 매설해야 한다.

접지도체(KEC 142.3.1)

- 접지도체 보호(③ 2[m]): 접지도체는 외상을 입지 않도록 지하 0.75[m]부터 지표상 2[m]까지 합성수지관(두께 2[mm] 미만의 합성수지제 전선관 및 콤바인덕트관을 제외한다.) 또는 이와 동등 이상의 절연효과와 강도를 가지는 몰드로 덮어 보호해야 한다.
- 특고압 · 고압용(④ 6[mm²]): 특고압 · 고압 전기설비용 접지도체는 단면적 6[mm²] 이상의 연동선 또는 동등 이상의 단면적 및 강도를 가져야 한다.
- 중성점 접지용(⑤ 16[mm²]): 변압기 중성점 접지용 접지도체는 원칙적으로 공칭단면적 16[mm²] 이상의 연동선을 사용해야 한다.
- 중성점 접지 예외(⑥ 6[mm²]): 다만, 22.9[kV−Y] 배전선로와 같이 특고압 가공전선로에 결합하는 다중접지 방식의 경우 공칭단면적 6[mm²] 이상의 연동선을 사용할 수 있다.

인하도선시스템(KEC 152.2)

- 인하도선 수(⑦ 2가닥): 인하도선은 병렬로 구성해야 하며, 최소 2가닥 이상으로 시설해야 한다.
- 배치 간격(⑧ 10[m], ⑨ 15[m], ⑩ 20[m]): 인하도선은 보호대상 건축물 둘레에 가능한 한 균등한 간격으로 배치하며, 피뢰시스템 등급에 따라 I · II등급은 10[m], III등급은 15[m], IV등급은 20[m] 이내로 한다.

03

『전기설비기술기준』에 따라 빈칸에 알맞은 내용을 쓰시오. [5점]

★☆☆

> - 배선에 사용하는 전선(나전선 및 특고압에 사용하는 접촉전선을 제외한다)은 감전 또는 화재의 우려가 없도록 시설장소의 환경 및 전압에 따라 사용상 (①) 및 절연 성능을 갖는 것이어야 한다.
> - 배선에는 (②)을 사용하여서는 아니된다. 다만 시설장소의 환경 및 전압에 따라 사용상 충분한 강도를 갖고 있고 또한 절연성이 없음을 고려하여 감전 또는 화재의 우려가 없도록 시설하는 경우에는 그러하지 아니하다.
> - 특고압 배선에는 (③)을 사용하여서는 아니된다.

답안작성 ① 충분한 강도
② 나전선
③ 접촉전선

개념체크 배선의 사용전선 「전기설비기술기준 제51조」
- 배선에 사용하는 전선(나전선 및 특고압에 사용하는 접촉전선을 제외한다)은 감전 또는 화재의 우려가 없도록 시설장소의 환경 및 전압에 따라 사용상 **충분한 강도** 및 절연 성능을 갖는 것이어야 한다.
- 배선에는 **나전선**을 사용하여서는 아니된다. 다만 시설장소의 환경 및 전압에 따라 사용상 충분한 강도를 갖고 있고 또한 절연성이 없음을 고려하여 감전 또는 화재의 우려가 없도록 시설하는 경우에는 그러하지 아니하다.
- 특고압 배선에는 **접촉전선**을 사용하여서는 아니된다.

04

풍량 $185[\text{m}^3/\text{min}]$, 전풍압 $60[\text{mmAq}]$인 송풍기용 전동기의 소요동력$[\text{kW}]$을 구하시오.(단, 송풍기 효율은 $85[\%]$, 여유계수는 1.3이다.) [5점]

★★☆

답안작성 • 계산 과정: $P = \dfrac{185 \times 60}{6.12 \times 0.85} \times 1.3 = 2,773.93[\text{W}] = 2.77[\text{kW}]$

• 답: $2.77[\text{kW}]$

개념체크 송풍기용 전동기 동력

$$P = \frac{QH}{6.12\eta}K[\text{W}]$$

(단, Q: 풍량$[\text{m}^3/\text{min}]$, H: 풍압$[\text{mmAq}]$, η: 송풍기 효율, K: 여유계수)

05
★★★

송전단 전압 $66[\mathrm{kV}]$, 수전단 전압 $62[\mathrm{kV}]$인 송전선로가 있다. 수전단의 부하를 차단하였을 때 수전단 전압이 $64[\mathrm{kV}]$가 되었다면, 다음 각 물음에 답하시오.　　　　　　　　　　　[4점]

(1) 전압 강하율[%]을 구하시오.
- 계산 과정:
- 답:

(2) 전압 변동률[%]을 구하시오.
- 계산 과정:
- 답:

답안작성 (1) ・계산 과정: $\varepsilon = \dfrac{66-62}{62} \times 100 = 6.45[\%]$

　　　　　・답: $6.45[\%]$

(2) ・계산 과정: $\delta = \dfrac{64-62}{62} \times 100 = 3.23[\%]$

　　　　　・답: $3.23[\%]$

개념체크 ・전압 강하율: 수전단 전압을 기준으로 하였을 때 선로에서 발생한 전압 강하의 백분율

$$\varepsilon = \frac{e}{V_r} \times 100[\%] = \frac{V_s - V_r}{V_r} \times 100[\%]$$

$$= \frac{\sqrt{3}\,I(R\cos\theta + X\sin\theta)}{V_r} \times 100[\%]$$

（단, e: 전압 강하[V], V_r: 수전단 선간 전압[kV], V_s: 송전단 선간 전압[kV]）

・전압 변동률: 부하 측(수전단 측)의 전압은 부하의 크기에 따라서 달라지는데, 이때 부하의 접속 상태에 따른 부하 측 전압 변동의 백분율

$$\delta = \frac{V_{r0} - V_r}{V_r} \times 100[\%]$$

（단, V_{r0}: 무부하 시 수전단 선간 전압[kV], V_r: 전부하 시 수전단 선간 전압[kV]）

06

전기설비 관련 시설 공간(KDS 32 10 11)에서 전기실의 위치선정 시 고려해야 하는 사항을 1가지씩 쓰시오. [4점]

★☆☆

(1) 환경적 고려사항

(2) 전기적 고려사항

답안작성 (1) 수변전설비 기기 설치를 위한 장비, 배선장치 공간을 고려한 층고를 확보할 것

(2) 외부로부터 전원을 공급받기 위한 전선로 등의 인입이 용이할 것

개념체크 전기설비 관련 시설공간(KDS 32 10 11)

환경적 고려사항	전기적 고려사항
① 수변전설비 기기 설치를 위한 장비, 배선장치 공간을 고려한 층고를 확보할 것 ② 환기가 가능한 장소일 것 ③ 폭발 위험이 없을 것 ④ 침수 또는 누수로부터 안전할 것 ⑤ 자중, 적재 하중, 적설 또는 풍압, 지진, 그 밖의 진동과 충격으로부터 안전할 것	① 외부로부터 전원을 공급받기 위한 전선로 등의 인입이 용이할 것 ② 사용부하의 중심에 가까울 것 ③ 간선의 배선이 용이할 것 ④ 용량 증설에 대비하여 면적 확보가 가능할 것 ⑤ 수·배전거리를 짧게 할 것

07

다음 각 물음에 답하시오. [5점]

★★☆

(1) 변압기 내부고장 검출용으로 사용되는 계전기를 2가지 쓰시오.

(2) 10[kVA] 단상 변압기 3대로 Δ결선하여 3상 전원을 공급하던 중 1대의 고장으로 V결선하였다면, 출력은 약 몇 [kVA]인가?
   • 계산 과정:
   • 답:

답안작성 (1) • 부흐홀츠 계전기
   • 비율 차동 계전기

(2) • 계산 과정: $P_V = \sqrt{3}\,P_1 = 10 \times \sqrt{3} = 17.32[kVA]$
   • 답: 17.32[kVA]

개념체크 V결선 시 변압기 용량 $P_V = \sqrt{3}\,P_1[kVA]$ (P_1: 변압기 1대의 용량[kVA])

08

★★☆

주어진 논리회로를 보고 다음 각 물음에 답하시오.   [5점]

$$A \quad B \longrightarrow X$$

(1) 진리표를 작성하시오.(단, 0과 1로 표현한다.)

A	B	X
0	0	
0	1	
1	0	
1	1	

(2) 논리회로를 AND 2개, OR 1개, NOT 2개를 이용하여 그리시오.

답안작성 (1)

A	B	X
0	0	0
0	1	1
1	0	1
1	1	0

(2)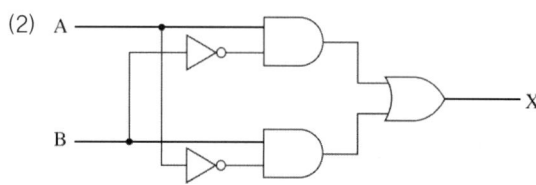

개념체크 주어진 회로의 논리식은 다음과 같다.

$X = (A \cdot \overline{B}) + (\overline{A} \cdot B)$

이러한 회로를 '배타적 논리합(XOR) 회로'라고 한다.

09

★☆☆

『전기공사업법 시행규칙』에 의거하여, 전기공사 현장의 표지에 포함되어야 하는 내용을 [보기]에서 모두 골라 쓰시오. [5점]

[보기]					
감리자	공사업자명	시공관리책임자	공사비	착공 연월일	법령 위반사항

답안작성

- 감리자
- 공사업자명
- 시공관리책임자
- 공사비
- 착공 연월일

개념체크 표지의 게시 등「전기공사업법 시행규칙 제13조」

전기공사 현장의 표지는 다음과 같은 별지 서식에 따른다.

전기공사 현장 표지	
공사명	
발주자	
설계자	
시공자(공사업자명)	
감리자	
시공관리책임자	
공사비	
착공 연월일	
준공 예정 연월일	
비고	

10

★☆☆

전기가열과 관련하여 다음 각 물음에 답하시오.　　　　　　　　　　　　　　[6점]

(1) 전기가열의 특징을 1가지 쓰시오.

(2) $10[\Omega]$의 저항에 $10[A]$의 전류를 10분간 흘렸을 때 발열량$[kcal]$을 구하시오.

　　• 계산 과정:

　　• 답:

답안작성　(1) 열효율이 높다.

(2) • 계산 과정: $H = 0.24 I^2 Rt = 0.24 \times 10^2 \times 10 \times (10 \times 60) = 144,000[cal] = 144[kcal]$

　　• 답: $144[kcal]$

개념체크　(1) 전기가열의 특징

　　• 열효율이 높다.

　　• 연소 가스가 발생하지 않아 깨끗하고 안전하다.

　　• 설비가 간단하고 설치비가 저렴하다.

(2) 줄의 법칙

$$H = 0.24 I^2 Rt$$

(단, H: 발열량$[cal]$, I: 전류$[A]$, R: 저항$[\Omega]$, t: 시간$[s]$)

11

★★☆

광도 $500[cd]$의 광원이 지름 $6[m]$ 책상 중심의 직상부 높이 $4[m]$ 지점에 위치하고 있다. 이때 책상에서의 최소 수평면 조도$[lx]$를 구하시오.　　　　　　　　　　　　　　[5점]

• 계산 과정:

• 답:

답안작성　• 계산 과정: $E_h = \dfrac{I}{r^2}\cos\theta = \dfrac{500}{3^2 + 4^2} \times \dfrac{4}{\sqrt{3^2 + 4^2}} = 20 \times \dfrac{4}{5} = 16[lx]$

　　• 답: $16[lx]$

개념체크　주어진 조건을 그림으로 나타내면 다음과 같다.

$$수평면\ 조도\ E_h = \dfrac{I}{r^2}\cos\theta = \dfrac{I}{h^2}\cos^3\theta\,[lx]$$

(단, r: 반지름$[m]$, I: 광도$[cd]$, h: 높이$[m]$)

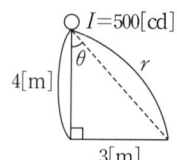

12
★☆☆

다음 접속점 표기 방식의 [범례]를 참고하여 전력용 콘덴서의 미완성 결선도와 변압기 $\Delta - \Delta$ 결선의 복선도를 완성하시오. [6점]

전력용 콘덴서	$\Delta - \Delta$결선	범례
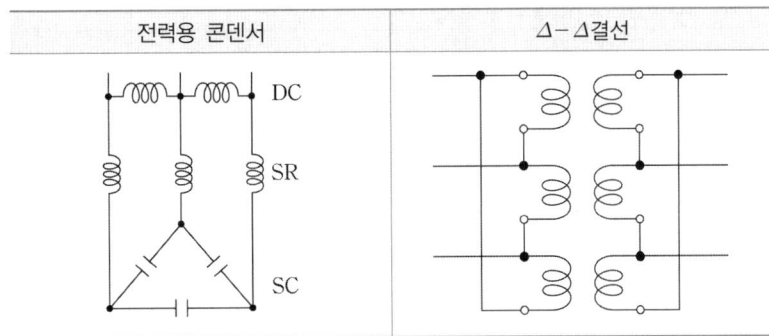		

	접속	미접속

답안작성

전력용 콘덴서	$\Delta - \Delta$결선

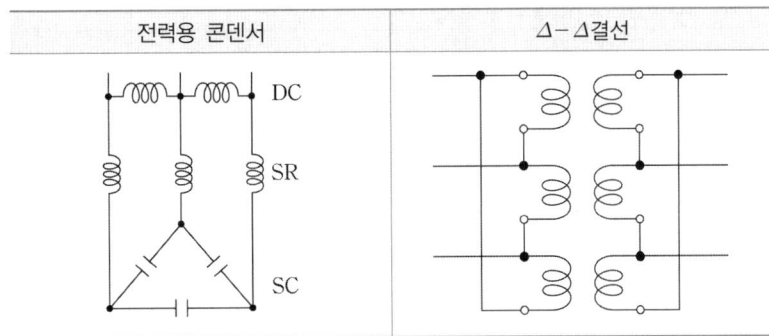

13
★☆☆

용량 $5,000[\text{kVA}]$인 변전설비의 수용가에서 $5,000[\text{kVA}]$ 부하(지상 역률 0.7)가 접속되어 있다. 변압기에 전력용 콘덴서 $1,500[\text{kVA}]$를 설치하여 지상 역률을 0.8로 개선하였다. 이때 증가시킬 수 있는 여유부하$[\text{kW}]$를 구하시오. [5점]

• 계산 과정:
• 답:

답안작성

• 계산 과정

역률 개선 전 변압기가 공급하는 유효전력 $P_1 = 5,000 \times 0.7 = 3,500[\text{kW}]$

역률 개선 후 변압기가 공급하는 유효전력 $P_2 = 5,000 \times 0.8 = 4,000[\text{kW}]$

여유부하 증가분 $\Delta P = P_2 - P_1 = 4,000 - 3,500 = 500[\text{kW}]$

• 답: $500[\text{kW}]$

개념체크

문제 조건의 수치 불일치 및 풀이 기준

• 본 문제에서 제시된 콘덴서 용량 $1,500[\text{kVA}]$를 적용하여 계산할 경우, 실제 개선 후 역률은 약 0.86이 산출되어 문제에서 주어진 조건인 '역률 0.8'과 수학적으로 일치하지 않습니다.

• 이와 같이 조건 간의 모순이 발생할 경우 문제에서 명시적으로 제시한 결과 값인 '역률 0.8'을 최우선 기준으로 삼아 풀이하여야 합니다. 따라서 콘덴서 용량 수치는 고려하지 않고, 변압기 정격 용량($5,000[\text{kVA}]$)을 기준으로 역률 개선 전후의 유효전력 차이를 산출하는 것이 출제 의도에 부합하는 풀이방식입니다.

14

★★☆

다음 각 설명에 해당하는 계전기의 명칭을 쓰시오.   [5점]

①	송전시스템에 발생한 고장때문에 일부 시스템의 위상각이 커져서 동기(synchronous)를 벗어나려고 할 경우 이것을 검출하여 해당 시스템을 분리하고자 할 때 사용하는 계전기
②	계전기가 설치된 위치로부터 고장점까지의 전기적 거리에 비례하여 한시동작하며, 복잡한 계통의 단락보호에 과전류 계전기의 대용으로 사용하는 계전기
③	병행 2회선 송전선로에서 한쪽의 1회선에 지락고장이 일어났을 경우 이것을 검출해서 고장 회선만을 선택 차단할 수 있게끔 선택 단락 계전기의 동작전류를 특별히 작게 한 계전기
④	어느 일정 방향으로 일정값 이상의 단락 전류가 흘렀을 때 동작하는 계전기로, 동시에 전력조류가 반대로 되기 때문에 역전력계전기(reverse power relay)라고도 한다.
⑤	전압이 일정값 이하로 떨어졌을 경우 지나친 과전류가 흐르지 않게 하기 위해 동작하는 계전기로, 단락 시의 고장검출용으로도 사용된다.

답안작성
① 탈조보호 계전기
② 거리 계전기
③ 선택지락 계전기
④ 방향단락 계전기
⑤ 부족전압 계전기

15

★☆☆

발전용량 $2,000[\mathrm{kW}]$, 일사강도 $0.75[\mathrm{kW/m^2}]$, 반사율 $80[\%]$, 효율 $20[\%]$인 집중형 태양광발전소에 필요한 수광면적$[\mathrm{m^2}]$을 구하시오.   [5점]

• 계산 과정:
• 답:

답안작성 • 계산 과정

수광면적 $A = \dfrac{2,000}{0.75 \times 0.8 \times 0.2} = \dfrac{2,000}{0.12} = 16,666.67[\mathrm{m^2}]$

• 답: $16,666.67[\mathrm{m^2}]$

개념체크 태양광발전소의 수광면적

$$수광면적[\mathrm{m^2}] = \frac{발전용량[\mathrm{kW}]}{일사강도[\mathrm{kW/m^2}] \times 반사율 \times 효율}$$

16
★★★
축전지 용량 $100[\text{Ah}]$, 상시 부하 $8[\text{kW}]$, 표준전압 $100[\text{V}]$인 부동충전방식에서, 충전기 2차 전류$[\text{A}]$를 연축전지와 알칼리 축전지에 대하여 각각 구하시오. **[4점]**

(1) 연축전지
   • 계산 과정:
   • 답:

(2) 알칼리 축전지
   • 계산 과정:
   • 답:

답안작성

(1) • 계산 과정: $I_2 = \dfrac{100}{10} + \dfrac{8 \times 10^3}{100} = 90[\text{A}]$

   • 답: $90[\text{A}]$

(2) • 계산 과정: $I_2 = \dfrac{100}{5} + \dfrac{8 \times 10^3}{100} = 100[\text{A}]$

   • 답: $100[\text{A}]$

개념체크

부동충전방식 충전기의 2차 전류

충전기 2차 전류$[\text{A}] = \dfrac{\text{축전지 용량}[\text{Ah}]}{\text{정격 방전율}[\text{h}]} + \dfrac{\text{상시 부하 용량}[\text{VA}]}{\text{표준 전압}[\text{V}]}$

(단, 연축전지의 정격 방전율: $10[\text{h}]$, 알칼리 축전지의 정격 방전율: $5[\text{h}]$)

17
★★★
가로 $15[\text{m}]$, 세로 $20[\text{m}]$, 바닥에서 천장까지의 높이 $3[\text{m}]$, 작업면의 높이 $0.8[\text{m}]$인 방에서 조명기구가 천장에 부착되어 있다. 다음 실지수 표를 참고하여 이 방의 실지수를 선정하시오. **[4점]**

실지수	5.0	4.0	3.0	2.5	2.0	1.5	1.25	1.0	0.8	0.6
범위	4.5 이상	4.5 ~ 3.5	3.5 ~ 2.75	2.75 ~ 2.25	2.25 ~ 1.75	1.75 ~ 1.38	1.38 ~ 1.12	1.12 ~ 0.9	0.9 ~ 0.7	0.7 이하

답안작성

• 계산 과정

실지수$(RI) = \dfrac{XY}{H(X+Y)} = \dfrac{15 \times 20}{(3-0.8) \times (15+20)} = 3.90$

• 답: 4.0 선정

개념체크

$$RI = \dfrac{XY}{H(X+Y)}$$

(단, X: 방의 폭$[\text{m}]$, Y: 방의 길이$[\text{m}]$, H: 작업면에서 광원까지의 높이$[\text{m}]$)

18 ★★☆ 피뢰기와 관련하여 다음 각 물음에 답하시오.　　　　　　　　　　　　　[6점]

(1) 피뢰기의 구비조건을 3가지 쓰시오.

(2) 한국전기설비규정에 따른 피뢰기 설치위치를 3가지 쓰시오.

답안작성　(1) • 충격 방전 개시 전압이 낮을 것
- 상용 주파 방전 개시 전압이 높을 것
- 방전 내량이 크면서 제한 전압이 낮을 것

(2) • 발전소 · 변전소 또는 이에 준하는 장소의 가공전선 인입구 및 인출구
- 고압 및 특고압의 가공전선로로부터 공급을 받는 수용 장소의 인입구
- 가공전선로와 지중전선로가 접속되는 곳

개념체크　(1) 피뢰기의 구비조건
- 충격 방전 개시 전압이 낮을 것
- 상용 주파 방전 개시 전압이 높을 것
- 방전 내량이 크면서 제한 전압이 낮을 것
- 속류 차단 능력이 클 것

(2) 피뢰기의 설치위치
- 발전소 · 변전소 또는 이에 준하는 장소의 가공전선 인입구 및 인출구
- 특고압 가공전선로(25[kV] 이하의 중성점 다중접지식 특고압 가공전선로는 제외)에 접속하는 배전용 변압기의 고압 측 및 특고압 측
- 고압 및 특고압의 가공전선로로부터 공급을 받는 수용 장소의 인입구
- 가공전선로와 지중전선로가 접속되는 곳

19
★ ☆ ☆

다음은 한국전기설비규정에 따른 회전기 및 정류기의 절연내력 시험전압에 관한 표이다. 빈칸에 알맞은 내용을 쓰시오. [5점]

종류	구분		시험 전압	시험 방법
회전기	발전기 · 전동기 · 무효 전력 보상 장치 · 기타회전기(회전변류기를 제외한다)	최대사용전압 7[kV] 이하	최대사용전압의 (①)배의 전압 (500[V] 미만으로 되는 경우에는 500[V])	권선과 대지 사이에 연속하여 (③)분간 가한다.
		최대사용전압 7[kV] 초과	최대사용전압의 (②)배의 전압 (10.5[kV] 미만으로 되는 경우에는 10.5[kV])	
	회전변류기		직류 측의 최대사용전압의 1배의 교류전압 (500[V] 미만으로 되는 경우에는 500[V])	
정류기	최대사용전압이 (④)[kV] 이하		직류 측의 최대사용전압의 1배의 교류전압 (500[V] 미만으로 되는 경우에는 500[V])	충전부분과 외함 간에 연속하여 (③)분간 가한다.
	최대사용전압 (④)[kV] 초과		교류 측의 최대사용전압의 1.1배의 교류전압 또는 직류 측의 최대사용전압의 (⑤)배의 직류전압	교류 측 및 직류 고전압 측 단자와 대지 사이에 연속하여 (③)분간 가한다.

답안작성　　① 1.5　　　　② 1.25　　　　③ 10　　　　④ 60　　　　⑤ 1.1

01 ★★★

다음 그림과 같은 단상 3선식 선로의 설비 불평형률[%]을 구하시오. [4점]

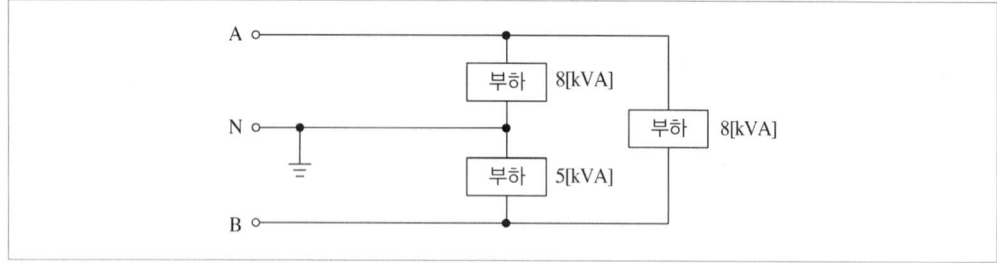

• 계산 과정:

• 답:

답안작성 • 계산 과정

$$설비\ 불평형률 = \frac{8-5}{(8+5+8) \times \frac{1}{2}} \times 100 = 28.57[\%]$$

• 답: $28.57[\%]$

개념체크 저압 수전의 단상 3선식 설비 불평형률

$$\frac{중성선과\ 각\ 전압\ 측\ 전선\ 간에\ 접속되는\ 부하설비\ 용량[kVA]의\ 차}{총\ 부하설비\ 용량[kVA] \times \frac{1}{2}} \times 100[\%]$$

02 ★★☆

부하율에 관하여 다음 각 물음에 답하시오. [6점]

(1) 부하율의 식을 쓰시오.

(2) 부하율이 낮다는 것의 의미를 설명하시오.

답안작성 (1) $부하율 = \dfrac{평균수용전력}{최대수용전력} \times 100[\%]$

(2) 부하율이 낮다는 것의 의미
- 공급 설비를 유용하게 사용하고 있지 않음을 의미한다.
- 부하 설비의 가동률이 하락함을 의미한다.

03

★★☆

다음은 한국전기설비규정에 따른 접지시스템의 구분 및 시설 종류에 관한 표이다. 빈칸에 들어갈 알맞은 내용을 쓰시오. [5점]

접지시스템	(①), (②), 피뢰시스템접지
접지시스템 시설 종류	(③), (④), (⑤)

답안작성
① 계통접지
② 보호접지
③ 단독접지
④ 공통접지
⑤ 통합접지

개념체크 접지시스템의 구분 및 종류(KEC 141)
접지시스템은 계통접지, 보호접지, 피뢰시스템접지 등으로 구분한다.
접지시스템의 시설 종류에는 단독접지, 공통접지, 통합접지가 있다.

04

★★★

정격용량 $150[\text{kVA}]$, **전압비** $22.9[\text{kV}]/380-220[\text{V}]$, **% 저항** $1.1[\%]$, **% 리액턴스** $4.85[\%]$인 **변압기**가 있다. 정격전압 인가 시 변압기 2차 측 단락전류는 정격전류의 몇 배인지 구하시오.(단, 전원 측의 임피던스는 무시한다.) [5점]

• 계산 과정:
• 답:

답안작성
• 계산 과정: $I_s = \dfrac{100}{\sqrt{1.1^2 + 4.85^2}} I_n = 20.11 I_n$

• 답: 20.11배

개념체크 퍼센트 임피던스($\%Z$)

$$\%Z = \sqrt{\%R^2 + \%X^2}\,[\%]$$
(단, $\%R$: 퍼센트 저항[%], $\%X$: 퍼센트 리액턴스[%])

단락전류(I_s)

$$I_s = \frac{100}{\%Z} I_n\,[\text{A}]$$
(단, I_n: 정격전류[A], $\%Z$: 퍼센트 임피던스[%])

05

★★★

길이 $20[m]$, 폭 $25[m]$, 천장 높이 $5[m]$인 어떤 사무실의 평균 조도를 $350[lx]$로 유지하기 위하여 필요한 사무실의 등기구 개수를 구하시오.(단, 전구의 광속은 $8,000[lm]$, 조명률 $50[\%]$, 유지율 $70[\%]$로 한다.) [5점]

• 계산 과정:
• 답:

답안작성
• 계산 과정: $N = \dfrac{350 \times (20 \times 25) \times \dfrac{1}{0.7}}{8,000 \times 0.5} = 62.5 \rightarrow 63[개]$

• 답: $63[개]$

개념체크

$$FUN = EAD$$

(단, F: 광속[lm], U: 조명률, N: 사용하는 등의 개수, E: 조도[lx], A: 방의 면적[m²], D: 감광 보상률
$(= \dfrac{1}{M})$, M: 보수율(유지율))

06

★☆☆

다음 그림은 발전기의 상간 단락 보호 계전 방식을 나타낸 것이다. 각 물음에 답하시오. [6점]

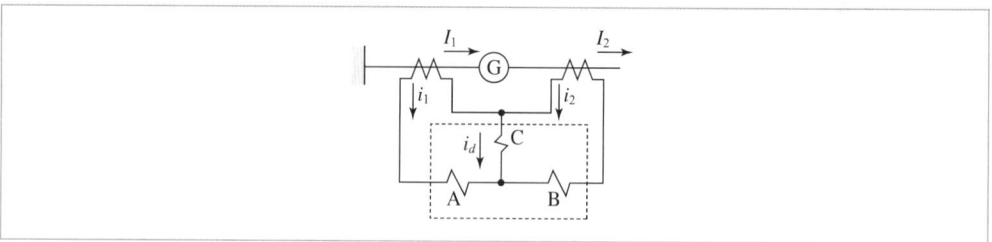

(1) 점선 안의 계전기 명칭은?

(2) 동작 코일은 A, B, C 코일 중 어느 것인가?

(3) 발전기에 상간 단락이 생길 때 코일 C의 전류 i_d는 어떻게 표현되는가?

(4) 동기 발전기를 병렬운전시키기 위한 조건을 3가지 쓰시오.

답안작성
(1) 비율 차동 계전기

(2) C 코일

(3) $i_d = |i_1 - i_2|$

(4) • 기전력의 크기가 같을 것
  • 기전력의 위상이 같을 것
  • 기전력의 주파수가 같을 것

개념체크 동기 발전기의 병렬운전 조건
- 기전력의 크기가 같을 것
- 기전력의 위상이 같을 것
- 기전력의 주파수가 같을 것
- 기전력의 파형이 같을 것

07
★☆☆

다음 그림과 같은 $22/3.3[\text{kV}]$ 수전설비에서 F점($3.3[\text{kV}]$ 측)에서 사고가 발생했을 때, 각 물음에 답하시오.(단, 수전점의 단락용량은 $900[\text{MVA}]$이고, 변압기 두 대의 정격은 동일하다.) [9점]

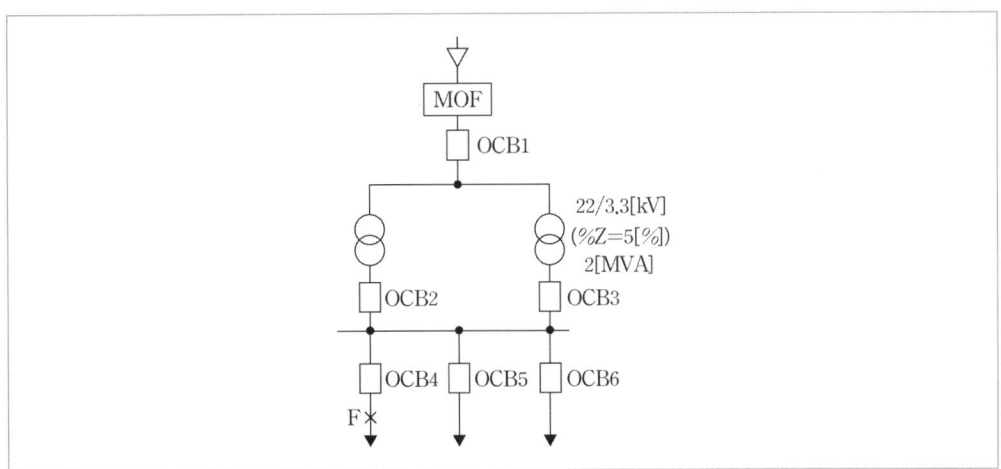

(1) F점에서의 합성임피던스는 몇 $[\%]$인가?

(2) OCB4의 단락용량은 몇 $[\text{MVA}]$인가?

(3) F점에서의 단락전류는 몇 $[\text{A}]$인가?

개념체크
(1) • 계산 과정

전체 시스템에 적용할 기준용량을 $P_n = 10[\text{MVA}]$로 설정하면

전원 측 임피던스 $\%Z_s = \dfrac{\text{기준용량}}{\text{수전점 단락용량}} \times 100 = \dfrac{10}{900} \times 100 = 1.11[\%]$

변압기 임피던스 $\%Z_T = (\text{자기용량 기준 } \%Z) \times \dfrac{\text{기준용량}}{\text{자기용량}} = 5 \times \dfrac{10}{2} = 25[\%]$

동일한 변압기 2대가 병렬로 연결되어 있으므로 총 합성 임피던스는

$\%Z_T{}' = \dfrac{\%Z_T}{2} = \dfrac{25}{2} = 12.5[\%]$

따라서 F점까지의 총 합성 임피던스는
$\%Z_{total} = \%Z_s + \%Z_T{}' = 1.11 + 12.5 = 13.61[\%]$

• 답: $13.61[\%]$ ($10[\text{MVA}]$ 기준)

(2) • 계산 과정

차단기 OCB4는 F점에서의 단락용량을 차단할 수 있어야 하므로

$P_s = \dfrac{100}{\%Z_{total}} P_n = \dfrac{100}{13.61} \times 10 = 73.48[\text{MVA}]$

• 답: $73.48[\text{MVA}]$

(3) • 계산 과정

단락용량 $P_s = \sqrt{3}\,V_l \times I_s$ 에서

단락전류 $I_s = \dfrac{P_s}{\sqrt{3}\,V_l} = \dfrac{73.48 \times 10^6}{\sqrt{3} \times 3.3 \times 10^3} = 12,855.67[\text{A}]$

• 답: 12,855.67[A]

08
★★☆

다음은 전등 부하 계통에 전력을 공급하는 설비도면이다. 각 물음에 답하시오.(단, 부하의 역률은 1이라고 한다.)　　　　　　　　　　　　　　　　　　　　　　　　　　　　　　　　　　　　　[5점]

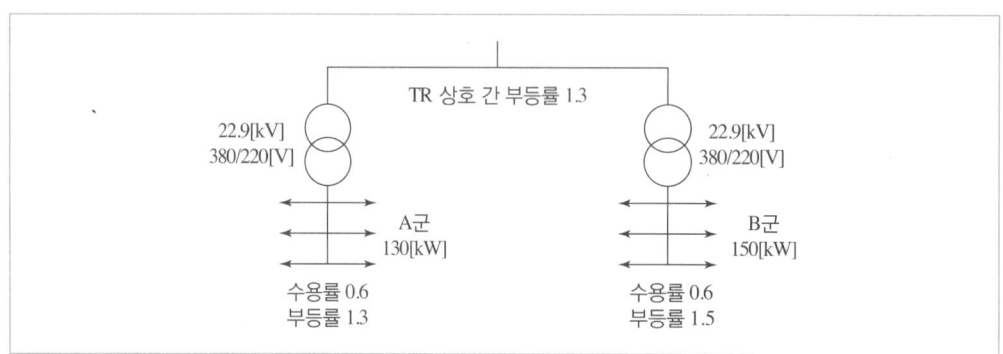

(1) A군 수용가의 변압기 용량[kVA]을 구하시오.

(2) B군 수용가의 변압기 용량[kVA]을 구하시오.

(3) 고압간선에 걸리는 최대부하[kW]를 구하시오.

답안작성　(1) • 계산 과정: A군 수용가 $P_A = \dfrac{130 \times 0.6}{1.3 \times 1} = 60[\text{kVA}]$

　　　　　　• 답: 60[kVA]

　　　　(2) • 계산 과정: B군 수용가 $P_B = \dfrac{150 \times 0.6}{1.5 \times 1} = 60[\text{kVA}]$

　　　　　　• 답: 60[kVA]

　　　　(3) • 계산 과정: 최대 부하 $P = \dfrac{\left(\dfrac{130 \times 0.6}{1.3}\right) + \left(\dfrac{150 \times 0.6}{1.5}\right)}{1.3} = 92.31[\text{kW}]$

　　　　　　• 답: 92.31[kW]

개념체크　(1) 변압기 용량 $P_a[\text{kVA}] \geq \dfrac{\text{설비용량[kW]} \times \text{수용률}}{\text{부등률} \times \text{역률}}$

　　　　(2) 최대 부하 $P[\text{kW}] = \dfrac{\text{A군 수용가의 최대 전력} + \text{B군 수용가의 최대 전력}}{\text{TR 상호 간 부등률}}$

09
★★☆

역률 60[%], 용량 300[kVA]인 3상 평형 유도 부하를 사용하는 공장이 있다. 이 부하에 전력용 콘덴서를 병렬로 설치하여 합성 역률을 95[%]로 개선하고자 할 때, 각 물음에 답하시오. [6점]

(1) 전력용 콘덴서의 용량은 몇 [kVA]가 필요한지 구하시오.
- 계산 과정:
- 답:

(2) 잔류 전하를 방전시키기 위해서는 전력용 콘덴서에는 무엇이 있어야 하는지 쓰시오.

(3) 전력용 콘덴서에 직렬 리액터를 설치하는 이유는 무엇인지 설명하고, 합성 역률을 95[%]로 개선할 때 직렬 리액터는 이론상 몇 [kVA]가 필요하며, 실제로는 몇 [kVA]를 사용하는지 구하시오.
- 설치 이유:
- 이론상 용량:
- 실제 용량:

답안작성

(1) • 계산 과정: $Q_c = P_a \cos\theta_1 \times \left(\dfrac{\sin\theta_1}{\cos\theta_1} - \dfrac{\sin\theta_2}{\cos\theta_2} \right) = 300 \times 0.6 \times \left(\dfrac{\sqrt{1-0.6^2}}{0.6} - \dfrac{\sqrt{1-0.95^2}}{0.95} \right) = 180.84 [\text{kVA}]$
- 답: 180.84[kVA]

(2) 방전 코일

(3) • 설치 이유: 제5고조파의 제거
- 이론상 용량: $180.84 \times 0.04 = 7.23[\text{kVA}]$
- 실제 용량: $180.84 \times 0.06 = 10.85[\text{kVA}]$

개념체크
- 역률 개선용 콘덴서 용량

$$Q_c = P(\tan\theta_1 - \tan\theta_2) = P\left(\frac{\sin\theta_1}{\cos\theta_1} - \frac{\sin\theta_2}{\cos\theta_2} \right)[\text{kVA}]$$

(단, P: 부하 전력[kW], $\cos\theta_1$: 개선 전 역률, $\cos\theta_2$: 개선 후 역률)

- 전력용 콘덴서 회로

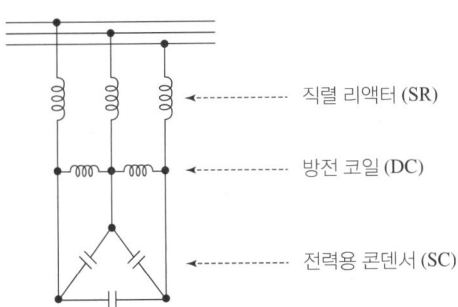

← 직렬 리액터 (SR)

← 방전 코일 (DC)

← 전력용 콘덴서 (SC)

▲ 역률 개선용 콘덴서 회로

– 직렬 리액터(SR: Series Reactor)
① 변압기 등에서 발생하는 제5고조파 제거
② 제5고조파 제거를 위한 직렬 리액터 용량

제5고조파 공진 조건 $5\omega L = \dfrac{1}{5\omega C}$에서 $\omega L = \dfrac{1}{25\omega C} = 0.04 \times \dfrac{1}{\omega C}$

∴ 이론상 콘덴서 용량의 4[%] 설치 (단, 실제로는 여유를 두어 콘덴서 용량의 6[%] 설치)

– 방전 코일(DC): 콘덴서에 남아 있는 잔류 전하를 신속히 방전시켜 인체의 감전 방지

10 ★☆☆

관등회로의 사용전압이 $400[V]$ 초과이고, $1[kV]$ 이하일 때 다음 각 물음에 답하시오.(단, 전개된 건조한 장소에 시설하는 것으로 하며, 애자공사는 제외한다.) [5점]

(1) 공사방법을 2가지 쓰시오.

(2) 애자공사에서 전선과 조영재 사이의 이격거리는 몇 [mm] 이상이어야 하는지 쓰시오.

답안작성

(1) • 합성수지관공사
   • 금속관공사

(2) $25[mm]$

개념체크

관등회로의 배선(KEC 234.11.4)

관등회로의 사용전압이 $400[V]$ 초과이고, $1[kV]$ 이하인 배선은 그 시설장소에 따라 합성수지관공사 · 금속관공사 · 가요전선관공사나 케이블공사 또는 다음 표 중 어느 한 방법에 의하여야 한다.

관등회로의 공사방법

시설장소의 구분		공사방법
전개된 장소	건조한 장소	애자공사 · 합성수지몰드공사 또는 금속몰드공사
	기타의 장소	애자공사
점검할 수 있는 은폐된 장소	건조한 장소	금속몰드공사

애자공사의 시설

공사방법	전선 상호간의 거리	전선과 조영재의 거리	전선 지지점 간의 거리	
			관등회로의 전압이 $400[V]$ 초과 $600[V]$ 이하	관등회로의 전압이 $600[V]$ 초과 $1[kV]$ 이하
애자공사	$60[mm]$ 이상	$25[mm]$ 이상 (습기가 많은 장소는 $45[mm]$ 이상)	$2[m]$ 이하	$1[m]$ 이하

11 ★★☆

3상 3선식 배전 선로의 1선당 저항이 $3[\Omega]$, 리액턴스가 $2[\Omega]$이고, 수전단 전압이 $6,000[V]$이다. 수전단에 용량 $480[kW]$, 역률 0.8(지상)인 3상 평형 부하가 접속되어 있을 때 송전단 전압, 송전단 전력 및 송전단 역률을 구하시오. [6점]

(1) 송전단 전압[V]
   • 계산 과정:
   • 답:

(2) 송전단 전력[kW]
   • 계산 과정:
   • 답:

(3) 송전단 역률[%]
   • 계산 과정:
   • 답:

(1) • 계산 과정

$$V_s = V_r + \sqrt{3}\,I(R\cos\theta + X\sin\theta) = V_r + \frac{P_r}{V_r}(R + X\tan\theta)$$

$$= 6,000 + \frac{480\times10^3}{6,000}\times\left(3+2\times\frac{0.6}{0.8}\right) = 6,360[\text{V}]$$

• 답: 6,360[V]

(2) • 계산 과정

부하에 흐르는 전류 $I = \dfrac{P_r}{\sqrt{3}\,V_r\cos\theta_r} = \dfrac{480\times10^3}{\sqrt{3}\times6,000\times0.8} = 57.74[\text{A}]$

$$P_s = P_r + 3I^2R = 480 + 3\times57.74^2\times3\times10^{-3} = 510.01[\text{kW}]$$

• 답: 510.01[kW]

(3) • 계산 과정

$$\cos\theta_s = \frac{P_s}{\sqrt{3}\,V_sI} = \frac{510.01\times10^3}{\sqrt{3}\times6,360\times57.74} = 0.8018(\therefore\ 역률은\ 80.18[\%])$$

• 답: 80.18[%]

12

★★★

다음 미완성 시퀀스 회로도를 보고 PB_1을 눌렀을 때 자기유지가 되도록 회로도를 완성하시오.(단, PB_2를 누르면 초기화된다.) **[4점]**

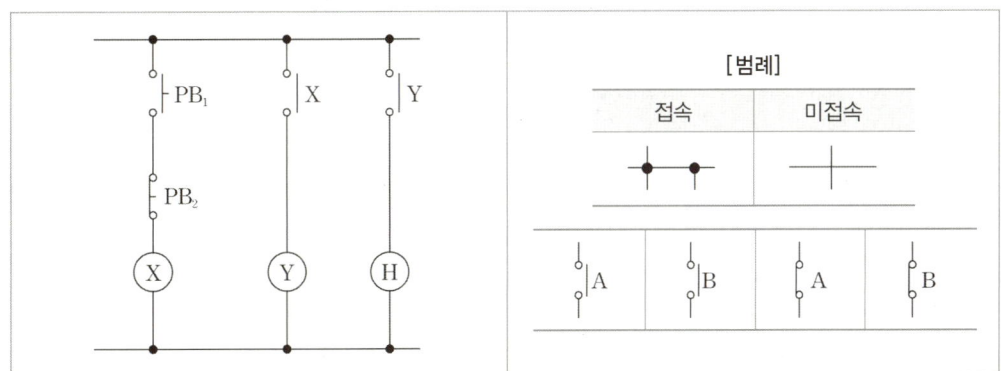

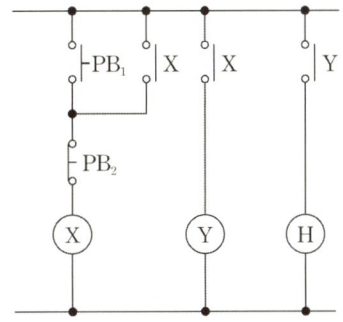

개념체크 PB_1을 누르면 릴레이 X가 동작한다. 이때 PB_1에서 손을 떼더라도 릴레이 X의 동작을 유지하기위해 X − a접점을 PB_1과 병렬로 접속하여 자기유지회로를 구성한다.

13

★ ★ ★

다음 옥내배선용 그림기호의 명칭을 각각 쓰시오. [5점]

(1)	(2)	(3)
Ⓜ	Ⓦⓗ	ⒺⓆ

답안작성

(1) 전동기

(2) 전력량계

(3) 지진감지기

14

★ ★ ★

다음 그림은 콜라우시 브리지 회로이다. 3개의 접지판 상호 간의 저항을 측정한 값이 그림과 같은 경우 B점의 접지 저항값은 몇 $[\Omega]$인지 구하시오. [5점]

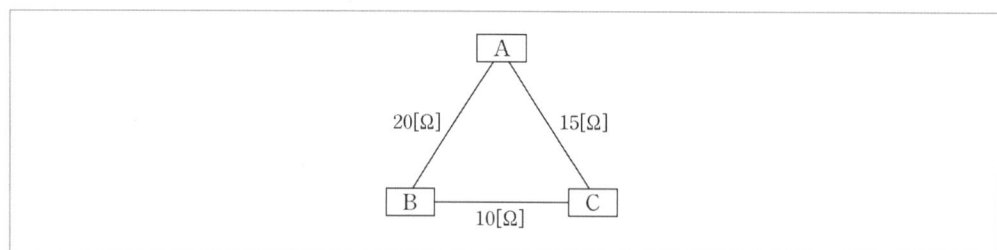

• 계산 과정:

• 답:

답안작성

• 계산 과정: $R_B = \dfrac{1}{2}(20+10-15) = 7.5[\Omega]$

• 답: $7.5[\Omega]$

개념체크 콜라우시 브리지에 의한 3극 접지 저항 측정법

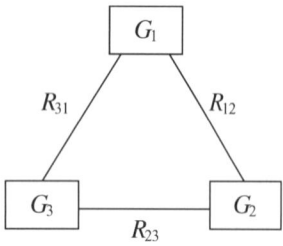

• $R_{G_1} = \dfrac{1}{2}(R_{12}+R_{31}-R_{23})[\Omega]$

• $R_{G_2} = \dfrac{1}{2}(R_{12}+R_{23}-R_{31})[\Omega]$

• $R_{G_3} = \dfrac{1}{2}(R_{31}+R_{23}-R_{12})[\Omega]$

15

★☆☆

다음은 축전지 용량을 산정하는 공식이다. 식에 사용된 기호 L, K, I의 의미를 각각 쓰시오. [5점]

$$C = \frac{1}{L}\{K_1 I_1 + K_2(I_2 - I_1) + \cdots K_n(I_n - I_{n-1})\}[\text{Ah}]$$

답안작성

- L: 보수율(경년용량저하율)
- K: 용량환산시간계수
- I: 방전전류

개념체크

- 축전지의 용량

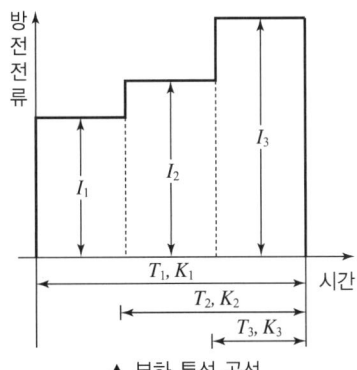

▲ 부하 특성 곡선

$$C = \frac{1}{L}\{K_1 I_1 + K_2(I_2 - I_1) + K_3(I_3 - I_2)\}[\text{Ah}]$$

(단, 축전지 용량은 부하의 면적을 계산하여 구한다.)

- 연축전지
  - 공칭 전압: 2.0[V]
  - 공칭 용량: 10시간율[Ah]

- 알칼리 축전지
  - 공칭 전압: 1.2[V]
  - 공칭 용량: 5시간율[Ah]

16 ★☆☆ 전로의 절연저항과 관련하여 다음 각 물음에 답하시오. [9점]

(1) 전기 사용장소의 사용전압이 저압인 전로의 전선 상호 간 및 전로와 대지 사이의 절연저항은 개폐기 또는 과전류차단기로 구분할 수 있는 전로마다 다음 표에서 정한 값 이상이어야 한다. 다음 표의 빈칸에 알맞은 말을 쓰시오.

전로의 사용전압[V]	DC 시험전압[V]	절연저항[MΩ]
SELV 및 PELV	(①)	(④) 이상
FELV를 포함한 500[V] 이하	(②)	(⑤) 이상
500[V] 초과	(③)	(⑥) 이상

(2) 사용전압이 200[V]이고 최대공급전류가 30[A]인 단상 2선식 가공전선로에 2선을 총괄한 것과 대지 간의 절연저항은 몇 [Ω]인가?
- 계산 과정:
- 답:

답안작성

(1) ① 250   ② 500   ③ 1,000   ④ 0.5   ⑤ 1.0   ⑥ 1.0

(2) • 계산 과정

전선 1가닥에서 허용되는 최대 누설전류

$$I_g = \frac{\text{최대공급전류}}{2,000} = \frac{30}{2,000} = 0.015[\text{A}]$$

1선당 절연저항

$$R_1 = \frac{\text{사용전압}}{I_g} = \frac{200}{0.015} = 13,333.33[\Omega]$$

2선을 총괄한 절연저항(각 전선의 절연저항이 병렬 연결)

$$R = \frac{R_1}{2} = \frac{13,333.33}{2} = 6,666.67[\Omega]$$

• 답: $6,666.67[\Omega]$

개념체크 전기방식별 누설전류 허용값

구분	누설전류 허용값
단상 2선식	최대 공급 전류 $\times \frac{1}{2,000} \times 2$ (전선 2조)
단상 3선식	최대 공급 전류 $\times \frac{1}{2,000} \times 3$ (전선 3조)
3상 3선식	최대 공급 전류 $\times \frac{1}{2,000} \times 3$ (전선 3조)

저압전선로 중 절연 부분의 전선과 대지 사이 및 전선의 심선 상호 간의 절연저항은 사용전압에 대한 누설전류가 최대 공급 전류의 $\frac{1}{2,000}$ 을 넘지 않아야 한다.

17
★★☆

용량 $40[\mathrm{kVA}]$, 3상 $380[\mathrm{V}]$, **주파수** $60[\mathrm{Hz}]$인 전력용 콘덴서를 다음 방식으로 결선할 때, 각각의 정전 용량$[\mu\mathrm{F}]$을 구하시오. [6점]

(1) Δ결선인 경우 $C_1[\mu\mathrm{F}]$
 • 계산 과정:
 • 답:

(2) Y결선인 경우 $C_2[\mu\mathrm{F}]$
 • 계산 과정:
 • 답:

답안작성

(1) • 계산 과정

$Q = 3 \times 2\pi f\, C_1 E^2 [\mathrm{VA}]$에서 Δ결선인 경우 선간 전압 $V[\mathrm{V}]$는 상전압 $E[\mathrm{V}]$와 같으므로

$$C_1 = \frac{Q}{3 \times 2\pi f E^2} = \frac{Q}{3 \times 2\pi f V^2} = \frac{40 \times 10^3}{3 \times 2\pi \times 60 \times 380^2}$$

$$= 244.93 \times 10^{-6}[\mathrm{F}] = 244.93[\mu\mathrm{F}]$$

 • 답: $244.93[\mu\mathrm{F}]$

(2) • 계산 과정

$Q = 3 \times 2\pi f\, C_2 E^2 [\mathrm{VA}]$에서 Y결선인 경우 상전압 $E = \dfrac{V}{\sqrt{3}}[\mathrm{V}]$이므로

$$C_2 = \frac{Q}{3 \times 2\pi f E^2} = \frac{Q}{3 \times 2\pi f \left(\dfrac{V}{\sqrt{3}}\right)^2} = \frac{40 \times 10^3}{3 \times 2\pi \times 60 \times \left(\dfrac{380}{\sqrt{3}}\right)^2}$$

$$= 734.79 \times 10^{-6}[\mathrm{F}] = 734.79[\mu\mathrm{F}]$$

 • 답: $734.79[\mu\mathrm{F}]$

개념체크

$$Q = 3 \times 2\pi f \cdot C \cdot E^2 [\mathrm{VA}]$$
(단, f: 주파수$[\mathrm{Hz}]$, C: 전선 1선당 정전 용량$[\mathrm{F}]$, E: 상전압$[\mathrm{V}]$)

18
★☆☆

전열기 사용 중 전압을 $10[\%]$ 증가시켰을 때, 소비전력은 몇 $[\%]$ 변하는지 구하시오.(단, 전압을 제외한 나머지 조건은 변함이 없다.) [4점]

 • 계산 과정:
 • 답:

답안작성 • 계산 과정

$P = \dfrac{V^2}{R}$에서 R은 일정하므로 $P \propto V^2$이다.

전압이 $10[\%]$ 증가할 경우 $P' = (1.1V)^2 = 1.21V^2$이므로 소비전력은 $21[\%]$ 증가한다.

 • 답: $21[\%]$ 증가

01

★☆☆

다음 각 물음에 답하시오.　　　　　　　　　　　　　　　　　　　　　　　　　　　　[5점]

(1) 후크온 메타를 이용하여 전류를 측정하려고 한다. 그림과 같이 모든 상을 포함하여 전류를 측정할 때 전류 측정값[A]을 구하시오.(단, 누설전류는 3[A]이다.)

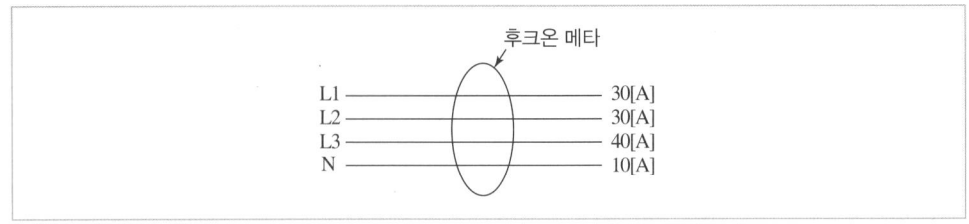

(2) 다음 그림과 같은 계통에서 지락사고가 발생하였다. 이때 후크온 메타를 이용하여 전류값을 측정한다면 a점, b점에서의 전류 측정값[A]을 구하시오.

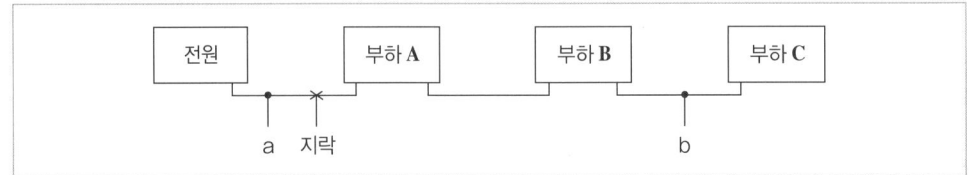

답안작성　(1) 3[A]

(2) a점 3[A], b점 0[A]

개념체크　(1) 후크온 메타를 이용해 L1, L2, L3, N상을 묶어 전류를 측정하면 누설전류 3[A]를 구할 수 있다.

(2) a점에서 측정한 값은 지락전류를 의미하므로 3[A]이다.

b점은 지락사고의 영향을 받지 않는 건전한 회로이므로 들어오는 전류와 나가는 전류의 합이 평형을 이루어 0[A]가 측정된다.

02

★★☆

몰드형 변압기의 장점을 3가지 쓰시오.　　　　　　　　　　　　　　　　　　　　　　[5점]

답안작성　• 자기 소화성이 우수하여 화재의 염려가 없다.

• 코로나 특성 및 임펄스 강도가 높다.

• 소형 · 경량화할 수 있다.

개념체크　이 외에도 몰드형 변압기의 장점은 다음과 같다.

• 내습 · 내진성이 우수하다.

• 유지 및 보수가 용이하다.

03 ★☆☆ 전력시설물 공사감리업무 수행지침에 관한 내용이다. 빈칸에 들어갈 알맞은 내용을 쓰시오.(단, 규정에서 사용하는 용어로 작성하시오.) [6점]

> "(①)"이란, 감리업자를 대표하여 현장에 상주하면서 해당 공사 전반에 관하여 책임감리 등의 업무를 총괄하는 사람을 말한다.
> "(②)"이란, 책임감리원을 보좌하는 사람으로서 담당 감리업무를 책임감리원과 연대하여 책임지는 사람을 말한다.
> "(③)"이란, 감리업체에 근무하면서 상주감리원의 업무를 기술적·행정적으로 지원하는 사람을 말한다.

답안작성
① 책임감리원
② 보조감리원
③ 비상주감리원

개념체크 전력시설물 공사감리업무 수행지침 용어

번호	내용	규정 용어
①	감리업자를 대표하여 현장에 상주하면서 해당 공사 전반에 관하여 책임감리 등의 업무를 총괄하는 사람	책임감리원
②	책임감리원을 보좌하는 사람으로서 담당 감리업무를 책임감리원과 연대하여 책임지는 사람	보조감리원
③	감리업체에 근무하면서 상주감리원의 업무를 기술적·행정적으로 지원하는 사람	비상주감리원

04 ★★☆ 전력 계통에 이용되는 리액터의 분류에 따른 설치 목적을 쓰시오. [5점]

구분	설치 목적
분로(병렬) 리액터	
직렬 리액터	
한류 리액터	

답안작성

구분	설치 목적
분로(병렬) 리액터	페란티 현상의 방지
직렬 리액터	제5고조파 제거
한류 리액터	단락 전류의 제한

다음은 어느 수용가의 수변전설비의 단선 결선도이다. 변압기 1차 측의 단락용량은 $300[\mathrm{MVA}]$이고, 기준
용량은 $3{,}000[\mathrm{kVA}]$이다. 다음 각 물음에 답하시오. **[10점]**

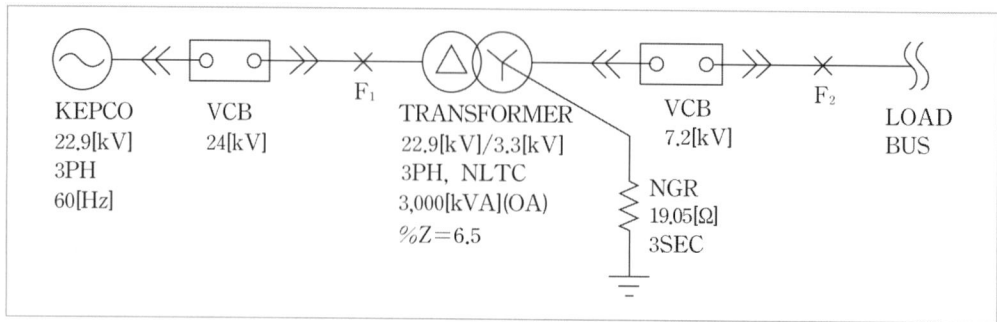

(1) 변압기 1차 측 전부하전류[A]를 구하시오.

(2) 전원 공급 측의 %Z를 구하시오.

(3) F_1 지점에서의 3상 단락전류[A]를 구하시오.(단, (1)에서 구한 전부하전류를 사용한다.)

(4) F_2 지점에서의 단락용량[kVA]을 구하시오.

(5) F_2 지점에서 1선 완전 지락 시, 지락전류[A]를 구하시오.

답안작성 (1) • 계산 과정

전부하전류 I_n은 정격용량을 정격전압으로 나눈 값이다.

$$I_n = \frac{P_n}{\sqrt{3}\,V_n} = \frac{3{,}000[\mathrm{kVA}]}{\sqrt{3} \times 22.9[\mathrm{kV}]} = 75.64[\mathrm{A}]$$

• 답: $75.64[\mathrm{A}]$

(2) • 계산 과정

전원 측의 $\%Z_s$는 기준용량 P와 전원 측 단락용량 P_s를 이용하여 구한다.

$$\%Z_s = \frac{기준용량(P_B)}{단락용량(P_s)} \times 100 = \frac{3{,}000[\mathrm{kVA}]}{300[\mathrm{MVA}]} = \frac{3[\mathrm{MVA}]}{300[\mathrm{MVA}]} \times 100 = 1[\%]$$

• 답: $1[\%]$

(3) • 계산 과정

F_1 지점은 변압기 1차 측 바로 앞이므로, 전원 측 임피던스 $\%Z_s$만 고려한다.

$$I_{s1} = I_n \times \frac{100}{\%Z_s} = 75.64 \times \frac{100}{1} = 7{,}564[\mathrm{A}]$$

• 답: $7{,}564[\mathrm{A}]$

(4) • 계산 과정

F_2 지점은 변압기 2차 측이므로, 전원 측 임피던스 $\%Z_s$와 변압기 임피던스 $\%Z_t$를 고려한다.
합성 %임피던스 $\%Z_{F2} = \%Z_s + \%Z_t = 1 + 6.5 = 7.5[\%]$
단락용량 P_s는 기준용량을 합성 %임피던스로 나눈 값이다.

$$P_s = P_B \times \frac{100}{\%Z_{F2}} = 3{,}000[\mathrm{kVA}] \times \frac{100}{7.5} = 40{,}000[\mathrm{kVA}]$$

• 답: $40{,}000[\mathrm{kVA}]$

(5) • 계산 과정

변압기 2차 측(3.3[kV])이 Y결선에 NGR(중성점 접지 저항)을 통해 접지되어 있다. 이 경우 지락 전류 I_g는 다음과 같이 구할 수 있다.

$$I_g = \frac{3E}{Z_1 + Z_2 + Z_0 + 3Z_n} \fallingdotseq \frac{3E}{3Z_n} = \frac{V}{\sqrt{3}\,Z_n} = \frac{V}{\sqrt{3}\,R_{NGR}} = \frac{3.3 \times 10^3}{\sqrt{3} \times 19.05} = 100.01[A]$$

(단, Z_1: 정상 임피던스, Z_2: 역상 임피던스, Z_0: 영상 임피던스로 각 값이 주어지지 않았으므로 무시한다.)

• 답: $100.01[A]$

개념체크 문제 풀이에 필요한 공식 모음

문항	핵심 공식	변수 설명
(1)	$I_n = \dfrac{P_n}{\sqrt{3}\,V_n}$	I_n: 변압기 1차 측 정격(전부하)전류[A] P_n: 변압기의 정격용량(기준용량)[kVA] V_n: 변압기 1차 측 정격선간전압[kV]
(2)	$\%Z_s = \dfrac{P_B}{P_s} \times 100[\%]$	$\%Z_s$: 전원 측 퍼센트 임피던스[%] P_B: 기준용량(Base Capacity)[MVA] P_s: 전원 측 단락용량[MVA]
(3)	$I_{s1} = I_n \times \dfrac{100}{\%Z_s}$	I_{s1}: F_1 지점 3상 단락전류[A] I_n: 해당 지점의 정격전류(1차 측 전부하 전류)[A] $\%Z_s$: 해당 지점까지의 합성 퍼센트 임피던스[%]
(4)	$P_s = P_B \times \dfrac{100}{\%Z_{F2}}$	P_s: F_2 지점 단락용량[kVA] P_B: 기준용량[kVA] $\%Z_{F2}$: F_2 지점까지의 합성 퍼센트 임피던스[%]
(5)	$I_g \approx \dfrac{V}{\sqrt{3}\,Z_n} = \dfrac{V}{\sqrt{3}\,R_{NGR}}$	I_g: F_2 지점 1선 지락전류[A] V: 변압기 2차 측 선간전압[kV] $\dfrac{V}{\sqrt{3}}(= E)$: 2차 측 상전압[V] R_{NGR}: 중성점 접지 저항값[Ω]

06
★☆☆

콘덴서를 3상 델타 결선으로 설치했을 때 용량이 $3{,}000[kVA]$라면, 이를 3상 Y결선으로 바꾸면 몇 $[kVA]$가 되는지 구하시오. **[5점]**

• 계산 과정:

• 답:

답안작성 • 계산 과정

선간 전압 $V[V]$와 1상의 콘덴서 용량 $C[F]$는 일정하다.

Δ결선 시 진상 용량 $Q_\Delta = 3\omega C E^2 = 3\omega C V^2$

Y결선 시 진상 용량 $Q_Y = 3\omega C E^2 = 3\omega C \left(\dfrac{V}{\sqrt{3}}\right)^2 = \omega C V^2$

$Q_Y = \dfrac{1}{3} Q_\Delta - \dfrac{1}{3} \times 3{,}000 - 1{,}000[kVA]$

• 답: $1{,}000[kVA]$

07 ★★★ 그림과 같은 시퀀스 회로에서 접점 A가 닫혀서 폐회로가 될 때 표시등 PL의 동작 사항을 설명하시오. (단, X는 보조릴레이, $T_1 \sim T_2$는 타이머(On delay)이며, 설정 시간은 1초이다.)   [5점]

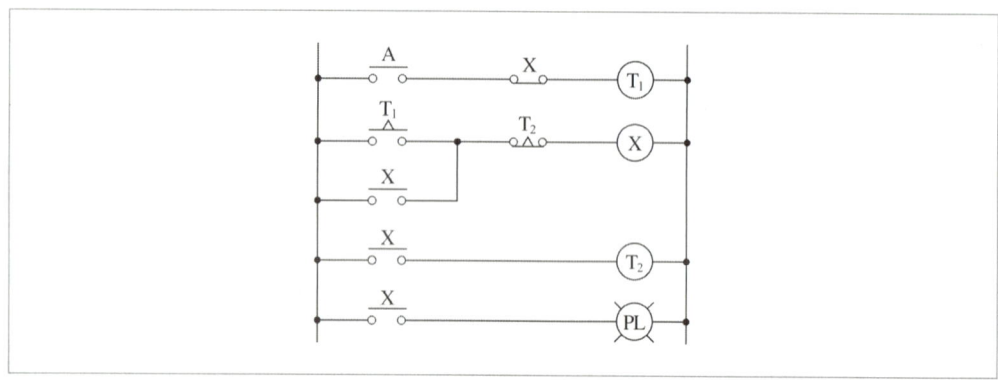

답안작성 접점 A가 닫히면 T_1이 여자되고, 설정 시간 1초 후 T_1의 a 접점이 닫혀 X가 여자된다. X의 접점에 의해 T_2가 여자되며, T_1 소자, PL이 점등된다. 이때 X는 자기 유지된다. 설정 시간 1초 후 T_2의 b 접점이 열려 X 소자, T_2 소자, PL이 소등되고, T_1이 여자된다. 위의 과정을 반복하며 접점 A가 닫혀 있는 동안 PL은 점등과 소등을 반복한다.

08 ★★☆ 표와 같이 어느 수용가 A, B, C에 공급하는 배전 선로의 최대 전력은 800[kW]이다. 이때 수용가의 부등률을 구하시오.(단 역률은 100[%]이다.)   [5점]

수용가	설비 용량[kW]	수용률[%]
A	400	60
B	600	70
C	500	75

• 계산 과정:

• 답:

답안작성 • 계산 과정

$$부등률 = \frac{(400 \times 0.6) + (600 \times 0.7) + (500 \times 0.75)}{800} = 1.29$$

• 답: 1.29

개념체크 $부등률 = \dfrac{각\ 부하\ 최대\ 수용\ 전력의\ 합계}{합성\ 최대\ 수용\ 전력}$

09 ★★☆

부하가 $10,000[\mathrm{kW}]$이며, 지상 역률이 0.8이다. 이 부하의 역률을 0.9로 개선하려면 몇 $[\mathrm{kVA}]$ 전력용 콘덴서가 필요한지 구하시오. [5점]

- 계산 과정:
- 답:

답안작성

- 계산 과정: $Q_c = P(\tan\theta_1 - \tan\theta_2) = 10,000 \times \left(\dfrac{\sqrt{1-0.8^2}}{0.8} - \dfrac{\sqrt{1-0.9^2}}{0.9} \right) = 2,656.78[\mathrm{kVA}]$
- 답: $2,656.78[\mathrm{kVA}]$

10 ★☆☆

역률 과보상 시 발생하는 현상을 3가지 쓰시오. [5점]

답안작성

- 계전기 오동작
- 단자전압 상승
- 역률 저하

개념체크 역률 과보상 시 발생하는 현상

구분	현상
계전기 오동작	과도한 진상분은 지락보호를 담당하는 선택지락 계전기(SGR) 등에 오동작을 유발한다.
단자전압 상승	콘덴서에서 공급하는 진상 무효전력이 부하에서 필요한 지상 무효전력보다 많아지면, 잉여 무효전력이 계통으로 흘러 들어가 수전단 전압이 상승하여 과전압 손상을 줄 수 있다.
손실 증가	콘덴서 등 설비 자체가 운전하는 데 필요한 전력 손실(자체 손실)이 발생하여 오히려 전체적인 손실이 증가한다.
역률 저하	역률이 $100[\%]$를 지나 진상(앞선) 역률이 된다. 전력 공급자들은 보통 진상 역률에 대해 추가 요금을 부과하므로 요금상의 불이익을 받게 된다.

11 ★☆☆

다음은 전기공사업법 하도급의 제한 등에 관한 내용이다. 다음 빈칸에 들어갈 알맞은 내용을 쓰시오.(단, 규정에서 사용하는 용어로 작성하시오.) [5점]

> 제14조(하도급의 제한 등)
> - 공사업자는 도급받은 전기공사를 다른 자에게 하도급 주어서는 아니 된다. 다만, 대통령령으로 정하는 경우에는 도급받은 전기공사의 (①)을/를 다른 공사업자에게 하도급 줄 수 있다.
> - 공사업자는 제1항 단서에 따라 전기공사를 하도급 주려면 미리 해당 전기공사의 (②)에게 이를 서면으로 알려야 한다.

답안작성
① 일부
② 발주자

12 ★★★

가로 10[m], 세로 20[m]인 사무실에 평균 조도 250[lx]를 얻기 위하여 40[W], 전광속 2,400[lm]인 형광등을 사용했을 때 필요한 등기구 개수를 구하시오.(단, 조명률은 0.5이고 감광보상률은 1.2이다.)

[4점]

• 계산 과정:
• 답:

답안작성

• 계산 과정

$$N = \frac{EAD}{FU} = \frac{250 \times (10 \times 20) \times 1.2}{2,400 \times 0.5} = 50$$

• 답: 50[개]

개념체크

$$FUN = EAD$$

(단, F: 광속[lm], U: 조명률, N: 사용하는 등의 개수, E: 조도[lx], A: 방의 면적[m²], D: 감광 보상률 $(= \frac{1}{M})$, M: 보수율(유지율))

※ 40[W]는 전력부하를 계산할 때 사용하는 값으로 등기구 산정 시 사용하지 않는다.

13 ★★☆

중성점 접지 방식의 종류를 3가지 쓰시오.

[5점]

답안작성

• 직접접지 방식
• 저항접지 방식
• 비접지 방식

개념체크 중성점 접지 방식의 종류와 특성

구분	직접접지 방식	저항접지 방식	소호리액터 접지 방식	비접지 방식
접지 임피던스	$Z \approx 0$	$Z = R$	$Z = jX_L$	$Z = \infty$
지락전류 크기	매우 크다.	적당히 작다. (제한 가능)	매우 작다. (거의 0)	매우 작다. (충전전류)
1선 지락 시 건전상 대지전압	거의 상승하지 않음	약간 상승	약간 상승	$\sqrt{3}$ 배로 상승
장점	절연 레벨이 낮아져 기기 제작비 절감 (가장 큰 장점)	지락전류 제한 용이	1선 지락 시 아크가 소멸되어 송전 계속 가능	지락전류가 극히 작아 통신선 유도장해가 적음
단점	지락전류가 커서 과도 안정도가 나쁨	계통이 복잡해짐	직렬 공진 현상으로 이상전압 발생 우려	절연 레벨이 높아져 기기 제작비 증가

14

다음은 피뢰기의 구성요소에 대한 설명이다. 빈칸에 들어갈 알맞은 내용을 쓰시오. [5점]

★☆☆

종류	설명
(①)	비직선형 저항으로서 방전전류를 흘려 이상전압의 파고치를 낮춘다.
(②)	정상 상태에서는 피뢰기 (①)를 선로로부터 절연시켜 상용주파 전류의 방전을 방지하고, 이상전압 침입 시 즉시 방전하여 이상 전압을 낮추며 (①)로 제한된 속류를 차단하는 소호작용을 한다.

답안작성　　① 특성 요소　　② 직렬 갭

15

그림과 같은 유접점 시퀀스 회로를 무접점 논리회로로 변경하여 작성하시오.(단, 2입력 AND 게이트 1개, 2입력 OR 게이트 1개, NOT 게이트 1개씩만을 사용한다.) [5점]

★★☆

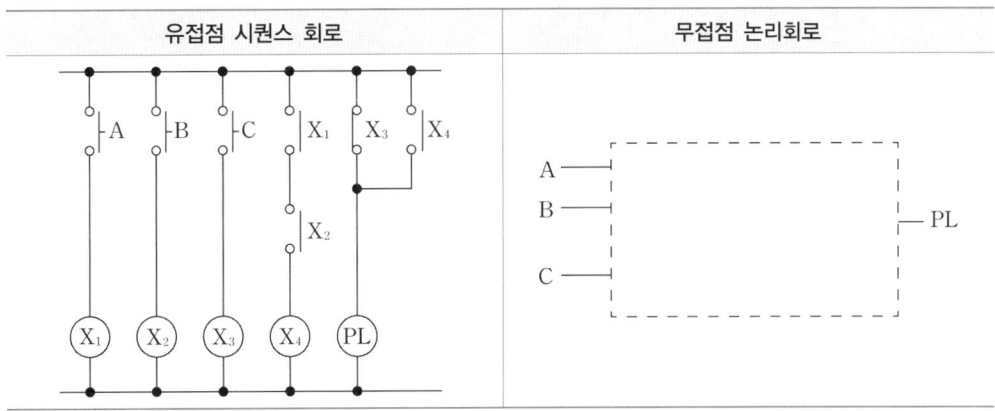

답안작성

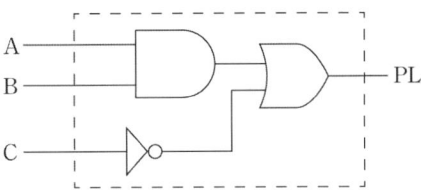

개념체크　　왼쪽부터 $X_1 = A$, $X_2 = B$, $X_3 = C$, $X_4 = X_1 X_2$, $PL = \overline{X_3} + X_4$ 이다.
여기서, $X_4 = X_1 X_2 = AB$, $PL = \overline{X_3} + X_4 = \overline{C} + AB$ 이다.

16 ★☆☆

부하의 허용 최저 전압이 DC 115[V]이고, 축전지와 부하 간의 전선에 의한 전압강하가 5[V]이다. 직렬로 접속한 축전지가 55셀일 때 축전지 셀당 허용 최저 전압[V/cell]을 구하시오.　　　　　　[5점]

• 계산 과정:

• 답:

답안작성

• 계산 과정

$$V = \frac{115+5}{55} = 2.18[\text{V/cell}]$$

• 답: 2.18[V/cell]

개념체크　축전지 셀당 허용 최저 전압

$$V = \frac{V_a + V_e}{n}[\text{V/cell}]$$

(단, V_a: 부하의 허용 최저 전압[V], V_e: 축전지와 부하 간의 전압강하[V], n: 축전지 셀 수[cell])

17 ★☆☆

전부하에서 동손 100[W], 철손 50[W]인 변압기에서 최대 효율을 나타내는 부하는 몇 [%]인지 구하시오.　　　　　　[5점]

• 계산 과정:

• 답:

답안작성

• 계산 과정

$$m = \sqrt{\frac{P_i}{P_c}} \times 100 = \sqrt{\frac{50}{100}} \times 100 = 70.71[\%]$$

• 답: 70.71[%]

개념체크　변압기의 최대 효율 조건

변압기의 철손과 부하율을 고려한 동손이 같을 때이다. $P_i = m^2 P_c$(단, m: 부하율, P_i: 철손, P_c: 동손)

최대 효율이 나타나는 부하율 $m = \sqrt{\frac{P_i}{P_c}} \times 100[\%]$

18 ★☆☆ 다음 변류기 결선을 보고 전류계 A_3에 흐르는 전류[A]를 구하시오.(단, A_1, A_2의 전류는 각각 3[A]이다.)

[5점]

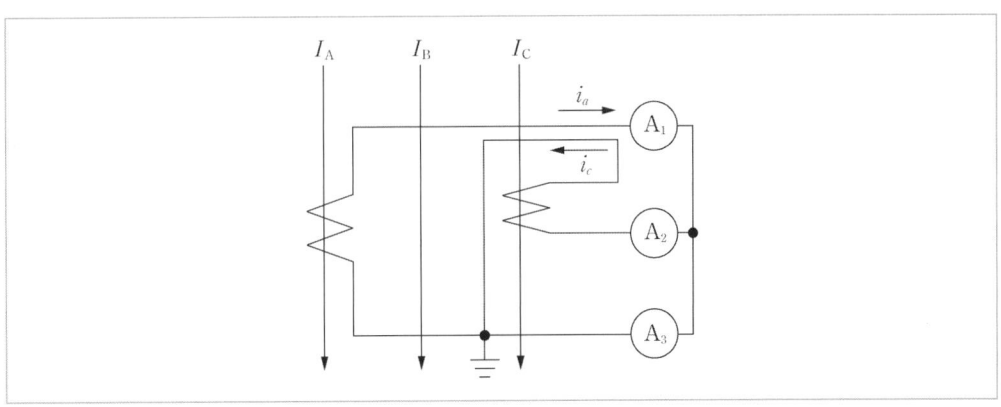

답안작성 • 계산 과정

전류계 A_3는 A_1의 2차 측 전류와 A_2의 2차 측 전류가 벡터 합성되어 흐르는 곳에 연결되어 있다.

전류의 크기 $i_a = i_c = 3[A]$이며, i_a와 i_c의 위상은 $120°$만큼 차이난다. 그림에서 전류계 A_3에 흐르는 전류는 $i_a - i_c$이다.

따라서 A_3에 흐르는 전류 $I_{A3} = \sqrt{i_a^2 + i_c^2 - 2i_a i_c \cos(120°)} = \sqrt{3^2 + 3^2 - 2 \times 3 \times 3 \times \left(-\frac{1}{2}\right)} = 3\sqrt{3} = 5.2[A]$

• 답: 5.2[A]

19 ★★☆ 단상 변압기의 정격전압 $3,000[V]$, 전류 10[A], 임피던스 $Z = 13.5[\Omega]$이다. 이때 변압기의 $\%Z$를 구하시오.

[5점]

• 계산 과정:

• 답:

답안작성 • 계산 과정

정격용량 $P = 3,000 \times 10 = 30,000[VA] = 30[kVA]$

정격전압 $V = 3,000[V] = 3[kV]$

$\%Z = \dfrac{PZ}{10V^2} = \dfrac{30 \times 13.5}{10 \times 3^2} = 4.5[\%]$ (단, P는 [kVA], V는 [kV] 단위를 사용)

• 답: 4.5[%]

개념체크 $\%Z = \dfrac{I_n \times Z}{V_n} \times 100 = \dfrac{10 \times 13.5}{3,000} \times 100 = 4.5[\%]$ (단, I_n: 정격전류[A], V_n: 정격전압[V])

1회 학습전략

합격률: 45%

난이도 下

- 간이 수전설비 결선도, 일 부하율, 최대 공급 전력 일때의 역률, 전일 효율, 수평면 조도, 피뢰기의 제한 전압, 차단기의 명칭, 평균 전력, 논리회로, 유접점 회로, 회로의 미완성 부분, 계기용 변성기의 명칭, 약호, 심벌, 역할, 역률이 저하되는 경우 특징, 중성선과 보호도체의 식별 색상, 기술인력 명칭, 농형 유도 전동기의 기동법, 피뢰기의 제한전압, 표면체 휘도, 이도, 한시 계전기의 동작시간에 따른 특성, 전동기의 정격
- 기존에 출제되었던 과년도 문제가 많아 기출 학습으로 충분히 합격하기 좋은 회차였습니다. 계산 과정에 사용되는 공식을 잘 정리하여 반복 출제되었을 때 득점할 수 있도록 합니다.

2회 학습전략

합격률: 24.68%

난이도 中

- 급수계획에 따른 진리표, 콘센트 시설, 용어의 정의, 평균 조도, 대통령령으로 정하는 중요 사항, 누설 컨덕턴스, 부등률의 정의, 형광등의 개수, 지락 시 대지전압 및 인체에 통하는 전류, 2차 전압 측정값, 변압기의 용량, 발전기의 출력, 단락전류, CPT, 차단기 점검 순서, 수전 방식 명칭, OCR에 흐르는 전류, 서지보호장치, 기호의 명칭
- 복합형 문제에 대한 배점이 높았고, 공식문제는 소문항이 많은 지문으로 이루어져 어렵게 느껴질 수 있습니다. 특히 각 소문항의 단답이 연계된 문제의 경우, 계산 실수에 주의하여야 합니다.

3회 학습전략

합격률: 14.54%

난이도 上

- 점광원의 광도, 접지시스템의 구분 및 시설 종류, 광원의 연색성, 선로 손실과 선로 손실률, 전동기의 소요동력, 미완성 시퀀스 회로와 타임차트, 미완성 결선도, 단상 유도전동기의 기동방식, 갭형 피뢰기와 갭리스형 피뢰기의 구조 명칭, 병렬운전 조건, 역률, 전력용 커패시터의 용량, 시운전을 위해 발주자에게 제출해야하는 서류, 회전속도, 수용가 설비의 인입구로부터 기기까지의 전압강하, 최대평형부하, 변압기 용량 선정, CT 변류비 선정, 최소 분기회로수, LA의 명칭과 기능, 차단용량, 차단전류, 계통 도면의 미완성 부분, 전압 변동률
- 전기산업기사 실기 시험에는 단답 문제가 반복 출제되곤 합니다. 따라서 제공되는 단답암기카드를 통해 단답이론을 암기하시는 것이 좋습니다. 자주 출제되는 문제 위주로 우선 학습하여야 합니다.

01
★★★

그림은 간이 수전설비 결선도의 일부이다. 다음 각 물음에 답하시오. [12점]

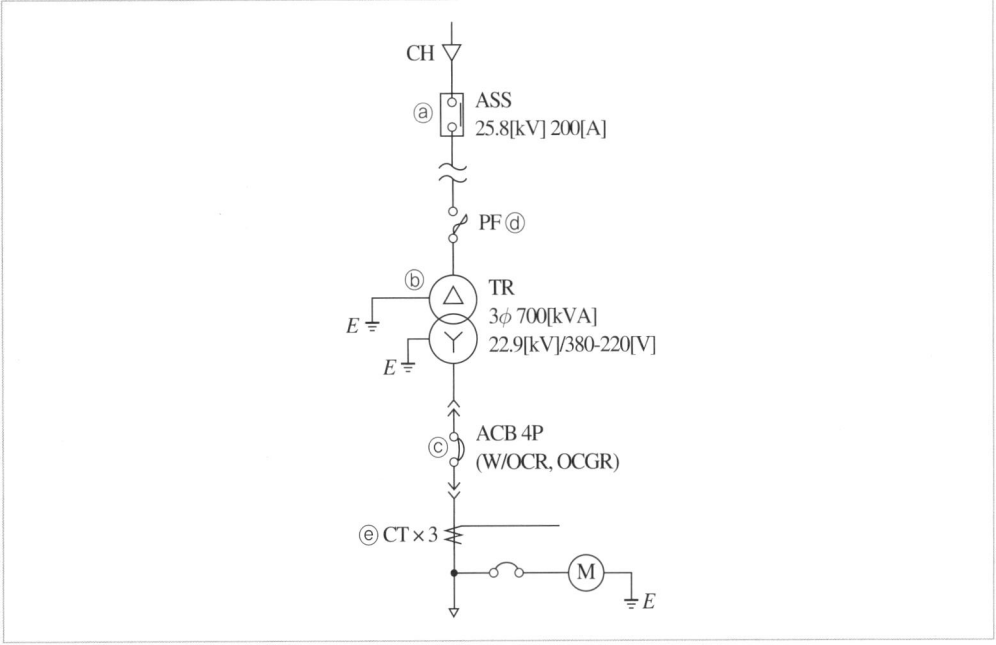

(1) 간이 수전설비의 결선도에서 ⓐ는 자동 고장 구분 개폐기이다. 빈칸에 들어갈 알맞은 내용을 쓰시오.

> 22.9[kV-Y] (①)[kVA] 이하에 적용이 가능하며, 300[kVA] 이하일 경우에는 자동 고장 구분 개폐기 대신에 (②)을(를) 사용할 수 있다.

(2) 간이 수전설비의 결선도에서 ⓑ는 변압기이다. 빈칸에 들어갈 알맞은 내용을 쓰시오.

> 과전류강도는 최대부하전류의 (①)배 전류를 (②)초 동안 흘릴 수 있어야 한다.

(3) ⓒ는 변압기 2차 개폐장치인 ACB이다. 보호 요소 3가지를 쓰시오.

(4) ⓓ는 전력퓨즈이다. 빈칸에 들어갈 알맞은 내용을 쓰시오.

> 간이 수전설비에서 (①)[kVA] 이하인 경우 PF 대신 COS를 사용할 수 있다. 다만, 비대칭 차단전류 (②)[kA] 이상의 것을 사용해야 한다.

(5) ⓔ의 변류비를 구하시오.(단, CT의 정격전류는 부하전류의 125[%]로 하고, 변류기의 표준규격을 참고하여 선정한다.)

[CT 표준규격]
1차: 1,000 / 1,200 / 1,400 / 2,000[A]
2차: 5[A]

· 계산 과정:
· 답:

답안작성 (1) ① 1,000
② 기중 부하 개폐기

(2) ① 25
② 2

(3) · 단락 보호
· 과부하 보호
· 결상 보호

(4) ① 300
② 10

(5) · 계산 과정

$$I = \frac{700 \times 10^3}{\sqrt{3} \times 380} \times 1.25 = 1,329.42[A] \ \rightarrow \ 1,400/5 \ 선정$$

· 답: 1,400/5

해설비법 (1) 22.9[kV－Y], 1,000[kVA] 이하를 시설하는 경우 간이 수전설비 결선도

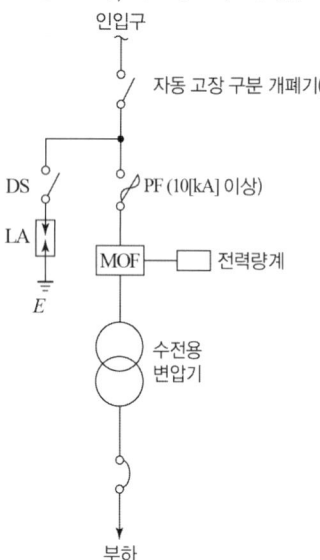

인입구

자동 고장 구분 개폐기(ASS)

DS

PF (10[kA] 이상)

LA

MOF — 전력량계

E

수전용
변압기

부하

300[kVA] 이하인 경우 자동 고장 구분 개폐기(ASS) 대신 기중 부하 개폐기(IS, 인터럽트 스위치)를 사용하여야 한다.

(2) 변압기의 과전류강도

변압기의 과전류강도는 최대부하전류의 25배 전류를 2초 동안 흘릴 수 있어야 한다.

(5) 변류기의 변류비 선정

$$변류기 \ 1차 \ 전류 \ \ I_1 = \frac{P_1}{\sqrt{3} \ V_1 \cos\theta} \times (1.25 \sim 1.5)[A]$$

(단, $k = 1.25 \sim 1.5$: 변압기의 여자 돌입 전류를 감안한 여유도)

$$변류비 = \frac{I_1}{I_2}$$

(단, I_2: 정격 2차 전류 [A])

02 ★★★

어떤 공장의 어느 날 부하 실적이 1일 사용 전력량 $120[kWh]$이며, 1일의 최대 전력이 $8[kW]$이고, 최대 전력일 때의 전류값이 $15[A]$인 경우 다음 각 물음에 답하시오.(단, 이 공장은 $380[V]$의 3상 유도전동기를 부하설비로 사용한다.)　　　　　　　　　　　　　　　　　　[5점]

(1) 일부하율은 몇 [%]인가?
  • 계산 과정:
  • 답:

(2) 최대 공급 전력일 때의 역률은 몇 [%]인가?
  • 계산 과정:
  • 답:

답안작성　(1) • 계산 과정

　　　$$일부하율 = \frac{120}{24 \times 8} \times 100 = 62.5[\%]$$

　　• 답: $62.5[\%]$

(2) • 계산 과정

　　　$$역률 = \frac{8 \times 10^3}{\sqrt{3} \times 380 \times 15} \times 100 = 81.03[\%]$$

　　• 답: $81.03[\%]$

개념체크　(1) $일부하율 = \dfrac{평균 \ 수용 \ 전력[kW]}{최대 \ 수용 \ 전력[kW]} \times 100[\%] = \dfrac{\dfrac{1일 \ 사용 \ 전력량[kWh]}{24[h]}}{최대 \ 수용 \ 전력[kW]} \times 100[\%]$

(2) $역률 = \dfrac{P}{\sqrt{3} \ VI} \times 100[\%]$

03
★★★

$50[\mathrm{kVA}]$의 변압기가 그림과 같은 부하로 운전되고 있다. 오전에는 역률 $80[\%]$, 오후에는 $100[\%]$로 운전된다고 할 때 전일 효율은 몇 $[\%]$가 되는지 구하시오.(단, 변압기의 철손은 $600[\mathrm{W}]$, 전부하 시 동손은 $1,000[\mathrm{W}]$라 한다.) [6점]

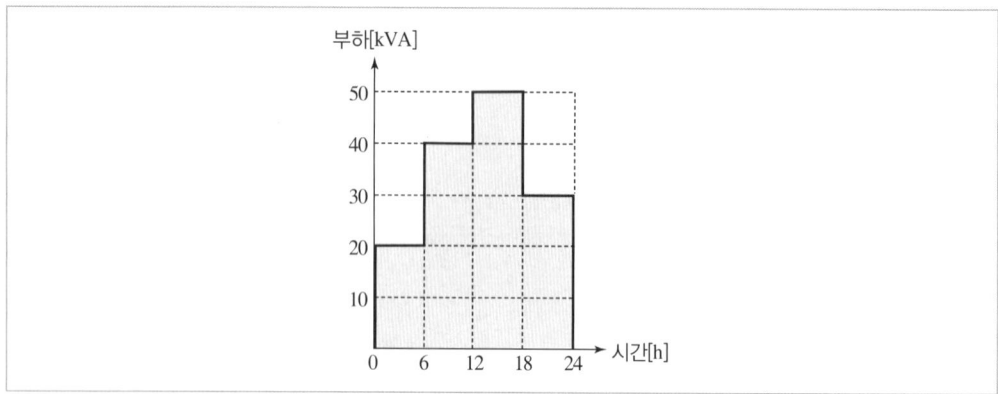

• 계산 과정:

• 답:

• 계산 과정

하루(24시간) 동안의 총 전력 사용량

$W_0 = (20 \times 0.8 \times 6) + (40 \times 0.8 \times 6) + (50 \times 1 \times 6) + (30 \times 1 \times 6) = 768[\mathrm{kWh}]$

철손 $W_i = 600 \times 24 \times 10^{-3} = 14.4[\mathrm{kWh}]$

동손 $W_c = \left(\dfrac{20}{50}\right)^2 \times 1 \times 6 + \left(\dfrac{40}{50}\right)^2 \times 1 \times 6 + \left(\dfrac{50}{50}\right)^2 \times 1 \times 6 + \left(\dfrac{30}{50}\right)^2 \times 1 \times 6 = 12.96[\mathrm{kWh}]$

전일 효율 $\eta = \dfrac{W_0}{W_0 + W_i + W_c} \times 100 = \dfrac{768}{768 + 14.4 + 12.96} \times 100 = 96.56[\%]$

• 답: $96.56[\%]$

전일 효율

$$\text{전일 효율 } \eta = \frac{W_0}{W_0 + W_l} \times 100[\%]$$

(단, W_0: 사용 전력량, W_l: 전 손실 전력량, W_i: 철손, W_c: 동손, $W_l = W_i + W_c$)

• 동손의 $1,000[\mathrm{W}]$는 $1[\mathrm{kW}]$로 계산한다.

04
★★☆
바닥에서 $3[\text{m}]$ 떨어진 높이에 $300[\text{cd}]$의 광도를 갖는 광원이 있다. 그 광원 밑에서 수평으로 $4[\text{m}]$ 떨어진 지점의 수평면 조도를 구하시오. **[5점]**

- 계산 과정:
- 답:

답안작성　· 계산 과정

$$E_h = \frac{300}{(\sqrt{3^2+4^2}\,)^2} \times \frac{3}{\sqrt{3^2+4^2}} = 7.2[\text{lx}]$$

- 답: $7.2[\text{lx}]$

개념체크　주어진 조건을 그림으로 나타내면 아래 그림과 같다.

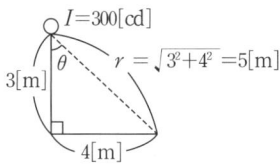

수평면 조도 $E_h = \dfrac{I}{r^2}\cos\theta = \dfrac{I}{h^2}\cos^3\theta[\text{lx}]\ \left(\because \left(\dfrac{h}{r}\right)^2 = \cos^2\theta\right)$

05
★☆☆
피뢰기의 제한 전압이 무엇인지 설명하시오. **[4점]**

답안작성　피뢰기 제한 전압은 피뢰기 방전 중 피뢰기 단자에 남게 되는 충격 전압을 가리킨다.

06
★★☆
다음 차단기의 명칭을 쓰시오. **[3점]**

(1) VCB

(2) OCB

(3) ACB

답안작성　(1) 진공 차단기

(2) 유입 차단기

(3) 기중 차단기

07 ★★☆ 계기 정수가 $1,200[\text{Rev/kWh}]$, 승률 1인 전력량계의 원판이 5회전하는 데 40초가 걸렸다. 이때 부하의 평균 전력은 몇 $[\text{kW}]$인가? **[5점]**

• 계산 과정:

• 답:

답안작성 • 계산 과정: $P = \dfrac{3,600 \times 5}{40 \times 1,200} \times 1 = 0.375[\text{kW}]$

• 답: $0.38[\text{kW}]$

개념체크 • 전력량계의 측정 전력

$$P = \frac{3,600\,n}{t \times k}[\text{kW}]$$

(단, n: 원판 회전수, t: 시간[s], k: 계기 정수[Rev/kWh])

• 문제 조건에서 승률이 1이라는 것은 CT비 × PT비 $= 1$을 의미한다.

• 평균 전력[kW] = 측정 전력 × 승률

---

08 ★★★ 다음 논리회로를 보고 각 물음에 답하시오. **[6점]**

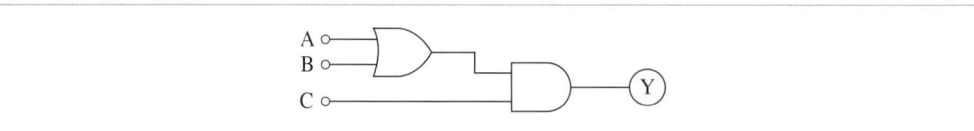

(1) 위 그림의 논리식을 간략화하여 쓰시오.

(2) 다음 보기의 그림을 이용하여 유접점 회로도를 그리시오.

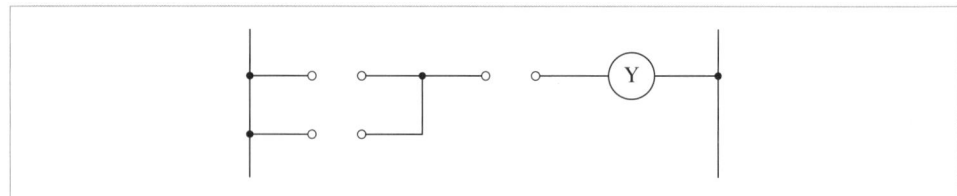

답안작성 (1) $Y = (A + B)C$

(2)

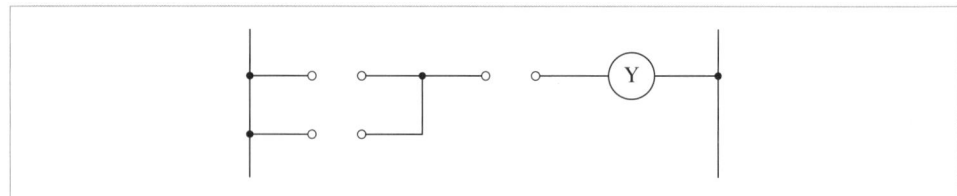

다음 요구사항에 의하여 동작이 되도록 회로의 미완성된 부분(①~⑤)에 접점기호를 그리시오.

[5점]

[요구사항]

- 전원이 투입되면 GL이 점등하도록 한다.
- 누름버튼 스위치 PB₁을 누르면 MC에 전류가 흐름과 동시에 MC의 보조접점에 의하여 GL이 소등되고 RL이 점등되도록 한다. 이때 전동기는 운전되며 자기유지가 된다.
- 누름버튼 스위치 PB₂를 누르면 MC에 흐르는 전류가 끊겨 전동기가 정지하며 동시에 MC의 보조접점에 의하여 GL이 점등되고 RL이 소등된다.
- 전동기 운전 중 사고로 과전류가 흘러 열동 계전기(THR)가 동작되면 모든 제어 회로의 전원이 차단된다.

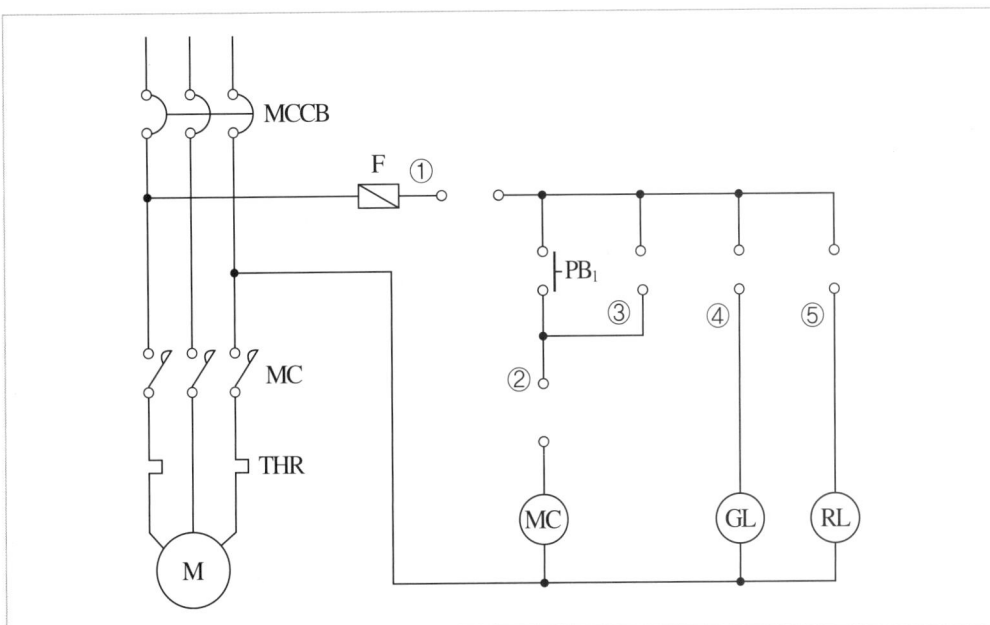

답안작성
① THR-b
② ┤├ PB₂
③ MC-a
④ MC-b
⑤ ┤├ MC-a

10
★☆☆

다음 그림은 배전반에서 계측을 하기 위한 계기용 변성기이다. 아래 그림을 보고 표의 각 칸에 알맞은 내용을 쓰시오. [5점]

구분		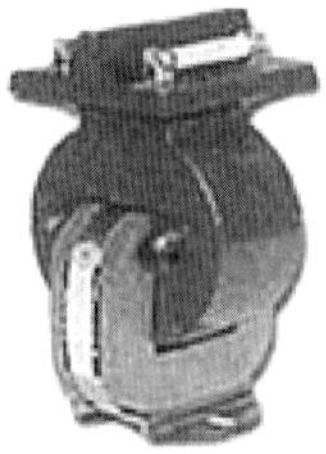
명칭		
약호		
심벌		
역할		

답안작성

구분		
명칭	변류기	계기용 변압기
약호	CT	PT
심벌	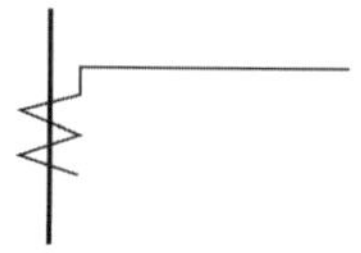	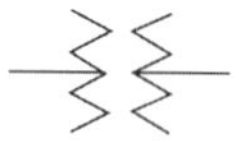
역할	대전류를 소전류로 변성하여 계기 및 계전기에 공급	고전압을 저전압으로 변성하여 계기 및 계전기 등의 전원으로 사용

11
★★★

부하설비의 역률이 저하하는 경우, 수용가가 볼 수 있는 손해 4가지를 쓰시오. [4점]

답안작성
- 전력 손실이 증가한다.
- 전압 강하가 증가한다.
- 전원 설비 용량이 증가한다.
- 전기 요금이 증가한다.

12 ★★★ 한국전기설비규정에 의해 전선을 상별로 구분할 수 있도록 색별 전선을 사용해야 한다. 각 상과 중성선 및 보호도체의 식별 색상을 쓰시오. [5점]

상(문자)	색상
L1	
L2	
L3	
N	
보호도체	

답안작성

상(문자)	색상
L1	갈색
L2	검은색(흑색)
L3	회색
N	파란색(청색)
보호도체	녹색 – 노란색

13 ★★☆ 전기기술인협회의 종합설계업의 기술인력은 2명을 갖춰야 한다. 이때 기술인력의 종류 3가지를 작성하시오. [5점]

답안작성
- 전기분야 기술사
- 설계 보조자
- 설계사

14 ★★★ 농형 유도 전동기의 기동법 3가지를 작성하시오. [6점]

• 직입 기동법
• Y−△ 기동법
• 리액터 기동법

농형 유도 전동기의 기동방식
• 직입 기동법: 정지 상태의 전동기에 정격 전압을 가해 기동하는 방식
• Y−△ 기동법: 기동 시 1차 권선을 Y결선으로 기동하고 정격 속도에 가까워지면 △결선으로 운전하는 방식
• 리액터 기동법: 기동 시 유도 전동기에 직렬로 리액터를 설치하여 전동기에 인가되는 전압을 감압하여 기동하는 방식
• 기동 보상기법: 기동 보상기로 3상 단권 변압기를 이용하여 기동 전압을 낮춰 기동하는 방식

15 ★★★ 파동 임피던스 $400[\Omega]$인 가공선로에 파동 임피던스 $50[\Omega]$인 케이블을 접속했다. 피뢰기 투과전압이 $600[kV]$, 이상전류가 $1,000[A]$일 때, 피뢰기의 제한전압$[kV]$을 구하시오. [6점]

• 계산 과정:
• 답:

• 계산 과정

제한전압 $V_a = \dfrac{2Z_2}{Z_1+Z_2}e - \dfrac{Z_1 Z_2}{Z_1+Z_2}i = \dfrac{2\times 50}{400+50}\times 600\times 10^3 - \dfrac{400\times 50}{400+50}\times 1,000$

$= \dfrac{100}{450}\times 600\times 10^3 - \dfrac{20,000}{450}\times 1,000 = 88,888.88[V] = 88.89[kV]$

• 답: $88.89[kV]$

피뢰기 제한전압 $V_a = \dfrac{2Z_2}{Z_1+Z_2}\left(e - \dfrac{1}{2}Z_1 i\right) = \dfrac{2Z_2}{Z_1+Z_2}e - \dfrac{Z_1 Z_2}{Z_1+Z_2}i$

(단, Z_1: 가공선로 측 파동 임피던스$[\Omega]$, Z_2: 접속 측 파동 임피던스$[\Omega]$,

e: 피뢰기 투과전압$[V]$, i: 피뢰기 방전전류$[A]$)

16
★☆☆

반사율 $65[\%]$의 완전확산성 종이를 $200[\text{lx}]$의 조도로 비추었을 때 표면체 휘도$[\text{cd}/\text{m}^2]$는 약 얼마인지 구하시오. [6점]

• 계산 과정:

• 답:

답안작성
• 계산 과정

$R = \pi B = \rho E$이므로 $B = \dfrac{\rho E}{\pi} = \dfrac{0.65 \times 200}{\pi} = 41.38[\text{cd}/\text{m}^2]$

• 답: $41.38[\text{cd}/\text{m}^2]$

개념체크 완전확산면에서 광속발산도, 휘도, 조도의 관계

$$R = \pi B = \rho E[\text{lm}/\text{m}^2]$$

(단, R: 광속발산도$[\text{lm}/\text{m}^2]$, B: 휘도$[\text{cd}/\text{m}^2]$, ρ: 반사율, E: 조도$[\text{lx}]$)

17
★★★

$38[\text{mm}^2]$의 경동연선을 사용해서 경간이 $100[\text{m}]$인 철탑에 가선하는 경우 이도는 얼마인지 구하시오. (단, 경동연선의 인장하중은 $1,480[\text{kg}]$, 안전율은 2.2, 전선 자체의 무게는 $0.334[\text{kg}/\text{m}]$, 수평하중은 $0.608[\text{kg}/\text{m}]$라 한다.) [5점]

• 계산 과정:

• 답:

답안작성
• 계산 과정

전선의 합성하중 $W = \sqrt{0.334^2 + 0.608^2} = 0.6937[\text{kg}/\text{m}]$

안전율을 감안한 전선의 이도 $D = \dfrac{0.6937 \times 100^2}{8 \times \dfrac{1,480}{2.2}} = 1.29[\text{m}]$

• 답: $1.29[\text{m}]$

개념체크 • 전선의 합성하중

$$W = \sqrt{W_c^2 + W_w^2}[\text{kg}/\text{m}]$$

(단, W_c: 전선의 하중$[\text{kg}/\text{m}]$, W_w: 수평하중$[\text{kg}/\text{m}]$)

• 안전율을 감안한 전선의 이도

$$D = \frac{WS^2}{8T}[\text{m}]$$

(단, S: 경간$[\text{m}]$, T: 전선의 수평 장력 $= \dfrac{\text{인장하중}}{\text{안전율}}[\text{kg}]$)

18

★★☆

한시 계전기의 동작시간에 따른 특성을 설명하시오. [4점]

(1) 정한시형

(2) 반한시형

(3) 반한시성 정한시

답안작성 (1) 일정 전류 이상이 되면 전류의 크기에 관계없이 일정 시간 후 동작하는 계전기

(2) 전류가 크면 동작 시한이 짧고 전류가 작으면 동작 시한이 길어지는 계전기

(3) 동작 전류가 작으면 반한시 계전기의 특성을, 동작 전류가 크면 정한시 계전기 특성을 가지는 계전기

개념체크 계전기의 특성

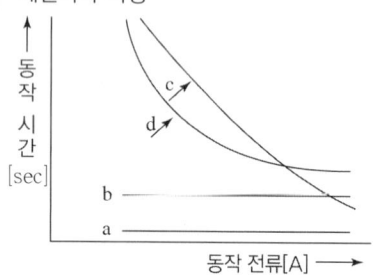

([%] 또는 최소 동작 전류의 배수)

- a: 순한시 계전기
- b: 정한시 계전기
- c: 반한시 계전기
- d: 반한시성 정한시 계전기

19

★☆☆

다음 표를 보고 각 설명에 해당하는 전동기의 정격을 쓰시오. [3점]

전동기 정격	내용
①	지정 조건 밑에서 연속으로 사용할 때 규정으로 정해진 온도만큼 상승, 기타의 제한을 넘지 않는 정격
②	지정된 일정한 단시간의 사용 조건으로 운전할 때 규정으로 정해진 온도 상승, 기타의 제한을 넘지 않는 정격
③	지정 조건 밑에서 반복 사용하는 경우 규정으로 정해진 온도 상승, 기타의 제한을 넘지 않는 정격

답안작성 ① 연속 정격

② 단시간 정격

③ 반복 정격

2024년 2회 기출문제

배점		100
득점	1회독	
	2회독	
	3회독	

01
★★☆

어느 회사에서 한 부지에 A, B, C의 세 공장을 세워 3대의 급수 펌프 P_1(소형), P_2(중형), P_3(대형)으로 다음 계획에 따라 급수 계획을 세웠다. 이 계획을 참고하여 다음 물음에 답하시오.   [12점]

[계획]
① 모든 공장 A, B, C가 휴무일 때 또는 그 중 한 공장만 가동할 때에는 펌프 P_1만 가동 시킨다.
② 모든 공장 A, B, C 중 두 개의 공장만 가동할 때에는 P_2만 가동시킨다.
③ 모든 공장 A, B, C가 모두 가동할 때에는 P_3만 가동시킨다.

(1) 급수계획에 대한 진리표를 작성하시오.

A	B	C	P_1	P_2	P_3
0	0	0			
0	0	1			
0	1	0			
0	1	1			
1	0	0			
1	0	1			
1	1	0			
1	1	1			

(2) $P_1 \sim P_3$의 출력식을 최소한의 접점으로 표현하시오.

(3) 급수 펌프 $P_1 \sim P_3$에 대한 유접점 회로를 완성하시오.

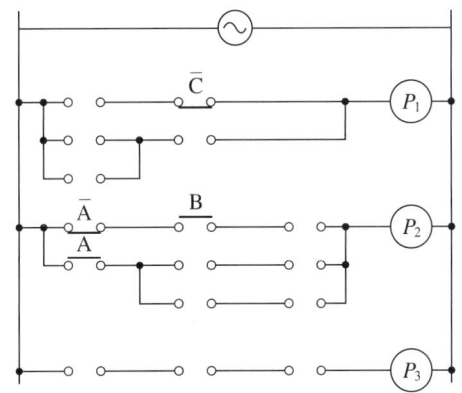

A	B	C	P_1	P_2	P_3
0	0	0	1	0	0
0	0	1	1	0	0
0	1	0	1	0	0
0	1	1	0	1	0
1	0	0	1	0	0
1	0	1	0	1	0
1	1	0	0	1	0
1	1	1	0	0	1

(2) $P_1 = \overline{A}(\overline{B}+\overline{C})+\overline{B}\,\overline{C}$, $P_2 = A(\overline{B}C+B\overline{C})+\overline{A}BC$, $P_3 = ABC$

(3)

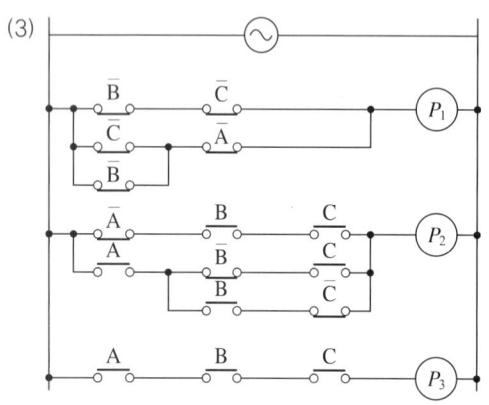

(2) $P_1 = \overline{A}\,\overline{B}\,\overline{C}+\overline{A}\,\overline{B}C+\overline{A}B\overline{C}+A\overline{B}\,\overline{C}$

$\quad = \overline{A}\,\overline{B}\,\overline{C}+\overline{A}\,\overline{B}C+\overline{A}B\overline{C}+A\overline{B}\,\overline{C}+\overline{A}\,\overline{B}\,\overline{C}+\overline{A}\,\overline{B}\,\overline{C}$ ($\because$ $X+X+X=X$)

$\quad = \overline{A}\,\overline{B}(\overline{C}+C)+\overline{A}\,\overline{C}(B+\overline{B})+\overline{B}\,\overline{C}(A+\overline{A})$ ($\because$ $\overline{X}+X=1$)

$\quad = \overline{A}\,\overline{B}+\overline{A}\,\overline{C}+\overline{B}\,\overline{C}=\overline{A}(\overline{B}+\overline{C})+\overline{B}\,\overline{C}$

02

★☆☆

다음은 콘센트 시설에 관한 내용이다. 빈칸에 알맞은 내용을 작성하시오.　　　　　[6점]

욕조나 샤워시설이 있는 욕실 또는 화장실 등 인체가 물에 젖어있는 상태에서 전기를 사용하는 장소에 콘센트를 시설하는 경우에는 「전기 용품 및 생활용품 안전관리법」의 적용을 받는 인체감전보호용 누전차단기(정격 감도 전류(①)[mA] 이하, 동작시간 (②)초 이하의 전류동작형의 것에 한한다.) 또는 절연변압기(정 격용량 (③)[kVA]이하인 것에 한한다.)로 보호된 전로에 접속하거나, 인체감전보호용 누전차단기가 부착된 콘센트를 시설하여야 한다.

①	②	③

①	②	③
15	0.03	3

03
★★☆

한국전기설비규정 용어의 정의에 대한 내용이다. 빈칸에 들어갈 내용으로 알맞은 것을 [보기]에서 골라 쓰시오. [4점]

[보기] 개폐소, 변전소, 발전소, 급전소, 배선, 전선, 전로, 전선로
(①): 전력계통 운용에 관한 지시 또는 급전조작을 하는 곳
(②): 강전류 전기의 전송에 사용하는 전기 도체, 절연물로 피복한 전기 도체 또는 절연물로 피복한 전기 도체를 다시 보호 피복한 전기 도체
(③): 통상의 사용상태에서 전기가 통하고 있는 곳
(④): 발전소, 변전소, 개폐소, 이에 준하는 곳 및 전기사용장소 상호간의 전선(전차선을 제외한다) 및 이를 지지하거나 수용하는 시설물

①	②	③	④

답안작성

①	②	③	④
급전소	전선	전로	전선로

04
★★★

다음은 단위 영역의 평균 조도 E_1, E_2, E_3, E_4를 측정한 것이다. 4점법에 의한 평균 조도를 구하시오. (단, 꼭짓점 사이의 거리는 동일하다.) [5점]

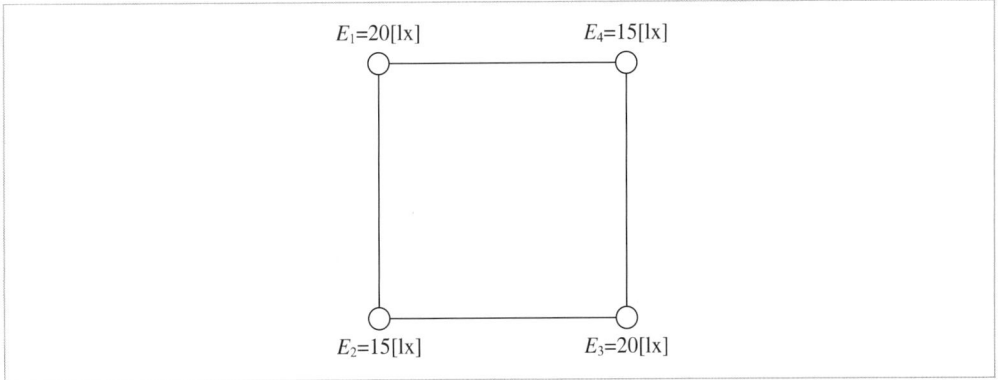

- 계산 과정:

- 답:

답안작성
- 계산 과정

  평균 조도 $E = \dfrac{20+15+20+15}{4} = 17.5[\mathrm{lx}]$

- 답: $17.5[\mathrm{lx}]$

05
★☆☆

전기공사업자는 등록사항 중 "대통령령으로 정하는 중요사항"이 변경된 경우 시·도지사에게 그 사실을 신고하여야 한다. "대통령령으로 정하는 중요 사항" 2가지를 쓰시오. [4점]

답안작성
- 영업소의 소재지
- 대표자

개념체크 대통령령으로 정하는 중요사항
- 상호 또는 명칭
- 영업소의 소재지
- 대표자
- 자본금(공사업과 관련이 없는 자본금의 변경은 제외)
- 전기공사기술자

06
★★☆

길이가 $50[\mathrm{km}]$인 송전선로의 한 선의 애자련이 300련이고 1련의 누설 저항이 $10^3[\mathrm{M\Omega}]$이다. 이 선로의 누설 컨덕턴스는 몇 $[\mu\mho]$인지 계산하시오.(단, 주어진 조건만을 사용하시오.) [5점]
- 계산 과정:
- 답:

답안작성
- 계산 과정

    합성 누설 저항 $R_0 = \dfrac{10^3 \times 10^6}{300}[\Omega]$

    누설 컨덕턴스 $G_0 = \dfrac{300}{10^3 \times 10^6} \times 10^6 = 0.3[\mu\mho]$
- 답: $0.3[\mu\mho]$

해설비법 누설 컨덕턴스 $G_0 = \dfrac{1}{R_0}[\mho]$ (단, R_0: 누설 저항$[\Omega]$)

07
★★★

부등률의 정의를 쓰시오. [3점]

답안작성 합성 최대 전력에 대한 각 부하 설비 최대 전력의 합의 비를 말한다.

개념체크 부등률
- 의미 : 부하의 최대 수용 전력의 발생 시간이 서로 다른 정도
- 부등률이 클수록 최대 전력을 소비하는 기기의 사용 시간대가 서로 다르다는 것을 의미하므로 그만큼 유리하다.

$$부등률 = \frac{각 \ 부하의 \ 최대 \ 수용 \ 전력의 \ 합계[\mathrm{kW}]}{합성 \ 최대 \ 전력[\mathrm{kW}]} \geq 1$$

08 ★★★

바닥면적 $1,200[\mathrm{m}^2]$인 사무실의 조명설계를 하려고 한다. 실내 평균 조도는 $300[\mathrm{lx}]$를 얻으려고 할 때 필요한 형광등은 몇 개인지 구하시오.(단, $40[\mathrm{W}]$ 형광등 한 개의 광속은 $2,500[\mathrm{lm}]$, 조명률 0.7, 감광보상률 1.5이다.) [5점]

- 계산 과정:
- 답:

답안작성

- 계산 과정

$$N = \frac{DES}{FU} = \frac{1.5 \times 300 \times 1,200}{2,500 \times 0.7} = 308.571 \fallingdotseq 309[\text{개}]$$

- 답: $309[\text{개}]$

개념체크

$$FUN = EAD$$

(단, F: 광속$[\mathrm{lm}]$, U: 조명률, N: 사용하는 등의 개수, E: 조도$[\mathrm{lx}]$, A: 등기구 1개당 비추는 면적$[\mathrm{m}^2]$,

D: 감광 보상률$\left(= \dfrac{1}{M}\right)$, M: 보수율(유지율)

09 ★★☆

그림과 같은 계통의 기기에서 A점과 같은 완전 지락이 발생하였다. 각 물음에 답하시오. [6점]

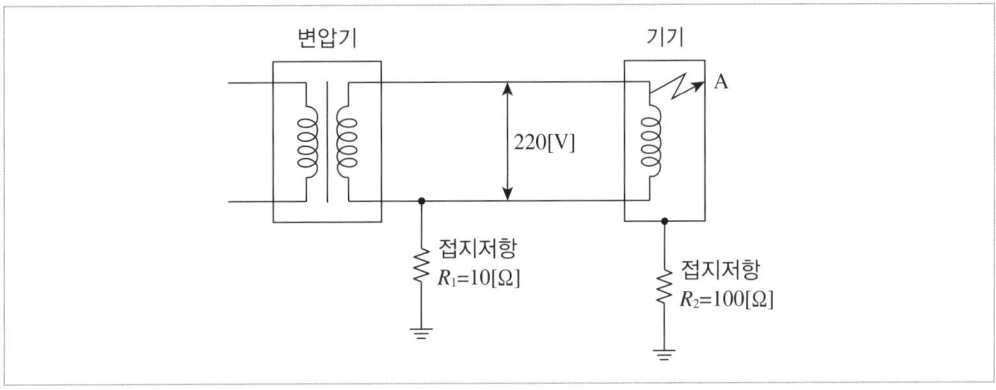

(1) 이 기기의 외함에 인체가 접촉하고 있지 않은 경우, 이 외함의 대지전압은 몇 $[\mathrm{V}]$인지 구하시오.
- 계산 과정:
- 답:

(2) 이 기기의 외함에 인체가 접촉하였을 경우, 인체를 통하여 흐르는 전류는 몇 $[\mathrm{mA}]$인지 구하시오. (단, 인체의 저항은 $3,000[\Omega]$으로 한다.)
- 계산 과정:
- 답:

(1) • 계산 과정

$$대지전압\ e = \frac{R_2}{R_1 + R_2} \times E = \frac{100}{10 + 100} \times 220 = 200[V]$$

• 답: $200[V]$

(2) • 계산 과정

인체에 흐르는 전류

$$I_g = \frac{V}{R_1 + \dfrac{R_2 \times R}{R_2 + R}} \times \frac{R_2}{R_2 + R} = \frac{220}{10 + \dfrac{100 \times 3,000}{100 + 3,000}} \times \frac{100}{100 + 3,000} = 0.06647[A] = 66.47[mA]$$

• 답: $66.47[mA]$

10
★☆☆
수전단 전압이 $22,900[V]$일 때 변압기 2차 전압이 $380/220[V]$이라고 한다. 변압기 2차 측 전압이 실제 $370[V]$로 측정될 때, 1차 탭전압을 $22,900[V]$에서 $21,900[V]$로 변경한다면 2차 전압 측정값은 어떻게 되는지 구하시오. [5점]

• 계산 과정:

• 답:

• 계산 과정

2차 측이 $370[V]$가 되기 위한 1차 측 전압

$$V_1 \times \frac{380}{22,900} = 370[V] \rightarrow V_1 = 370 \times \frac{22,900}{380} = 22,297.37[V]$$

1차 측 탭 전압을 변경 후 2차 측 전압

$$V_2 = 22,297.37 \times \frac{380}{21,900} = 386.9[V]$$

• 답: $386.9[V]$

전압과 탭 전압의 관계

$$\frac{V_2(2차\ 측\ 전압)}{V_1(1차\ 측\ 전압)} = \frac{2차\ 측\ 탭\ 전압}{1차\ 측\ 탭\ 전압}$$

11 ★★☆

어떤 건물의 연면적이 $420[\mathrm{m}^2]$이다. 이 건물에 표준부하를 적용할 때 전등, 일반 동력 및 냉방 동력 공급용 변압기 용량을 각각 다음 표를 이용하여 구하시오.(단, 전등은 단상 부하로 역률은 1이며, 일반 동력, 냉방 동력은 3상 부하로서 각 역률은 0.95, 0.9이다.) [6점]

[표준부하]

부하	표준부하[W/m²]	수용률[%]
전등	30	75
일반 동력	50	65
냉방 동력	35	70

[변압기 용량]

상별	용량[kVA]
단상	3, 5, 7.5, 10, 15, 30, 50
3상	3, 5, 7.5, 10, 15, 30, 50

(1) 전등용 변압기 용량
- 계산 과정:
- 답:

(2) 일반 동력 변압기
- 계산 과정:
- 답:

(3) 냉방 동력 변압기
- 계산 과정:
- 답:

답안작성

(1) • 계산 과정

전등용 변압기 용량 $P = \dfrac{30 \times 420 \times 0.75 \times 10^{-3}}{1} = 9.45[\mathrm{kVA}]$

• 답: $10[\mathrm{kVA}]$

(2) • 계산 과정

일반 동력 변압기 $P = \dfrac{50 \times 420 \times 0.65 \times 10^{-3}}{0.95} = 14.37[\mathrm{kVA}]$

• 답: $15[\mathrm{kVA}]$

(3) • 계산 과정

냉방 동력 변압기 $P = \dfrac{35 \times 420 \times 0.7 \times 10^{-3}}{0.9} = 11.43[\mathrm{kVA}]$

• 답: $15[\mathrm{kVA}]$

개념체크 건물 내 변압기 용량 $P = \dfrac{\text{표준부하} \times \text{건물의 연면적} \times \text{수용률}}{\text{역률}}$

12 ★★☆

화력발전소에서 1시간 운전 시 중유 12[ton]을 사용했다면 발전기의 효율은 얼마인지 구하시오.(단, 발열량은 10,000[kcal/kg], 발전기의 출력은 40,000[kW]이다.) [5점]

- 계산 과정:
- 답:

- 계산 과정

$$\eta = \frac{860 \times 40,000 \times 1}{12 \times 10^3 \times 10,000} \times 100 = 28.67[\%]$$

- 답: 28.67[%]

$$\text{발전기 효율} \ \ \eta = \frac{860W}{BH} \times 100[\%] = \frac{860Pt}{BH} \times 100[\%]$$

$$(\text{단}, \ W: \text{전력량 [kWh]}, \ P: \text{발전기의 출력[kW]}, \ t: \text{운전 시간[h]},$$
$$B: \text{사용 연료량[kg]}, \ H: \text{연료의 발열량[kcal/kg]}$$

13 ★★☆

아래 그림과 같은 3상 154[kVA] 계통의 회로도의 점 F에서 3상 단락고장이 발생했을 때 단락 전류를 구하고자 한다. 다음 각 물음에 답하시오. [6점]

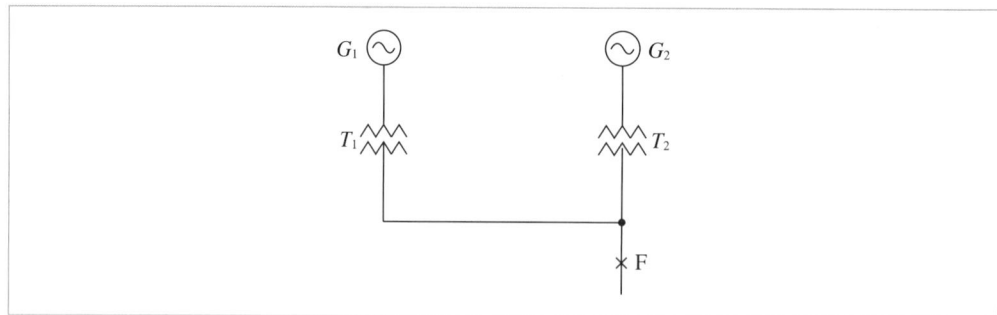

[조건]

① 발전기 G_1: $S_{G1} = 20[\text{MVA}]$, $\%Z_{G1} = 30[\%]$
　　　　　G_2: $S_{G2} = 5[\text{MVA}]$, $\%Z_{G2} = 30[\%]$
② 변압기 T_1: $11/154[\text{kV}]$, $20[\text{MVA}]$, $\%Z_{T1} = 10[\%]$
　　　　　T_2: $6.6/154[\text{kV}]$, $5[\text{MVA}]$, $\%Z_{T2} = 10[\%]$
③ 송전선로: $154[\text{kV}]$, $20[\text{MVA}]$, $\%Z_{TL} = 5[\%]$

(1) 정격전압과 정격용량을 각각 154[kV], 100[MVA]로 할 때 정격전류(I_n)를 구하시오.

- 계산 과정:
- 답:

(2) 기준용량 $P_n = 100[\text{MVA}]$에 대한 발전기(G_1, G_2), 변압기(T_1, T_2) 및 송전선로의 %임피던스 $\%Z_{G1}$, $\%Z_{G2}$, $\%Z_{T1}$, $\%Z_{T2}$, $\%Z_{TL}$을 각각 구하시오.

    ① $\%Z_{G1}$
       • 계산 과정:
       • 답:

    ② $\%Z_{G2}$
       • 계산 과정:
       • 답:

    ③ $\%Z_{T1}$
       • 계산 과정:
       • 답:

    ④ $\%Z_{T2}$
       • 계산 과정:
       • 답:

    ⑤ $\%Z_{TL}$
       • 계산 과정:
       • 답:

(3) 점 F에서의 합성 %임피던스를 구하시오.
    • 계산 과정:
    • 답:

(4) 점 F에서의 3상 단락 전류를 구하시오.
    • 계산 과정:
    • 답:

답안작성

(1) • 계산 과정: $I_n = \dfrac{100 \times 10^3}{\sqrt{3} \times 154} = 374.90[\text{A}]$

    • 답: $374.90[\text{A}]$

(2) ① • 계산 과정: $\%Z_{G1} = 30 \times \dfrac{100}{20} = 150[\%]$

      • 답: $150[\%]$

    ② • 계산 과정: $\%Z_{G2} = 30 \times \dfrac{100}{5} = 600[\%]$

      • 답: $600[\%]$

    ③ • 계산 과정: $\%Z_{T1} = 10 \times \dfrac{100}{20} = 50[\%]$

      • 답: $50[\%]$

    ④ • 계산 과정: $\%Z_{T2} = 10 \times \dfrac{100}{5} = 200[\%]$

      • 답: $200[\%]$

    ⑤ • 계산 과정: $Z_{TL} = 5 \times \dfrac{100}{20} = 25[\%]$

      • 답: $25[\%]$

(3) • 계산 과정: $\%Z_{total} = \dfrac{(150+50)\times(600+200)}{(150+50)+(600+200)} + 25 = \dfrac{200\times800}{200+800} + 25 = 185[\%]$

　　• 답: $185[\%]$

(4) • 계산 과정: $I_s = \dfrac{100}{\%Z_{total}} \times \dfrac{P_n}{\sqrt{3}\,V_r} = \dfrac{100}{185} \times \dfrac{100\times10^3}{\sqrt{3}\times154} = 202.65[A]$

　　• 답: $202.65[A]$

개념체크

$$3상\ 단락\ 전류\ I_s = \frac{100}{\%Z}I_n = \frac{100}{\%Z} \times \frac{P_n}{\sqrt{3}\,V_r}[A]$$

$$(단,\ I_n: 정격전류[A],\ P_n: 정격용량[kVA],\ V_r: 공칭전압[kV])$$

---

14 ★☆☆　3상 선로에서 비접지식 계통의 영상전압을 측정하는 기기는 무엇인지 쓰시오.　　[3점]

답안작성　GPT(접지형 계기용 변압기)

---

15 ★★★　그림과 같은 계통에서 측로 단로기 DS_3을 통하여 부하에 공급하고 차단기 CB를 점검하고자 할 때 차단기 점검을 하기 위한 조작 순서를 쓰시오.(단, 평상시에 DS_3는 열려 있는 상태이다.)　　[5점]

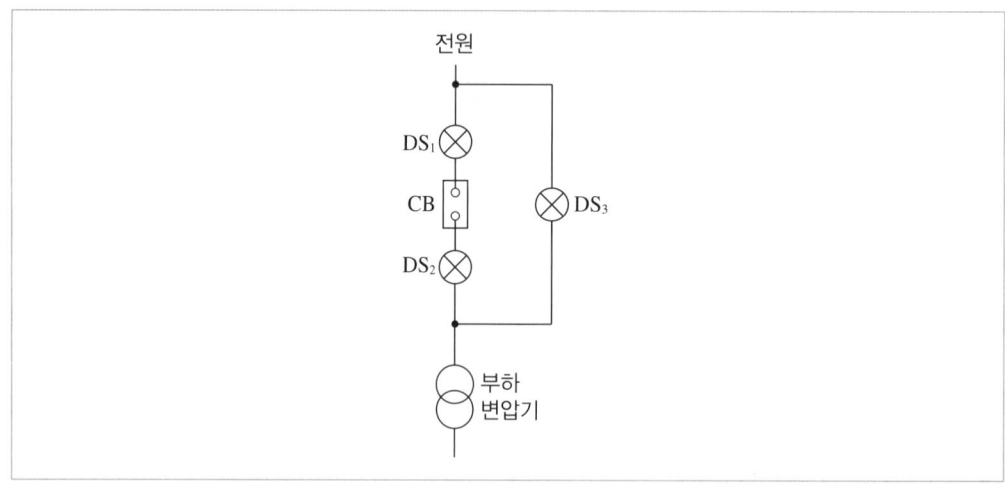

답안작성　DS_3(ON) ⇨ CB(OFF) ⇨ DS_2(OFF) ⇨ DS_1(OFF)

해설비법　단로기는 부하 전류를 개폐할 수 없어 무부하 상태에서만 개폐가 가능하다.

16 ★☆☆　다음 각 그림에 해당하는 수전 방식 명칭을 쓰시오. [4점]

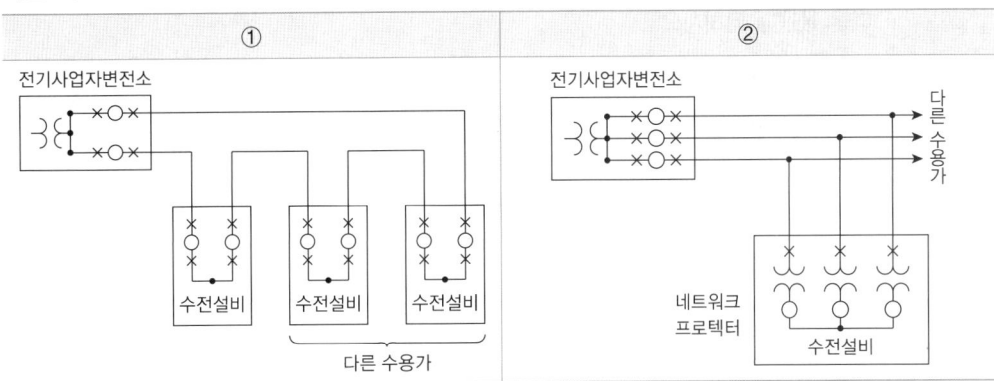

| ① | ② |

답안작성　① 환상식 또는 루프방식
　　　　　② 스폿 네트워크 방식

17 ★★★　다음과 같이 CT 2대를 V 결선하여 OCR 3대를 그림과 같이 연결하여 사용할 경우 다음 각 물음에 답하시오. [6점]

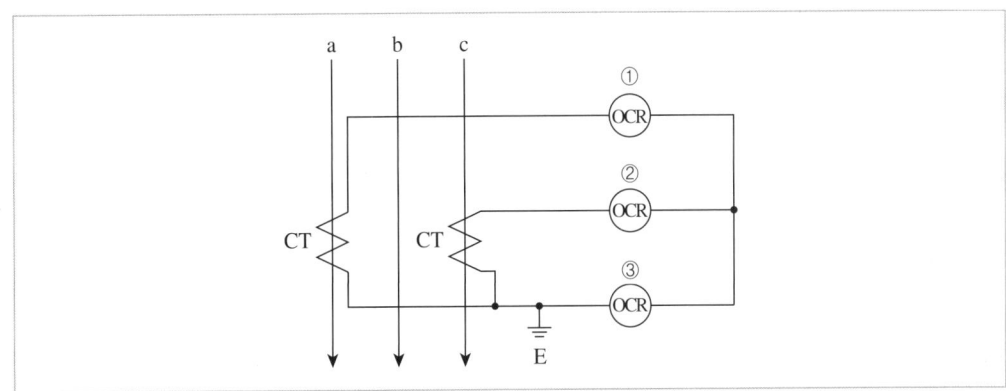

(1) ③번 OCR에 흐르는 전류는 어떤 상의 전류인지 쓰시오.

(2) OCR은 주로 어떤 원인으로 동작하는지 쓰시오.

(3) 통전 중에 있는 변류기 2차 측 기기를 교체하고자 할 때 가장 먼저 취하여야 할 조치는 무엇인지 쓰시오.

답안작성　(1) b상 전류

　　　　　(2) 단락 사고

　　　　　(3) 2차측 단락

18
★★☆

과도적인 과전압을 제한하고 서지 전류를 분류하는 목적으로 사용되는 서지 보호 장치(SPD)에 대한 다음 물음에 답하시오.　　　[5점]

(1) 기능에 따라 3가지로 분류하여 쓰시오.

(2) 구조에 따라 2가지로 분류하여 쓰시오.

답안작성 (1) 전압 스위칭형 SPD, 전압 제한형 SPD, 복합형 SPD

(2) 1포트 SPD, 2포트 SPD

19
★☆☆

다음 각 그림 기호의 정확한 명칭을 쓰시오.　　　[5점]

①	②	③	④	⑤
CT	TS	⊣⊢	÷	Wh

답안작성
① 변류기(상자)
② 타임스위치
③ 축전지
④ 콘덴서
⑤ 전력량계(상자들이 또는 후드붙이)

2024년 3회 기출문제

01 ★☆☆

지름 $12[\text{cm}]$의 구형 외구가 있고 외구의 중심에 균등 점광원이 있다. 구형 외구의 광속발산도가 $1,000[\text{rlx}]$이고, 외구의 투과율이 $80[\%]$일 때, 균등 점광원의 광도$[\text{cd}]$를 계산하시오.(단, 점광원은 완전확산성 구형 광원이다.) [6점]

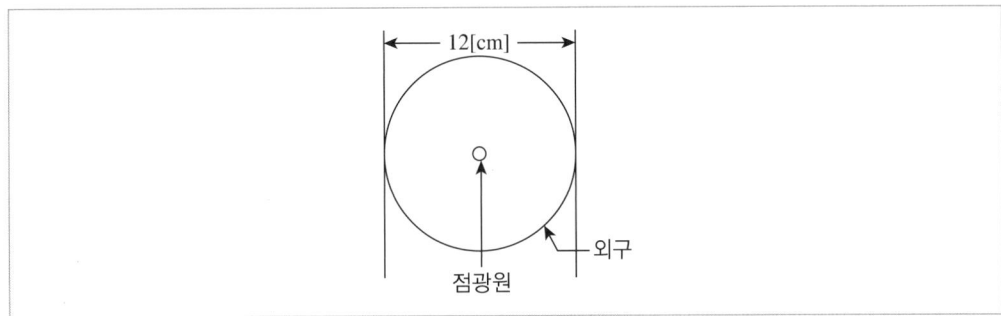

• 계산 과정:

• 답:

답안작성

• 계산 과정

$$R = \frac{F}{A}\eta = \frac{4\pi I}{4\pi r^2} \times \frac{\tau}{1-\rho} = \frac{\tau I}{r^2(1-\rho)}[\text{rlx}]\text{에서}$$

$$I = \frac{(1-\rho)r^2}{\tau} \times R = \frac{(1-0) \times 0.06^2}{0.8} \times 1,000 = 4.5[\text{cd}]$$

• 답: $4.5[\text{cd}]$

개념체크

•
$$\text{광속 발산도 } R = \frac{F}{A}\eta$$
$$(\text{단, } F: \text{광속}[\text{lm}], \ A: \text{면적}[\text{m}^2], \ \eta: \text{효율})$$

• 광속의 계산
  – 구 광원(백열등) $F = 4\pi I[\text{lm}]$
  – 원통 광원(형광등) $F = \pi^2 I[\text{lm}]$
  – 평판 광원 $F = \pi I[\text{lm}]$

• 구의 면적 $A = 4\pi r^2$

•
$$\text{글로브 효율 } \eta = \frac{\tau}{1-\rho}$$
$$(\text{단, } \tau: \text{투과율}, \ \rho: \text{반사율})$$

02 ★★☆

한국전기설비규정(KEC)에 의하여 접지시스템의 구분 및 시설 종류를 빈칸에 알맞게 작성하시오.

[6점]

> 1. 접지시스템은 (①), (②), (③) 등으로 구분한다.
> 2. 접지시스템의 시설종류는 (④), (⑤), (⑥)이다.

답안작성 ① 계통접지   ② 보호접지   ③ 피뢰시스템 접지
④ 단독접지   ⑤ 공통접지   ⑥ 통합접지

03 ★★☆

조명의 전등 효율과 광원의 연색성에 대해 설명하시오.

[4점]

(1) 전등 효율

(2) 광원의 연색성

답안작성 (1) 소비 전력에 대한 전 발산 광속의 비율

(2) 광원에 의해 물체가 비춰질 때, 그 물체의 색의 보임을 정하는 광원의 성질

04 ★★★

부하전력 및 역률이 일정할 때 전압을 2배로 승압하면 선로 손실과 선로 손실률은 승압 전에 비하여 몇[%]가 되는지 구하시오.

[4점]

(1) 선로 손실
- 계산 과정:
- 답:

(2) 선로 손실률
- 계산 과정:
- 답:

답안작성 (1) • 계산 과정

선로 손실 $P_l = \dfrac{P^2 R}{V^2 \cos^2\theta}$ 이므로 $P_l \propto \dfrac{1}{V^2}$ 이다. 즉, P_l은 25[%]로 줄어든다.

• 답: 25[%]

(2) • 계산 과정

선로 손실률 $k = \dfrac{P_l}{P} = \dfrac{PR}{V^2 \cos^2\theta}$ 이므로 $k \propto \dfrac{1}{V^2}$ 이다. 즉, k는 25[%]로 줄어든다.

• 답: 25[%]

- 승압 효과의 특징
  - 공급전력 증대
  - 전력손실 감소
  - 전압강하 및 전압강하율 감소
  - 고압 배전선 연장의 감소
- 승압 관련 공식
  - 공급전력: $P \propto V^2$
  - 전압강하: $e \propto \dfrac{1}{V}$, $e = \dfrac{P}{V}(R + X\tan\theta)[\mathrm{V}]$
  - 전압강하율: $\varepsilon \propto \dfrac{P}{V^2}(R + X\tan\theta)[\mathrm{V}]$
  - 전압변동률: $\delta \propto \dfrac{1}{V^2}$
  - 전력손실: $P_L \propto \dfrac{1}{V^2}$, $P_L = \dfrac{P^2 R}{V^2 \cos\theta}[\mathrm{W}]$
  - 전력손실률: $k \propto \dfrac{1}{V^2}$, $k = \dfrac{P_L}{P} \times 100 = \dfrac{PR}{V^2 \cos\theta^2} \times 100\,[\%]$

05 ★★☆

지표면상 $16[\mathrm{m}]$ 높이의 수조가 있다. 이 수조에 시간당 $4,500[\mathrm{m}^3]$ 물을 양수하는 데 필요한 펌프용 전동기의 소요동력은 몇 $[\mathrm{kW}]$인지 계산하시오.(단, 펌프의 효율은 $60[\%]$로 하고, 여유계수는 1.2로 한다.)
[5점]

- 계산 과정:
- 답:

답안작성
- 계산 과정

$$P = \frac{9.8QHk}{\eta} = \frac{9.8 \times \dfrac{4,500}{3,600} \times 16 \times 1.2}{0.6} = 392[\mathrm{kW}]$$

- 답: $392[\mathrm{kW}]$

개념체크 양수 펌프용 전동기 용량

$$P = \frac{9.8QH}{\eta}k[\mathrm{kW}]$$

(단, Q: 양수량$[\mathrm{m}^3/\mathrm{s}]$, H: 양정(양수 높이)$[\mathrm{m}]$, k: 여유 계수, η: 효율)

06

★★★

주어진 조건을 이용하여 미완성 시퀀스 회로와 타임차트를 작성하시오. [7점]

[조건]
- 선행 우선회로로 동작한다. 즉, PBS₁을 누르면 RL만 점등되고 나머지는 점등되지 않는다.
- 누름버튼스위치 PBS(a접점 3개, b접점 1개), 릴레이 X(a접점 3개, b접점 6개) 접점을 명칭과 함께 작성하시오.
- 누름버튼스위치 PBS를 누르면 릴레이 X에 의하여 자기유지된다.
- 구체적인 작동사항은 다음과 같다.
  ① 누름버튼스위치 PBS₁을 먼저 누르면, 릴레이 X₁이 여자되고 RL만 점등되고, 나중에 PBS₂, PBS₃를 눌러도 GL, WL은 점등되지 않는다.
  ② 누름버튼스위치 PBS₂를 먼저 누르면, 릴레이 X₂가 여자되고 GL만 점등되고, 나중에 PBS₁, PBS₃를 눌러도 RL, WL은 점등되지 않는다.
  ③ 누름버튼스위치 PBS₃를 먼저 누르면, 릴레이 X₃가 여자되고 WL만 점등되고, 나중에 PBS₁, PBS₂를 눌러도 RL, GL은 점등되지 않는다.
  ④ 누름버튼스위치 PBS₄를 누를 시 모든 동작이 정지된다.

범례

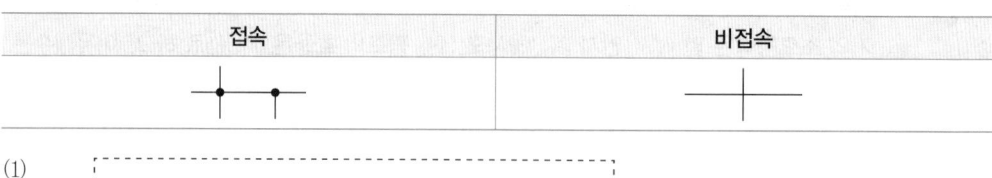

접속점 표기 방식

접속	비접속

(1)

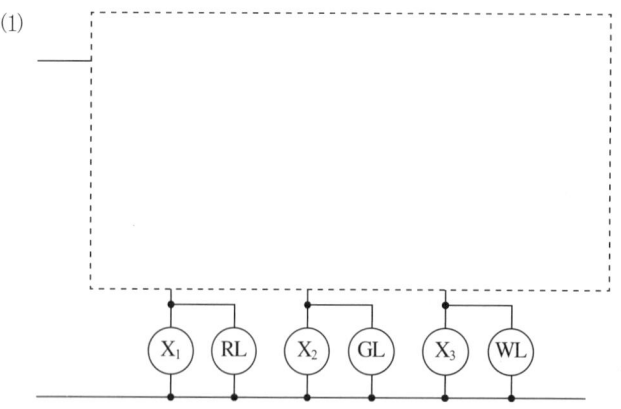

(2)

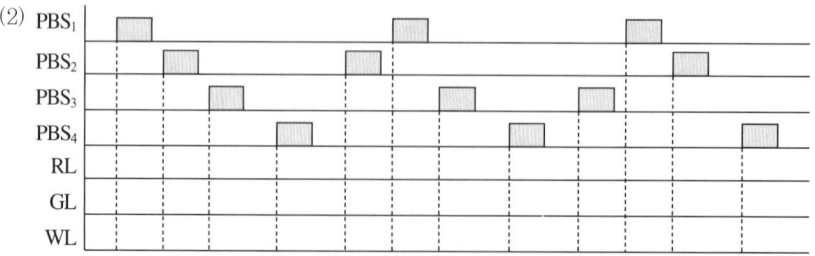

(1)

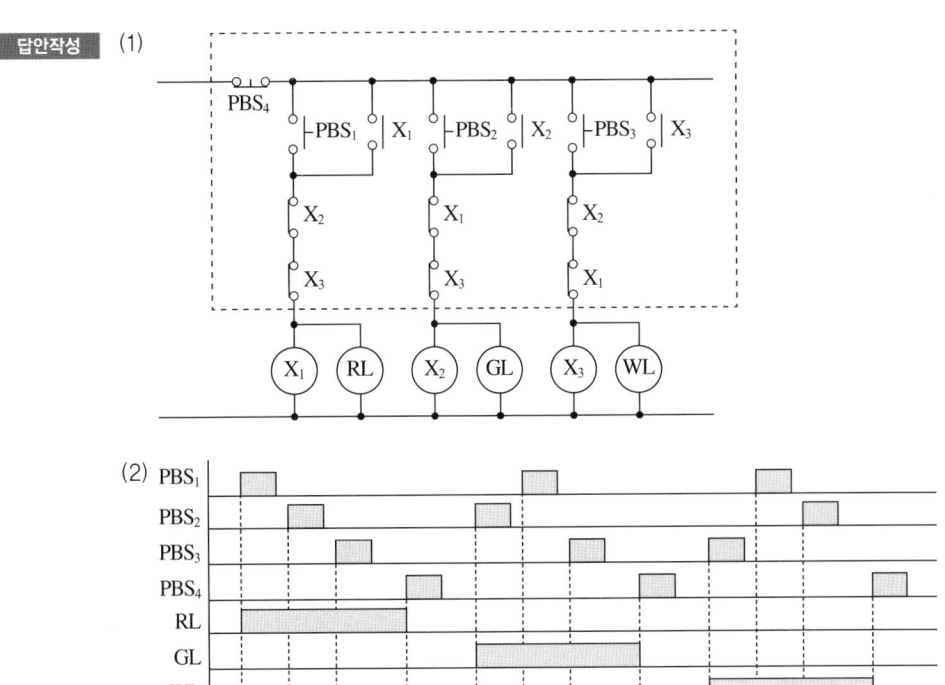

(2)

07 ★★☆ 3상 3선식 계기용 변압기(2대) 및 변류기(2대)를 이용하여 미완성 결선도를 완성하시오.(단, 1, 2, 3은 상순이고 P1, P2, P3는 계기용 변압기, 1S, 1L, 3S, 3L은 변류기의 단자이다.) **[5점]**

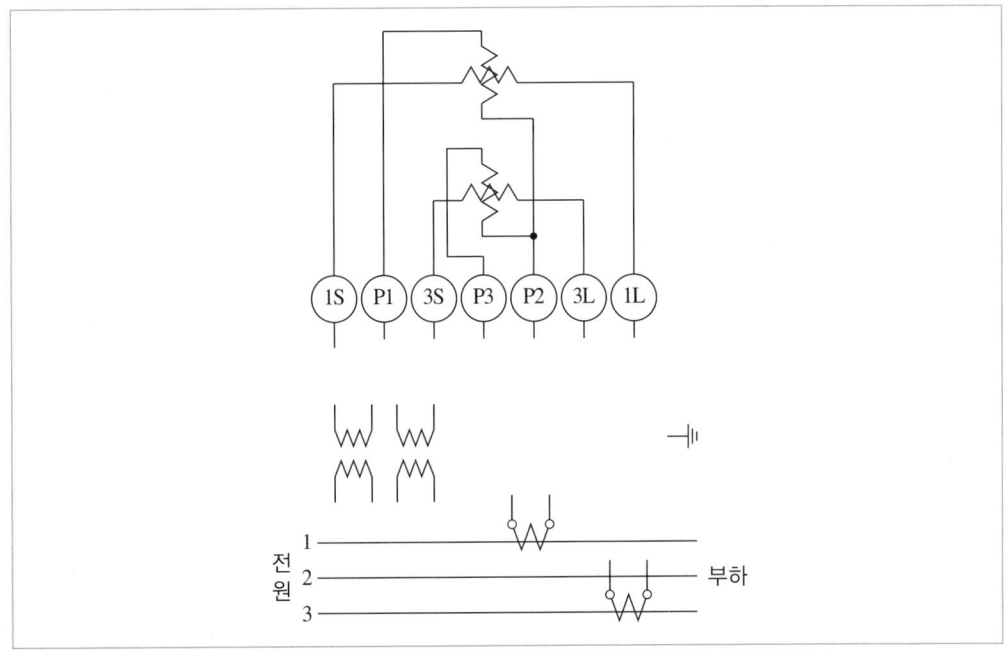

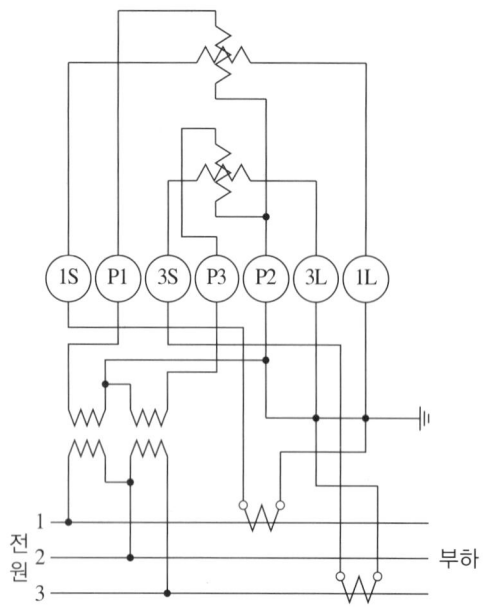

08 단상 유도전동기의 기동방식 4가지를 쓰시오. [4점]
★★★

답안작성
- 반발 기동형
- 콘덴서 기동형
- 분상 기동형
- 셰이딩 코일형

09 그림은 갭형 피뢰기와 갭리스형 피뢰기의 구조를 나타낸 것이다. 화살표로 표시된 ① ~ ⑥의 각 부분의
★★☆ 명칭을 쓰시오. [6점]

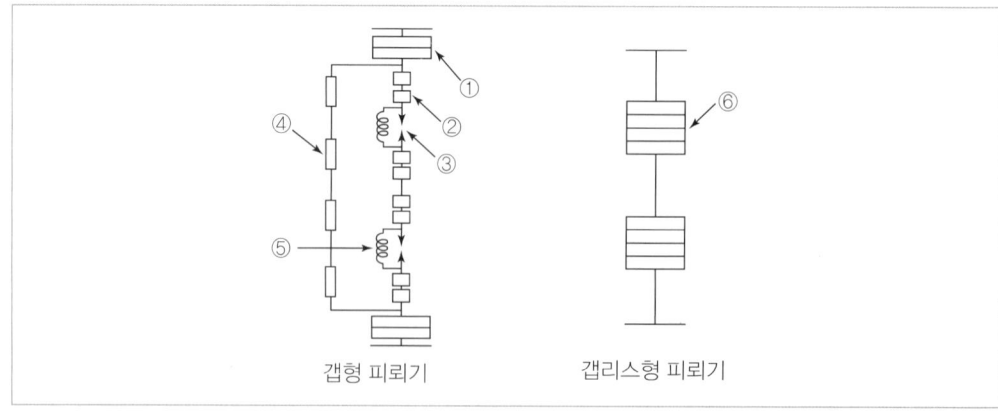

갭형 피뢰기　　　　　갭리스형 피뢰기

①	②	③	④	⑤	⑥

답안작성

①	②	③	④	⑤	⑥
특성 요소	직렬 갭	측로 갭	분로 저항	소호 코일	특성 요소

개념체크 피뢰기의 구조

(a) 갭형 피뢰기   (b) 갭리스형 피뢰기

▲ 피뢰기의 종류 및 구조

- 직렬 갭: 뇌전류를 대지로 방전시키고 속류를 차단한다.
- 특성 요소: 뇌전류 방전 시 피뢰기 자신의 전위 상승을 억제하여 자신의 절연 파괴를 방지한다.

---

10 ★★★

3상 변압기의 병렬운전 조건 2가지를 쓰시오. [4점]

답안작성
- 극성이 같을 것
- 권수비가 같을 것

---

11 ★☆☆

평형 3상 부하의 전력을 측정한 결과 지싯값이 다음과 같을 때, 다음 각 물음에 답하시오 [6점]

W1	W2
2.2[kW]	5.8[kW]

(1) 해당 지싯값을 통해 역률은 몇 [%]인지 구하시오.
- 계산 과정:
- 답:

(2) 역률을 85[%]로 개선하려면 전력용 커패시터의 용량은 몇 [kVA]인지 계산하시오.
- 계산 과정:
- 답:

(1) • 계산 과정

유효전력 $P = 2.2 + 5.8 = 8[\text{kW}]$, 무효전력 $Q = \sqrt{3}(5.8 - 2.2) = 6.24[\text{kVar}]$

피상전력 $S = \sqrt{8^2 + 6.24^2} = 10.15[\text{kVA}]$ 이다.

$\therefore$ 역률 $= \dfrac{8}{10.15} \times 100 = 78.82[\%]$

• 답: $78.82[\%]$

(2) • 계산 과정

$$Q_c = 8 \times \left(\frac{\sqrt{1 - 0.7882^2}}{0.7882} - \frac{\sqrt{1 - 0.85^2}}{0.85} \right) = 1.29[\text{kVA}]$$

• 답: $1.29[\text{kVA}]$

역률 개선용 콘덴서 용량

$$Q_c = P(\tan\theta_1 - \tan\theta_2) = P\left(\frac{\sin\theta_1}{\cos\theta_1} - \frac{\sin\theta_2}{\cos\theta_2} \right)[\text{kVA}]$$

(단, P: 부하 전력[kW], $\cos\theta_1$: 개선 전 역률, $\cos\theta_2$: 개선 후 역률)

12
★☆☆

감리원은 해당 공사 완료 후 준공검사 전에 사전 시운전 등이 필요한 부분에 대하여 공사업자에게 시운전을 위한 계획을 수립하고 시운전 30일 이내에 제출하도록 해야 한다. 이때 발주자에게 제출해야 할 서류를 [보기]에서 모두 골라 쓰시오.   [5점]

[보기]

ㄱ 시운전 일정
ㄴ 시험장비 확보
ㄷ 공사계획문서작성
ㄹ 안전요원 선임계획
ㅁ 기계 · 기구 사용계획
ㅂ 지원업무보조자 지정

ㄱ 시운전 일정
ㄴ 시험장비 확보
ㅁ 기계 · 기구 사용계획

13 ★☆☆

유효낙차 81[m], 출력 10,000[kW], 특유속도 164[rpm]인 수차의 회전속도는 약 몇 [rpm]인지 구하시오.　[5점]

- 계산 과정:

- 답:

답안작성

- 계산 과정

　회전속도 $N = 164 \times 10{,}000^{-\frac{1}{2}} \times 81^{\frac{5}{4}} = 398.52[\text{rpm}]$

- 답: 398.52[rpm]

개념체크　특유속도 $N_s = N P^{\frac{1}{2}} H^{-\frac{5}{4}}$ [rpm]

　회전속도 $N = N_s P^{-\frac{1}{2}} H^{\frac{5}{4}}$ [rpm]

14 ★★★

다음은 한국전기설비규정에서 정하는 수용가 설비에서의 전압강하에 관한 내용이다. 다른 조건을 고려하지 않는다면 수용가 설비의 인입구로부터 기기까지의 전압강하는 표의 값 이하로 하여야 한다. 다음 빈칸에 알맞은 값을 쓰시오.　[4점]

설비의 유형	조명[%]	기타[%]
A-저압으로 수전하는 경우	①	②
B-고압 이상으로 수전하는 경우*	③	④

* 가능한 한 최종회로 내의 전압강하가 A 유형의 값을 넘지 않도록 하는 것이 바람직하다. 사용자의 배선설비가 100[m]를 넘는 부분의 전압강하는 미터당 0.005[%] 증가할 수 있으나 이러한 증가분은 0.5[%]를 넘지 않아야 한다.

답안작성

① 3
② 5
③ 6
④ 8

개념체크

설비의 유형	조명[%]	기타[%]
A-저압으로 수전하는 경우	3	5
B-고압 이상으로 수전하는 경우*	6	8

15 ★★★

3상 3선식 배전선로에서 저항이 $1.2[\Omega]$, 리액턴스가 $24[\Omega]$이고, 전압강하율을 $10[\%]$로 하기 위해 선로 말단에 설치할 수 있는 3상 최대평형부하는 몇 $[\mathrm{kW}]$인지 계산하시오.(단, 수전단 전압은 $6{,}600[\mathrm{V}]$, 부하 역률은 0.8(지상)이다.) [5점]

• 계산 과정:

• 답:

• 계산 과정

$$\varepsilon = \frac{P}{V_r^2}(R + X\tan\theta) \times 100[\%] \text{ 이므로 } P = \frac{10 \times 6{,}600^2}{\left(1.2 + 24 \times \dfrac{0.6}{0.8}\right) \times 100} \times 10^{-3} = 226.875[\mathrm{kW}]$$

• 답: $226.88[\mathrm{kW}]$

전압강하율

$$\varepsilon = \frac{P}{V_r^2}(R + X\tan\theta) \times 100[\%]$$

(단, V_r: 수전단 전압[V], P: 부하 전력[W], R: 저항[Ω], X: 리액턴스[Ω])

16 ★★☆

그림은 어느 생산 공장의 수전 설비이다. 아래 계통도와 표를 보고 다음 각 물음에 답하시오. [7점]

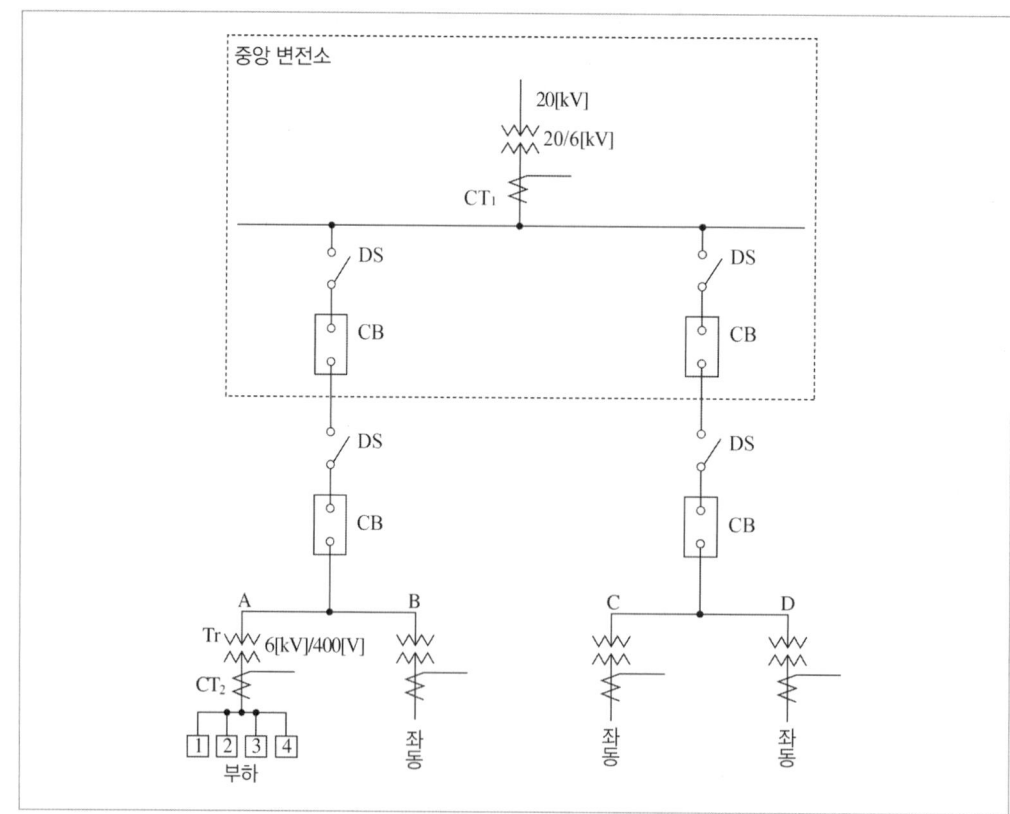

[뱅크의 부하 용량표]

Feeder	부하설비 용량[kW]	수용률[%]
F1	125	80
F2	125	80
F3	500	70
F4	600	84

[변류기 규격표]

항목	변류기
정격 1차 전류[A]	5, 10, 15, 20, 30, 40, 50, 75, 100, 150, 200, 300, 400, 500, 600, 750, 1,000, 1,500, 2,000, 2,500
정격 2차 전류[A]	5

[변류기 표준용량[kVA]]

1,000, 1,500, 2,000, 3,000, 5,000, 7,500, 10,000

(1) 표와 같이 A, B, C, D 4개의 뱅크가 있으며, 각 뱅크 간 부등률은 1.3이다. 이때 중앙 변전소의 변압기 용량을 선정하시오.(단, 각 부하의 역률은 0.8이며, 변압기 용량은 표준 규격으로 답하시오.)

(2) 변류기 CT_1, CT_2의 변류비를 선정하시오.(단, 1차 수전 전압은 20,000/6,000[V], 2차 수전 전압은 6,000/400[V]이며, 변류비는 표준 규격으로 답하시오.)

답안작성

(1) • 계산 과정

각 뱅크의 부하는 모두 동일하므로 A, B, C, D 뱅크들의 최대 수요 전력은

$$A = B = C = D = \frac{125 \times 0.8 + 125 \times 0.8 + 500 \times 0.7 + 600 \times 0.84}{0.8} = 1,317.5 [\text{kVA}]$$

$\therefore$ 중앙 변전소의 변압기 용량 $P_{STr} = \dfrac{1,317.5 + 1,317.5 + 1,317.5 + 1,317.5}{1.3} = 4,053.85 [\text{kVA}]$

• 답: 5,000[kVA]

(2) − CT_1

• 계산 과정

$$I_1 = \frac{4,053.85}{\sqrt{3} \times 6} \times (1.25 \sim 1.5) = 487.6 \sim 585.12 [\text{A}]$$

• 답: 500/5

− CT_2

• 계산 과정

$$I_1 = \frac{1,317.5}{\sqrt{3} \times 0.4} \times (1.25 \sim 1.5) = 2,377.06 \sim 2,852.47 [\text{A}]$$

• 답: 2,500/5

17 ★★☆

단상 2선식 220[V] 옥내배선에서 40[W] 형광등 30개와 100[W] LED램프 50개를 설치할 때, 최소 분기회로수는 몇 회로인지 구하시오.(단, 16[A] 분기회로이며, 모든 역률은 70[%]이다.)　　　　[5점]

• 계산 과정:

• 답:

답안작성　• 계산 과정

$$분기회로수 \ n = \frac{\dfrac{(40 \times 30) + (100 \times 50)}{0.7}}{220 \times 16} = 2.52 \quad \therefore 16[A] 분기 \ 3[회로]$$

• 답: 16[A] 분기 3[회로]

개념체크　분기회로수

$$분기회로수 \ n = \frac{표준부하[VA]}{사용전압[V] \times 분기회로의 \ 전류[A]}$$

해설비법　• 분기회로수 계산 결과값에 소수점이 발생하면 소수섬 이하는 절상한다.
　　　　　　• 분기회로의 전류가 주어지지 않은 경우에는 16[A]를 표준으로 한다.

18 ★★☆

다음 도면을 보고 물음에 답하시오.　　　　　　　　　　　　　　　　[12점]

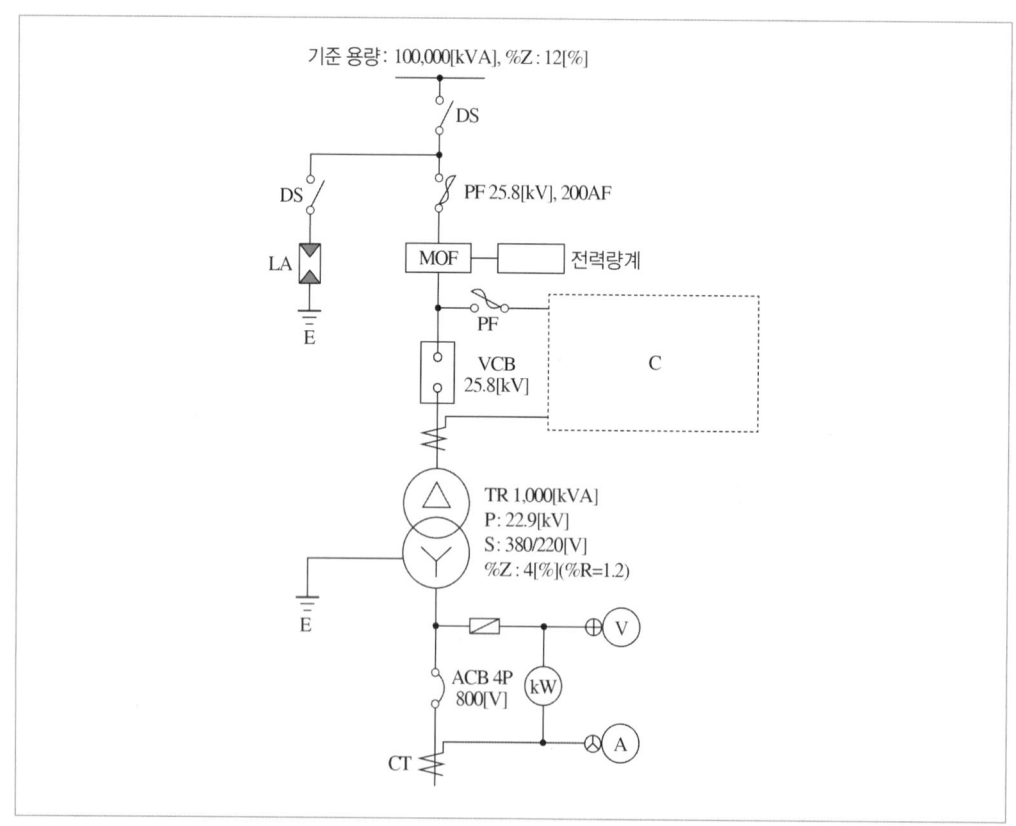

(1) LA의 명칭과 그 기능을 설명하시오.
  - 명칭:
  - 기능:

(2) VCB의 필요한 최소 차단 용량[MVA]을 구하시오.

(3) 도면 [C] 부분의 계통도에 그려져야 할 것들 중에서 그 종류를 5가지 쓰시오.

(4) ACB의 최소 차단 전류[kA]를 구하시오.

(5) 최대 부하 800[kVA], 역률 80[%]인 경우 변압기에 의한 전압 변동률[%]을 구하시오.

답안작성

(1) • 명칭: 피뢰기
  • 기능: 이상 전압이 내습하면 이를 대지로 방전시키고 속류를 차단한다.

(2) • 계산 과정

$$P_s = \frac{100}{12} \times 100 = 833.33 [\text{MVA}]$$

  • 답: 833.33[MVA]

(3) • 계기용 변압기
  • 전압계
  • 전류계
  • 과전류 계전기
  • 지락 과전류 계전기

(4) • 계산 과정

변압기의 $\%Z$를 기준 용량 100,000[kVA]로 환산하면 $\%Z_t = 4 \times \frac{100,000}{1,000} = 400[\%]$

전체 합성 %임피던스 값은 $\%Z = 12 + 400 = 412[\%]$

∴ 단락 전류 $I_s = \frac{100}{412} \times \frac{100 \times 10^6}{\sqrt{3} \times 380} \times 10^{-3} = 36.88 [\text{kA}]$

  • 답: 36.88[kA]

(5) • 계산 과정

%저항 강하 $p = 1.2 \times \frac{800}{1,000} = 0.96[\%]$

%리액턴스 강하 $q = \sqrt{4^2 - 1.2^2} \times \frac{800}{1,000} = 3.05[\%]$

전압 변동률 $\varepsilon = p\cos\theta + q\sin\theta = 0.96 \times 0.8 + 3.05 \times 0.6 = 2.6[\%]$

  • 답: 2.6[%]

개념체크

(2)

$$P_s = \frac{100}{\%Z} P_n$$

(단, P_s: 단락용량[MVA], P_n: 정격용량[MVA], $\%Z$: %임피던스[%])

(4)

$$I_s = \frac{100}{\%Z} I_n = \frac{100}{\%Z} \times \frac{P_n}{\sqrt{3}\,V_r}$$

(단, I_s: 단락전류[A], I_n: 정격전류[A], P_n: 정격용량[VA], V_r: 공칭전압[V], $\%Z$:%임피던스[%])

1회 학습전략

합격률: 66.8%

난이도 下

- 부등률, 절연 협조, 캐스케이딩, 축전지 용량, 수용률, 최대수용전력, 역률 개선 효과, 전력보안 통신 설비 시설장소, 합성 역률, 유도전동기 운전(시퀀스), 변류비, 비례추이, 서지흡수기, 부하 역률, 중성선 단선 시 단자 전압, 조명 용어, 논리회로
- 복잡한 문제가 거의 없었으며 대부분 쉽게 출제되었습니다. 기출문제를 기반으로 일부 조건을 변경하거나 그대로 출제한 문제가 많아서 회독 학습을 열심히 했다면 쉽게 합격할 수 있는 회차였습니다.

2회 학습전략

합격률: 39.43%

난이도 下

- 특수한 경우의 선간 전압, 전압 강하율, 전압 변동률, 축전지 용량, 전선의 단면적, 변압기의 용량, 저압 네트워크 방식, 조명 등수, 급전점과 전압, 분류기, 논리회로, 충전용량, 권상용 전동기 용량, 부하 설비, 변류기 전류, 전력용 콘덴서, 계전기, 변류기의 접속, 전일 효율, 이도(처짐 정도), PLC
- 절반 정도의 문제는 기출문제를 기반으로 출제되었습니다. 어려운 개념이나 이론을 요구하는 수준의 문제는 없었으나 복잡한 계산을 요구하는 문제들이 출제되었습니다. 이러한 문제들은 풀이 도중 실수가 없도록 하는 것이 매우 중요합니다.

3회 학습전략

합격률: 37.65%

난이도 下

- 유효전력, 무효전력, 불평형률, 유도장해 종류, 피뢰기의 구비조건, 변압기의 용량, 급전점과 전력손실, 지선, 전압의 종류, 단락용량, 수평면 조도, 간이 수전설비 표준 결선도, 전력량, 충전용량, 콘덴서의 용량, 전선의 단면적, 시퀀스
- 특별히 어려운 수준의 개념을 묻거나 공식을 활용하는 문제는 없었습니다. 일부 생소한 단답문제가 있었으나 합격에 크게 영향을 미칠 정도는 아니었습니다. 빈출 문제 위주로 기출문제를 공부했다면 충분히 합격할 수 있는 정도의 난도입니다.

2023년 1회

기출문제

배점		100
득점	1회독	
	2회독	
	3회독	

01

★★★

어느 수용가의 설비용량과 수용률이 아래 표와 같을 때 수용가에 전력을 공급하는 배전선로의 합성 최대 전력이 $9,300[kW]$인 경우 수용가 간의 부등률은 얼마인가? [4점]

수용가	설비용량[kW]	수용률[%]
A	4,500	80
B	5,000	60
C	7,000	50

답안작성

• 계산 과정: 부등률 $= \dfrac{4,500 \times 0.8 + 5,000 \times 0.6 + 7,000 \times 0.5}{9,300} = 1.09$

• 답: 1.09

개념체크

$$부등률 = \dfrac{각\ 부하의\ 최대\ 수용\ 전력의\ 합계[kW]}{합성\ 최대\ 전력[kW]}$$

02

★★☆

다음 그림은 $154[kV]$ 계통 절연 협조를 위한 각 기기의 절연 강도 비교표이다. 변압기, 선로애자, 개폐기의 지지애자, 피뢰기 제한전압이 속해 있는 부분은 어느 곳인지 쓰시오. [4점]

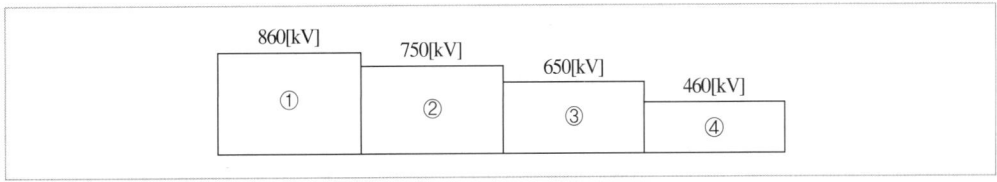

답안작성 ① 선로애자 ② 개폐기 지지애자 ③ 변압기 ④ 피뢰기 제한전압

개념체크 송전 계통과 일반 계통의 절연 강도 비교표

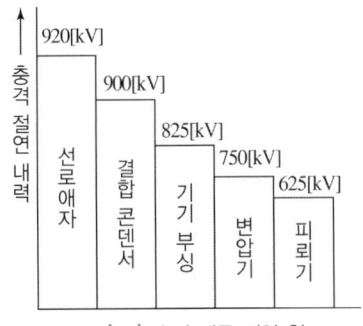

▲ $154[kV]$ 송전 계통 절연 협조

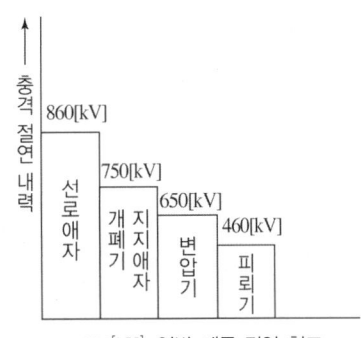

▲ $154[kV]$ 일반 계통 절연 협조

03 ★★☆

변압기 또는 선로의 사고에 의해 뱅킹 내의 건전한 변압기의 일부 또는 전부가 연쇄적으로 회로로부터 차단되어 사고 범위가 확대되는 현상을 무엇이라고 하는지 작성하시오. [3점]

답안작성 케스케이딩 현상

04 ★★★

다음 보기와 같은 방전 특성이 있는 부하에 대한 각 물음에 답하시오. [7점]

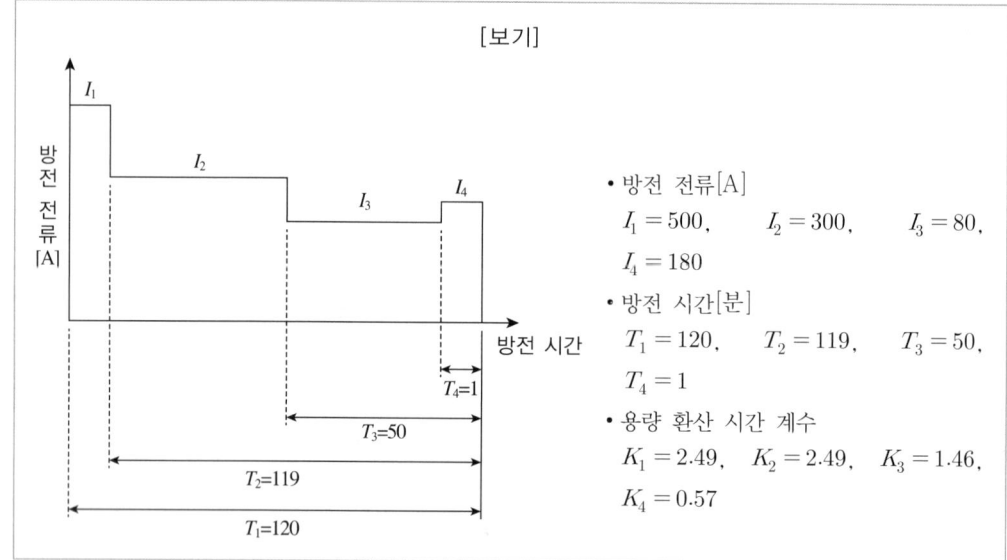

[보기]

• 방전 전류[A]
  $I_1 = 500$, $I_2 = 300$, $I_3 = 80$,
  $I_4 = 180$
• 방전 시간[분]
  $T_1 = 120$, $T_2 = 119$, $T_3 = 50$,
  $T_4 = 1$
• 용량 환산 시간 계수
  $K_1 = 2.49$, $K_2 = 2.49$, $K_3 = 1.46$,
  $K_4 = 0.57$

(1) 위 그림과 같은 방전 특성이 있는 축전지 용량은 몇 [Ah]인가?

(2) 납축전지의 정격 방전율은 몇 시간으로 하는가?

(3) 납축전지의 공칭전압은 1셀당 몇 [V]인가?

(4) 예비전원으로 시설되는 축전지로부터 부하에 이르는 전로에는 개폐기와 또 무엇을 설치하는가?

답안작성 (1) • 계산 과정

$$C = \frac{1}{0.8}[2.49 \times 500 + 2.49(300 - 500) + 1.46(80 - 300) + 0.57(180 - 80)] = 603.5[\text{Ah}]$$

   • 답: 603.5[Ah]

(2) 10시간율

(3) 2[V/cell]

(4) 과전류차단기

개념체크 (1)

$$C = \frac{1}{L}[K_1 I_1 + K_2(I_2 - I_1) + K_3(I_3 - I_2) + K_4(I_4 - I_3)]$$

(단, C: 축전지 용량[Ah], L: 보수율, K: 용량 환산 시간 계수, I: 방전 전류[A])

(1) 보수율(L)이 주어지지 않은 경우 일반적으로 $L=0.8$을 적용한다.

단답 정리함 축전지 설비의 구성요소
- 축전지
- 제어장치
- 보안장치
- 충전장치

05 수용률을 구하는 식을 쓰고 그 의미를 설명하시오. [4점]
★★★
 (1) 식

 (2) 의미

답안작성 (1) 수용률 $= \dfrac{\text{최대 수용 전력[kW]}}{\text{부하 설비 합계[kW]}} \times 100[\%]$

 (2) 수용설비가 동시에 사용되는 정도를 나타낸다.

06 어떤 부하의 설비용량이 $1{,}000[\text{kW}]$이고 부하 역률이 $85[\%]$, 수용률이 $70[\%]$일 때 이 부하의 최대 수용
★★☆ 전력은 몇 $[\text{kVA}]$인지 계산하시오. [5점]

답안작성
- 계산 과정: $P = \dfrac{1{,}000 \times 0.7}{0.85} = 823.53[\text{kVA}]$
- 답: $823.53[\text{kVA}]$

개념체크 최대 수용 전력 $P = \dfrac{\text{설비용량[kW]} \times \text{수용률}}{\text{역률}}[\text{kVA}]$

07 역률 개선 시 나타나는 효과를 3가지 쓰시오. [6점]
★★★

답안작성
- 전력손실 감소
- 전압강하 감소
- 설비용량의 여유 증가

08
★☆☆

"전력보안 통신설비"란 전력의 수급에 필요한 급전·운전·보수 등의 업무에 사용되는 전화나 원격지에 있는 설비의 감시·제어·계측·계통 보호를 위해 전기적·광학적으로 신호를 송·수신하는 제어 장치·전송로 설비 및 전원 설비 등을 말한다. 전력보안 통신 설비의 시설 장소를 3가지 쓰시오.[6점]

답안작성
- 송전선로
- 배전선로
- 발전소, 변전소 및 변환소

09
★★☆

전동기를 제작하는 어떤 공장에 $500[\mathrm{kVA}]$의 변압기에 역률 $70[\%]$의 부하 $500[\mathrm{kVA}]$가 접속되어 있다. 이 부하와 병렬로 전력용 콘덴서를 접속하여 합성역률을 $85[\%]$로 유지하려고 할 때 변압기에 증설할 수 있는 부하는 몇 $[\mathrm{kW}]$인가? [5점]

답안작성
- 계산 과정: $P = 500 \times (0.85 - 0.7) = 75[\mathrm{kW}]$
- 답: $75[\mathrm{kW}]$

개념체크
변압기 증설 부하
$P[\mathrm{kW}] =$ 변압기의 용량$[\mathrm{kVA}] \times$(개선 후 역률 $-$ 개선 전 역률)

10
★★☆

특고압용 변압기에는 그 내부에 고장이 생겼을 경우에 보호하는 장치를 시설하여야 한다. 이때 사용되는 보호장치는 전기적인 방식과 보호 기계적인 보호방식으로 구분한다. 각 보호방식에 따른 보호장치를 쓰시오. [6점]

(1) 전기적인 보호장치(1가지)

(2) 기계적인 보호장치(2가지)

답안작성
(1) 비율 차동 계전기

(2) • 부흐홀츠 계전기
  • 충격 압력 계전기

11

★★☆

그림은 3상 유도전동기의 운전에 필요한 미완성 회로이다. 이 회로를 이용하여 [보기]와 같이 운전하도록 미완성 회로를 완성하시오. [6점]

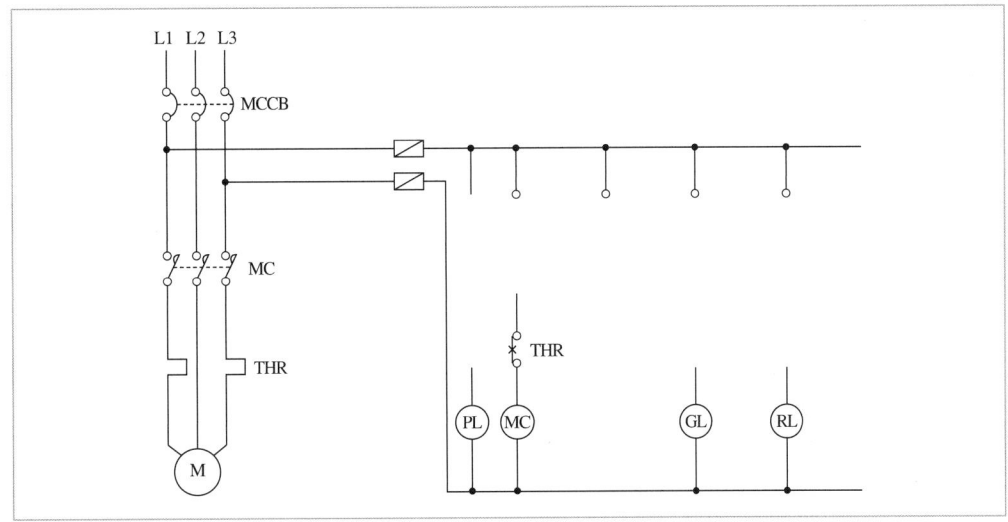

[보기]
- 전원 표시가 가능하도록 전원 표시용 파일럿 램프를 설치하였다.
- 기동용 버튼 PB_1을 누르면 MC가 여자되어 전동기가 기동하고 RL 램프가 점등된다.
- 정지용 버튼 PB_2를 누르면 전동기는 정지하고 GL 램프가 소등한다.

답안작성

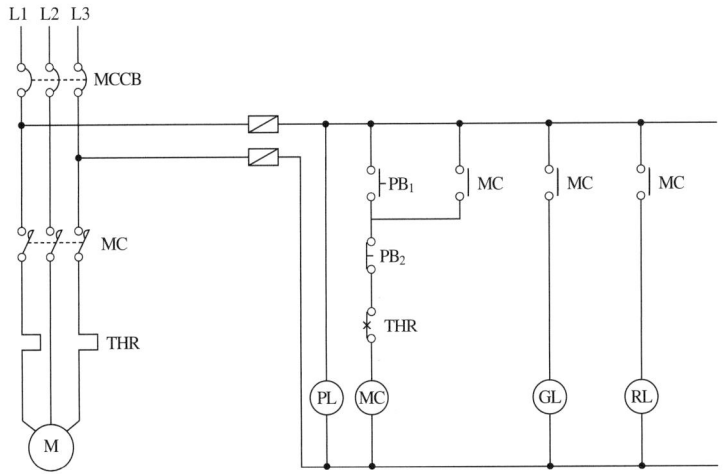

개념체크 PB_2를 누를 경우 GL 램프가 점등이 아닌 소등되므로 MC-a 접점을 사용한다.

12 ★★★

그림과 같이 CT 2대를 V 결선하고, OCR 3대를 그림과 같이 연결하였다. 그림을 보고 다음 각 물음에 답하시오. [6점]

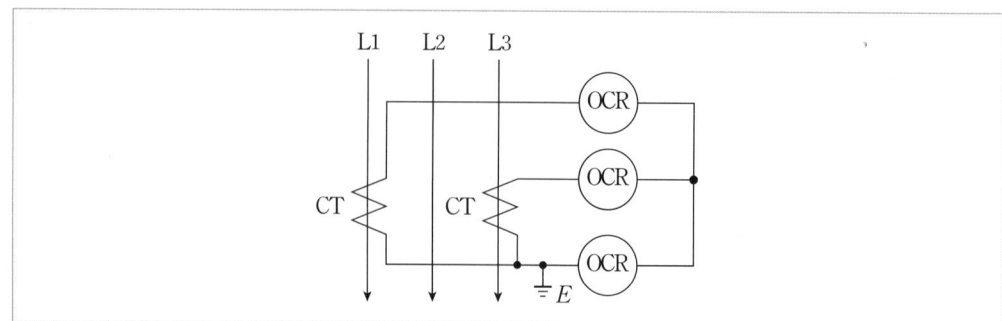

(1) 그림에서 CT의 변류비가 30/5이고 변류기 2차 측 전류를 측정하니 3[A]의 전류가 흘렀다면 수전 전력은 몇 [kW]인지 구하시오.(단, 수전 전압은 22,900[V], 역률 90[%]이다.)
 • 계산 과정:
 • 답:

(2) OCR은 주로 어떤 사고가 발생했을 때 동작하는지 쓰시오.

(3) 통전 중에 있는 변류기 2차 측 기기를 교체하고자 할 때 가장 먼저 취해야 할 조치는 무엇인지 쓰시오.

답안작성

(1) • 계산 과정: $P = \sqrt{3}\,VI\cos\theta = \sqrt{3} \times 22,900 \times \left(3 \times \dfrac{30}{5}\right) \times 0.9 \times 10^{-3} = 642.56[\text{kW}]$
 • 답: 642.56[kW]

(2) 단락 사고

(3) 2차 측 단락

개념체크

(1) 수전 전력[kW] = $\sqrt{3}$ × 수전 전압[V] × 측정 전류[A] × CT비 × $\cos\theta \times 10^{-3}$

(2) 과전류 계전기(OCR): 단락 사고 또는 정정값 이상의 전류가 흘렀을 때 동작하여 차단기의 트립 코일을 여자시킨다.

(3) 계기용 변성기 점검 시
 • CT: 2차 측 단락(2차 측 과전압 및 절연 보호)
 • PT: 2차 측 개방(2차 측 과전류 보호)

13
★☆☆

6극 50[Hz]의 3상 권선형 유도전동기가 950[rpm]의 정격속도로 회전할 때 1차 측 단자를 전환해서 상회전 방향을 반대로 바꾸어 브레이크 제동을 하는 경우 제동토크를 전부하토크와 같게 하기 위한 2차 삽입저항은 회전자 1상의 저항 r_2의 몇 배인가? [5점]

답안작성

• 계산 과정
  - 동기속도 N_s

  $$N_s = \frac{120f}{p} = \frac{120 \times 50}{6} = 1,000[\text{rpm}]$$

  - 슬립 s

  $$s = \frac{N_s - N}{N_s} = \frac{1,000 - 950}{1,000} = 0.05$$

  - 상회전 반대로 할 경우의 슬립 s'

  $$s' = \frac{N_s - (-N)}{N_s} = \frac{1,000 + 950}{1,000} = 1.95$$

  슬립의 비례추이를 이용하여 2차 삽입 저항 R를 구하면

  $$\frac{r_2}{s} = \frac{r_2 + R}{s'} \ \rightarrow \ R = \left(\frac{s'}{s} - 1\right)r_2 = \left(\frac{1.95}{0.05} - 1\right)r_2 = 38r_2$$

  즉 2차 삽입 저항은 회전자 1상의 저항 r_2의 38배이다.

• 답: 38배

14
★★☆

서지흡수기의 의미와 설치장소에 대해 설명하시오. [4점]

(1) 의미

(2) 설치장소

답안작성

(1) 구내선로에서 발생할 수 있는 개폐서지, 순간과도전압 등의 이상 전압이 2차 기기에 악영향을 주는 것을 방지하기 위한 장치

(2) 개폐서지를 발생하는 차단기 후단과 부하 측 사이

15
★★☆

어떤 부하의 유효전력이 400[W]이고 무효전력이 300[Var]일 때 이 부하의 역률은 몇 [%]인가? [5점]

답안작성

• 계산 과정: 역률 $= \dfrac{400}{\sqrt{400^2 + 300^2}} \times 100 = 80[\%]$

• 답: 80[%]

$$역률 = \frac{P}{S} \times 100 = \frac{P}{\sqrt{P^2 + Q^2}} \times 100 [\%]$$

(단, S: 피상전력[VA], P: 유효전력[W], Q: 무효전력[Var])

16 ★☆☆

그림과 같은 단상 3선식 회로에서, 중성선이 P점에서 단선되었을 경우 부하 A와 부하 B의 단자전압은 각각 몇 [V]인가? [6점]

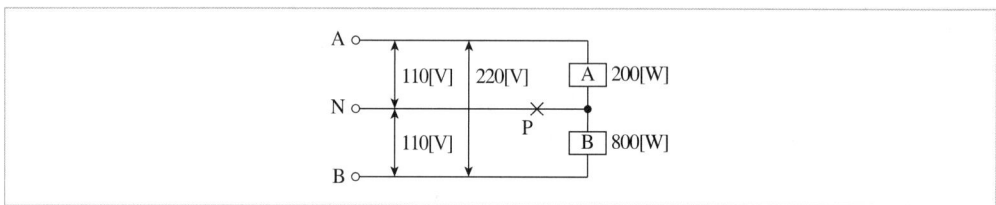

답안작성

• 계산 과정

부하 A와 부하 B의 저항을 각각 R_A, R_B라 하면

$$R_A = \frac{V_{AN}^2}{P_A} = \frac{110^2}{200} = 60.5[\Omega]$$

$$R_B = \frac{V_{BN}^2}{P_B} = \frac{110^2}{800} = 15.125[\Omega]$$

각 부하에 걸리는 전압을 V_A, V_B라 하면

$$V_A = \frac{R_A}{R_A + R_B} \times V_{AB} = \frac{60.5}{60.5 + 15.125} \times 220 = 176[V]$$

$$V_B = \frac{R_B}{R_A + R_B} \times V_{AB} = \frac{15.125}{60.5 + 15.125} \times 220 = 44[V]$$

• 답: $V_A = 176[V]$, $V_B = 44[V]$

17 ★★☆

조명에서 사용되는 용어 중 광속, 조도, 광도의 정의를 설명하시오. [6점]

(1) 광속

(2) 조도

(3) 광도

답안작성

(1) 광원에서 나오는 방사속을 눈으로 보아 느껴지는 크기

(2) 어떤 면에 입사되는 광속의 밀도

(3) 모든 방향으로 나오는 광속 중에서 어느 임의의 방향인 단위 입체각에 포함되는 광속 수

18
★★☆

그림은 중형 환기팬의 수동 운전 및 고장 표시등 회로의 일부이다. 다음 각 물음에 답하시오. [12점]

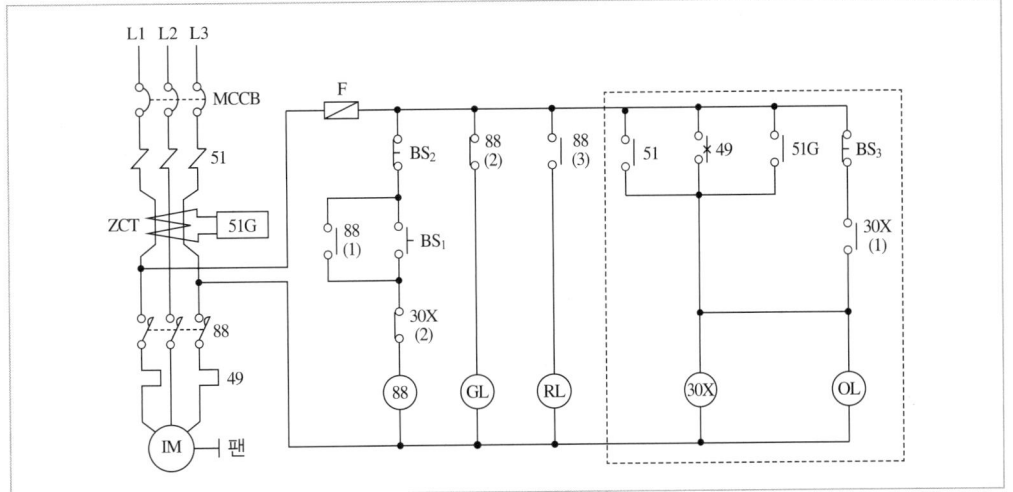

(1) 88은 MC로서 도면에서는 출력 기구이다. 도면에 표시된 기구에 대하여 다음에 해당되는 명칭을 그 약호로 쓰시오. (단, 중복은 없고 MCCB, ZCT, IM, 팬은 제외하며, 해당되는 기구가 여러 가지일 경우에는 모두 쓰도록 한다.)

① 고장표시기구   ② 고장회복 확인기구   ③ 기동기구   ④ 정지기구
⑤ 운전표시램프   ⑥ 정지표시램프   ⑦ 고장표시램프   ⑧ 고장검출기구

(2) 그림의 점선으로 표시된 회로를 AND, OR, NOT 회로를 사용하여 로직회로를 그리시오. 단, 로직소자는 3입력 이하로 한다.

답안작성

(1) ① 30X   ② BS₃   ③ BS₁   ④ BS₂
    ⑤ RL   ⑥ GL   ⑦ OL   ⑧ 51, 49, 51G

(2)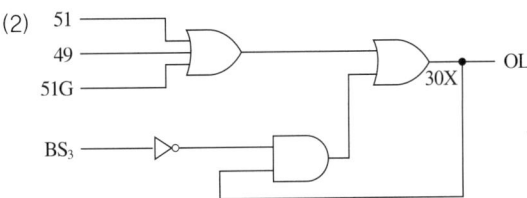

개념체크
49: 열동계전기(THR)
51: 과전류계전기(OCR)
51G: 지락과전류계전기(OCGR)
88: 전자접촉기(MC)

<table>
<tr><td colspan="2">배점</td><td>100</td></tr>
<tr><td rowspan="3">득점</td><td>1회독</td><td></td></tr>
<tr><td>2회독</td><td></td></tr>
<tr><td>3회독</td><td></td></tr>
</table>

01 ★★☆

그림과 같이 V결선과 Y결선된 변압기 한 상의 중심(O)에서 $110[V]$를 인출하여 사용하고자 한다. 다음 물음에 답하시오.(단, 상순은 $A-B-C$이다.) [6점]

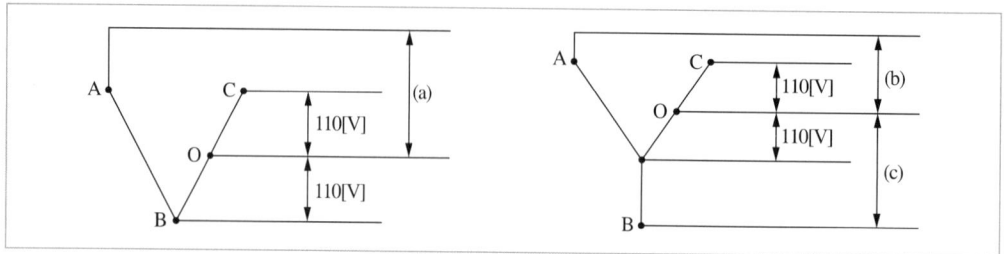

(1) (a)의 전압을 구하시오.

(2) (b)의 전압을 구하시오.

(3) (c)의 전압을 구하시오.

답안작성

(1) • 계산 과정

점 O는 BC상의 중심점에 있으므로 V_{BO}는 V_{BC}의 $\frac{1}{2}$배이다.

$$V_{AO} = V_{AB} + V_{BO} = 220\angle 0° + (220\angle -120°) \times \frac{1}{2} = 220\angle 0° + 110\angle -120°$$
$$= 220 \times (\cos 0° + j\sin 0°) + 110 \times \{\cos(-120°) + j\sin(-120°)\}$$
$$= 220 + 110 \times \left(-\frac{1}{2} - j\frac{\sqrt{3}}{2}\right) = 220 - 55 - j55\sqrt{3} = 165 - j55\sqrt{3}[V]$$
$$|V_{AO}| = \sqrt{165^2 + (-55\sqrt{3})^2} = 190.53[V]$$

• 답: $190.53[V]$

(2) • 계산 과정

Y결선의 중성점을 N이라고 하면 (b)의 전압 V_{AO}는 $V_{AN} - V_{ON}$으로 나타낼 수 있다.

$$V_{AO} = V_{AN} - V_{ON} = 220\angle 0° - (220\angle 120°) \times \frac{1}{2}$$
$$= 220 - 110 \times \left(-\frac{1}{2} + j\frac{\sqrt{3}}{2}\right) = 275 - j55\sqrt{3}[V]$$
$$|V_{AO}| = \sqrt{275^2 + (-55\sqrt{3})^2} = 291.03[V]$$

• 답: $291.03[V]$

(3) • 계산 과정

(c)의 전압 V_{BO}는 $V_{BN} - V_{ON}$으로 나타낼 수 있다.

$$V_{BO} = V_{BN} - V_{ON} = 220\angle -120° - (220\angle 120°) \times \frac{1}{2} = 220 \times \left(-\frac{1}{2} - j\frac{\sqrt{3}}{2}\right) - 110 \times \left(-\frac{1}{2} + j\frac{\sqrt{3}}{2}\right)$$
$$= -55 - j165\sqrt{3}[V]$$
$$|V_{BO}| = \sqrt{(-55)^2 + (-165\sqrt{3})^2} = 291.03[V]$$

• 답: $291.03[V]$

02
★★☆

3상 4선식 송전선로의 1선당 저항이 $10[\Omega]$이고 리액턴스가 $20[\Omega]$인 송전선로에서 송전단 전압이 $6,600[V]$, 수전단 전압이 $6,200[V]$, 수전단의 부하를 끊은 경우의 수전단 전압이 $6,300[V]$라 할 때 다음 각 물음에 답하시오.(단, 수전단의 역률은 0.8이다.)　　　　　　　　　　　　　　[4점]

(1) 전압 강하율을 구하시오.

(2) 전압 변동률을 구하시오.

답안작성

(1) • 계산 과정: $\varepsilon = \dfrac{6,600-6,200}{6,200} \times 100 = 6.45[\%]$

　　• 답: $6.45[\%]$

(2) • 계산 과정: $\delta = \dfrac{6,300-6,200}{6,200} \times 100 = 1.61[\%]$

　　• 답: $1.61[\%]$

개념체크

• 전압 강하율: 수전단 전압을 기준으로 하였을 때 선로에서 발생한 전압 강하의 백분율

$$\varepsilon = \frac{e}{V_r} \times 100[\%] = \frac{V_s - V_r}{V_r} \times 100[\%] = \frac{\sqrt{3} I(R\cos\theta + X\sin\theta)}{V_r} \times 100[\%]$$

　　　　(단, V_s: 송전단 선간 전압[kV], V_r: 수전단 선간 전압[kV])

• 전압 변동률: 부하 측(수전단 측)의 전압은 부하의 크기에 따라서 달라지는데, 부하의 접속 상태에 따른 부하 측 전압 변동의 백분율

$$\delta = \frac{V_{r0} - V_r}{V_r} \times 100[\%]$$

　　　(단, V_{r0}: 무부하 시 수전단 선간 전압[kV], V_r: 전부하 시 수전단 선간 전압[kV])

03
★★★

비상용 조명 부하 $110[V]$용 $100[W]$ 58등, $60[W]$ 50등이 있다. 방전 시간 30분, 축전지 HS형 $54[cell]$, 허용 최저전압 $100[V]$, 최저 축전지 온도 $5[℃]$일 때 축전지 용량은 몇 $[Ah]$인지 구하시오. (단, 경년 용량 저하율 0.8, 용량 환산 시간 $K = 1.2$이다.)　　　　　　　　　　　　　[5점]

답안작성

• 계산 과정

부하 전류 $I = \dfrac{P}{V} = \dfrac{100 \times 58 + 60 \times 50}{110} = 80[A]$

축전지 용량 $C = \dfrac{1}{0.8} \times 1.2 \times 80 = 120[Ah]$

• 답: $120[Ah]$

개념체크

$$C = \frac{1}{L} KI \ [Ah]$$

(단, C: 축전지 용량[Ah], I: 방전 전류[A], L: 보수율, K: 용량 환산 시간 계수)

04 ★★☆ 분전반에서 $25[\mathrm{m}]$의 거리에 $4[\mathrm{kW}]$의 교류 단상 2선식 $200[\mathrm{V}]$ 전열기를 설치하고자 한다. 이때 전압강하를 $1[\%]$ 이하가 되도록 하기 위한 전선의 굵기를 선정하시오.(단, 전선의 굵기는 표의 공칭단면적 규격을 이용하여 선정한다.). [5점]

공칭단면적

1.5	2.5	4	6	10	16	25	35	50	

답안작성

• 계산 과정

전류 $I = \dfrac{P}{V} = \dfrac{4 \times 10^3}{200} = 20[\mathrm{A}]$

전선의 굵기 $A = \dfrac{35.6 \times 25 \times 20}{1,000 \times 200 \times 0.01} = 8.9[\mathrm{mm}^2] \rightarrow 10[\mathrm{mm}^2]$ 선정

• 답: $10[\mathrm{mm}^2]$

개념체크

• 전선의 단면적 계산 공식

단상 2선식	$A = \dfrac{35.6 LI}{1,000 e}\ [\mathrm{mm}^2]$
3상 3선식	$A = \dfrac{30.8 LI}{1,000 e}\ [\mathrm{mm}^2]$
단상 3선식 3상 4선식	$A = \dfrac{17.8 LI}{1,000 e}\ [\mathrm{mm}^2]$

05 ★★☆ 부하 설비 및 수용률이 다음 그림과 같은 경우 이곳에 공급할 변압기의 용량$[\mathrm{kVA}]$을 구하시오.(단, 부하 간의 부등률은 1.3, 종합 역률은 1이다.) [4점]

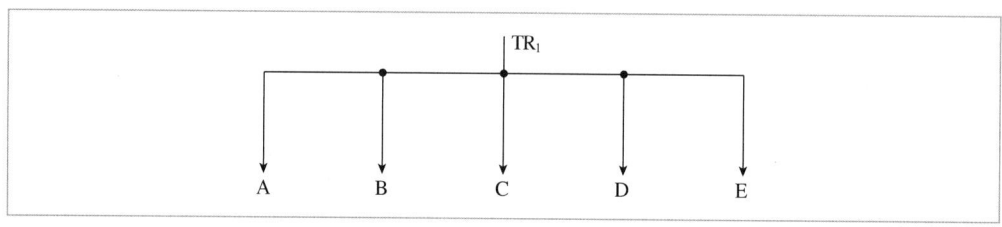

구분	A	B	C	D	E
부하용량[kW]	3	4.5	5.5	12	17
수용률[%]	65	45	70	50	50

답안작성

• 계산 과정

변압기 용량 $P = \dfrac{3 \times 0.65 + 4.5 \times 0.45 + 5.5 \times 0.7 + 12 \times 0.5 + 17 \times 0.5}{1.3 \times 1} = 17.17[\mathrm{kVA}]$

• 답: $17.17[\mathrm{kVA}]$

$$변압기\ 용량\ P = \frac{\Sigma 설비\ 용량[\text{kW}] \times 수용률}{부등률 \times 역률} = \frac{각\ 부하의\ 최대\ 수용\ 전력의\ 합계[\text{kW}]}{부등률 \times 역률}$$

06
★☆☆

그림과 같은 저압 배선 방식의 명칭과 특징 4가지를 쓰시오. [6점]

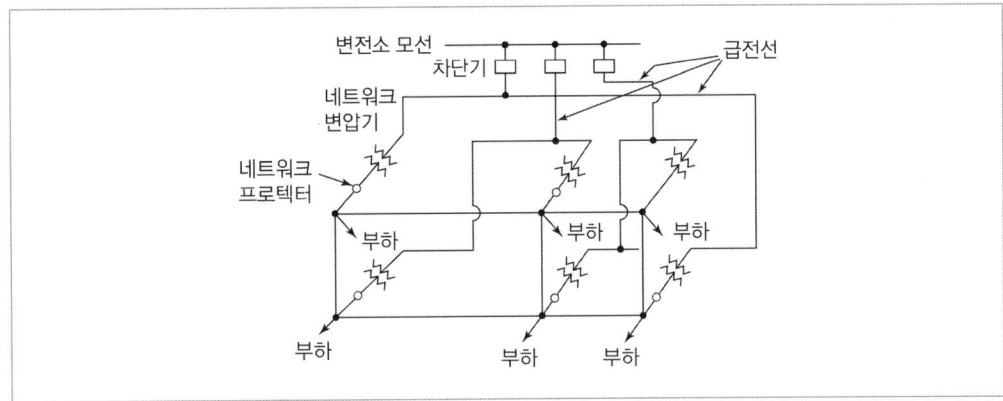

(1) 명칭

(2) 특징(4가지)

답안작성 (1) 저압 네트워크 방식

(2) • 무정전 공급이 가능하여 전력 공급 신뢰도가 매우 높다.
     • 전압 강하 및 전력 손실이 감소한다.
     • 플리커 및 전압 변동률이 적다.
     • 기기의 이용률이 향상된다.

개념체크 이 외의 특징은 다음과 같다.
• 변전소 수를 줄일 수 있다.
• 부하 증가에 대한 적응성이 좋다.

07
★★★

가로 $10[\text{m}]$, 세로 $20[\text{m}]$인 사무실의 조명설계를 하려고 한다. 평균 조도를 $250[\text{lx}]$를 얻고자 할 때 형광등의 광속이 $2,400[\text{lm}]$이라면 필요한 등수는 몇 등인지 구하시오.(단, 조명률은 $50[\%]$, 감광보상률은 1.2로 하여 계산한다.) [4점]

답안작성 • 계산 과정
$$N = \frac{250 \times (10 \times 20) \times 1.2}{2,400 \times 0.5} = 50[등]$$

• 답: $50[등]$

$$FUN = EAD$$

(단, F: 광속[lm], U: 조명률, N: 등의 개수, E: 조도[lx], A: 사무실의 면적[m²], D: 감광보상률)

08 ★☆☆

그림과 같이 직류 2선식 선로가 있다. 급전점을 A 점으로 하고 급전전압을 $105[\text{V}]$로 할 경우 B, C, D점의 전압은 각각 몇 $[\text{V}]$인지 구하시오.(단, 전선의 굵기는 모두 동일하며, 저항은 $1,000[\text{m}]$당 $0.25[\Omega]$이다.)

[5점]

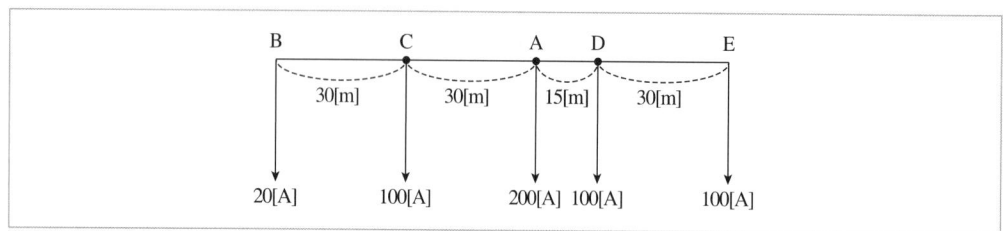

답안작성 • 계산 과정

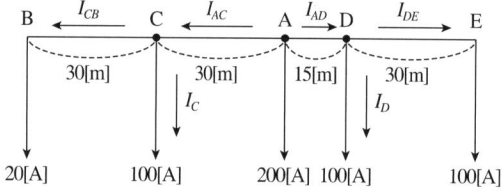

구간별 전압 강하를 구하면,

A-C간 전압 강하 $e_{AC} = 2 \times I_{AC} \times R_{AC} = 2 \times (I_{CB} + I_C) \times R_{AC}$

$$= 2 \times (20 + 100)[\text{A}] \times 30[\text{m}] \times \frac{0.25[\Omega]}{1,000[\text{m}]} = 1.8[\text{V}]$$

C-B간 전압 강하 $e_{CB} = 2 \times I_{CB} \times R_{CB} = 2 \times 20[\text{A}] \times 30[\text{m}] \times \frac{0.25[\Omega]}{1,000[\text{m}]} = 0.3[\text{V}]$

A-D간 전압 강하 $e_{AD} = 2 \times I_{AD} \times R_{AD} = 2 \times (I_{DE} + I_D) \times R_{AD}$

$$= 2 \times (100 + 100)[\text{A}] \times 15[\text{m}] \times \frac{0.25[\Omega]}{1,000[\text{m}]} = 1.5[\text{V}]$$

D-E간 전압 강하 $e_{DE} = 2 \times I_{DE} \times R_{DE} = 2 \times 100[\text{A}] \times 30[\text{m}] \times \frac{0.25[\Omega]}{1,000[\text{m}]} = 1.5[\text{V}]$

따라서 B, C, D점에서의 전압은 다음과 같다.

$V_B = V_A - e_{AC} - e_{CB} = 105 - 1.8 - 0.3 = 102.9[\text{V}]$

$V_C = V_A - e_{AC} = 105 - 1.8 = 103.2[\text{V}]$

$V_D = V_A - e_{AD} = 105 - 1.5 = 103.5[\text{V}]$

• 답: $V_B = 102.9[\text{V}]$

   $V_C = 103.2[\text{V}]$

   $V_D = 103.5[\text{V}]$

09 ★☆☆

다음과 같은 회로에 전원전압이 공급될 때 최대 전류계의 측정 범위가 $500[\text{A}]$인 전류계로 전 전류값이 $2,000[\text{A}]$인 전류를 측정하려고 한다. 전류계와 병렬로 몇 $[\Omega]$의 저항을 연결하면 측정이 가능한지 구하시오.(단, 전류계의 내부저항은 $90[\Omega]$이다.) [5점]

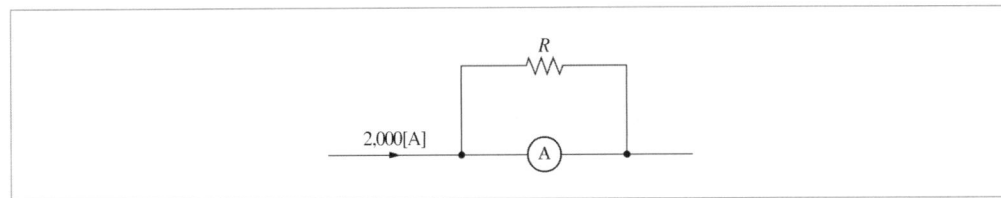

답안작성

• 계산 과정

  문제의 주어진 조건에 전류 분배의 법칙을 적용한다.

  $I_A = \dfrac{R}{R+R_A} \times 2,000 = 500[\text{A}]$ (단, R: 분류기의 저항$[\Omega]$, R_A: 전류계의 내부저항$[\Omega]$)

  $\dfrac{R}{R+90} = \dfrac{500}{2,000} = \dfrac{1}{4} \rightarrow 4R = R+90$

  ∴ 분류기의 저항 $R = 30[\Omega]$

• 답: $30[\Omega]$

개념체크

분류비 $m = \dfrac{I}{I_A} = \dfrac{2,000}{500} = 4$

분류기의 저항 $R = \dfrac{\text{전류계의 내부 저항}}{m-1} = \dfrac{90}{4-1} = 30[\Omega]$

10 ★★☆

다음 그림의 출력 Z에 대한 논리식을 입력 요소가 모두 나타나도록 전개하시오.(단, A, B, C, D는 푸시버튼 스위치 입력이다.) [5점]

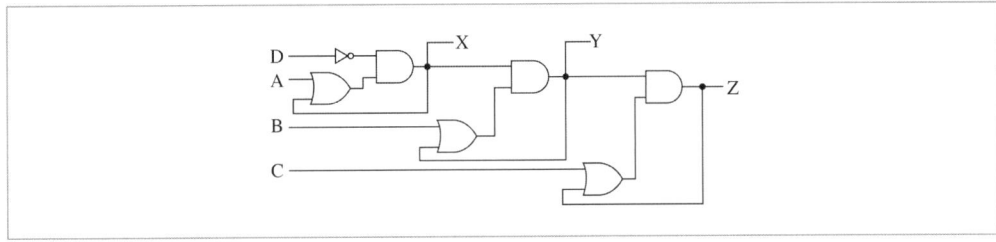

답안작성

• 계산 과정

  $X = (A+X)\overline{D}$, $Y = (B+Y)X$, $Z = (C+Z)Y$

  ∴ $Z = (C+Z)Y$

    $= (C+Z)(B+Y)X$

    $= (C+Z)(B+Y)(A+X)\overline{D}$

• 답: $Z = (C+Z)(B+Y)(A+X)\overline{D}$

11
★★☆

$10[\text{kVar}]$의 전력용 콘덴서를 설치하려고 한다. 각 결선 방식에 따른 정전용량$[\mu\text{F}]$을 구하시오.(단, 전압은 3상 $380[\text{V}]$이고 주파수는 $60[\text{Hz}]$이다.) [8점]

(1) Y결선인 경우 정전용량 $C_1[\mu\text{F}]$

(2) Δ결선인 경우 정전용량 $C_2[\mu\text{F}]$

(3) 콘덴서는 어느 결선으로 설치하는 것이 유리한가?

답안작성 (1) • 계산 과정

$Q = 3EI_c = 3\omega C_1 E^2$에서 Y결선인 경우 $E = \dfrac{V}{\sqrt{3}}$ 이므로

$$C_1 = \frac{Q}{3\omega E^2} = \frac{Q}{3\omega\left(\dfrac{V}{\sqrt{3}}\right)^2} = \frac{Q}{\omega V^2} = \frac{Q}{2\pi f V^2} = \frac{10\times10^3}{2\pi\times60\times380^2} = 183.7\times10^{-6}[\text{F}] = 183.7[\mu\text{F}]$$

• 답: $183.7[\mu\text{F}]$

(2) • 계산 과정

$Q = 3EI_c = 3\omega C_2 E^2$에서 Δ결선인 경우 $E = V$이므로

$$C_2 = \frac{Q}{3\omega E^2} = \frac{Q}{3\omega V^2} = \frac{Q}{3\times2\pi f V^2} = \frac{10\times10^3}{3\times2\pi\times60\times380^2} = 61.23\times10^{-6}[\text{F}] = 61.23[\mu\text{F}]$$

• 답: $61.23[\mu\text{F}]$

(3) 콘덴서의 용량은 Δ결선 시 Y결선에 비해 $\dfrac{1}{3}$배만큼 감소하므로 Δ결선이 유리하다.

12
★★★

권상용 전동기의 권상하중은 $60[\text{t}]$, 권상속도는 $3[\text{m/min}]$이다. 권상용 전동기의 소요출력은 몇 $[\text{kW}]$인지 계산하시오.(단, 기계 효율은 $80[\%]$이다.) [5점]

답안작성 • 계산 과정: $P = \dfrac{60\times3\times1}{6.12\times0.8} = 36.76[\text{kW}]$

• 답: $36.76[\text{kW}]$

개념체크 권상용 전동기 용량

$$P = \frac{mv}{6.12\eta}k[\text{kW}]$$

(단, m: 권상 물체의 중량[ton], v: 권상속도[m/min], η: 효율, k: 여유 계수)

해설비법 여유계수 k가 주어지지 않은 경우에는 1로 간주한다.

13

★★☆

3층 사무실용 건물에 3상 3선식의 6,000[V]를 수전하여 200[V]로 체강하여 수전하는 설비를 하였다. 각종 부하 설비가 표와 같을 때 [조건]을 참고하여 다음 각 물음에 답하시오. [14점]

[동력 부하 설비]

사용 목적	용량[kW]	대수	상용 동력[kW]	하계 동력[kW]	동계 동력[kW]
난방 설비					
• 보일러 펌프	6.7	1			6.7
• 오일 기어 펌프	0.4	1			0.4
• 온수 순환 펌프	3.7	1			3.7
공기 조화 설비					
• 1, 2, 3층 패키지 콤프레셔	7.5	6		45.0	
• 콤프레셔 팬	5.5	3	16.5		
• 냉각수 펌프	5.5	1		5.5	
• 쿨링 타워	1.5	1		1.5	
급수 배수 설비					
• 양수 펌프	3.7	1	3.7		
기타					
• 소화 펌프	5.5	1	5.5		
• 셔터	0.4	2	0.8		
합계			26.5	52.0	10.8

[조명 및 콘센트 부하 설비]

사용 목적	와트수[W]	설치 수량	환산 용량[VA]	총 용량[VA]	비고
전등 설비					
• 수은등 A	200	2	260	520	200[V] 고역률
• 수은등 B	100	8	140	1,120	100[V] 고역률
• 형광등	40	820	55	45,100	200[V] 고역률
• 백열 전등	60	20	60	1,200	
콘센트 설비					
• 일반 콘센트		70	150	10,500	2P 15[A]
• 환기팬용 콘센트		8	55	440	
• 히터용 콘센트	1,500	2		3,000	
• 복사기용 콘센트		4		3,600	
• 텔레타이프용 콘센트		2		2,400	
• 룸 쿨러용 콘센트		6		7,200	
기타					
• 전화 교환용 정류기		1		800	
합계				75,880	

[조건]

- 동력 부하의 역률은 모두 70[%]이며, 기타는 100[%]로 간주한다.
- 조명 및 콘센트 부하 설비의 수용률은 다음과 같다.
  - 전등 설비: 60[%]
  - 콘센트 설비: 70[%]
  - 전화 교환용 정류기: 100[%]
- 변압기 용량 산출 시 예비율(여유율)은 고려하지 않으며, 용량은 표준 규격으로 답하도록 한다.
- 변압기 용량 산정 시 필요한 동력 부하 설비의 수용률은 전체 평균 65[%]로 한다.

(1) 동계 난방 때 온수 순환 펌프는 상시 운전하고, 보일러용과 오일 기어 펌프의 수용률이 55[%]일 때 난방 동력 수용 부하는 몇 [kW]인가?

(2) 상용 동력, 하계 동력, 동계 동력에 대한 피상 전력은 몇 [kVA]가 되겠는가?

(3) 이 건물의 총 전기 설비 용량은 몇 [kVA]를 기준으로 하여야 하는가?

(4) 조명 및 콘센트 부하 설비에 대한 단상 변압기의 용량은 최소 몇 [kVA]가 되어야 하는가?

(5) 동력 부하용 3상 변압기의 용량은 몇 [kVA]가 되겠는가?

(6) 단상과 3상 변압기의 전류계용으로 사용되는 변류기의 1차 측 정격 전류는 각각 몇 [A]인가?

(7) 역률 개선을 위하여 각 부하마다 전력용 콘덴서를 설치하려고 할 때 보일러 펌프의 역률을 95[%]로 개선하려면 몇 [kVA]의 전력용 콘덴서가 필요한가?

답안작성

(1) • 계산 과정: $P = 3.7 \times 1 + (6.7 + 0.4) \times 0.55 = 7.61[\text{kW}]$
  • 답: 7.61[kW]

(2) 상용 동력
  • 계산 과정
  $$P_{a1} = \frac{26.5}{0.7} = 37.86[\text{kVA}]$$
  • 답: 37.86[kVA]
  하계 동력
  • 계산 과정
  $$P_{a2} = \frac{52.0}{0.7} = 74.29[\text{kVA}]$$
  • 답: 74.29[kVA]
  동계 동력
  • 계산 과정
  $$P_{a3} = \frac{10.8}{0.7} = 15.43[\text{kVA}]$$
  • 답: 15.43[kVA]

(3) • 계산 과정: $P_a = 37.86 + 74.29 + 75.88 = 188.03[\text{kVA}]$
  • 답: 188.03[kVA]

(4) • 계산 과정

전등 부하: $P_{a1} = (520+1,120+45,100+1,200) \times 0.6 \times 10^{-3} = 28.76[\text{kVA}]$

콘센트 부하: $P_{a2} = (10,500+440+3,000+3,600+2,400+7,200) \times 0.7 \times 10^{-3} = 19[\text{kVA}]$

기타 부하: $P_{a3} = 0.8[\text{kVA}]$

$\therefore P_a = 28.76+19+0.8 = 48.56[\text{kVA}]$

• 답: 50[kVA] 선정

(5) • 계산 과정: $P_a = \dfrac{26.5+52.0}{0.7} \times 0.65 = 72.89[\text{kVA}]$

• 답: 75[kVA] 선정

(6) 단상 변압기

• 계산 과정

$I_1 = \dfrac{50 \times 10^3}{200} \times (1.25 \sim 1.5) = 312.5 \sim 375[\text{A}]$

• 답: 400[A] 선정

3상 변압기

• 계산 과정

$I_1 = \dfrac{75 \times 10^3}{\sqrt{3} \times 200} \times (1.25 \sim 1.5) = 270.63 \sim 324.76[\text{A}]$

• 답: 300[A] 선정

(7) • 계산 과정

$Q_c = P(\tan\theta_1 - \tan\theta_2) = 6.7 \times \left(\dfrac{\sqrt{1-0.7^2}}{0.7} - \dfrac{\sqrt{1-0.95^2}}{0.95} \right) = 4.63[\text{kVA}]$

• 답: 4.63[kVA]

해설비법 (3) 총 전기 설비 용량은 하계 동력과 동계 동력 중 큰 부하를 기준으로 한다.

개념체크 (6) 변류기 1차 전류

$$I_1 = \dfrac{P_1}{\sqrt{3}\, V_1 \cos\theta} \times (1.25 \sim 1.5)[\text{A}]$$

(단, $k = 1.25 \sim 1.5$: 변압기의 여자 돌입 전류를 감안한 여유도)

(7) 역률 개선분 콘덴서 용량

$$Q = P(\tan\theta_1 - \tan\theta_2) = P\left(\dfrac{\sin\theta_1}{\cos\theta_1} - \dfrac{\sin\theta_2}{\cos\theta_2} \right)[\text{kVA}]$$

(단, P: 부하 전력[kW], $\cos\theta_1$: 개선 전 역률, $\cos\theta_2$: 개선 후 역률)

14

다음 그래프의 곡선 a, b, c, d에 해당하는 계전기 명칭을 쓰시오. [4점]

★★★

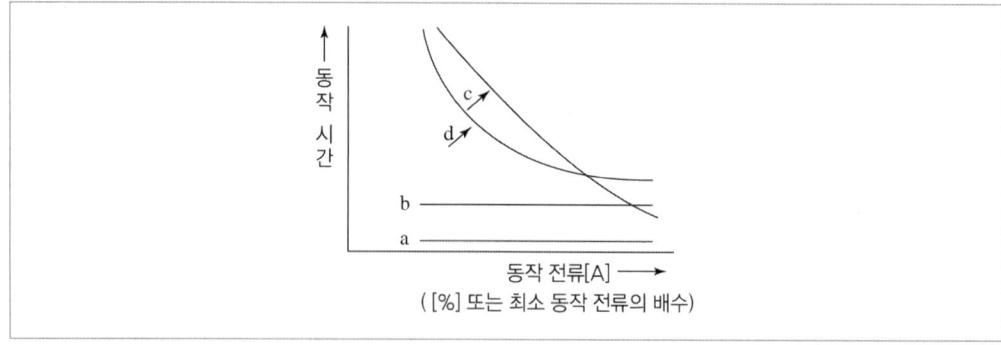

답안작성
- a: 순한시 계전기
- b: 정한시 계전기
- c: 반한시 계전기
- d: 반한시성 정한시 계전기

15

변류비 $60/5$인 CT 2대를 그림과 같이 접속할 때 전류계에 $3[A]$가 흐른다면 CT 1차 측에 흐르는 전류

★★☆ 는 몇 $[A]$인가? [4점]

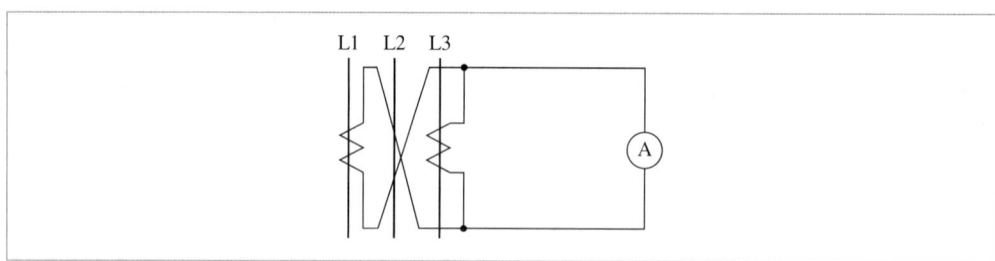

답안작성
- 계산 과정

  CT는 차동 접속되어 있으므로

  CT 1차 전류 $I_1 = 3 \times \dfrac{1}{\sqrt{3}} \times \dfrac{60}{5} = \dfrac{36}{\sqrt{3}} = 20.78[A]$

- 답: $20.78[A]$

개념체크 변류기(CT) 차동 접속

  CT 1차 전류 $I_1 =$ 전류계의 지시값 $\times \dfrac{1}{\sqrt{3}} \times$ 변류비

- 가동 접속

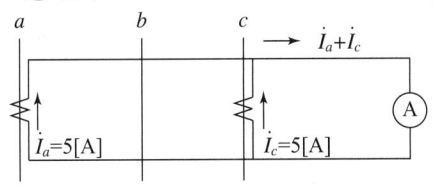

- 차동 접속

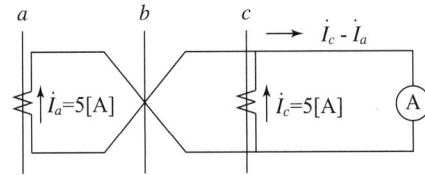

16
★☆☆

$100[\text{kVA}]$의 변압기의 철손은 $400[\text{W}]$, 동손은 $1{,}300[\text{W}]$라고 한다. 하루 중 절반은 무부하로 운전하고, 나머지의 절반은 $50[\%]$의 부하로 운전하고 나머지 시간 동안은 전부하로 운전할 때 전일 효율은 몇 $[\%]$인지 구하시오. [4점]

답안작성
- 계산 과정

  1일 전력량 $W = 100 \times 0.5 \times 6 + 100 \times 6 = 900[\text{kWh}]$

  1일 전손실 전력량 $W_l = \dot{W_i} + \dot{W_c} = 400 \times 24 + \left(\dfrac{1}{2}\right)^2 \times 1{,}300 \times 6 + 1{,}300 \times 6 = 19{,}350[\text{Wh}] = 19.35[\text{kWh}]$

  따라서 전일 효율 $\eta = \dfrac{W}{W + W_l} \times 100 = \dfrac{900}{900 + 19.35} \times 100 = 97.9[\%]$

- 답: $97.9[\%]$

개념체크
- 사용 전력량($W[\text{kWh}]$)=사용 전력($P[\text{kW}]$)×시간[h]×부하율 (단, 전부하시 부하율은 1로 간주한다.)
- 부하율(m)을 고려한 동손은 $m^2 P_c$
- 철손(P_i)은 부하율과 무관하다.

17 ★★★

그림과 같이 같은 높이, 같은 경간에 전선이 가설되어 있다. 지금 지지점 B점에서 전선이 지지점으로부터 떨어졌다고 한다면, 전선의 이도(Dip)는 전선이 떨어지기 전의 몇 배가 되는가? [5점]

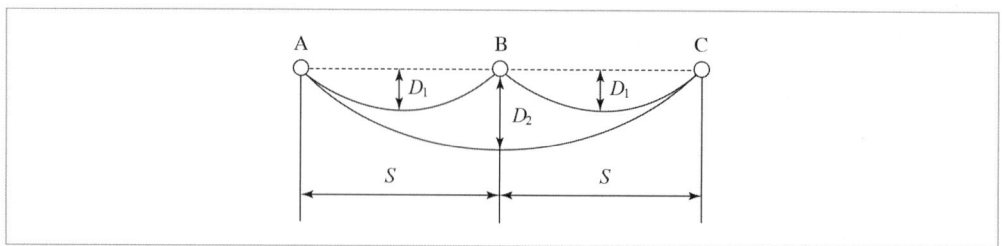

답안작성

• 계산 과정

전선이 떨어지기 전 전선의 실제 길이 $L = \left(S + \dfrac{8D_1^2}{3S}\right) \times 2 [\text{m}]$

전선이 떨어진 후 전선의 실제 길이 $L' = 2S + \dfrac{8D_2^2}{3 \times 2S} [\text{m}]$

전선이 떨어지기 전과 후의 전선의 실제 길이는 같으므로

$\left(S + \dfrac{8D_1^2}{3S}\right) \times 2 = 2S + \dfrac{8D_2^2}{3 \times 2S}$ → $D_1^2 \times 2 = \dfrac{D_2^2}{2}$ 이다.

$\therefore D_2 = 2 \times D_1$

• 답: 2배

18 ★★☆

다음 그림을 보고 각 물음에 답하시오. [7점]

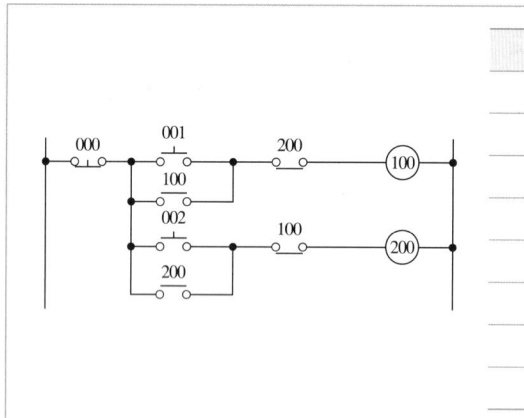

[명령어]	
STR	입력 a접점
STRN	입력 b접점
OUT	출력
AND	직렬 a접점
ANDN	직렬 b접점
OR	병렬 a접점
ORN	병렬 b접점
OB	병렬 그룹 접속

(1) 무접점 회로를 작성하시오. (단, 입력은 000, 001, 002이다.)

(2) 다음 PLC 프로그램을 완성하시오.

차례	명령어	번지	비고
0	STRN	000	W
1	AND	001	W
2			W
3			W
4			W
5			W
6			W
7			W
8			W
9			W
10			W
11			W
12			W
13			W
14	OB		W
15	OUT	200	W
16	END		

답안작성 (1)

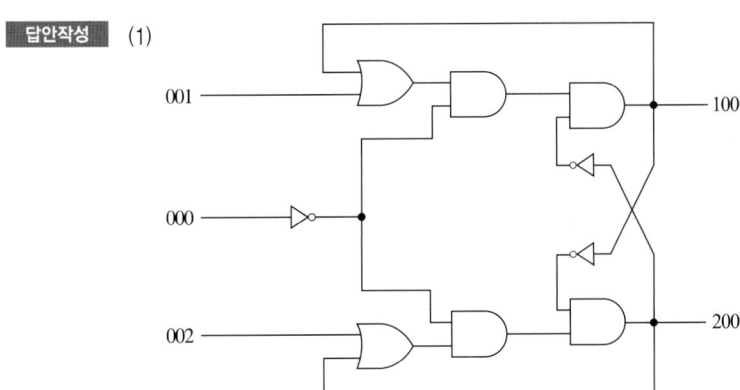

(2)

차례	명령어	번지	비고
0	STRN	000	W
1	AND	001	W
2	ANDN	200	W
3	STRN	000	W
4	AND	100	W
5	ANDN	200	W
6	OB		W
7	OUT	100	W
8	STRN	000	W
9	AND	002	W
10	ANDN	100	W
11	STRN	000	W
12	AND	200	W
13	ANDN	100	W
14	OB		W
15	OUT	200	W
16	END		

01 ★★☆

유효전력 $60[\text{kW}]$, 역률 $80[\%]$인 부하에 유효전력 $40[\text{kW}]$, 역률 $60[\%]$인 부하를 추가로 접속하였다고 한다. 다음 각 물음에 답하시오.　　　　[6점]

(1) 유효전력은 몇 $[\text{kW}]$인가?

(2) 무효전력은 몇 $[\text{kVar}]$인가?

답안작성

(1) • 계산 과정: 유효전력 $= 60 + 40 = 100[\text{kW}]$

　　• 답: $100[\text{kW}]$

(2) • 계산 과정: 무효전력 $= 60 \times \dfrac{\sqrt{1-0.8^2}}{0.8} + 40 \times \dfrac{\sqrt{1-0.6^2}}{0.6} = 60 \times \dfrac{0.6}{0.8} + 40 \times \dfrac{0.8}{0.6} = 98.33[\text{kVar}]$

　　• 답: $98.33[\text{kVar}]$

02 ★★☆

그림과 같이 단상 3선식 $110/220[\text{V}]$ 수전인 경우 설비 불평형률은 몇 $[\%]$인지 구하시오.　　　　[5점]

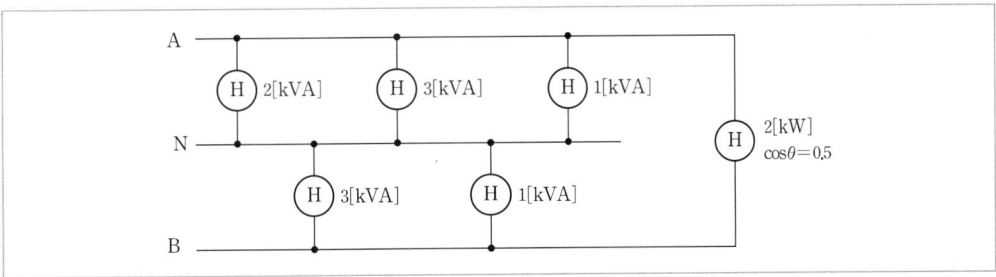

답안작성

• 계산 과정

　A－N간 부하의 합: $2+3+1 = 6[\text{kVA}]$

　B－N간 부하의 합: $3+1 = 4[\text{kVA}]$

　A－B간 부하의 합: $\dfrac{2}{0.5} = 4[\text{kVA}]$

　설비 불평형률 $= \dfrac{P_{AN} - P_{BN}}{(P_{AN} + P_{BN} + P_{AB}) \times \frac{1}{2}} \times 100 = \dfrac{6-4}{(6+4+4) \times \frac{1}{2}} \times 100 = \dfrac{2}{7} \times 100 = 28.57[\%]$

• 답: $28.57[\%]$

개념체크　단상 3선식 설비불평형률

설비불평형률 $= \dfrac{\text{중성선과 각 선간에 접속되는 설비 용량}[\text{kVA}]\text{의 차}}{\text{총 부하설비용량} \times \frac{1}{2}} \times 100[\%]$

03 ★☆☆

다음은 유도장해의 종류 및 구분에 관한 내용이다. 빈칸에 들어갈 알맞은 내용을 쓰시오. [5점]

(①)은/는 전력선과 통신선 사이의 상호 인덕턴스에 의해 발생하는 장해
(②)은/는 전력선과 통신선 사이의 상호 정전용량에 의해 발생하는 장해
(③)은/는 양자에 의한 영향도 있지만, 상용주파수보다 높은 고조파의 유도에 의한 잡음 장해

답안작성
① 전자유도장해
② 정전유도장해
③ 고조파유도장해

04 ★★☆

피뢰기의 기능상 필요한 구비조건을 3가지 쓰시오. [5점]

답안작성
• 충격 방전개시전압이 낮을 것
• 상용주파 방전개시전압이 높을 것
• 방전 내량이 크면서 제한전압이 낮을 것

개념체크
이 외에도 다음의 조건이 있다.
• 속류 차단 능력이 클 것
• 내구성이 좋을 것

05 ★★☆

정격 출력 $37[\text{kW}]$, 역률 0.8, 효율 $82[\%]$인 3상 유도전동기가 있다. 이 전동기에 V 결선한 변압기를 이용하여 전원을 공급하고자 한다. 이때 변압기 1대의 용량$[\text{kVA}]$을 선정하시오.(단, 아래 변압기 용량 표를 참고하여 선정한다.) [5점]

변압기 정격용량[kVA]						
10	15	20	30	50	75	100

답안작성
• 계산 과정

유도전동기의 용량 $P = \dfrac{37}{0.8 \times 0.82} = 56.4[\text{kVA}]$

V 결선한 변압기의 총 출력이 $56.4[\text{kVA}]$ 이상이어야 하므로 $P_V = \sqrt{3}\,P_1 = 56.4[\text{kVA}]$

따라서 변압기 1대의 용량 $P_1 = \dfrac{56.4}{\sqrt{3}} = 32.56[\text{kVA}]$, $50[\text{kVA}]$ 선정

• 답: $50[\text{kVA}]$

유도전동기의 용량 $P[\text{kVA}] = \dfrac{\text{전동기의 출력}[\text{kW}]}{\text{역률} \times \text{효율}}$

06
★★☆

그림에서 각 지점 간의 저항이 $R = 1[\Omega]$으로 동일하다고 가정하고, 간선 AD 사이에 점 A, B, C, D 중 한 곳을 골라 전원을 공급하고자 한다. 이때 전력 손실이 최대가 되는 지점과 최소가 되는 지점을 구하시오. [5점]

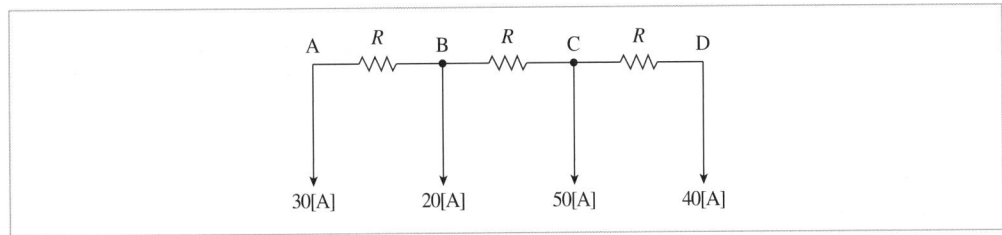

답안작성
- 계산 과정

  A점이 급전점인 경우의 전력 손실

  $P_A = (20+50+40)^2 \times 1 + (50+40)^2 \times 1 + 40^2 \times 1 = 21,800[\text{W}]$

  B점이 급전점인 경우의 전력 손실

  $P_B = 30^2 \times 1 + (50+40)^2 \times 1 + 40^2 \times 1 = 10,600[\text{W}]$

  C점이 급전점인 경우의 전력 손실

  $P_C = (30+20)^2 \times 1 + 30^2 \times 1 + 40^2 \times 1 = 5,000[\text{W}]$

  D점이 급전점인 경우의 전력 손실

  $P_D = (30+20+50)^2 \times 1 + (30+20)^2 \times 1 + 30^2 \times 1 = 13,400[\text{W}]$

  따라서 손실이 가장 작은 급전점은 C점이고, 손실이 가장 큰 급전점은 A점이다.

- 답: 손실이 가장 작은 급전점: C점

  손실이 가장 큰 급전점: A점

07
★☆☆

조명에서 사용되는 용어 중 광원에서 나오는 복사속을 눈으로 보아 빛으로 느껴지는 크기를 나타내는 것으로 빛의 양을 나타내는 용어와 그 단위를 쓰시오. [5점]

답안작성
- 용어: 광속
- 단위: [lm](루멘)

개념체크 광속

: 광원에서 나오는 방사속(복사속)을 눈으로 보아 느껴지는 크기를 나타낸 것으로, 기호로는 F, 단위로는 [lm](루멘: lumen)을 사용한다.

08 ★☆☆

그림과 같이 지선을 가설하여 전주에 가해진 수평 장력 $800[kg]$을 지지하고자 한다. $4[mm]$ 철선을 지선으로 사용한다면 몇 가닥으로 하면 되는지 구하시오.(단, $4[mm]$ 철선 1가닥의 인장 하중은 $440[kg]$으로 하고 안전율은 2.5이다.) [5점]

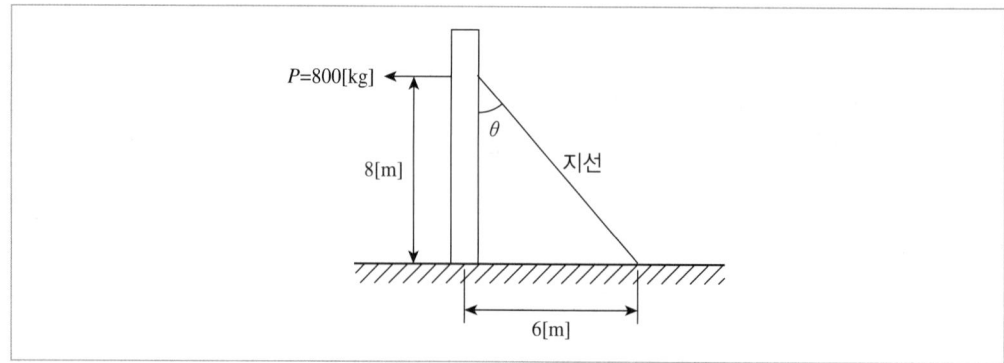

답안작성 • 계산 과정

$$\sin\theta = \frac{6}{\sqrt{8^2+6^2}} = \frac{6}{10}$$

$$T_o = \frac{P}{\sin\theta} = \frac{10}{6} \times 800 = 1,333.33[kg] = \frac{440 \times n}{2.5}$$

$$\therefore n = \frac{1,333.33 \times 2.5}{440} = 7.58가닥 \rightarrow 8가닥$$

• 답: 8가닥

개념체크 지선의 장력$(T_o) = \dfrac{소선 1가닥의 인장 하중 \times 소선수}{안전율}$

09 ★☆☆

다음은 전압의 종류 및 구분에 관한 내용이다. 빈칸에 들어갈 알맞은 내용을 쓰시오. [5점]

(①)은/는 전선로를 대표하는 선간전압이며, 그 계통의 송전전압을 나타낸다.
(②)은/는 전선로에 통상 발생하는 최고의 선간전압으로 염해 대책, 1선 지락 시 내부이상전압, 코로나 현상, 정전유도장해 등을 고려할 때 표준이 되는 전압이다.

답안작성 ① 공칭전압
② 계통최고전압

10 ★★★

$10[\text{MVA}]$를 기준으로 전원 측 %임피던스가 $25[\%]$일 때, 수전점 단락용량$[\text{MVA}]$을 구하시오.

[5점]

답안작성

• 계산 과정: $P_s = \dfrac{100}{25} \times 10 = 40[\text{MVA}]$

• 답: $40[\text{MVA}]$

개념체크 단락용량

$$P_s = \frac{100}{\%Z} P_n$$

(단, P_s: 단락용량$[\text{MVA}]$, P_n: 정격용량$[\text{MVA}]$, $\%Z$: %임피던스$[\%]$)

11 ★☆☆

모든 각도로 발산하는 광도 $400[\text{cd}]$의 광원이 책상 중심에서 높이 $2[\text{m}]$에 위치하고 있다. 책상의 지름은 $4[\text{m}]$일 때, 책상 끝에서의 수평면 조도$[\text{lx}]$를 구하시오.

[5점]

답안작성

• 계산 과정

광원과 책상 끝 간 거리 $r = \sqrt{2^2 + 2^2} = 2\sqrt{2}[\text{m}]$이므로

수평면 조도 $E_h = \dfrac{I}{r^2}\cos\theta = \dfrac{400}{(2\sqrt{2})^2} \times \dfrac{2}{2\sqrt{2}} = \dfrac{400}{8} \times \dfrac{1}{\sqrt{2}} = \dfrac{50}{\sqrt{2}} = 35.36[\text{lx}]$

• 답: $35.36[\text{lx}]$

개념체크 문제를 그림으로 표현하면 다음과 같다.

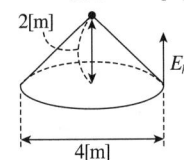
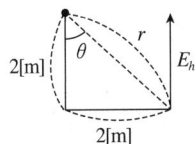

12 ★★★

$2,000[\text{lm}]$의 광속을 발산하는 전등 30개를 바닥면적 $100[\text{m}^2]$인 사무실에 설치하고자 한다. 이 사무실의 평균 조도를 구하시오.(단, 조명률은 0.5, 감광 보상률은 1.5이다.)

[5점]

답안작성

• 계산 과정: $FUN = EAD$에서 $E = \dfrac{FUN}{AD} = \dfrac{2,000 \times 0.5 \times 30}{100 \times 1.5} = 200[\text{lx}]$

• 답: $200[\text{lx}]$

$$FUN = EAD$$

(단, F: 광속[lm], U: 조명률, N: 사용하는 등의 개수, E: 조도[lx], A: 방의 면적[m²],

D: 감광 보상률$\left(=\dfrac{1}{M}\right)$, M: 보수율(=유지율))

13
★★★
그림은 $22.9[\text{kV} - \text{Y}]$, $1,000[\text{kVA}]$ 이하에 적용 가능한 특고압 간이 수전설비 표준 결선도이다. 이 결선도를 보고 다음 각 물음에 답하시오. [14점]

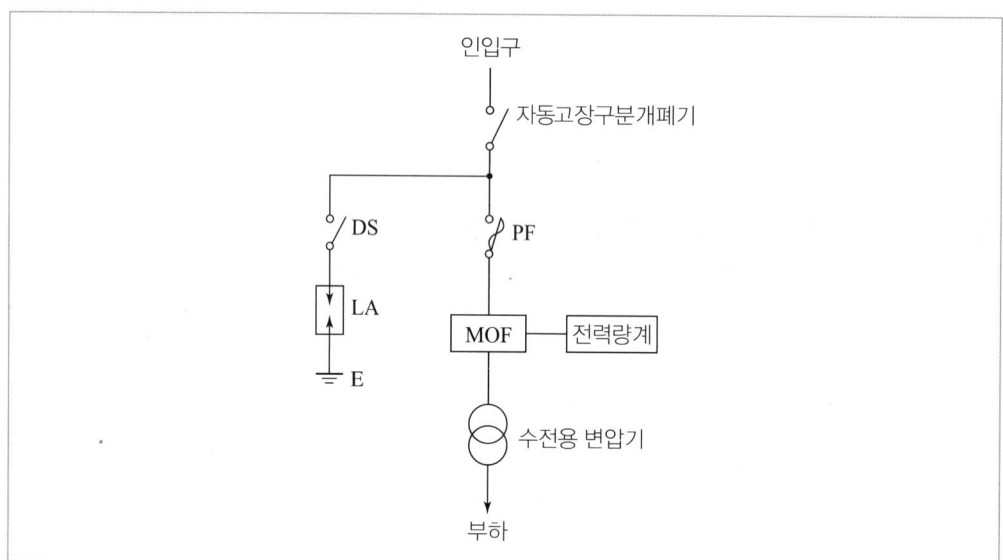

(1) 자동고장구분개폐기의 약호는?

(2) 본 도면에서 생략할 수 있는 것은?

(3) $22.9[\text{kV} - \text{Y}]$용의 LA는 (   ) 붙임형을 사용하여야 한다. (   ) 안에 알맞은 것은?

(4) 인입선을 지중선으로 시설하는 경우로 공동 주택 등 사고 시 정전 피해가 큰 수전설비 인입선은 예비선을 포함하여 몇 회선으로 시설하는 것이 바람직한가?

(5) $22.9[\text{kV} - \text{Y}]$ 지중 인입선에는 어떤 케이블을 사용하여야 하는가?

(6) 화재우려가 있는 장소에는 어떤 케이블을 사용하여야 하는가?

(7) $300[\text{kVA}]$ 이하인 경우 PF를 대신 COS를 사용하였다. 이것의 비대칭 차단 전류 용량은 몇 [kA] 이상의 것을 사용하여야 하는가?

답안작성
(1) ASS

(2) LA용 DS

(3) Disconnector 또는 Isolator

(4) 2회선

(5) CNCV-W(수밀형) 또는 TR CNCV-W(트리 억제형) 케이블

(6) FR CNCO-W(난연) 케이블

(7) 10[kA]

14 ★☆☆

설비용량이 $100[\text{kW}]$인 수용가의 부하율이 $60[\%]$, 수용률이 $80[\%]$일 때, 1개월간 사용 전력량[kWh]을 구하시오.(단, 1개월은 30일로 간주한다.) [5점]

답안작성

• 계산 과정

$P = 100[\text{kW}] \times 0.6 \times 0.8 = 48[\text{kW}]$

1일 전력량 $W = Pt = 48[\text{kW}] \times 24[\text{h}] = 1,152[\text{kWh}]$

30일 전력량 $W' = W \times 30 = 1,152[\text{kWh}] \times 30 = 34,560[\text{kWh}]$

• 답: $34,560[\text{kWh}]$

15 ★★☆

3상 $3,300[\text{V}]$, $60[\text{Hz}]$용 전력용 콘덴서를 $\triangle$결선으로 접속하여 전체 콘덴서의 용량이 $60[\text{kVA}]$가 될 경우 콘덴서 1개의 정전용량은 몇 $[\mu\text{F}]$인가? [5점]

답안작성

• 계산 과정

$\triangle$결선 시 충전용량 $Q = 3 \times \omega CE^2 = 3 \times 2\pi f CE^2 = 6\pi f CV^2 [\text{VA}]$

$\therefore$ 콘덴서 용량 $C = \dfrac{Q}{6\pi f V^2} = \dfrac{60 \times 10^3}{6\pi \times 60 \times 3,300^2} = 4.87 \times 10^{-6}[\text{F}] = 4.87[\mu\text{F}]$

• 답: $4.87[\mu\text{F}]$

해설비법 $\triangle$결선 시 상전압과 선간전압이 같다.

16 ★☆☆

다음 표의 시설 조건에 따른 저압 가공 인입선의 높이로 알맞은 내용을 쓰시오.(단, 한국전기설비규정을 따른다.) [4점]

시설 조건	전선의 높이[m]
도로를 횡단하는 경우 노면상 (기술상 부득이한 경우에 교통에 지장이 없는 경우는 제외)	(①) 이상
철도 또는 궤도를 횡단하는 경우 레일면상	(②) 이상

답안작성

① $5[\text{m}]$

② $6.5[\text{m}]$

저압 인입선의 시설(한국전기설비규정 221.1.1)
저압 가공 인입선의 높이는 다음에 의할 것
- 도로(차도와 보도의 구별이 있는 도로인 경우에는 차도)를 횡단하는 경우에는 노면상 5[m](기술상 부득이한 경우에 교통에 지장이 없을 때에는 3[m]) 이상
- 철도 또는 궤도를 횡단하는 경우에는 레일면상 6.5[m] 이상
- 횡단보도교의 위에 시설하는 경우에는 노면상 3[m] 이상

17 ★★☆

그림과 같은 분기 회로의 전선 굵기를 표준 공칭 단면적으로 산정하시오.(단, 전압강하는 2[V] 이하이고, 배선 방식은 교류 220[V] 단상 2선식이며, 후강 전선관 공사로 한다.)　　　　　　[6점]

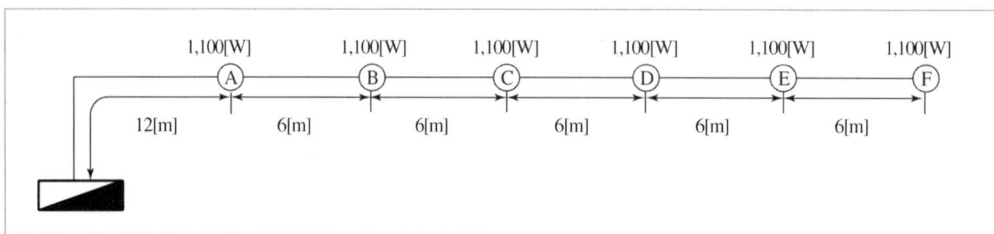

답안작성

- 계산 과정

　각 부하 전류 $I = \dfrac{P}{V} = \dfrac{1,100}{220} = 5[\text{A}]$

　부하 전류의 총합 $= 5 \times 6 = 30[\text{A}]$

　부하 중심점 거리 $L = \dfrac{5 \times 12 + 5 \times 18 + 5 \times 24 + 5 \times 30 + 5 \times 36 + 5 \times 42}{5 \times 6} = 27[\text{m}]$

　분기 회로의 전선 굵기 $A = \dfrac{35.6 \times 27 \times 30}{1,000 \times 2} = 14.42[\text{mm}^2]$

　따라서 공칭 단면적 16[mm²] 선정

- 답: 16[mm²]

개념체크

- 부하 중심까지의 거리 $L = \dfrac{\Sigma(L \times I)}{\Sigma I} = \dfrac{L_1 I_1 + L_2 I_2 + L_3 I_3 + L_4 I_4 + L_5 I_5 + L_6 I_6}{I_1 + I_2 + I_3 + I_4 + I_5 + I_6}$

- 전선의 단면적 계산

전기 방식	전선 단면적
단상 3선식 3상 4선식	$A = \dfrac{17.8LI}{1,000e}[\text{mm}^2]$
단상 2선식	$A = \dfrac{35.6LI}{1,000e}[\text{mm}^2]$
3상 3선식	$A = \dfrac{30.8LI}{1,000e}[\text{mm}^2]$

- 전선의 공칭 단면적[mm²]: 1.5, 2.5, 4, 6, 10, 16, 25, 35, 50, 70, 95, 120, 150

18

★★☆

다음 주어진 조건을 이용하여 유접점회로를 완성하시오. [5점]

[조건]
• 전원 투입 시 GL램프가 작동한다.
• ON을 누르면 MC가 여자되어 전동기가 동작하고 자기유지되며, RL램프가 점등되고 GL램프가 소등된다.
• THR이 동작하면 MC가 소자되어 전동기가 정지하고 RL램프가 소등된다.
• OFF를 누르면 MC가 소자되어 전동기가 정지하고 GL램프가 점등된다.

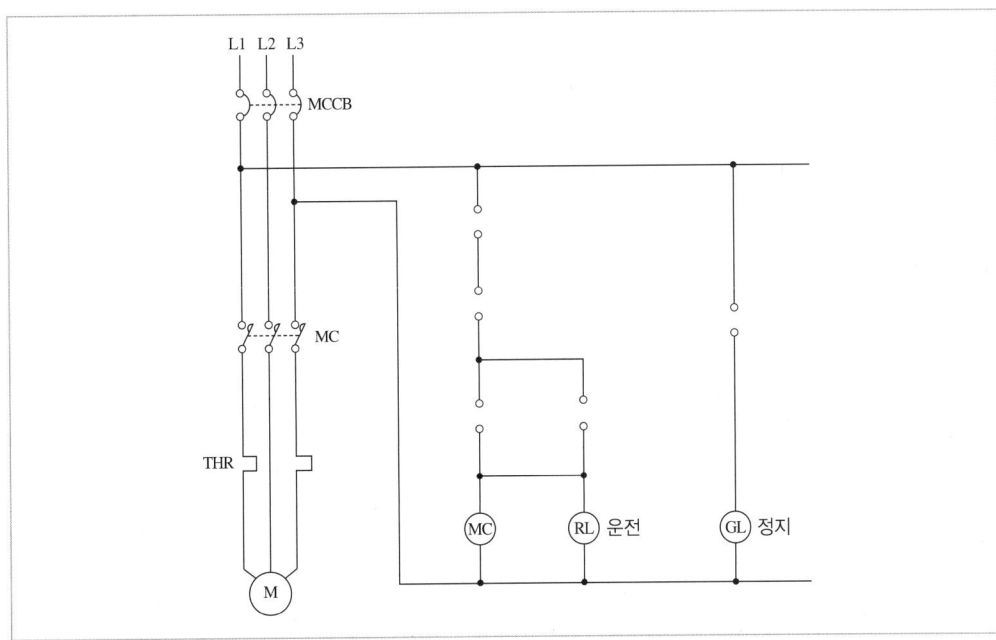

답안작성

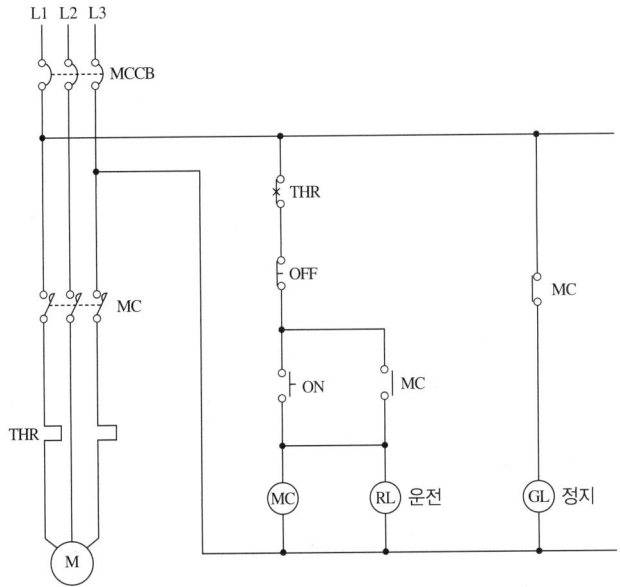

1회 학습전략

합격률: 22.9%

난이도 ⊕

- 비오차, 과전류 계전기, PLC, 부동 충전 방식, 시퀀스, 변압기 결선, 커패시터, 조명 설계, 전자 유도 전압, 감리, 전선, 공사방법, 계측, 전력 측정, 접지저항, 단락전류
- 난도가 높다고 느낄 만한 문제가 많았으며, KEC 개정의 영향을 받는 문제도 있었습니다. 이런 고난도 회차에서 합격하기 위해서는 기존에 출제되었던 문제는 확실히 맞힐 수 있는 학습법이 필요합니다.

2회 학습전략

합격률: 21.34%

난이도 ⊕

- 전력 요금, 조명 설계, 전력 측정, 콘센트 기호, 변압기 결선, Still식, 접지저항, 시퀀스, 단선, 변압기 용량, 전기 표준, 전력용 콘덴서, 테이블 스펙, 일 부하율, 부하설비, 유도전동기 기동, 피뢰기
- 조명 설계와 관련된 문제가 2문제 출제되었습니다. 넓지 않은 범위에서 출제되므로 관련된 문제는 꼼꼼하게 정리하여 득점할 수 있도록 학습하는 것이 좋습니다. 〈기본서〉를 토대로 학습한다면 합격할 수 있는 난도의 회차입니다.

3회 학습전략

합격률: 28.99%

난이도 ⊕

- 시퀀스, 분기 회로수, 변압기 용량, 부동 충전 방식, 단락전류, 단선, 변압기 결선, 전압강하, 조명 설계, 변류기, 절연내력시험, 승압, 기호, 권상용 전동기, 부하율, 단락전류
- 시퀀스 관련 문제가 2문제 출제되었습니다. 시퀀스에 대한 개념은 한 번 익혀두면 득점하기 좋습니다. 응용을 요하지 않는 계산 문제가 다수 출제되어 기본 개념을 정확히 알고 있었다면 합격하기 좋은 난도의 회차입니다. 이번 회차를 통해 개념을 익히는 학습법도 추천합니다.

2022년 1회
기출문제

배점		100
득점	1회독	
	2회독	
	3회독	

01 ★☆☆

공칭 변류비가 150/5[A]이다. 1차 측에 400[A]를 흘렸을 때 2차에 10[A]가 흘렀다면 비오차[%]는 얼마인지 구하시오. [5점]

답안작성

• 계산 과정

$$비오차 = \frac{\frac{150}{5} - \frac{400}{10}}{\frac{400}{10}} \times 100[\%] = -25[\%]$$

• 답: $-25[\%]$

개념체크

$$CT \ 비오차 = \frac{공칭 \ 변류비 - 측정 \ 변류비}{측정 \ 변류비} \times 100[\%]$$

02 ★☆☆

다음은 자가용 전기설비의 수·변전설비 단선도의 일부이다. 과전류 계전기와 관련된 다음 각 물음에 답하시오. [12점]

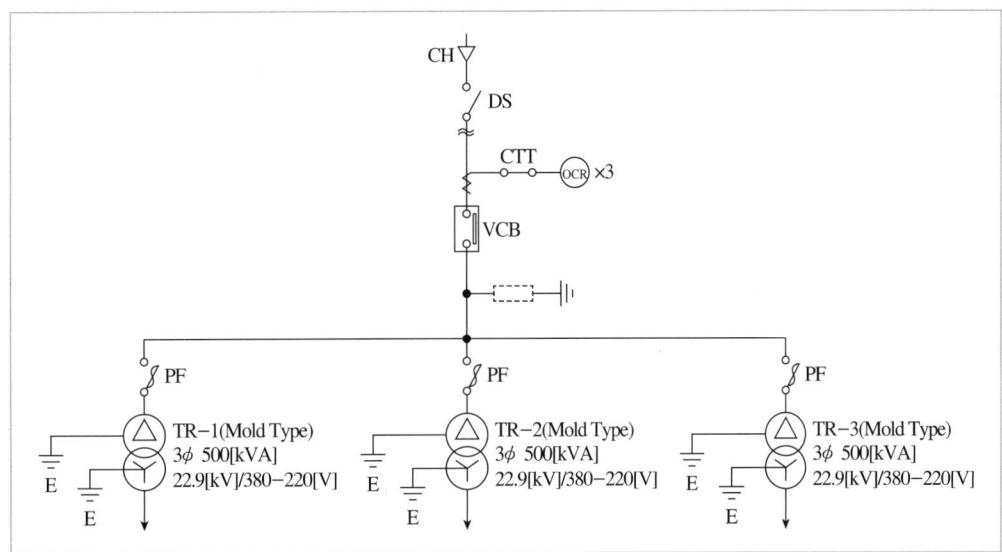

변류기 정격

1차 정격전류[A]	20, 25, 30, 40, 50, 75
2차 정격전류[A]	5

(1) 수 · 변전설비에서 자주 쓰이는 개폐기로 주로 부하전류 개폐 및 단락전류를 제한, 한류형 전력 퓨즈와 결합하여 단락전류를 차단하는 기능을 가진 개폐기의 명칭은 무엇인가?

(2) CT비를 구하시오.(단, CT비는 최대 부하전류의 125[%]로 한다.)

(3) OCR의 한시 Tap을 선정하시오.(단, 정정 기준은 변압기 정격전류의 150[%]이며, 한시 계전기 탭은 3, 4, 5, 6, 7, 8, 9[A] 중에서 선정한다.)

(4) 개폐서지 혹은 순간 과도전압 등 이상전압으로부터 2차 측 기기를 보호하는 장치는 무엇인가?

답안작성

(1) 부하개폐기

(2) • 계산 과정: CT 1차 측 $I = \dfrac{500 \times 3}{\sqrt{3} \times 22.9} \times 1.25 = 47.27$[A]에서 CT비 50/5를 선정한다.

  • 답: 50/5

(3) • 계산 과정: OCR 한시 Tap 전류 $I = \dfrac{500 \times 3}{\sqrt{3} \times 22.9} \times \dfrac{5}{50} \times 1.5 = 5.67$[A]에서 6[A]를 선정한다.

  • 답: 6[A]

(4) 서지 흡수기

03 ★★☆

프로그램의 차례대로 PLC시퀀스(래더 다이어그램)를 작성하시오.(시작 입력 LOAD, 출력 OUT, 직렬 AND, 병렬 OR, 부정 NOT의 명령을 사용하며, P001과 P002는 버튼 스위치를 표시한 것이다.)

[6점]

(1)

명령어	번지
LOAD	P001
OR	M001
LOAD NOT	P002
OR	M000
AND LOAD	–
OUT	P017

(2)

명령어	번지
LOAD	P001
AND	M001
LOAD NOT	P002
AND	M000
OR LOAD	–
OUT	P017

답안작성

(1)

(2)

내용	명령어	부호	기능
시작 입력	LOAD(STR)	⊢⊣⊢	독립된 하나의 회로에서 a 접점에 의한 논리 회로의 시작 명령
	LOAD NOT	⊢⊬⊢	독립된 하나의 회로에서 b 접점에 의한 논리 회로의 시작 명령
직렬 접속	AND	⊣⊢⊣⊢	독립된 바로 앞의 회로와 a 접점의 직렬 회로 접속, 즉 a 접점 직렬
	AND NOT	⊣⊢⊬⊢	독립된 바로 앞의 회로와 b 접점의 직렬 회로 접속, 즉 b 접점 직렬
병렬 접속	OR		독립된 바로 위의 회로와 a 접점의 병렬 회로 접속, 즉 a 접점 병렬
	OR NOT		독립된 바로 앞의 회로와 b 접점의 병렬 회로 접속, 즉 b 접점 병렬
출력	OUT	⊸⊢	회로의 결과인 출력 기기(코일) 표시와 내부 출력(보조 기구 기능-코일) 표시

04
★☆☆

연(납)축전지의 정격용량이 $100[\text{Ah}]$이고 부하의 최대 정격전류가 $80[\text{A}]$인 부동 충전 방식이 있다. 이때 정류기의 직류 최대전류는 몇 $[\text{A}]$인지 구하시오. [5점]

답안작성

- 계산 과정: $I = \dfrac{100}{10} + 80 = 90[\text{A}]$

- 답: $90[\text{A}]$

개념체크 부동 충전 방식 충전기(정류기)의 2차 전류

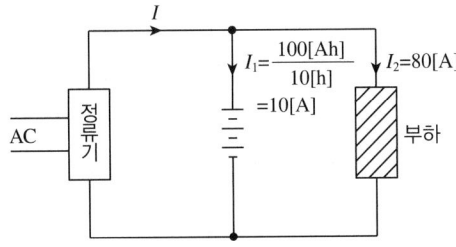

충전기 2차 전류$[\text{A}] = \dfrac{\text{축전지 용량}[\text{Ah}]}{\text{정격 방전율}[\text{h}]} + $부하의 정격전류$[\text{A}] = \dfrac{\text{축전지 용량}[\text{Ah}]}{\text{정격 방전율}[\text{h}]} + \dfrac{\text{상시 부하 용량}[\text{VA}]}{\text{표준 전압}[\text{V}]}$

(단, 연축전지의 정격 방전율: 10[h], 알칼리 축전지의 정격 방전율: 5[h])

05 ★★☆

$500[\text{kVA}]$ 단상 변압기 3대를 $\Delta-\Delta$ 결선의 1뱅크로 하여 사용하고 있는 변전소가 있다. 부하의 증가로 1대의 단상 변압기를 증가하여 2뱅크로 하였을 때, 최대 몇 $[\text{kVA}]$의 3상 부하에 대응할 수 있겠는지 구하시오.   [4점]

답안작성

• 계산 과정: $P=2P_V=2\times\sqrt{3}\,P_1=2\times\sqrt{3}\times500=1{,}732.05[\text{kVA}]$

• 답: $1{,}732.05[\text{kVA}]$

개념체크

V결선은 단상 변압기 2대로 3상 전력을 지속 공급할 수 있는 방법으로 V결선 시 출력은 아래와 같다.

$P_v=\sqrt{3}\,P_1$(단, P_1: 변압기 1대 용량)

변압기 1대를 추가하여 총 4대를 $\text{V}-\text{V}$결선 2뱅크로 구성하면 3상의 최대 부하에 대응할 수 있다.

즉, $P=2P_v=2\times\sqrt{3}\,P_1=2\times\sqrt{3}\times500=1{,}732.05[\text{kVA}]$이다.

06 ★★★

다음은 어느 계전기 회로의 논리식이다. 이 논리식을 이용하여 다음 각 물음에 답하시오.(단, 여기서 A, B, C는 입력이고 X는 출력이다.)   [5점]

논리식: $X=(A+B)\cdot\overline{C}$

(1) 이 논리식을 로직을 이용한 무접점 시퀀스도(논리회로)로 나타내시오.

(2) 물음 (1)에서 무접점 시퀀스도로 표현된 것을 2입력 NOR gate만으로 등가 변환하시오.

답안작성

(1)

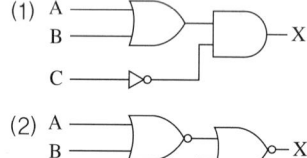

(2)
A
B
C
— X

개념체크 (2) $X=(A+B)\cdot\overline{C}=\overline{\overline{(A+B)\cdot\overline{C}}}=\overline{\overline{(A+B)}+C}$

해설비법

07 ★★★ 부하의 출력이 $20[kW]$, (지상)역률 0.6이다. 부하의 역률을 0.8로 개선하려고 할 때 필요한 3상 콘덴서의 용량$[kVA]$을 구하고, 콘덴서를 Δ로 결선했을 시 정전용량$[\mu F]$을 구하시오.(단, 정격전압은 $200[V]$, 주파수는 $60[Hz]$이다.) [5점]

(1) 3상 콘덴서의 용량$[kVA]$

(2) 정전용량$[\mu F]$

 답안작성 (1) • 계산 과정

$$Q_c = P(\tan\theta_1 - \tan\theta_2) = 20 \times \left(\frac{0.8}{0.6} - \frac{0.6}{0.8}\right) = 11.67[kVA]$$

• 답: $11.67[kVA]$

(2) • 계산 과정

$Q_c = 3\omega CE^2$에서

$$C = \frac{Q_c}{3\omega E^2} = \frac{Q_c}{3 \times 2\pi f \times E^2} = \frac{11.67 \times 10^3}{3 \times 2\pi \times 60 \times 200^2} = 2.5796 \times 10^{-4} = 257.96 \times 10^{-6} = 257.96[\mu F]$$

• 답: $257.96[\mu F]$

2022년

08 ★☆☆ 점광원으로부터 원뿔 밑면까지의 거리가 $8[m]$, 밑면의 지름이 $12[m]$인 원형면을 광속이 $1,570[lm]$으로 통과하고 있을 때, 이 점광원의 광도$[cd]$는?(단, $\pi = 3.14$로 계산한다.) [5점]

답안작성 • 계산 과정

$$\cos\theta = \frac{8}{\sqrt{8^2 + 6^2}} = 0.8$$

$$광도 \ I = \frac{F}{\omega} = \frac{F}{2\pi(1-\cos\theta)} = \frac{1,570}{2 \times 3.14 \times (1-0.8)} = 1,250[cd]$$

• 답: $1,250[cd]$

개념체크

원뿔의 입체각 $\omega = 2\pi(1-\cos\theta)$

09
★☆☆

3상 송전선 각 선의 전류가 $I_a = 220 + j50[\text{A}]$, $I_b = -150 - j300[\text{A}]$, $I_c = -50 + j150[\text{A}]$일 때 이것과 병행으로 가설된 통신선에 유기되는 전자 유도 전압의 크기는 약 몇[V]인가?(단, 송전선과 통신선 사이의 상호 임피던스는 $15[\Omega]$이다.) [5점]

답안작성

• 계산 과정

$$E_m = -j\omega Ml(I_a + I_b + I_c) = -jZ_L \times (I_a + I_b + I_c)$$
$$= -j15 \times (220 + j50 - 150 - j300 - 50 + j150) = -1,500 - j300[\text{V}]$$
$$\therefore |E_m| = \sqrt{1,500^2 + 300^2} = 1,529.71[\text{V}]$$

• 답: $1,529.71[\text{V}]$

개념체크

전자 유도 전압 $E_m = -j\omega Ml \times 3I_0 = -j\omega Ml(I_a + I_b + I_c)[\text{V}]$

10
★☆☆

책임 설계 감리원이 설계 감리의 기성 및 준공을 처리한 때에 발주자에게 제출하는 준공 서류 중 감리 기록 서류 5가지를 쓰시오.(단, 설계감리업무 수행지침을 따른다.) [5점]

답안작성

• 설계 감리 일지
• 설계 감리 지시부
• 설계 감리 기록부
• 설계 감리 요청서
• 설계자와 협의사항 기록부

11
★☆☆

다음은 교류 변전소용 자동제어 기구번호이다. 각 기구번호의 명칭을 쓰시오. [4점]

(1) 52C

(2) 52T

답안작성

(1) 52C: 차단기 투입 코일
(2) 52T: 차단기 트립 코일

12 ★☆☆ 다음 전선의 명칭을 쓰시오.　　　　　　　　　　　　　　　　　　　　　　[4점]

(1) 450/750[V] HFIO

(2) 0.6/1[kV] PNCT

답안작성　(1) 450/750[V] 저독성 난연 폴리올레핀 절연전선

(2) 0.6/1[kV] EP 고무절연 클로로프렌 캡타이어 케이블

13 ★★☆ 수전설비의 부하 전류가 40[A]이다. 변류비가 60/5[A]인 변류기 2차 측에 과전류 계전기를 시설하여 120[%]의 과부하에서 차단시킨다면 과전류 계전기의 전류 탭 설정값은 얼마인지 구하시오.　　[5점]

답안작성　• 계산 과정: 과전류 계전기의 탭 설정값 $I_t = 40 \times \dfrac{5}{60} \times 1.2 = 4[A]$

• 답: 4[A]

개념체크　• 과전류 계전기의 탭 설정값 $I_t[A] = I \times \dfrac{1}{\text{변류비}} \times$ 과부하율 (단, I: 부하 전류[A])

• 과전류 계전기(OCR)의 탭 전류: 2, 3, 4, 5, 6, 7, 8, 10, 12[A]

14 ★☆☆ 배선설비 공사방법을 다음과 같이 분류할 때 빈칸에 들어갈 알맞은 공사방법을 쓰시오.　　[6점]

종류	공사방법
전선관시스템	합성수지관공사, 금속관공사, 가요전선관공사
케이블트렁킹시스템	(①), (②), 금속트렁킹공사
케이블덕팅시스템	플로어덕트공사, 셀룰러덕트공사, 금속덕트공사

답안작성　① 합성수지몰드공사　② 금속몰드공사

공사방법의 분류

종류	공사방법
전선관시스템	합성수지관공사, 금속관공사, 가요전선관공사
케이블트렁킹시스템	합성수지몰드공사, 금속몰드공사, 금속트렁킹공사[a]
케이블덕팅시스템	플로어덕트공사, 셀룰러덕트공사, 금속덕트공사[b]
애자공사	애자공사
케이블트레이시스템 (래더, 브래킷 포함)	케이블트레이공사
케이블공사	고정하지 않는 방법, 직접 고정하는 방법, 지지선 방법

a : 금속본체와 커버가 별도로 구성되어 커버를 개폐할 수 있는 금속덕트공사를 말한다.
b : 본체와 커버 구분 없이 하나로 구성된 금속덕트공사를 말한다.

15

★★☆

다음 각 항목을 측정하는 데 가장 알맞은 계측기 또는 측정 방법을 쓰시오. [4점]

(1) 변압기의 절연저항

(2) 검류계의 내부저항

(3) 전해액의 저항

(4) 배전선의 전류

(5) 접지극의 접지저항

답안작성
(1) 절연저항계

(2) 휘스톤 브리지

(3) 콜라우시 브리지

(4) 후크온 메타

(5) 접지저항계

16

★★☆

평형 3상 회로에 그림과 같은 유도 전동기가 있다. 이 회로에 2개의 전력계와 전압계 및 전류계를 접속하였더니 그 지싯값은 $W_1 = 6.24[\text{kW}]$, $W_2 = 3.77[\text{kW}]$, 전압계의 지싯값은 $200[\text{V}]$, 전류계의 지싯값은 $34[\text{A}]$이었다. 이때 다음 각 물음에 답하시오.

[6점]

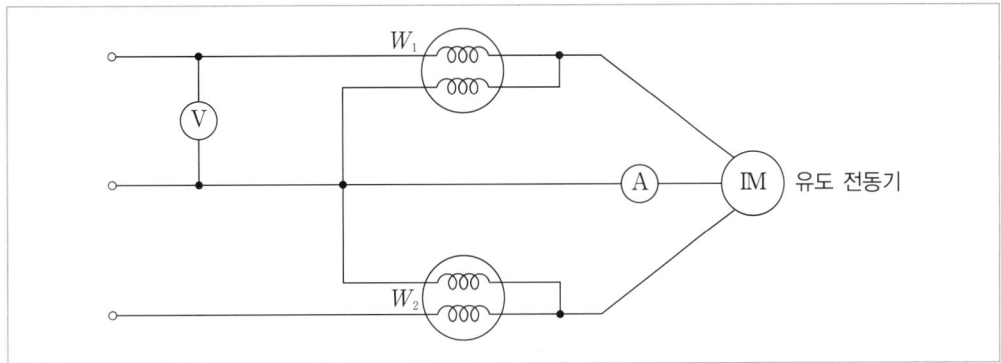

(1) 부하에 소비되는 전력[kW]을 구하시오.

(2) 부하의 피상 전력[kVA]을 구하시오.

(3) 이 유도 전동기의 역률은 몇 [%]인가?

답안작성

(1) • 계산 과정: 소비 전력 $P = W_1 + W_2 = 6.24 + 3.77 = 10.01[\text{kW}]$

　　• 답: $10.01[\text{kW}]$

(2) • 계산 과정: 피상 전력 $P_a = \sqrt{3}\,VI = \sqrt{3} \times 200 \times 34 \times 10^{-3} = 11.78[\text{kVA}]$

　　• 답: $11.78[\text{kVA}]$

(3) • 계산 과정: $\cos\theta = \dfrac{W_1 + W_2}{\sqrt{3}\,VI} = \dfrac{10.01}{11.78} \times 100 = 84.97[\%]$

　　• 답: $84.97[\%]$

개념체크

• 문제 조건에서 전압계와 전류계의 지싯값이 있을 경우 피상 전력은 $P_a = \sqrt{3}\,VI$로 계산해야 한다.
(2전력계법으로 전력을 측정하였다는 표현이 없으니, 전압계와 전류계의 지싯값을 활용하여 구한다.)

• 2전력계법
－ 단상 전력계 2대로 3상의 전력 및 역률을 측정하는 방법이다.
－ 유효전력 $P = P_1 + P_2[\text{W}]$
－ 피상전력 $P_a = 2\sqrt{P_1^2 + P_2^2 - P_1 P_2}\ [\text{VA}]$
－ 역률

$$\cos\theta = \frac{P}{P_a} = \frac{P_1 + P_2}{2\sqrt{P_1^2 + P_2^2 - P_1 P_2}}$$

17 ★★☆

보조 접지극 A, B와 접지극 E 상호 간에 접지저항을 측정한 결과 그림과 같은 저항값을 얻었다. E의 접지저항은 몇 $[\Omega]$인지 구하시오. [5점]

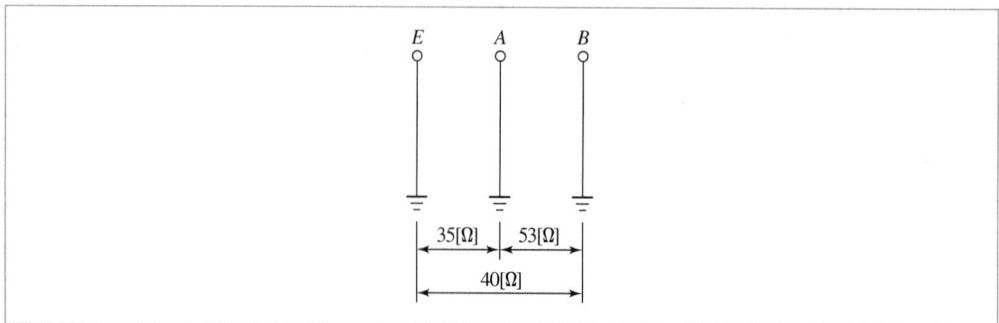

답안작성
- 계산 과정: 접지저항값 $R_E = \dfrac{1}{2}(R_{EA} + R_{BE} - R_{AB}) = \dfrac{1}{2} \times (35 + 40 - 53) = 11[\Omega]$
- 답: $11[\Omega]$

18 ★★★

$150[\mathrm{kVA}]$, $22.9[\mathrm{kV}]/220[\mathrm{V}]$, %저항 $3[\%]$, %리액턴스 $4[\%]$인 변압기의 정격전압에서 변압기 2차 측 단락전류는 정격전류의 몇 배인지 구하시오.(단, 전원 측의 임피던스는 무시한다.) [5점]

답안작성
- 계산 과정: $I_s = \dfrac{100}{\sqrt{3^2 + 4^2}} I_n = 20 I_n$
- 답: 20배

개념체크 퍼센트 임피던스($\%Z$)

$$\%Z = \sqrt{\%R^2 + \%X^2}\,[\%]$$

단락 전류(I_s)

$$I_s = \dfrac{100}{\%Z} I_n\,[\mathrm{A}]$$

(단, I_n: 정격전류$[\mathrm{A}]$, $\%Z$: 퍼센트 임피던스$[\%]$)

19
★☆☆

지름 $30\,[\mathrm{cm}]$인 완전확산성 반구형 램프를 사용하여 평균 휘도가 $1\,[\mathrm{cm}^2]$에 대해 $0.3\,[\mathrm{cd}]$인 천장등을 가설하려고 한다. 기구의 효율이 0.75라 하면, 이 전구로부터 나오는 광속은 몇 $[\mathrm{lm}]$인지 구하시오.(단, 광속 발산도는 $0.95\,[\mathrm{lm/cm}^2]$라 한다.) [4점]

답안작성

• 계산 과정

광속 $F = RA = R \times \dfrac{\pi D^2}{2} = 0.95 \times \dfrac{\pi \times 30^2}{2} = 1{,}343.03\,[\mathrm{lm}]$

$\therefore F_0 = \dfrac{F}{\eta} = \dfrac{1{,}343.03}{0.75} = 1{,}790.71\,[\mathrm{lm}]$

• 답: $1{,}790.71\,[\mathrm{lm}]$

개념체크

반구의 표면적 $A = \dfrac{4\pi r^2}{2} = \dfrac{\pi D^2}{2} \left(\because r = \dfrac{D}{2} \right)$

광속 발산도 $R = \dfrac{F}{A}$이므로 광속 $F = RA = R \times \dfrac{\pi D^2}{2}$이다.

배점 100
득점
1회독
2회독
3회독

01
★☆☆

어느 건축물의 1년 이내 최대 계약전력 3,000[kW], 월 기본 요금 6,490[원/kW], 월 평균 역률이 95[%]일 때 1개월의 기본 요금을 구하시오. 또한 1개월간의 사용 전력량이 540,000[kWh], 전력 요금이 89[원/kWh]라고 할 때 총 전력 요금은 얼마인지 구하시오. [5점]

[조건]
역률의 값에 따라 전력 요금은 할인 또는 할증되며, 역률 90[%]를 기준으로 하여 역률이 1[%] 늘 때마다 기본 요금이 1[%] 할인되며, 1[%] 나빠질 때마다 1[%]의 할증 요금을 지불해야 한다.

(1) 기본 요금을 구하시오.

(2) 1개월의 총 전력 요금을 구하시오.

답안작성

(1) • 계산 과정: $3,000 \times 6,490 \times (1-0.05) = 18,496,500$[원]
 • 답: 18,496,500[원]

(2) • 계산 과정: $18,496,500 + (540,000 \times 89) = 66,556,500$[원]
 • 답: 66,556,500[원]

02
★★☆

다음 표의 빈칸에 들어갈 알맞은 기호와 단위를 쓰시오. [4점]

(1) 휘도		(2) 광도		(3) 조도		(4) 광속 발산도	
기호	단위	기호	단위	기호	단위	기호	단위

답안작성

(1) 휘도		(2) 광도		(3) 조도		(4) 광속 발산도	
기호	단위	기호	단위	기호	단위	기호	단위
B	[cd/m²] 또는 [nt]	I	[cd]	E	[lx]	R	[rlx]

03
★★☆

그림과 같은 평형 3상 회로로 운전하는 유도 전동기가 있다. 이 회로에 그림과 같이 2개의 전력계 W_1, W_2, 전압계 $\textcircled{V}$, 전류계 $\textcircled{A}$를 접속한 후의 지싯값은 $W_1 = 5.96[\text{kW}]$, $W_2 = 2.36[\text{kW}]$, $V = 200[\text{V}]$, $I = 30[\text{A}]$이었다. 이때 부하의 역률을 구하시오. [5점]

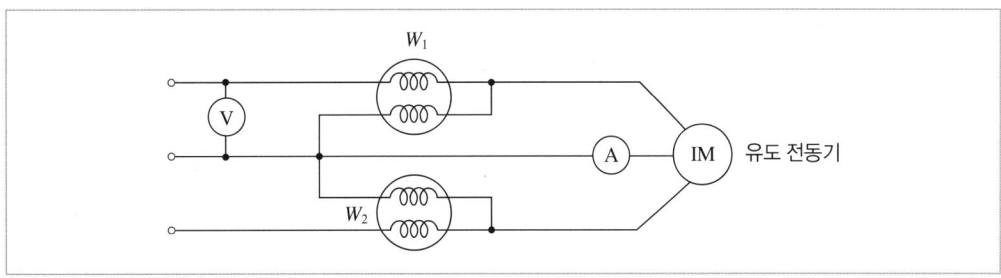

답안작성

• 계산 과정

유효 전력 $P = W_1 + W_2 = 5.96 + 2.36 = 8.32[\text{kW}]$

피상 전력 $P_a = \sqrt{3}\, VI = \sqrt{3} \times 200 \times 30 \times 10^{-3} = 10.39[\text{kVA}]$

역률 $\cos\theta = \dfrac{8.32}{10.39} \times 100 = 80.08[\%]$

• 답: $80.08[\%]$

04
★☆☆

다음 표의 빈칸에 각 조건에 알맞는 콘센트의 그림 기호를 작성하시오. [5점]

벽붙이용	천장에 부착하는 경우	바닥에 부착하는 경우
방수형	2구용	

답안작성

벽붙이용	천장에 부착하는 경우	바닥에 부착하는 경우
🔘	🔘🔘	
방수형	2구용	🔘
🔘 WP	🔘₂	

05 ★★★

$\Delta-\Delta$ 결선으로 운전하던 중 한 상의 변압기에 고장이 생겨 이것을 분리하고 나머지 2대로 3상 전력을 공급하고자 한다. 다음 각 물음에 답하시오. [5점]

(1) 결선의 명칭을 쓰시오.

(2) 이용률은 몇 [%]인가?

(3) 변압기 2대의 3상 출력은 $\Delta-\Delta$ 결선 시의 변압기 3대의 출력과 비교할 때 몇 [%] 정도인가?

답안작성

(1) $V-V$ 결선

(2) • 계산 과정: 이용률 $= \dfrac{\sqrt{3}\,VI}{2\,VI} = \dfrac{\sqrt{3}}{2} = 0.866$ ($\therefore$ 86.6[%])

    • 답: 86.6[%]

(3) • 계산 과정: 출력비 $= \dfrac{\sqrt{3}\,VI}{3\,VI} = \dfrac{1}{\sqrt{3}} = 0.5774$ ($\therefore$ 57.74[%])

    • 답: 57.74[%]

개념체크 $V-V$ 결선법

$$\text{이용률} = \frac{\text{실제 출력}(P_V)}{\text{이론 출력}(P_V{}')} = \frac{\sqrt{3}\,P}{2P} = \frac{\sqrt{3}}{2} = 0.866 \ (\therefore 86.6[\%])$$

$$\text{출력비} = \frac{\text{고장 후 출력}(P_V)}{\text{고장 전 출력}(P_\Delta)} = \frac{\sqrt{3}\,P}{3P} = \frac{1}{\sqrt{3}} = 0.5774 \ (\therefore 57.74[\%])$$

06 ★★☆

송전거리는 $40[\mathrm{km}]$이고, 송전전력이 $10{,}000[\mathrm{kW}]$인 경우 송전전압$[\mathrm{kV}]$을 Still식에 의거하여 구하시오. [5점]

답안작성

• 계산 과정: $V_s = 5.5 \times \sqrt{0.6 \times 40 + \dfrac{10{,}000}{100}} = 61.25[\mathrm{kV}]$

• 답: 61.25[kV]

개념체크 Still식(경제적인 송전전압의 결정)

$$V_s = 5.5\sqrt{0.6l + \frac{P}{100}}\ [\mathrm{kV}]$$

(여기서 l: 송전 거리[km], P: 송전전력[kW])

07 ★★★ 3개의 접지판 상호 간의 저항을 측정한 값이 그림과 같다면 G_3의 접지저항값은 몇 $[\Omega]$이 되겠는가?

[5점]

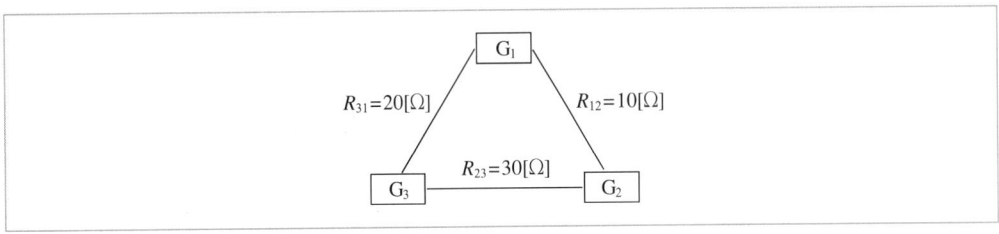

답안작성

• 계산 과정: $R_{G_3} = \dfrac{1}{2} \times (20 + 30 - 10) = 20[\Omega]$

• 답: $20[\Omega]$

개념체크

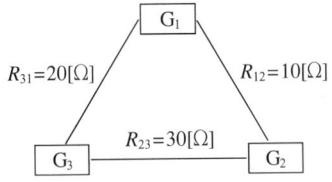

• $R_{G_1} = \dfrac{1}{2}(R_{12} + R_{31} - R_{23})\ [\Omega]$

• $R_{G_2} = \dfrac{1}{2}(R_{12} + R_{23} - R_{31})\ [\Omega]$

• $R_{G_3} = \dfrac{1}{2}(R_{31} + R_{23} - R_{12})\ [\Omega]$ 르

08 ★★★ 그림과 같은 시퀀스 회로에서 접점 A가 닫혀서 폐회로가 될 때 표시등 PL의 동작 사항을 설명하시오. (단, X는 보조릴레이, $T_1 \sim T_2$는 타이머(On delay)이며, 설정 시간은 1초이다.)

[5점]

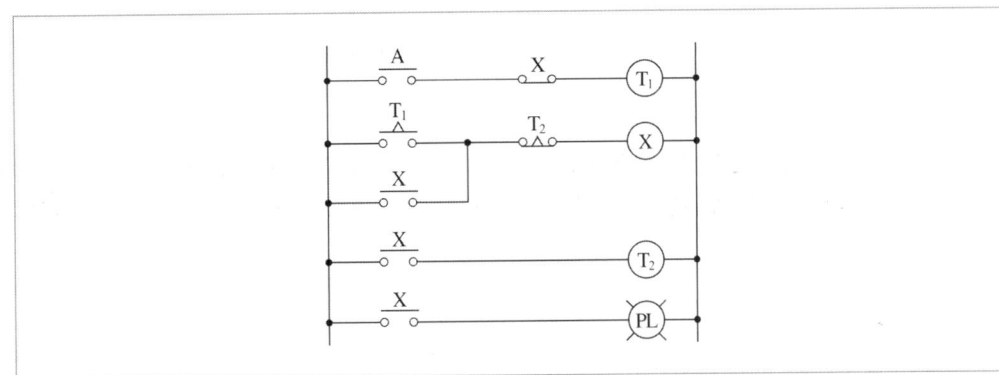

답안작성 접점 A가 닫히면 T_1이 여자되어 설정 시간 1초 후 T_1의 a 접점이 닫혀 X가 여자된다. X의 접점에 의해 T_2 여자, T_1 소자, PL이 점등된다. 이때 X는 자기 유지된다. 설정 시간 1초 후 T_2의 b 접점이 열려 X 소자, T_2 소자, PL 소등, T_1 여자된다. 위의 과정을 반복하며 접점 A가 닫혀 있는 동안 PL은 점등과 소등을 반복한다.

09 ★★☆

그림과 같은 회로에서 중성선의 P점에서 단선되었다면, 부하 A와 부하 B의 단자전압은 몇 [V]인가?

[6점]

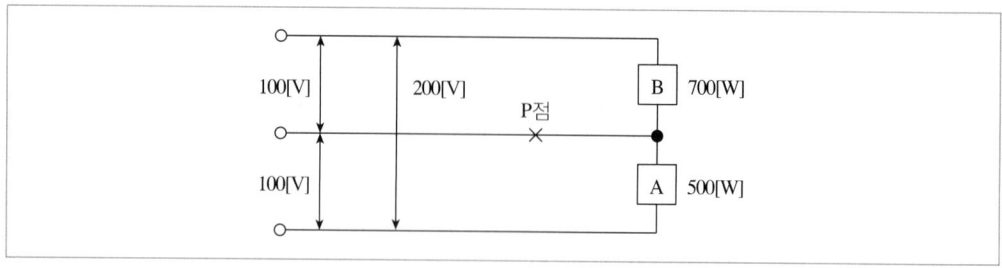

(1) 부하 A의 단자전압을 구하시오.

(2) 부하 B의 단자전압을 구하시오.

답안작성

(1) • 계산 과정

$$R_A = \frac{100^2}{500} = 20[\Omega], \quad R_B = \frac{100^2}{700} = 14.29[\Omega]$$

$$V_A = \frac{20}{20 + 14.29} \times 200 = 116.65[V]$$

• 답: 116.65[V]

(2) • 계산 과정:

$$V_B = \frac{14.29}{20 + 14.29} \times 200 = 83.35[V]$$

• 답: 83.35[V]

개념체크 전압 분배 법칙

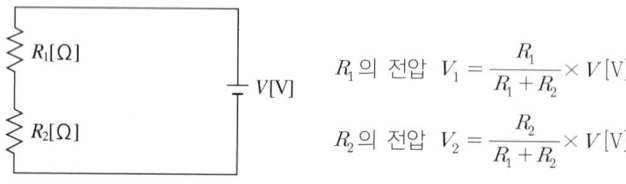

R_1의 전압 $V_1 = \dfrac{R_1}{R_1 + R_2} \times V[V]$

R_2의 전압 $V_2 = \dfrac{R_2}{R_1 + R_2} \times V[V]$

10 ★★★

수용가의 동력설비 부하는 역률 0.8의 30[kW], 전열설비 부하는 역률 1의 25[kW]이다. 수용가의 변압기 용량을 구하시오.(단, 변압기의 표준용량은 5, 10, 15, 20, 30, 50, 75, 100[kVA] 중에서 선정한다.)

[5점]

답안작성 • 계산 과정

부하의 유효전력 $P = 30 + 25 = 55[kW]$

부하의 무효전력 $P_r = 30 \times \dfrac{0.6}{0.8} + 0 = 22.5[kVar]$

피상전력 $P_a = \sqrt{55^2 + 22.5^2} = 59.42[kVA]$

• 답: 75[kVA]

11
★☆☆

전기사업자는 그가 공급하는 전기의 품질(표준 전압, 표준 주파수)을 허용 오차 범위 안에서 유지하도록 「전기사업법」에 규정되어 있다. 다음 표의 괄호 안에 표준 전압 또는 표준 주파수에 대한 허용 오차를 정확하게 쓰시오. [5점]

표준 전압 또는 표준 주파수	허용 오차
110[V]	110[V]의 상하로 (①)[V] 이내
220[V]	220[V]의 상하로 (②)[V] 이내
380[V]	380[V]의 상하로 (③)[V] 이내
60[Hz]	60[Hz]의 상하로 (④)[Hz] 이내

답안작성

표준 전압 또는 표준 주파수	허용 오차
110[V]	110[V]의 상하로 (6)[V] 이내
220[V]	220[V]의 상하로 (22)[V] 이내
380[V]	380[V]의 상하로 (38)[V] 이내
60[Hz]	60[Hz]의 상하로 (0.2)[Hz] 이내

개념체크

표준 전압 또는 표준 주파수	허용 오차
110[V]	110 ± 6[V]
220[V]	220 ± 22[V]
380[V]	380 ± 38[V]
60[Hz]	60 ± 0.2[Hz]

2022년

12
★★★

전동기를 제작하는 어떤 공장에 700[kVA]의 변압기가 설치되어 있다. 이 변압기에 역률 65[%]의 부하 700[kVA]가 접속되어 있다고 할 때, 이 부하와 병렬로 전력용 콘덴서를 접속하여 합성 역률을 90[%]로 유지하려고 한다. 다음 각 물음에 답하시오. [6점]

(1) 전력용 콘덴서의 용량은 몇 [kVA]가 필요한지 계산하시오.

(2) 이 변압기에 부하는 몇 [kW] 증가시켜 접속할 수 있는지 계산하시오.

답안작성

(1) • 계산 과정: $Q_c = 700 \times 0.65 \times \left(\dfrac{\sqrt{1-0.65^2}}{0.65} - \dfrac{\sqrt{1-0.9^2}}{0.9} \right) = 311.59$[kVA]

• 답: 311.59[kVA]

(2) • 계산 과정: 증가시켜 접속할 수 있는 부하 $\triangle P = P_a (\cos\theta_2 - \cos\theta_1) = 700 \times (0.9 - 0.65) = 175$[kW]

• 답: 175[kW]

개념체크 역률 개선용 콘덴서 용량

$$Q_c = P(\tan\theta_1 - \tan\theta_2) = P \left(\frac{\sin\theta_1}{\cos\theta_1} - \frac{\sin\theta_2}{\cos\theta_2} \right) [\text{kVA}]$$

(단, P: 부하 전력[kW], $\cos\theta_1$: 개선 전 역률, $\cos\theta_2$: 개선 후 역률)

13 ★★☆

다음 그림과 같이 클램프미터로 전류를 측정하려고 한다. 주어진 조건을 참고하여 다음 각 물음에 답하시오. [11점]

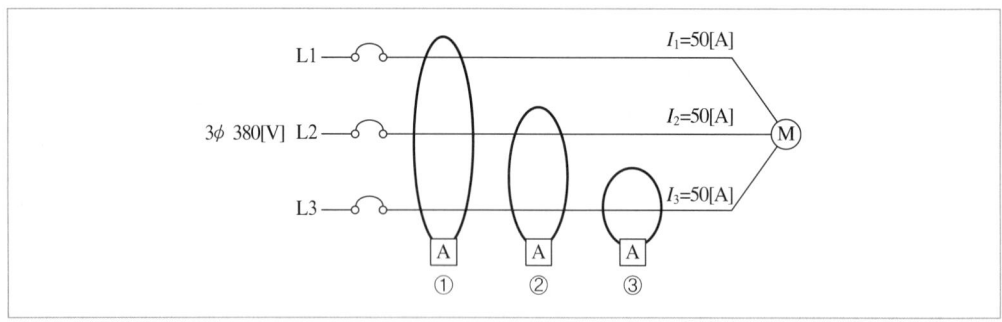

[조건]

3상, 정격전류 50[A], 공사방법 B2, XLPE 케이블, 허용 전압강하 2[%], 주위온도 40[℃], 분전반으로부터 전동기까지의 길이 70[m]

[표 1] 허용전류를 구하기 위해 사용하는 표준 공사방법의 허용전류[A] (XLPE 또는 EPR 절연, 3개 부하 도체, 구리 또는 알루미늄, 도체온도: 90[℃], 주위온도: 기중 30[℃], 지중 20[℃])

도체의 공칭 단면적 [mm²]	공사방법													
	A1		A2		B1		B2		C		D1		D2	
	단열벽 속의 전선관에 설치한 절연전선		단열벽 속의 전선관에 설치한 절연전선		목재 벽면의 전선관에 설치한 절연도체		목재 벽면의 전선관에 설치한 다심케이블		목재 벽면의 전선관에 설치한 단심 또는 다심케이블		지중의 덕트 내에 설치한 다심케이블		지중에 직접 매설한 외장 단심 또는 다심케이블	
1	2		3		4		5		6		7		8	
	단상	3상	단상	3상	단상	3상	단상	3상	단상	3상	단상	3상	단상	3상
동														
1.5	19	17	18.5	16.5	23	20	22	19.5	24	22	25	21	27	23
2.5	26	23	25	22	31	28	30	26	33	30	33	28	35	30
4	35	31	33	30	42	37	40	35	45	40	43	36	46	39
6	45	40	42	38	54	48	51	44	58	52	53	44	58	49
10	61	54	57	51	75	66	69	60	80	71	71	58	77	65
16	81	73	76	68	100	88	91	80	107	96	91	75	100	84
25	106	95	99	89	133	117	119	105	138	119	116	96	129	107
35	131	117	121	109	164	144	146	128	171	147	139	115	155	129
50	158	141	145	130	198	175	175	154	209	179	164	135	183	153
70	200	179	183	164	253	222	221	194	269	229	203	167	225	188
95	241	216	220	197	306	269	265	233	328	278	239	197	270	226
120	278	249	253	227	354	312	305	268	382	322	271	223	306	257
150	318	285	290	259	393	342	334	300	441	371	306	251	343	287
185	362	324	329	295	449	384	384	340	506	424	343	281	387	324
240	424	380	386	346	528	450	459	398	599	500	395	324	448	375
300	486	435	442	396	603	514	532	455	693	576	446	365	502	419

[표 2] 기중케이블의 허용전류에 적용되는 기중 주위온도가 $30[℃]$ 이외인 경우의 보정계수

주위온도[℃]	절연체	
	PVC	XLPE 또는 EPR
10	1.22	1.15
15	1.17	1.12
20	1.12	1.08
25	1.06	1.04
30	1.00	1.00
35	0.94	0.96
40	0.87	0.91
45	0.79	0.87
50	0.71	0.82
55	0.61	0.76
60	0.50	0.71
65	–	0.65
70	–	0.58
75	–	0.5
80	–	0.41
85	–	–
90	–	–
95	–	–

(1) 공사방법과 주위 온도를 고려하여 도체의 굵기를 선정하시오.(단, 허용 전압강하는 무시한다.)

(2) 허용 전압강하를 고려한 도체의 굵기를 구하고, 상기 조건을 만족하는 규격 굵기를 선정하시오.

(3) 3상 평형이고, 전동기가 정상운전할 때 ①, ②, ③ 클램프미터에 각각 표시되는 값을 구하시오.

답안작성

(1) • 계산 과정

　　[표 2]에서 주위온도 $40[℃]$일 때 XLPE의 보정계수는 0.91

　　설계전류 $= \dfrac{부하전류}{보정계수} = \dfrac{50}{0.91} = 54.95[A]$

　　[표 1]에서 공사방법 B2, 3상 허용전류 $60[A]$에 해당하는 $10[mm^2]$를 선정

　• 답: $10[mm^2]$

(2) • 계산 과정: $A = \dfrac{30.8LI}{1,000e} = \dfrac{30.8 \times 70 \times 50}{1,000 \times 380 \times 0.02} = 14.18[mm^2]$

　• 답: $16[mm^2]$ 선정

(3) • 계산 과정

　　3상 평형이므로 $I_1 = 50\angle 0°$, $I_2 = 50\angle -120°$, $I_3 = 50\angle 120°$

　　① $|I_1 + I_2 + I_3| = |50\angle 0° + 50\angle -120° + 50\angle 120°| = 0[A]$

　　② $|I_2 + I_3| = |50\angle -120° + 50\angle 120°| = 50[A]$

　　③ $|I_3| = |50\angle 120°| = 50[A]$

　• 답: ① $0[A]$　② $50[A]$　③ $50[A]$

14 ★★★

어느 건물의 부하는 하루에 $240[\text{kW}]$로 5시간, $100[\text{kW}]$로 8시간, $75[\text{kW}]$로 나머지 시간을 사용한다. 이 수전설비를 $450[\text{kW}]$로 하였을 때 이 건물의 일 부하율은 얼마인지 구하시오. [4점]

답안작성 ・계산 과정

$$\text{일 부하율} = \frac{\dfrac{240\times5+100\times8+75\times(24-13)}{24}}{240} \times 100 = 49.05[\%]$$

・답: $49.05[\%]$

개념체크

$$\text{일 부하율} = \frac{\text{평균 수용 전력}[\text{kW}]}{\text{최대 수용 전력}[\text{kW}]}\times100[\%] = \frac{\dfrac{1일 사용 전력량[\text{kWh}]}{24[\text{h}]}}{\text{최대 수용 전력}[\text{kW}]}\times100[\%]$$

15 ★★★

그림과 같이 각각 1대의 변압기를 통해서 전력을 공급받고 있다. 각 수용가의 총 설비용량은 각각 $50[\text{kW}]$, $40[\text{kW}]$일 때 다음 각 물음에 답하시오.(단, 변압기 상호 간의 부등률은 1.2이다.) [5점]

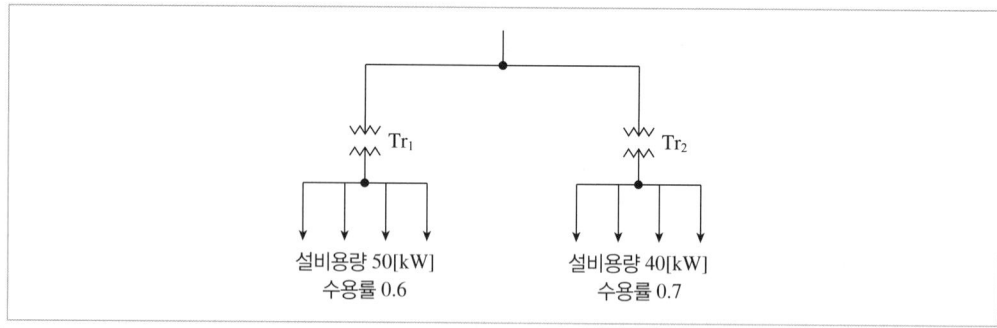

(1) Tr_1의 최대 부하$[\text{kW}]$를 구하시오.

(2) Tr_2의 최대 부하$[\text{kW}]$를 구하시오.

(3) 합성 최대 수용전력$[\text{kW}]$을 구하시오.

답안작성 (1) ・계산 과정: $Tr_1 = 50\times0.6 = 30[\text{kW}]$

・답: $30[\text{kW}]$

(2) ・계산 과정: $Tr_2 = 40\times0.7 = 28[\text{kW}]$

・답: $28[\text{kW}]$

(3) ・계산 과정: 합성 최대 수용전력 $= \dfrac{30+28}{1.2} = 48.33[\text{kW}]$

・답: $48.33[\text{kW}]$

• 수용률 $= \dfrac{최대 수용 전력}{부하설비 합계} \times 100[\%]$

• 부등률 $= \dfrac{각 최대 수용 전력의 합계}{합성 최대 수용 전력} \geq 1$

16
★☆☆

다음은 전동기용 과부하 보호장치를 시설하지 않아도 되는 경우이다. 빈칸에 들어갈 알맞은 값을 쓰시오.

[6점]

1. 전동기의 출력이 0.2[kW] 이하일 경우
2. 전동기 운전 중 상시 취급자가 감시할 수 있는 위치에 시설하는 경우
3. 전동기의 구조나 부하의 성질로 보아 전동기가 손상될 수 있는 과전류가 생길 우려가 없는 경우
4. 단상 전동기로써 그 전원 측 전로에 시설하는 과전류 차단기의 정격전류가 (①)[A], 배선차단기의 경우 (②)[A] 이하인 경우

답안작성 ① 16   ② 20

개념체크 저압전로 중의 전동기 보호용 과전류 보호장치의 시설(한국전기설비규정 212.6.3)
옥내에 시설하는 전동기에는 전동기가 손상될 우려가 있는 과전류가 생겼을 때 자동적으로 이를 저지하거나 이를 경보하는 장치를 하여야 한다. 다만, 다음의 어느 하나에 해당하는 경우에는 그러하지 아니하다.
• 전동기의 출력이 0.2[kW] 이하일 경우
• 전동기를 운전 중 상시 취급자가 감시할 수 있는 위치에 시설하는 경우
• 전동기의 구조나 부하의 성질로 보아 전동기가 손상될 수 있는 과전류가 생길 우려가 없는 경우
• 단상 전동기로써 그 전원 측 전로에 시설하는 과전류 차단기의 정격전류가 16[A](배선차단기는 20[A]) 이하인 경우

17
★★☆

다음은 3상 농형 유도 전동기의 기동 방법이다. 다음 각 물음에 답하시오.

[4점]

직입기동, Y−Δ 기동, 리액터기동, 콘돌파 기동법

(1) 기동 전류가 가장 큰 것은 무엇인가?

(2) 기동 토크가 가장 큰 것은 무엇인가?

답안작성 (1) 직입기동

(2) 직입기동

18
★★★

폭 5[m], 길이 7.5[m], 천장 높이 3.5[m]의 방에 형광등 40[W] 4등을 설치하니 평균 조도가 100[lx]가 되었다. 40[W] 형광등 1등의 전광속이 3,000[lm], 조명률 0.5일 때 감광 보상률을 구하시오. [5점]

답안작성

• 계산 과정: $D = \dfrac{FUN}{EA} = \dfrac{3,000 \times 0.5 \times 4}{100 \times (5 \times 7.5)} = 1.6$

• 답: 1.6

개념체크 감광 보상률의 계산

$$FUN = EAD$$

(단, F: 광속[lm], U: 조명률, N: 사용하는 등의 개수, E: 조도[lx], A: 방의 면적[m²], D: 감광 보상률 ($= \dfrac{1}{M}$), M: 보수율(유지율))

19
★☆☆

피뢰기의 구조에 따른 종류를 4가지 작성하시오. [4점]

답안작성
• 갭형 피뢰기
• 갭리스형 피뢰기
• 밸브형 피뢰기
• 저항형 피뢰기

2022년 3회 기출문제

배점	100
득점	1회독
	2회독
	3회독

01 ★★☆ 어느 회사에서 한 부지에 A, B, C의 세 공장을 세우고 3대의 급수 펌프 P_1(소형), P_2(중형), P_3(대형)으로 다음 계획에 따라 급수 계획을 세웠다. 이 계획을 보고 다음 물음에 답하시오. [7점]

[계획]
- 모든 공장 A, B, C가 휴무일 때 또는 그 중 한 공장만 가동할 때에는 펌프 P_1만 가동시킨다.
- 모든 공장 A, B, C 중 어느 것이나 두 개의 공장만 가동할 때에는 P_2만 가동시킨다.
- 모든 공장 A, B, C가 모두 가동할 때에는 P_3만 가동시킨다.

(1) 급수 계획에 대한 진리표를 작성하시오.

A	B	C	P_1	P_2	P_3
0	0	0			
0	0	1			
0	1	0			
0	1	1			
1	0	0			
1	0	1			
1	1	0			
1	1	1			

(2) $P_1 \sim P_2$의 출력식을 가장 간단한 식으로 나타내시오.(단, 접점 심벌을 표시할 때 A, B, C, $\overline{A}$, $\overline{B}$, $\overline{C}$ 등 문자 로 표시할 것)

(3) (2)에서 구한 출력식을 이용하여 무접점 회로도를 완성하시오.

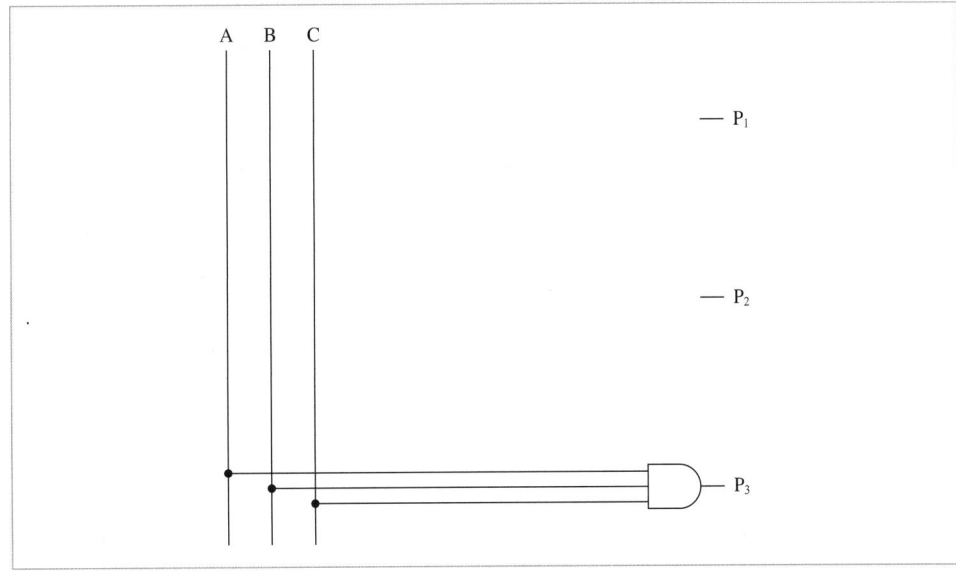

(1)

A	B	C	P_1	P_2	P_3
0	0	0	1	0	0
0	0	1	1	0	0
0	1	0	1	0	0
0	1	1	0	1	0
1	0	0	1	0	0
1	0	1	0	1	0
1	1	0	0	1	0
1	1	1	0	0	1

(2) $P_1 = \overline{A} \cdot \overline{B} + (\overline{A} + \overline{B}) \cdot \overline{C}$

$P_2 = \overline{A} \cdot B \cdot C + A \cdot (\overline{B} \cdot C + B \cdot \overline{C})$

(3)

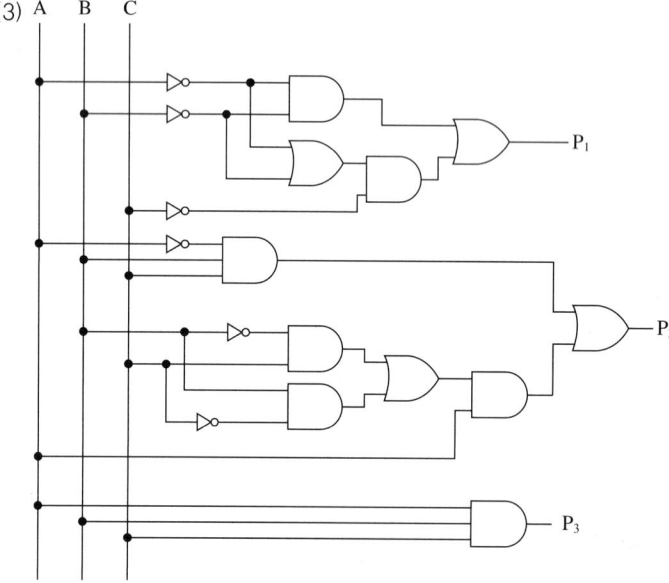

$P_1 = \overline{A}\,\overline{B}\,\overline{C} + \overline{A}\,\overline{B}\,C + \overline{A}\,B\,\overline{C} + A\,\overline{B}\,\overline{C}$

$= \overline{A}\,\overline{B}\,\overline{C} + \overline{A}\,\overline{B}\,C + \overline{A}\,B\,\overline{C} + \overline{A}\,B\,C + \overline{A}\,B\,\overline{C} + A\,\overline{B}\,\overline{C}$ ($\because \overline{A}\,B\,\overline{C} + \overline{A}\,B\,\overline{C} = \overline{A}\,B\,\overline{C}$)

$= \overline{A}\,\overline{B}(\overline{C} + C) + \overline{A}\,\overline{C}(\overline{B} + B) + \overline{B}\,\overline{C}(\overline{A} + A)$ ($\because \overline{C} + C = 1,\ \overline{B} + B = 1,\ \overline{A} + A = 1$)

$= \overline{A}\,\overline{B} + \overline{A}\,\overline{C} + \overline{B}\,\overline{C} = \overline{A}\,\overline{B} + (\overline{A} + \overline{B})\overline{C}$

$P_2 = \overline{A}\,B\,C + A\,\overline{B}\,C + A\,B\,\overline{C} = \overline{A}\,B\,C + A(\overline{B}\,C + B\,\overline{C})$

02 ★★★

다음 논리회로의 출력을 논리식으로 나타내고 간략화하시오. [4점]

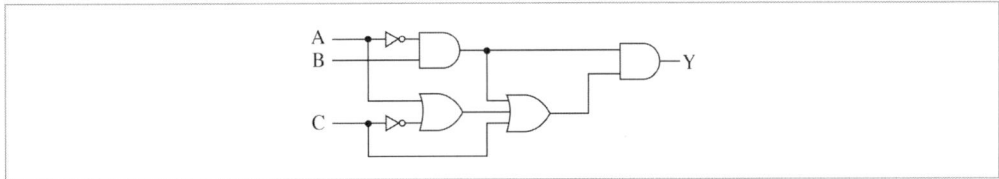

답안작성 $Y = (\overline{A} \cdot B) \cdot (\overline{A} \cdot B + A + \overline{C} + C) = (\overline{A} \cdot B) \cdot (\overline{A} \cdot B + A + 1) = \overline{A} \cdot B$

개념체크 $\overline{C} + C = 1$, $\overline{A} \cdot B + A + 1 = 1$

03 ★★☆

그림과 같은 평면도의 2층 건물에 대한 배선설계를 하기 위하여 주어진 조건을 이용하여 1층 및 2층을 분리하여 분기 회로수를 결정하려고 한다. 다음 각 물음에 답하시오.(단, 룸 에어콘은 별도로 한다.)

[6점]

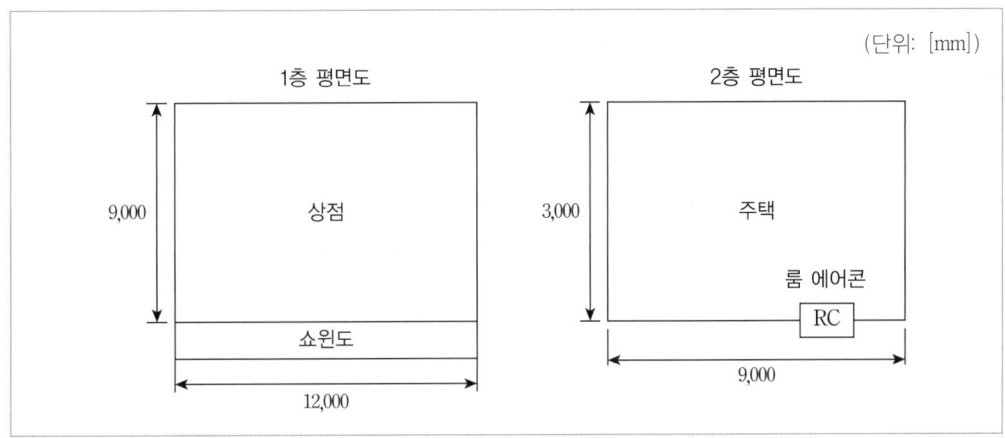

[조건]
- 분기 회로는 15[A] 분기 회로로 하고 80[%]의 정격이 되도록 한다.
- 배전 전압은 220[V]를 기준으로 하여 적용 가능한 최대 부하를 상정한다.
- 주택의 전용면적이 60[m²] 이하인 경우 부하설비용량은 3[kW], 60[m²] 초과인 경우 부하설비용량은 3[kW] + 0.5[kW/10m²]이다.
- 상점의 표준 부하는 30[VA/m²]으로 하되 1,000[VA]를 가산하여 적용한다.
- 건물의 1층과 2층 분리하여 분기 회로수를 결정한다.
- 상점의 쇼윈도에 대해서는 길이 1[m]당 300[VA]를 가산하여 적용한다.
- 옥외 광고등 500[VA]짜리 1등이 상점에 있는 것으로 한다.
- 예상이 곤란한 콘센트, 틀어끼우는 접속기, 소켓 등이 있을 경우에라도 이를 상정하지 않는다.

(1) 1층의 분기 회로수는 얼마인지 구하시오.

(2) 2층의 분기 회로수는 얼마인지 구하시오.

(1) • 계산 과정

설비 부하 용량 $P = (12 \times 9) \times 30 + 12 \times 300 + 500 + 1,000 = 8,340[\text{VA}]$

분기 회로수 $N = \dfrac{8,340}{220 \times 15 \times 0.8} = 3.16$

• 답: 15[A] 분기 4회로

(2) • 계산 과정

주택 면적 $= 3[\text{m}] \times 9[\text{m}] = 27[\text{m}^2]$

면적이 $60[\text{m}^2]$ 미만이므로 주택의 부하설비용량 $= 3,000[\text{VA}]$

분기 회로수 $N = \dfrac{3,000}{220 \times 15 \times 0.8} = 1.14$

• 답: 15[A] 분기 3회로(룸 에어콘 1회로 포함)

※ $1[\text{kW}] = 1,000[\text{VA}]$

(1) 1층의 설비 부하 용량 = (상점 바닥 면적 × 표준 부하) + (쇼윈도 길이 × 300) + 옥외 광고등 + 상점 가산 부하

(2) 2층의 설비 부하 용량 $= 3[\text{kW}] + \dfrac{0.5[\text{kW}]}{10[\text{m}^2]} \times (주택 \ 바닥 \ 면적 - 60[\text{m}^2])$

(단, 주택 바닥 면적 $\leq 60[\text{m}^2]$인 경우 $3[\text{kW}]$로 한다.)

04
★★★

부하용량(설비용량)이 각각 $30[\text{kW}]$, $20[\text{kW}]$, $25[\text{kW}]$이고, 수용률은 0.6, 0.5, 0.65이다. 부등률은 1.1이고, 종합 역률은 0.85일 때 변압기의 용량을 선정하시오. **[5점]**

3상 변압기 용량[kVA]				
20	30	50	75	100

• 계산 과정: 변압기 용량 $= \dfrac{30 \times 0.6 + 20 \times 0.5 + 25 \times 0.65}{1.1 \times 0.85} = 47.33[\text{kVA}]$

• 답: 표에서 $50[\text{kVA}]$ 선정

변압기 용량 $P_{TR}[\text{kVA}] \geq \dfrac{설비 \ 용량[\text{kW}] \ \times \ 수용률}{부등률 \ \times \ 역률}$

05 ★★★

연축전지의 정격용량이 $200[\text{Ah}]$이고, 상시부하가 $22[\text{kW}]$이며, 표준전압이 $220[\text{V}]$인 부동 충전 방식의 충전기 2차 전류는 몇 $[\text{A}]$인지 구하시오.(단, 연축전지의 정격 방전율은 $10[\text{h}]$이고, 상시 부하의 역률은 1로 간주한다.) [4점]

답안작성

- 계산 과정: $I = \dfrac{200}{10} + \dfrac{22 \times 10^3}{220} = 120[\text{A}]$

- 답: $120[\text{A}]$

개념체크 부동 충전 방식 충전기의 2차 전류

$$\text{충전기 2차 전류[A]} = \frac{\text{축전지 용량[Ah]}}{\text{정격 방전율[h]}} + \frac{\text{상시 부하 용량[VA]}}{\text{표준 전압[V]}}$$

(단, 연축전지의 정격 방전율: $10[\text{h}]$, 알칼리 축전지의 정격 방전율: $5[\text{h}]$)

06 ★★☆

주어진 그림의 선간전압 $154[\text{kV}]$, 기준용량 $10[\text{MVA}]$일 때 단락점에서의 단락전류를 구하시오.

[5점]

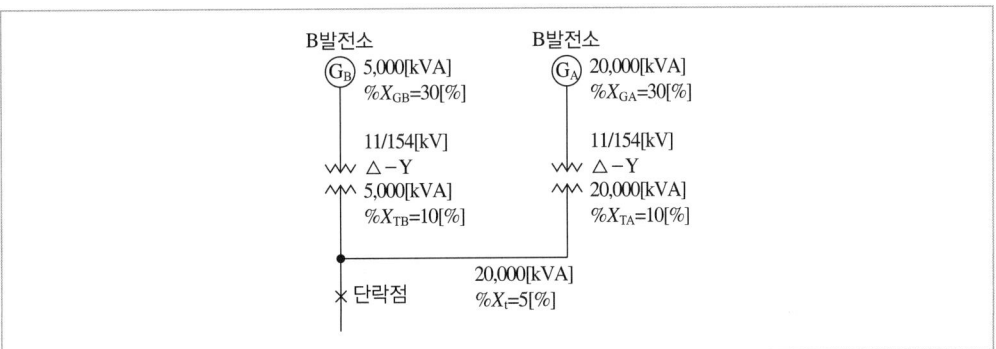

답안작성

- 계산 과정

주어진 $10[\text{MVA}]$ 기준용량으로 환산하면 %리액턴스의 값은 다음과 같다.

$\%X_{GB} = 30 \times \dfrac{10}{5} = 60[\%]$, $\%X_{TB} = 10 \times \dfrac{10}{5} = 20[\%]$

$\%X_{GA} = 30 \times \dfrac{10}{20} = 15[\%]$, $\%X_{TA} = 10 \times \dfrac{10}{20} = 5[\%]$, $\%X_t = 5 \times \dfrac{10}{20} = 2.5[\%]$

$\%X_{\text{total}} = \dfrac{(60+20) \times (15+5+2.5)}{(60+20) + (15+5+2.5)} = 17.56[\%]$

$\therefore$ 단락점의 단락전류 $I_s = \dfrac{100}{\%X_{\text{total}}} I_n = \dfrac{100}{17.56} \times \dfrac{10 \times 10^6}{\sqrt{3} \times 154 \times 10^3} = 213.5[\text{A}]$

- 답: $213.5[\text{A}]$

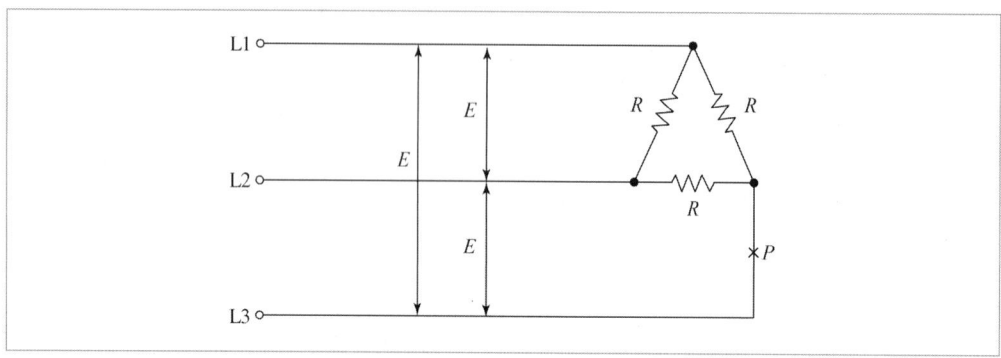

07 ★☆☆ 그림과 같은 교류 3상 3선식 전로에 연결된 3상 평형 부하가 있다. 이때 L3상의 P점이 단선된 경우, 이 부하의 소비 전력은 단선 전 소비 전력에 비하여 어떻게 되는지 계산식을 이용하여 설명하시오.(단, 선간 전압은 E[V]이며, 부하의 저항은 R[Ω]이다.)　　　　　　　　　　　　[5점]

답안작성

• 계산 과정

　단선 전 소비 전력 $P_1 = 3 \times \dfrac{E^2}{R} = \dfrac{3E^2}{R}$ [W]

　단선 후 소비 전력 $P_2 = \dfrac{E^2}{R} + \dfrac{E^2}{2R} = \dfrac{3E^2}{2R}$ [W]

　∴ 단선 전과 후의 소비 전력의 비 $\dfrac{P_2}{P_1} = \dfrac{\dfrac{3E^2}{2R}}{\dfrac{3E^2}{R}} = \dfrac{1}{2}$

• **답**: 단선 전의 소비 전력에 비해 단선 후의 소비 전력은 $\dfrac{1}{2}$ 배가 된다.

개념체크　단선 후 2개의 직렬 저항($R + R = 2R$)과 1개의 저항(R)이 병렬로 연결된다.

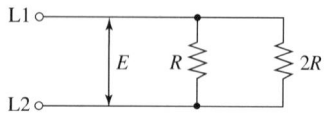

08 ★★★ 다음 $\Delta - Y$ 결선의 미완성 결선도를 완성하시오.　　　　　　　　　　　　[5점]

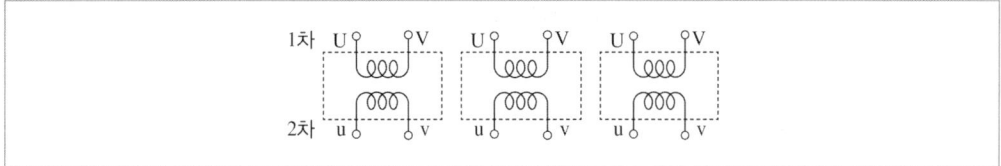

답안작성

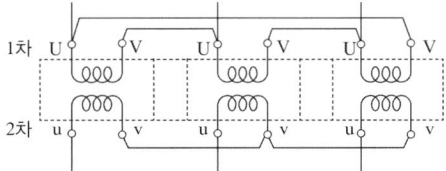

09 ★★☆ 그림과 같은 3상 배전선이 있다. 변전소(A점)의 전압은 $3,300[\mathrm{V}]$, 중간(B점) 지점의 부하는 $60[\mathrm{A}]$, 역률 0.8(지상), 말단(C점)의 부하는 $40[\mathrm{A}]$, 역률 0.8이다. AB 사이의 길이는 $3[\mathrm{km}]$, BC 사이의 길이는 $2[\mathrm{km}]$이고, 선로의 $[\mathrm{km}]$당 임피던스는 저항 $0.9[\Omega]$, 리액턴스 $0.4[\Omega]$이다. 다음 각 물음에 답하시오.　　　　　　　　　　　　[12점]

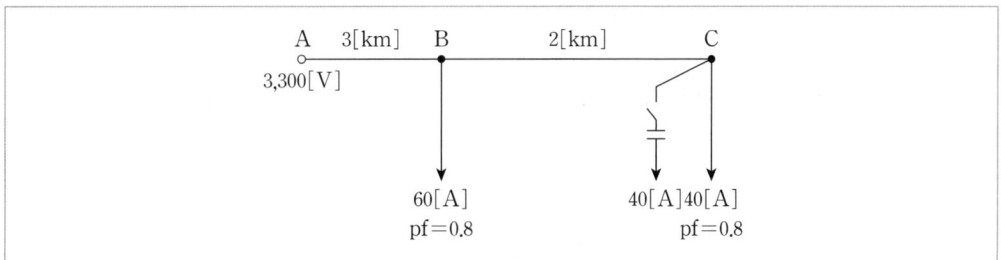

(1) C점에 전력용 콘덴서가 없는 경우 B점, C점의 전압[V]은?

　① B점의 전압

　② C점의 전압

(2) C점에 전력용 콘덴서를 설치하여 진상 전류 $40[\mathrm{A}]$를 흘릴 때 B점, C점의 전압[V]은?

　① B점의 전압

　② C점의 전압

답안작성　(1) ① B점의 전압

　　　　　• 계산 과정

$$V_B = V_A - \sqrt{3}\,I_1\,(R_1\cos\theta + X_1\sin\theta) = 3,300 - \sqrt{3}\times100\times(0.9\times3\times0.8 + 0.4\times3\times0.6) = 2,801.17[\mathrm{V}]$$

　　　　　• 답: $2,801.17[\mathrm{V}]$

　　　　② C점의 전압

　　　　　• 계산 과정

$$V_C = V_B - \sqrt{3}\,I_2\,(R_2\cos\theta + X_2\sin\theta) = 2,801.17 - \sqrt{3}\times40\times(0.9\times2\times0.8 + 0.4\times2\times0.6) = 2,668.15[\mathrm{V}]$$

　　　　　• 답: $2,668.15[\mathrm{V}]$

(2) ① B점의 전압
- 계산 과정
$$V_B = V_A - \sqrt{3} \times \{I_1 \cos\theta \cdot R_1 + (I_1 \sin\theta - I_C) \cdot X_1\}$$
$$= 3,300 - \sqrt{3} \times \{100 \times 0.8 \times 0.9 \times 3 + (100 \times 0.6 - 40) \times 0.4 \times 3\} = 2,884.31[V]$$
- 답: 2,884.31[V]

② C점의 전압
- 계산 과정
$$V_C = V_B - \sqrt{3} \times \{I_2 \cos\theta \cdot R_2 + (I_2 \sin\theta - I_C) \cdot X_2\}$$
$$= 2,884.31 - \sqrt{3} \times \{40 \times 0.8 \times 0.9 \times 2 + (40 \times 0.6 - 40) \times 0.4 \times 2\} = 2,806.71[V]$$
- 답: 2,806.71[V]

개념체크
- 3상 선로에서의 전압강하
$$e = V_s - V_r = \sqrt{3}I(R\cos\theta + X\sin\theta)[V] = \sqrt{3}(I\cos\theta \times R + I\sin\theta \times X)[V]$$
- 저항 및 리액턴스
$$R_1 = 0.9[\Omega/km] \times 3[km] = 2.7[\Omega]$$
$$R_2 = 0.9[\Omega/km] \times 2[km] = 1.8[\Omega]$$
$$X_1 = 0.4[\Omega/km] \times 3[km] = 1.2[\Omega]$$
$$X_2 = 0.4[\Omega/km] \times 2[km] = 0.8[\Omega]$$
- 전력용 콘덴서를 설치하여 진상 전류(I_C)를 흘려주면 무효전류가 감소한다. 즉, **계산 과정**에서 $I\sin\theta - I_C$로 무효분 전류를 구할 수 있다.

10 ★★☆

다음과 같은 두 개의 조명 사이 A점에서의 수평면 조도를 구하시오.(단, 각 조명의 광도는 $1,000[cd]$이다.) [5점]

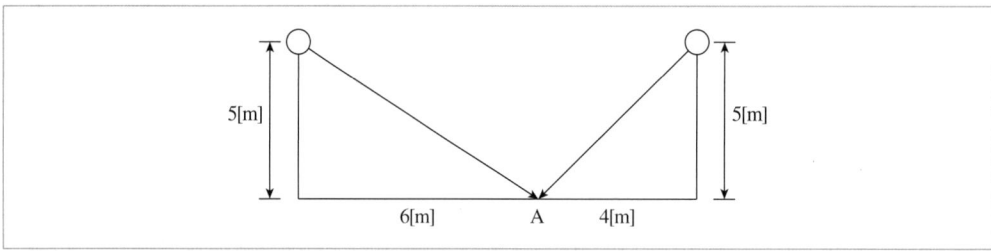

답안작성
- 계산 과정
  광원이 2개이므로 좌, 우측 광원으로부터의 조도를 합해야 한다.

  좌측 조도 $E_l = \dfrac{I}{r^2}\cos\theta = \dfrac{1,000}{5^2 + 6^2} \times \dfrac{5}{\sqrt{5^2 + 6^2}} = 10.49[lx]$

  우측 조도 $E_r = \dfrac{I}{r^2}\cos\theta = \dfrac{1,000}{5^2 + 4^2} \times \dfrac{5}{\sqrt{5^2 + 4^2}} = 19.05[lx]$

  $\therefore E = E_l + E_r = 10.49 + 19.05 = 29.54[lx]$
- 답: 29.54[lx]

11

★★☆

변류기에 대한 다음 각 물음에 답하시오. [5점]

(1) 변류기의 역할에 대해 설명하시오.

(2) 변류기의 정격 부담이란 무엇인지 설명하시오.

답안작성 (1) 대전류를 소전류로 변성하여 계기나 계전기에 공급하는 역할

(2) 변류기 2차 측 단자 간에 접속되는 부하의 한도[VA]

12

★★☆

다음은 절연내력 시험을 위한 회로도의 예이다. 그림을 보고 다음 각 질문에 답하시오. [6점]

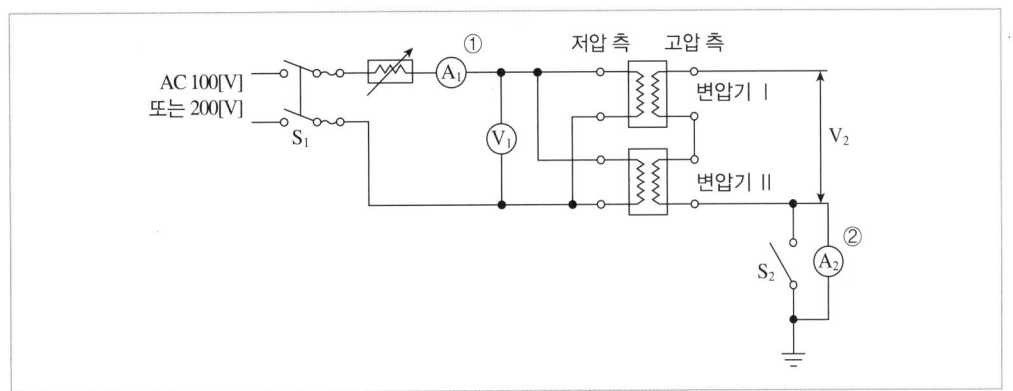

(1) ①의 전류계는 어떤 전류를 측정하는지 쓰시오.

(2) ②의 전류계는 어떤 전류를 측정하는지 쓰시오.

(3) 최대 사용전압이 6[kV]일 때 절연내력 시험전압[V]을 구하시오.

답안작성 (1) 절연내력 시험전류

(2) 누설전류

(3) • 계산 과정: $6 \times 10^3 \times 1.5 = 9,000[V]$

• 답: 9,000[V]

개념체크 변압기의 절연내력 시험전압

접지 방식	구분	배율	최저 시험전압
비접지식	7[kV] 이하	1.5	500[V]
	7[kV] 초과	1.25	10.5[kV]
중성점 다중접지식	7[kV] 초과 25[kV] 이하	0.92	−
중성점 접지식	60[kV] 초과	1.1	75[kV]
중성점 직접접지식	60[kV] 초과 170[kV] 이하	0.72	−
	170[kV] 초과	0.64	−

13 ★★★

폭 $12[m]$, 길이 $18[m]$, 천장 높이 $3.1[m]$, 작업면(책상 위) 높이 $0.85[m]$인 사무실이 있다. 이 사무실의 천장은 백색 텍스로 마감하였으며, 벽면은 옅은 크림색으로 마감하였고, 실내 조도는 $500[lx]$, 조명기구는 $40[W]$ 2등용(H형) 펜던트를 설치하고자 한다. 이때 다음 조건을 이용하여 각 물음에 답하시오.

[6점]

[조건]
- 천장의 반사율은 50[%], 벽의 반사율은 30[%]로 H형 펜던트의 기구를 사용할 때 조명률은 0.61로 한다.
- H형 펜던트 기구의 보수율은 0.75로 하도록 한다.
- H형 펜던트의 길이는 0.5[m]이다.
- 램프의 광속은 40[W] 1등당 3,300[lm]으로 한다.
- 조명기구의 배치는 5열로 배치하도록 하고, 1열당 등수는 동일하게 한다.

---

(1) 광원의 높이는 몇 [m]인가?

(2) 이 사무실의 실지수는 얼마인가?

(3) 이 사무실에는 40[W] 2등용(H형) 펜던트의 조명기구를 몇 개 설치하여야 하는가?

답안작성

(1) • 계산 과정: $H = 3.1 - 0.85 - 0.5 = 1.75[m]$
   • 답: $1.75[m]$

(2) • 계산 과정: 실지수 $= \dfrac{XY}{H(X+Y)} = \dfrac{12 \times 18}{1.75 \times (12+18)} = 4.11$
   • 답: 4.11

(3) • 계산 과정: $N = \dfrac{EAD}{FU} = \dfrac{500 \times (12 \times 18) \times \dfrac{1}{0.75}}{(3,300 \times 2) \times 0.61} = 35.77$
   • 답: 40개

개념체크

(1) 등고[m] = 천장 높이 − 책상 위 높이 − 펜던트 길이

(3) 램프의 광속이 40[W] 1등당 3,300[lm]이므로 40[W] 2등용의 전광속 $F = 3,300 \times 2[lm]$이다. 또한, 36개로 설치하는 것이 아닌 40개를 설치하여 5열 균등배치가 가능하게 해야 한다.

14

★★☆

가정용 $220[\text{V}]$ 전압을 $380[\text{V}]$로 승압할 경우 저압 간선에 나타나는 효과로서 다음 물음에 답하시오.

[6점]

(1) 공급능력 증대는 몇 배인가?

(2) 전력손실의 감소는 몇 $[\%]$인가?

답안작성

(1) • 계산 과정

$P_a = VI$에서 $P_a \propto V$이므로

$P_a : P_a{}' = 220 : 380 \;\rightarrow\; P_a{}' = \dfrac{380}{220} \times P_a = 1.73 P_a$

• 답: 1.73배

(2) • 계산 과정

$P_L \propto \dfrac{1}{V^2}$ 이므로 $P_L{}' = \left(\dfrac{220}{380}\right)^2 P_L = 0.3352 P_L$ 이다.

∴ 감소: $1 - 0.3352 = 0.6648 (\therefore 66.48[\%])$

• 답: $66.48[\%]$

개념체크

승압

• 승압 효과
  - 공급능력 증대
  - 공급전력 증대
  - 전력 손실 감소
  - 전압강하 및 전압강하율 감소
  - 고압 배전선 연장의 감소
  - 대용량 전기기기 사용 용이

• 승압 관련 공식 정리
  - 공급능력: $P_a \propto V$(전압에 비례)

  - 전력 손실: $P_L \propto \dfrac{1}{V^2}$ (전압의 제곱에 반비례), $P_L = \dfrac{P^2 R}{V^2 \cos^2\theta}[\text{W}]$

15

그림과 같은 심벌의 명칭을 쓰시오. [5점]

★☆☆

⬤WP	⬤T	◖E
①	②	
◖3P	◖2	⑤
 ③	 ④	

답안작성 ① 방수형 점멸기
② 타이머 붙이 점멸기
③ 3극 콘센트
④ 2구 콘센트
⑤ 접지극 붙이 콘센트

16

권상 하중이 $90[\text{ton}]$이며, 매 분 $3[\text{m}]$의 속도로 끌어 올리는 권상용 전동기의 출력$[\text{kW}]$을 구하시오.

★★★ (단, 전동기를 포함한 권상기의 효율은 $70[\%]$이다.) [5점]

답안작성 • 계산 과정: $P = \dfrac{90 \times 3}{6.12 \times 0.7} = 63.03[\text{kW}]$

• 답: $63.03[\text{kW}]$

개념체크 권상용 전동기 용량

$$P = \frac{mv}{6.12\eta}k\,[\text{kW}]$$

(단, m: 권상 물체의 중량[ton], v: 권상 속도[m/min], η: 효율, k: 여유 계수)

17 부하율의 식을 쓰고, 부하율이 높다는 것의 의미에 대해 설명하시오. [4점]

★★★

(1) 부하율

(2) 부하율이 높다는 것의 의미

답안작성 (1) 부하율 $= \dfrac{평균 \; 수용 \; 전력}{최대 \; 수용 \; 전력} \times 100[\%]$

(2) • 공급 설비를 유용하게 사용하고 있음을 의미한다.
     • 부하 설비의 가동률이 상승함을 의미한다.

18 $500[\mathrm{kVA}]$, $22.9[\mathrm{kV}]/380-220[\mathrm{V}]$, **배전용 변압기의 %저항이** $1.05[\%]$, **% 리액턴스가** $4.92[\%]$**일 때,**

★★☆ **변압기 2차 측 단락전류는 정격전류의 몇 배인지 구하시오.(단, 전원 측의 임피던스는 무시한다.)**

[5점]

답안작성 • 계산 과정:

$\%Z = \sqrt{1.05^2 + 4.92^2} = 5.03[\%]$

$I_s = \dfrac{100}{5.03} I_n = 19.88 I_n$

• 답: 19.88배

개념체크 퍼센트 임피던스($\%Z$)

$$\%Z = \sqrt{\%R^2 + \%X^2}\,[\%]$$

단락전류(I_s)

$$I_s = \frac{100}{\%Z} I_n\,[\mathrm{A}]$$

(단, I_n: 정격전류[A], $\%Z$: 퍼센트 임피던스[%])

1회 학습전략

합격률: 9.91%

난이도 (上)

- 단답형: 감리, 건축화 조명, 합성수지관 공사, 케이블 매설, 차단기, 시퀀스, 접지계통
- 공식형: 전열기, 수전설비, 변압기 용량, 견적, 변압기 결선, 이도, 변압, 차단기 용량, 분기 회로수
- 복합형: 예비전원설비
- KEC 개정의 영향을 받는 문제로는 접지계통, 분기 회로, 케이블 매설 문제가 있습니다. 계산 과정에서 다소 어려움을 느낄 수 있는 공식형 문제가 많았으며, 생소한 견적 문제도 출제되어 체감 난이도가 높은 회차입니다. 이처럼 난이도가 높은 회차에서는 빈출도가 높은(별 2개 이상) 문제부터 학습하는 것이 좋습니다.

2회 학습전략

합격률: 29.80%

난이도 (中)

- 단답형: PLC, 감리, 시퀀스
- 공식형: 형광등 역률, 조명설계, %임피던스, 부등률, 전력용 콘덴서, 콘덴서 용량, 배율기, 전선 굵기, 전력량계, 접지저항, 전자유도전압
- 복합형: 수전설비 결선도, 변류기, 적산 전력량계
- 수전설비 결선도와 같이 배점이 크고 지문이 많은 문제는 어려워 보이더라도 포기하지 말고 차근차근 풀어 부분점수를 얻는 것이 중요합니다. 빈출 문제 위주로 준비하면 합격하기 좋은 회차였습니다.

3회 학습전략

합격률: 43.66%

난이도 (下)

- 단답형: 피뢰시스템, 중성점 접지, 변압기 내부고장 보호장치, 시퀀스, 전압강하
- 공식형: 조명설계, 수전전력, 가동 코일형 전압계, 부하 중심점 거리, 유전체 손실, 분기 회로수, 거리 계전기, 직렬 리액터, 양수용 전동기, 유도전동기
- 복합형: 수전설비 결선도
- 단답형 문제에서는 KEC 적용의 영향을 받는 문제가 다소 있었으나, 과년도에서 출제되었던 문제가 많아 득점하기 수월하였습니다. 과년도 기출문제가 많은 시험에서는 계산 과정에서 실수하지 않도록 주의해야 합니다.

01 ★★☆

5[℃], 15[L]의 물을 60[℃]로 가열하는 데 1시간이 소요되었다. 이때 사용한 전열기의 용량은 얼마인지 구하시오.(단, 전열기 효율은 76[%]이다.) [5점]

- 계산 과정:
- 답:

답안작성

- 계산 과정: $P = \dfrac{15 \times 1 \times (60-5)}{860 \times 1 \times 0.76} = 1.26[\text{kW}]$
- 답: 1.26[kW]

개념체크 전열기의 용량

$$P = \frac{mc(T_2 - T_1)}{860 t \eta}[\text{kW}]$$

(단, c: 비열[kcal/kg·℃], m: 질량[kg], T_1: 초기 온도[℃], T_2: 나중 온도[℃], t: 시간[h], η: 효율)

※ 1[L] = 1[kg]

02 ★★★

3층 사무실용 건물에 3상 3선식의 6,000[V]를 수전하고 200[V]로 체강하여 수전하는 설비를 하였다. 각종 부하 설비가 표와 같을 때 다음 각 물음에 답하시오. [14점]

동력 부하 설비

사용 목적	용량[kW]	대수	상용 동력[kW]	하계 동력[kW]	동계 동력[kW]
난방 설비 • 보일러 펌프 • 오일 기어 펌프 • 온수 순환 펌프	6.7 0.4 3.7	1 1 1			6.7 0.4 3.7
공기 조화 설비 • 1, 2, 3층 패키지 콤프레셔 • 콤프레셔 팬 • 냉각수 펌프 • 쿨링 타워	7.5 5.5 5.5 1.5	6 3 1 1	16.5	45.0 5.5 1.5	
급수 배수 설비 • 양수 펌프	3.7	1	3.7		
기타 • 소화 펌프 • 셔터	5.5 0.4	1 2	5.5 0.8		
합계			26.5	52.0	10.8

조명 및 콘센트 부하 설비

사용 목적	와트수[W]	설치 수량	환산 용량[VA]	총 용량[VA]	비고
전등 설비					
• 수은등 A	200	2	260	520	200[V] 고역률
• 수은등 B	100	8	140	1,120	100[V] 고역률
• 형광등	40	820	55	45,100	200[V] 고역률
• 백열 전등	60	20	60	1,200	
콘센트 설비					
• 일반 콘센트		70	150	10,500	2P 16[A]
• 환기팬용 콘센트		8	55	440	
• 히터용 콘센트	1,500	2		3,000	
• 복사기용 콘센트		4		3,600	
• 텔레타이프용 콘센트		2		2,400	
• 룸 쿨러용 콘센트		6		7,200	
기타					
• 전화 교환용 정류기		1		800	
합계				75,880	

[조건]
- 직접조명 형광등 LED 160[W], 광효율 123[lm/W], 보수 상태 양호
- 동력 부하의 역률은 모두 70[%]이며, 기타는 100[%]로 간주한다.
- 조명 및 콘센트 부하 설비의 수용률은 다음과 같다.
  - 전등 설비: 60[%]
  - 콘센트 설비: 70[%]
  - 전화 교환용 정류기: 100[%]
- 변압기 용량 산출 시 예비율(여유율)은 고려하지 않으며, 용량은 표준 규격으로 답하도록 한다.
- 변압기 용량 산정 시 필요한 동력 부하 설비의 수용률은 전체 평균 65[%]로 한다.

(1) 동계 난방 때 온수 순환 펌프는 상시 운전하고, 보일러용과 오일 기어 펌프의 수용률이 55[%]일 때 난방 동력 수용 부하는 몇 [kW]인가?
- 계산 과정:
- 답:

(2) 상용 동력, 하계 동력, 동계 동력에 대한 피상 전력은 몇 [kVA]가 되겠는가?

(3) 이 건물의 총 전기 설비 용량은 몇 [kVA]를 기준으로 하여야 하는가?
- 계산 과정:
- 답:

(4) 조명 및 콘센트 부하 설비에 대한 단상 변압기의 용량은 최소 몇 [kVA]가 되어야 하는가?
- 계산 과정:
- 답:

(5) 동력 부하용 3상 변압기의 용량은 몇 [kVA]가 되겠는가?
- 계산 과정:
- 답:

(6) 단상과 3상 변압기의 전류계용으로 사용되는 변류기의 1차 측 정격 전류는 각각 몇 [A]인가?
  - 계산 과정:
  - 답:

(7) 역률 개선을 위하여 각 부하마다 전력용 콘덴서를 설치하려고 할 때 보일러 펌프의 역률을 95[%]로 개선하려면 몇 [kVA]의 전력용 콘덴서가 필요한가?
  - 계산 과정:
  - 답:

답안작성

(1) - 계산 과정: $P = 3.7 \times 1 + (6.7 + 0.4) \times 0.55 = 7.61[\text{kW}]$
  - 답: $7.61[\text{kW}]$

(2) 상용 동력

$$P_{a1} = \frac{26.5}{0.7} = 37.86[\text{kVA}]$$

하계 동력

$$P_{a2} = \frac{52.0}{0.7} = 74.29[\text{kVA}]$$

동계 동력

$$P_{a3} = \frac{10.8}{0.7} = 15.43[\text{kVA}]$$

(3) - 계산 과정: $P_a = 37.86 + 74.29 + 75.88 = 188.03[\text{kVA}]$
  - 답: $188.03[\text{kVA}]$

(4) - 계산 과정

전등 $P_{a1} = (520 + 1,120 + 45,100 + 1,200) \times 0.6 \times 10^{-3} = 28.76[\text{kVA}]$

콘센트 $P_{a2} = (10,500 + 440 + 3,000 + 3,600 + 2,400 + 7,200) \times 0.7 \times 10^{-3} = 19[\text{kVA}]$

기타 $P_{a3} = 0.8[\text{kVA}]$

$\therefore P_a = 28.76 + 19 + 0.8 = 48.56[\text{kVA}]$

  - 답: $50[\text{kVA}]$ 선정

(5) - 계산 과정: $P_a = \frac{26.5 + 52.0}{0.7} \times 0.65 = 72.89[\text{kVA}]$
  - 답: $75[\text{kVA}]$ 선정

(6) 단상 변압기
  - 계산 과정

$$I_1 = \frac{50 \times 10^3}{6,000} \times (1.25 \sim 1.5) = 10.42 \sim 12.5[\text{A}]$$

  - 답: $10[\text{A}]$ 선정

3상 변압기
  - 계산 과정

$$I_1 = \frac{75 \times 10^3}{\sqrt{3} \times 6,000} \times (1.25 \sim 1.5) = 9.02 \sim 10.83[\text{A}]$$

  - 답: $10[\text{A}]$ 선정

(7) - 계산 과정

$$Q_c = 6.7 \times \left(\frac{\sqrt{1 - 0.7^2}}{0.7} - \frac{\sqrt{1 - 0.95^2}}{0.95} \right) = 4.63[\text{kVA}]$$

  - 답: $4.63[\text{kVA}]$

(1) 수용 부하[kW] = 설비 용량[kW] × 수용률

(2) 피상 전력[kVA] = $\dfrac{\text{유효 전력[kW]}}{\text{역률}}$

(3) 계절 부하는 동시에 사용되지 않으므로 더 큰 부하인 하계 부하를 기준으로 구한다. 즉, 변압기의 용량 산정 시 총 전기 설비 용량은 상용 부하, 하계 부하, 조명 및 콘센트 부하를 고려한다.

(7) 역률 개선용 콘덴서 용량

$$Q_c = P(\tan\theta_1 - \tan\theta_2) = P\left(\dfrac{\sin\theta_1}{\cos\theta_1} - \dfrac{\sin\theta_2}{\cos\theta_2}\right)[\text{kVA}]$$

(단, P: 부하 전력[kW], $\cos\theta_1$: 개선 전 역률, $\cos\theta_2$: 개선 후 역률)

03
★★★

다음은 감리원이 공사업자에게 제출하도록 하는 요구 사항이다. 빈칸에 들어갈 알맞은 내용을 쓰시오.
[4점]

감리원은 공사진도율이 계획공정 대비 월간 공정실적이 (①)[%] 이상 지연되거나 누계공정실적이 (②)[%] 이상 지연될 때에는 공사업자에게 부진사유 분석, 만회대책 및 만회공정표를 수립하여 제출하도록 지시하여야 한다.

 ① 10 ② 5

04
★★☆

예비전원설비에 이용되는 연축전지와 알칼리 축전지에 대한 다음 각 물음에 답하시오. [8점]

(1) 연축전지와 비교할 때 알칼리 축전지의 장점과 단점을 1가지씩 쓰시오.

(2) 연축전지와 알칼리 축전지의 공칭전압은 몇 [V/cell]인가?

(3) 축전지의 일상적인 충전 방식 중 부동 충전 방식을 간단히 설명하시오.

(4) 연축전지의 정격용량이 200[Ah]이고, 상시부하가 10[kW]이며, 표준전압이 100[V]인 부동 충전 방식의 충전기 2차 전류는 몇 [A]인가?(단, 상시부하의 역률은 1로 간주한다.)
   • 계산 과정:
   • 답:

 (1) • 장점: 충전 · 방전 특성이 양호하다.
   • 단점: 연축전지에 비하여 공칭전압이 낮다.

(2) • 연축전지: 2.0[V/cell]
   • 알칼리 축전지: 1.2[V/cell]

(3) 축전지의 자기 방전을 보충함과 동시에 상용 부하에 대한 전력 공급은 충전기가 부담하도록 하되, 충전기가 공급하기 어려운 일시적인 대전류 부하는 축전지가 공급하는 충전 방식

(4) • 계산 과정: $I = \dfrac{200}{10} + \dfrac{10 \times 10^3}{100 \times 1} = 120[\text{A}]$
   • 답: 120[A]

부동 충전 방식 충전기의 2차 전류

$$\text{충전기 2차 전류[A]} = \frac{\text{축전지 용량[Ah]}}{\text{정격 방전율[h]}} + \frac{\text{상시 부하 용량[VA]}}{\text{표준 전압[V]}}$$

(단, 연축전지의 정격 방전율: 10[h], 알칼리 축전지의 정격 방전율: 5[h])

05 ★★☆

건축화 조명 방식을 천장면을 이용하는 방식과 벽면을 이용하는 방식으로 구분하여 3가지씩 쓰시오. [6점]

(1) 천장면을 이용하는 방식

(2) 벽면을 이용하는 방식

답안작성 (1) • 코퍼 조명
  • 다운라이트 조명
  • 루버 조명

(2) • 코너 조명
  • 코니스 조명
  • 밸런스 조명

단답 정리함 건축화 조명의 종류

천장면	벽면
• 다운라이트 조명 • 코퍼 조명 • 루버 조명 • 핀홀 조명 • 광천장 조명	• 코너 조명 • 코니스 조명 • 밸런스 조명 • 광창 조명

06 ★★☆

저압 옥내 배선공사 중 아래와 같은 시설 장소의 조건에 따라 합성수지관 공사로 배선하고자 한다. 이때 공사 가능 여부를 아래 표의 빈칸에 시설이 가능하면 ○, 불가능하면 ×로 표현하시오. [5점]

공사 종류	옥내						옥측/옥외	
	노출 장소		은폐 장소				옥측/옥외	
			점검 가능		점검 불가능			
	건조한 장소	습기가 많은 장소 또는 물기가 있는 장소	건조한 장소	습기가 많은 장소 또는 물기가 있는 장소	건조한 장소	습기가 많은 장소 또는 물기가 있는 장소	우선 내	우선 외
합성수지 관공사	○	①	○	②	③	④	○	⑤

답안작성 ① ○ ② ○ ③ ○ ④ ○ ⑤ ○

07 ★★★

변압기의 L1상에 $25[\text{kVA}]$, L2상에 $33[\text{kVA}]$, L3상에 $19[\text{kVA}]$인 단상 부하와 $20[\text{kVA}]$인 3상 부하가 접속되어 있을 때 최소 3상 변압기 용량을 구하시오. [5점]

- 계산 과정:
- 답:

답안작성
- 계산 과정

단상 부하의 최대값 $= 33[\text{kVA}]$

각 변압기의 3상 부하 분담값 $= \dfrac{20}{3} = 6.67[\text{kVA}]$

단상 변압기의 최소 용량 $= 33 + 6.67 = 39.67[\text{kVA}]$

3상 변압기의 최소 용량 $= 39.67 \times 3 = 119.01[\text{kVA}]$

- 답: $119.01[\text{kVA}]$

개념체크 표준 변압기 용량으로 선정할 경우 $150[\text{kVA}]$를 선정한다.

08 ★★☆

공동주택에 전력량계 $1\phi2\text{W}$용 35개를 신설하고, $3\phi4\text{W}$용 7개를 사용이 종료되어 신품으로 교체하였다. 이때 소요되는 공구손료 등을 제외한 직접노무비를 계산하시오.(단, 인공계산은 소수 셋째 자리까지 구하며, 내선전공의 노임은 $95,000$원이다.) [5점]

전력량계 및 부속장치 설치 (단위: 대)

종별	내선전공
전력량계 $1\phi2\text{W}$용	0.14
전력량계 $1\phi3\text{W}$용 및 $3\phi3\text{W}$용	0.21
전력량계 $3\phi4\text{W}$용	0.32
CT(저고압)	0.40
PT(저고압)	0.40
ZCT(영상변류기)	0.40
현수용 MOF(고압·특고압)	3.00
거치용 MOF(고압·특고압)	2.00
계기함	0.30
특수계기함	0.45
변성기함(저압·고압)	0.60

[비고]

① 방폭 200[%]

② 아파트 등 공동주택 및 기타 이와 유사한 동일 장소 내에서 10대를 초과하는 전력량계 설치 시 추가 1대당 해당품의 70[%]

③ 특수계기함은 3종 계기함, 농사용 계기함, 집합 계기함 및 저압 변류기용 계기함 등임

④ 고압 변성기함, 현수용 MOF 및 거치용 MOF(설치대 조립품 포함)를 주상설치 시 배전전공 적용

⑤ 철거 30[%], 재사용 철거 50[%]

• 계산 과정:

• 답:

답안작성 • 계산 과정

– 전력량계 1φ2W 신설

[비고] – ②항에 따라 10대까지는 내선전공 0.14를 적용하고 11대부터 내선전공 0.14의 70[%]를 적용한다.

∴ 내선전공 $= (10 \times 0.14) + \{(35-10) \times 0.14 \times 0.7\} = 3.85$[인] …… ㉠

– 전력량계 3φ4W 신품 교체

[비고] – ⑤항에 따라 신품으로 교체 시 철거가 먼저 이루어져야 하므로 30[%]를 가산한다.

∴ 내선전공 $= 7 \times 0.32 \times (0.3+1) = 2.912$[인] …… ㉡

전체 인공은 ㉠과 ㉡을 합한 값으로 $3.85 + 2.912 = 6.762$[인]

따라서 공구손료 등을 제외한 직접노무비는 $6.762 \times 95,000 = 642,390$[원]

• 답: 642,390[원]

09 그림과 같이 V 결선과 Y 결선된 변압기 한 상의 중심(O)에서 110[V]를 인출하여 사용하고자 한다. 다음
★☆☆ 각 물음에 답하시오. [6점]

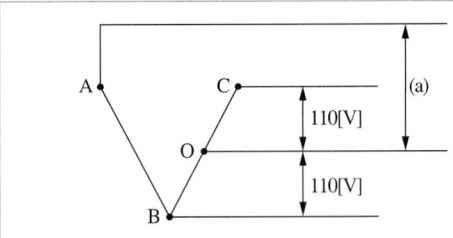 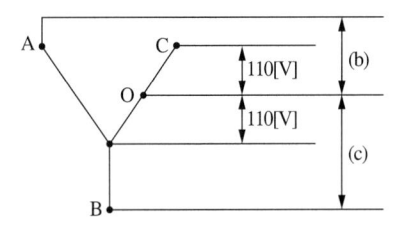

(1) (a)의 전압을 구하시오.

• 계산 과정:

• 답:

(2) (b)의 전압을 구하시오.

• 계산 과정:

• 답:

(3) (c)의 전압을 구하시오.

• 계산 과정:

• 답:

(1) • 계산 과정

점 O는 BC상의 중심점에 있으므로 V_{BO}는 V_{BC}의 $\frac{1}{2}$ 배이다.

$V_{AO} = V_{AB} + V_{BO}$

$\quad = 220\angle 0° + (220\angle -120°) \times \frac{1}{2} = 220\angle 0° + 110\angle -120°$

$\quad = 220 \times (\cos 0° + j\sin 0°) + 110 \times \{\cos(-120°) + j\sin(-120°)\}$

$\quad = 220 + 110 \times \left(-\frac{1}{2} - j\frac{\sqrt{3}}{2}\right) = 220 - 55 - j55\sqrt{3}$

$\quad = 165 - j55\sqrt{3}\,[\text{V}]$

$|V_{AO}| = \sqrt{165^2 + (-55\sqrt{3})^2} = 190.53\,[\text{V}]$

• 답: 190.53[V]

(2) • 계산 과정

Y결선의 중성점을 N이라고 하면 (b)의 전압 V_{AO}는 $V_{AN} - V_{ON}$으로 나타낼 수 있다.

$V_{AO} = V_{AN} - V_{ON}$

$\quad = 220\angle 0° - (220\angle 120°) \times \frac{1}{2}$

$\quad = 220 - 110 \times \left(-\frac{1}{2} + j\frac{\sqrt{3}}{2}\right)$

$\quad = 275 - j55\sqrt{3}\,[\text{V}]$

$|V_{AO}| = \sqrt{275^2 + (-55\sqrt{3})^2} = 291.03\,[\text{V}]$

• 답: 291.03[V]

(3) • 계산 과정

(c)의 전압 V_{BO}는 $V_{BN} - V_{ON}$으로 나타낼 수 있다.

$V_{BO} = V_{BN} - V_{ON} = 220\angle -120° - (220\angle 120°) \times \frac{1}{2}$

$\quad = 220 \times \left(-\frac{1}{2} - j\frac{\sqrt{3}}{2}\right) - 110 \times \left(-\frac{1}{2} + j\frac{\sqrt{3}}{2}\right)$

$\quad = -55 - j165\sqrt{3}\,[\text{V}]$

$|V_{BO}| = \sqrt{(-55)^2 + (-165\sqrt{3})^2} = 291.03\,[\text{V}]$

• 답: 291.03[V]

10
★☆☆ 지중 전선로는 케이블을 사용하고 관로식, 암거식, 직접 매설식에 의하여 시설해야 한다. 다음 물음에 답하시오. [4점]

(1) 관로식에 의하여 차량 및 기타 중량물의 압력을 받을 우려가 있는 경우 매설 깊이는 최소 얼마인가?

(2) 직접 매설식에 의하여 차량 및 기타 중량물의 압력을 받을 우려가 있는 경우 매설 깊이는 최소 얼마인가?

(1) 1.0[m]

(2) 1.0[m]

지중 전선로의 시설 매설 깊이
- 차량 및 기타 중량물의 압력을 받을 우려가 있는 장소(직접 매설식, 관로식): 1[m] 이상
- 기타 장소: 0.6[m] 이상

11

★★☆

그림과 같은 계통에서 변압기 2차 측 내부고장 시 가장 먼저 차단되어야 할 기기의 명칭을 쓰시오.

[3점]

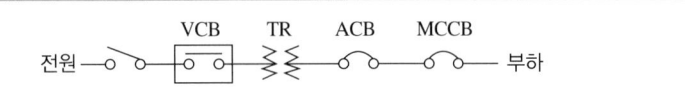

전원 ○—○ VCB TR ACB MCCB 부하

진공 차단기(VCB)

변압기(TR) 2차 측 내부고장 시 고장 전류는 전원 측에서 부하 측으로 흐른다.

12

★★☆

$38[mm^2]$의 경동연선을 사용해서 경간이 $100[m]$인 철탑에 가선하는 경우 이도는 얼마인가?(단, 경동연선의 인장하중은 $1,480[kg]$, 안전율은 2.2, 전선 자체의 무게는 $0.334[kg/m]$, 수평하중은 $0.608[kg/m]$라 한다.)

[5점]

- 계산 과정:
- 답:

- 계산 과정
  전선의 합성하중
  $$W = \sqrt{0.334^2 + 0.608^2} = 0.6937[kg/m]$$
  안전율을 감안한 전선의 이도
  $$D = \frac{0.6937 \times 100^2}{8 \times 1,480} \times 2.2 = 1.29[m]$$
- 답: $1.29[m]$

- 전선의 합성하중
  $$W = \sqrt{W_c^2 + W_w^2}[kg/m]$$
  (단, W_c: 전선의 하중[kg/m], W_w: 수평 하중[kg/m])
- 안전율을 감안한 전선의 이도
  $$D = \frac{WS^2}{8T}k[m]$$
  (단, S: 경간[m], T: 전선의 수평 장력(인장하중)[kg], k: 안전율)

13

그림과 같은 무접점 릴레이 회로의 출력식 Z를 구하고, 타임차트를 작성하시오.　　　**[5점]**

★☆☆

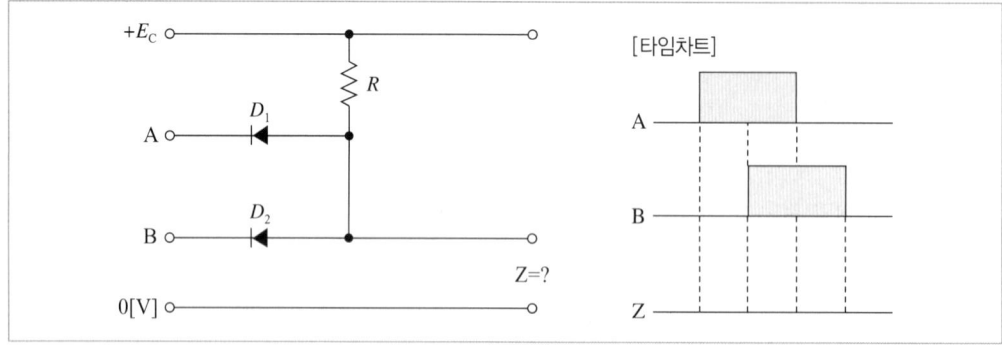

답안작성
- 출력식: $Z = A \cdot B$
- 타임차트

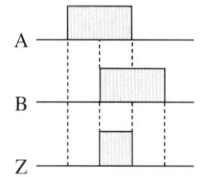

해설비법　문제의 무접점 릴레이 회로의 경우 A와 B에 입력값이 없을 때 입력이 없는 쪽으로 전류가 흐르기 때문에 Z(출력)의 전압이 0[V]가 된다. 즉 A, B 두 입력값이 존재할 경우에만 출력이 존재하는 회로로 AND게이트에 해당한다.

14

변압기 1차 측 탭 전압이 $22,900[V]$이고 2차 측이 $380/220[V]$일 때 2차 측 전압이 $370[V]$로 측정되었다. 2차 측 전압을 상승시키기 위해서 1차 측 탭 전압을 $21,900[V]$로 할 때 2차 측 전압을 구하시오. **[4점]**

★★☆

- 계산 과정:
- 답:

답안작성
- 계산 과정
  - 2차 측이 370[V]가 되기 위한 1차 측 전압

  $$V_1 \times \frac{380}{22,900} = 370[V] \;\rightarrow\; V_1 = 370 \times \frac{22,900}{380} = 22,297.37[V]$$

  - 1차 측 탭 전압을 변경 후 2차 측 전압

  $$V_2 = 22,297.37 \times \frac{380}{21,900} = 386.9[V]$$

- 답: $386.9[V]$

개념체크　전압과 탭 전압의 관계

$$\frac{V_2(\text{2차 측 전압})}{V_1(\text{1차 측 전압})} = \frac{\text{2차 측 탭 전압}}{\text{1차 측 탭 전압}}$$

15 ★★★

수용가의 인입구 전압이 $22.9[\text{kV}]$, 주차단기의 용량이 $200[\text{MVA}]$이다. $10[\text{MVA}]$, $22.9/3.3[\text{kV}]$ 변압기의 %임피던스가 $4.5[\%]$일 때, 변압기 2차 측에 필요한 차단기 용량을 다음 표에서 골라 선정하시오. [5점]

차단기의 정격용량[MVA]

10	20	30	50	75	100	150	250	300	400	500	750	1,000

- 계산 과정:
- 답:

답안작성
- 계산 과정

  기준용량을 $10[\text{MVA}]$으로 했을 때

  전원 측 %임피던스 $\%Z_s = \dfrac{10}{200} \times 100 = 5[\%]$

  합성 %임피던스 $\%Z = \%Z_s + \%Z_t = 5 + 4.5 = 9.5[\%]$

  따라서 변압기 2차 측 단락 용량 $P_s = \dfrac{100}{\%Z} \times P_n = \dfrac{100}{9.5} \times 10 = 105.26[\text{MVA}]$, 표에서 $150[\text{MVA}]$ 선정

- 답: $150[\text{MVA}]$

개념체크 %임피던스

$\%Z = \dfrac{P_n}{P_s} \times 100[\%]$(여기서 P_n: 기준용량, P_s: 단락용량)

해설비법

$\%Z_s = \dfrac{10}{200} \times 100 = 5[\%]$

main CB

TR $\%Z_t = 4.5[\%]$

$\%Z = \%Z_s + \%Z_t = 9.5[\%]$

2021년

16 ★★☆

주어진 진리값 표는 3개의 리미트 스위치 LS_1, LS_2, LS_3에 입력을 주었을 때 출력 X와의 관계표이다. 다음 표를 이용하여 각 물음에 답하시오. [6점]

진리값 표

LS_1	LS_2	LS_3	X
0	0	0	0
0	0	1	0
0	1	0	0
0	1	1	1
1	0	0	0
1	0	1	1
1	1	0	1
1	1	1	1

(1) 진리값 표를 이용하여 다음과 같은 Karnaugh도를 완성하시오.

LS_3 \ LS_1, LS_2	0 0	0 1	1 1	1 0
0				
1				

(2) 물음 (1)항의 Karnaugh도에 대한 논리식을 쓰시오.

(3) 진리값과 물음 (2)항의 논리식을 이용하여 무접점 회로도로 표시하시오.(단, OR, AND 소자만을 이용한다.)

(1)

LS_3 \ LS_1, LS_2	0 0	0 1	1 1	1 0
0	0	0	1	0
1	0	1	1	1

(2) $X = LS_1 \cdot LS_2 + LS_2 \cdot LS_3 + LS_1 \cdot LS_3$

$\quad = LS_1 \cdot (LS_2 + LS_3) + LS_2 \cdot LS_3$

(3)

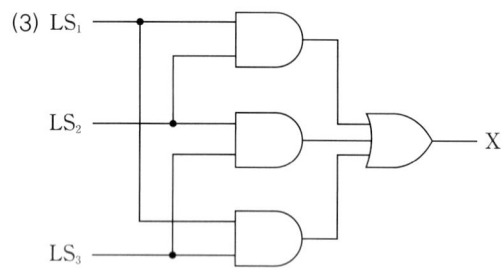

(2) $X = LS_1 \cdot LS_2 \cdot \overline{LS_3} + \overline{LS_1} \cdot LS_2 \cdot LS_3 + LS_1 \cdot LS_2 \cdot LS_3 + LS_1 \cdot \overline{LS_2} \cdot LS_3$

$\quad = LS_1 \cdot LS_2 \cdot \overline{LS_3} + \overline{LS_1} \cdot LS_2 \cdot LS_3 + LS_1 \cdot LS_2 \cdot LS_3 + LS_1 \cdot \overline{LS_2} \cdot LS_3 + LS_1 \cdot LS_2 \cdot LS_3 + LS_1 \cdot LS_2 \cdot LS_3$

$\quad = LS_1 \cdot LS_2 \cdot (\overline{LS_3} + LS_3) + LS_2 \cdot LS_3 \cdot (\overline{LS_1} + LS_1) + LS_1 \cdot LS_3 \cdot (\overline{LS_2} + LS_2)$ $\quad (\because A + \overline{A} = 1 \ 이용)$

$\quad = LS_1 \cdot LS_2 + LS_2 \cdot LS_3 + LS_1 \cdot LS_3$

$\quad = LS_1 \cdot (LS_2 + LS_3) + LS_2 \cdot LS_3$

(3)

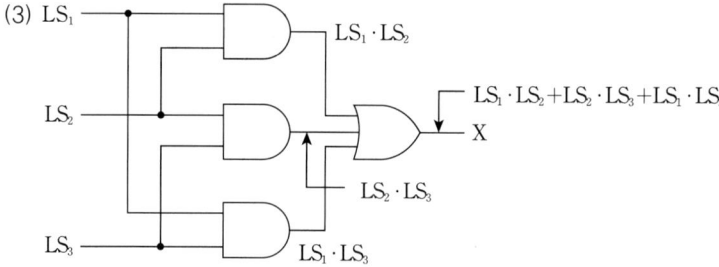

17

★☆☆

다음 그림은 TN-C 계통접지이다. 중성선(N), 보호도체(PE), 보호도체와 중성선을 겸한 도체(PEN)로 도면을 완성하고 표시하시오.(단, 중성선은 ╱, 보호도체는 ┬, 보호도체와 중성선을 겸한 도체는 ╤로 표시한다.) **[5점]**

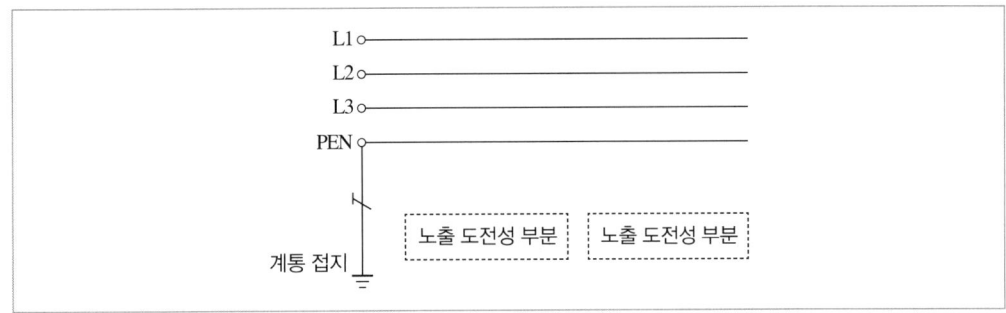

답안작성

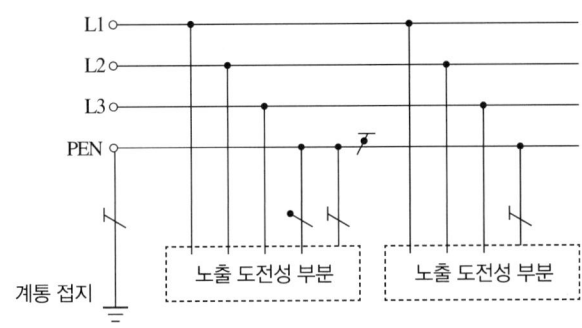

개념체크 TN-C-S 계통 접지

- 첫 번째 기호: T = Terra(접지) → 계통 접지
- 두 번째 기호: N = Neutral(중성선)
- 세 번째 기호: C = Combined(결합) → 보호선(PE)과 중성선(N)을 결합
- 네 번째 기호: S = Seperated(분리) → 보호선(PE)과 중성선(N)을 분리

기호 설명	
╱	중성선(N), 중간도체(M)
┬	보호도체(PE)
╤	중성선과 보호도체 겸용(PEN)

18

★★☆

단상 2선식 220[V]의 옥내배선에서 소비전력이 40[W]이고, 역률이 85[%]인 형광등 85등을 설치할 때 16[A] 분기 회로수는 몇 회로인지 구하시오.(단, 한 회선의 부하 전류는 분기 회로 용량의 80[%]로 하고 수용률은 100[%]로 한다.)　　　　　　　　　　　　　　　　　　　　　　　　　　　　　　　[5점]

- 계산 과정:
- 답:

답안작성

- 계산 과정

부하 용량 $P_a = \dfrac{40 \times 85}{0.85} \times 1.0 = 4,000[\text{VA}]$

분기 회로수 $n = \dfrac{4,000}{220 \times 16 \times 0.8} = 1.42 \rightarrow 2$회로(절상)

- 답: 16[A] 분기 2회로

개념체크

$$분기\ 회로수 = \frac{표준\ 부하\ 용량[\text{VA}]}{전압[\text{V}] \times 분기\ 회로의\ 전류[\text{A}] \times 정격률}$$

- 분기 회로수 계산 결과값에 소수점이 발생하면 소수점 이하 절상한다.
- 분기 회로의 전류가 주어지지 않을 때에는 16[A]를 표준으로 한다.

01 ★★★

다음은 $3\phi 4W$ $22.9[kV]$ 수전설비 단선 결선도이다. [보기]를 참고하여 다음 각 물음에 답하시오.

[10점]

[보기]
- TR1과 TR2의 효율은 $90[\%]$이며 TR2의 여유율은 $15[\%]$로 한다.
- TR1(수용률과 역률을 적용한) 부하설비 용량(전등 및 전열부하): $390.42[kVA]$
- TR2(수용률과 역률을 적용한) 부하설비 용량(일반 동력설비): $110.3[kVA]$
- TR2(수용률과 역률을 적용한) 부하설비 용량(비상 동력설비): $75.5[kVA]$
- 기준용량[kVA]: 200, 300, 400, 500

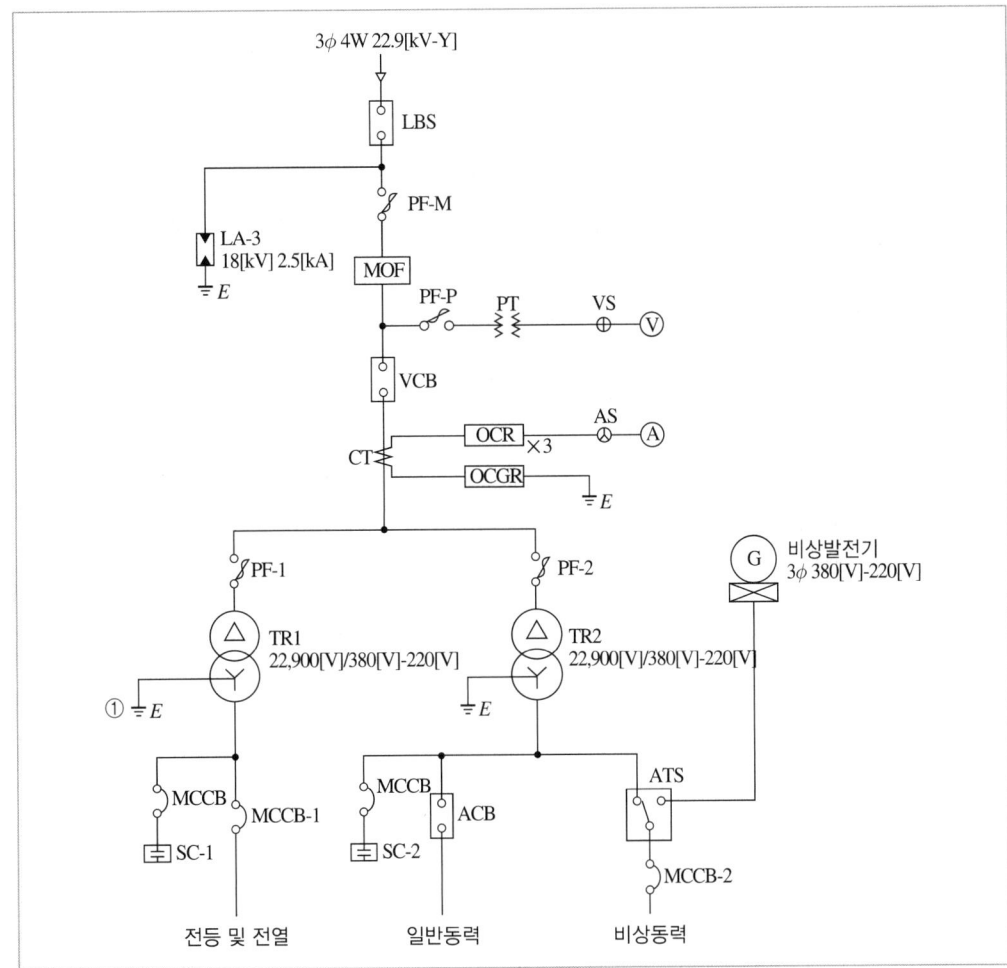

(1) TR1 변압기 용량을 선정하시오.

- 계산 과정:

- 답:

(2) TR2 변압기 용량을 선정하시오.
  - 계산 과정:
  - 답:

(3) TR1 변압기 2차 정격전류를 구하시오.
  - 계산 과정:
  - 답:

(4) ATS의 용도는 무엇인지 쓰시오.

(5) TR1 변압기 ①의 2차 측 중성점을 접지하는 목적이 무엇인지 쓰시오.

답안작성 (1) • 계산 과정

$$TR1 = \frac{390.42}{0.9} = 433.8 [kVA]$$

∴ 500[kVA] 선정

• 답: 500[kVA]

(2) • 계산 과정

$$TR2 = \frac{110.3 + 75.5}{0.9} \times 1.15 = 237.41 [kVA]$$

∴ 300[kVA] 선정

• 답: 300[kVA]

(3) • 계산 과정

2차 정격전류 $I_2 = \frac{500 \times 10^3}{\sqrt{3} \times 380} = 759.67 [A]$

• 답: 759.67[A]

(4) 저압 측(변압기 2차 측)에 설치되어 정전이 발생하였을 경우 변압기 상호 간 절체 또는 중요 부하에 비상발전기를 작동시켜서 전원을 공급하는 것을 목적으로 한다.

(5) 고저압 혼촉에 의한 저압 측 전위 상승을 억제하여 저압 측에 연결된 기계기구의 절연을 보호한다.

해설비법 (1), (2) 변압기 용량[kVA] $\geq \dfrac{\text{설비 용량[kW]} \times \text{수용률}}{\text{부등률} \times \text{역률} \times \text{효율}}$

(3) 2차 정격전류 $I_2 = \dfrac{P_a}{\sqrt{3} \times V}[A]$

(4) 자동 절환 개폐기(ATS): 저압 측에 정전이 발생하였을 경우, 일정 시간 내에 자동으로 절환하여 비상전원을 공급하는 개폐기

02 ★★☆

FL−40D 형광등의 전압이 220[V], 전류가 0.25[A], 안정기 손실이 5[W]일 때 형광등의 역률은 몇 [%]인가? [5점]

- 계산 과정:
- 답:

답안작성

- 계산 과정

  유효 전력 $P = 40 + 5 = 45[\text{W}]$

  피상 전력 $P_a = VI = 220 \times 0.25 = 55[\text{VA}]$

  $\therefore$ 역률 $\cos\theta = \dfrac{P}{P_a} \times 100[\%] = \dfrac{45}{55} \times 100[\%] = 81.82[\%]$

- 답: $81.82[\%]$

개념체크

- 역률 $\cos\theta = \dfrac{P}{P_a} \times 100[\%]$

  (단, P_a: 피상 전력, P: 유효 전력)

- FL−40D 형광등: 40[W] 형광등

03 ★★☆

폭 8[m]의 2차선 도로에 가로등을 도로 한쪽 배열로 50[m] 간격으로 설치하고자 한다. 도로면의 평균 조도를 5[lx]로 설계할 경우 가로등 1등당 필요한 광속을 구하시오.(단, 감광 보상률은 1.5, 조명률은 0.43으로 한다.) [6점]

- 계산 과정:
- 답:

답안작성

- 계산 과정

  $$F = \frac{5 \times (8 \times 50) \times 1.5}{0.43 \times 1} = 6{,}976.74[\text{lm}]$$

- 답: $6{,}976.74[\text{lm}]$

개념체크

$$FUN = EAD$$

(단, F: 광속[lm], U: 조명률, N: 사용하는 등의 개수, E: 조도[lx], A: 등기구 1개당 비추는 도로의 면적 [m²], D: 감광 보상률$(= \dfrac{1}{M})$, M: 보수율(유지율))

04

★☆☆

다음은 컨베이어 시스템 제어 회로의 도면이다. 3대의 컨베이어가 A → B → C 순서로 기동하며, C → B → A 순서로 정지한다고 할 때, 시스템도와 타임 차트를 참고하여 PLC 프로그램 입력 ①~⑤를 쓰시오. [6점]

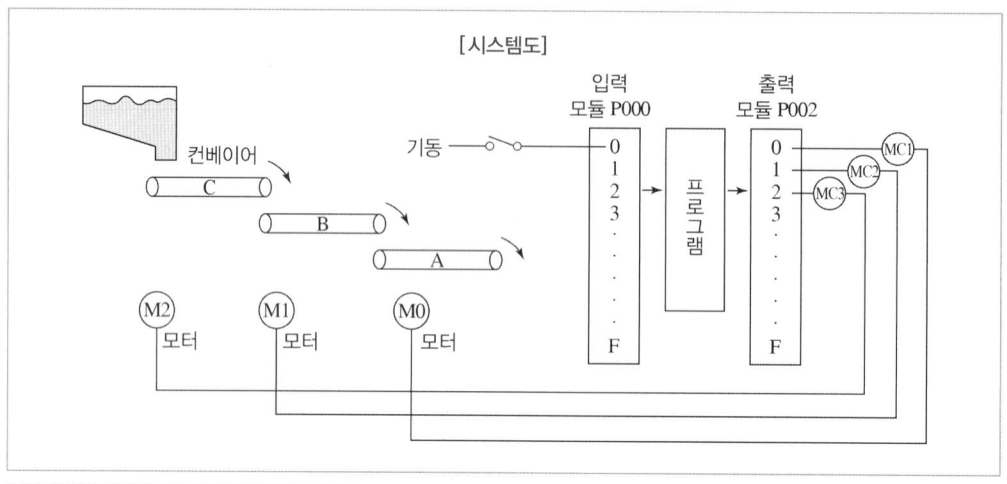

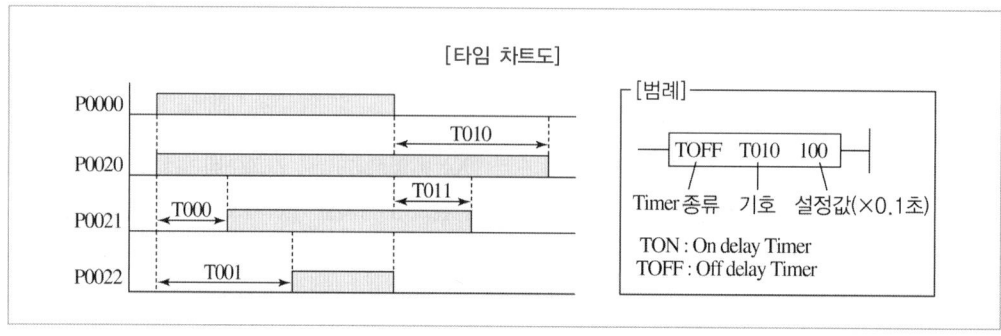

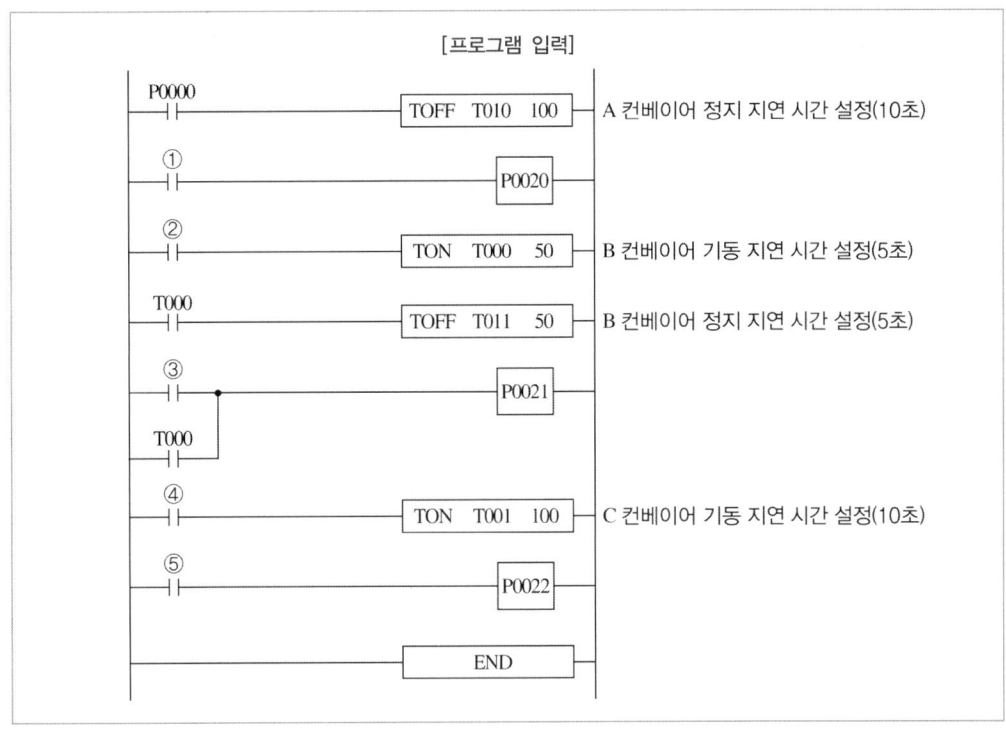

[프로그램 입력]

	①	②	③	④	⑤

①	②	③	④	⑤
T010	P0000	T011	P0000	T001

05
★★☆

어떤 발전소 발전기의 전압 $13.2[\mathrm{kV}]$, 용량 $93,000[\mathrm{kVA}]$, %임피던스 $95[\%]$일 때, 임피던스는 몇 $[\Omega]$ 인지 구하시오. **[5점]**

- 계산 과정:
- 답:

- 계산 과정

$$Z = \frac{\%Z \times 10\, V^2}{P} = \frac{95 \times 10 \times 13.2^2}{93,000} = 1.78[\Omega]$$

- 답: $1.78[\Omega]$

%임피던스

$$\%Z = \frac{PZ}{10\, V^2}$$

(단, P: 용량[kVA], V: 전압[kV], Z: 임피던스[Ω])

06 ★★☆

표와 같이 어느 수용가 A, B, C에 공급하는 배전 선로의 최대 전력은 $700[\text{kW}]$이다. 이때 수용가의 부등률은 얼마인지 구하시오. [5점]

수용가	설비 용량[kW]	수용률[%]
A	500	60
B	700	50
C	700	50

• 계산 과정:

• 답:

답안작성

• 계산 과정

$$부등률 = \frac{500 \times 0.6 + 700 \times 0.5 + 700 \times 0.5}{700} = 1.43$$

• 답: 1.43

개념체크 부등률

• 의미: 부하의 최대 수용 전력의 발생 시간이 서로 다른 정도를 나타낸다.

• 부등률이 클수록 최대 전력을 소비하는 기기의 사용 시간대가 서로 다르다는 것을 의미하므로 그만큼 유리하다.

$$부등률 = \frac{각\ 부하의\ 최대\ 수용\ 전력의\ 합계[\text{kW}]}{합성\ 최대\ 전력[\text{kW}]} = \frac{\Sigma(설비\ 용량[\text{kW}] \times 수용률)}{합성\ 최대\ 전력[\text{kW}]} \geq 1$$

07 ★★☆

변류기(CT) 2대를 V결선하여 OCR 3대를 그림과 같이 연결해 사용할 경우 다음 물음에 답하시오. [8점]

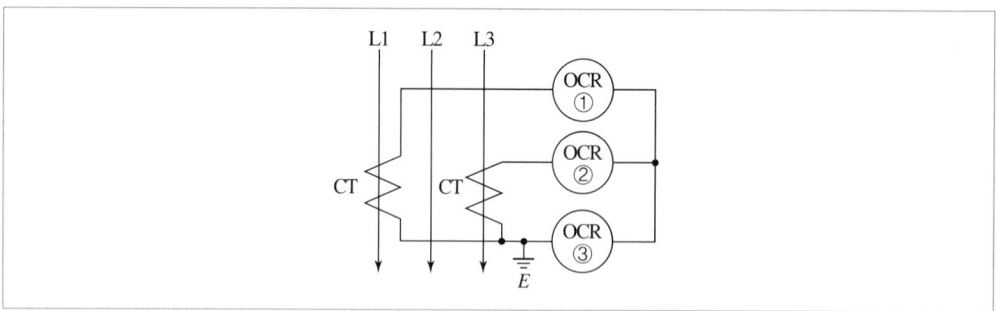

(1) 우리나라에서 사용되는 변류기(CT)는 일반적으로 어떤 극성을 사용하는가?

(2) 도면에서 사용된 변류기(CT)의 변류비가 40/5이고 변류기 2차 측 전류를 측정하니 3[A]의 전류가 흘렀다면 수전전력은 몇 [kW]인가?(단, 수전전압은 22,900[V]이고 역률은 90[%]이다.)

　　• 계산 과정:

　　• 답:

(3) OCR③에 흐르는 전류는 어떤 상의 전류인가?

(4) OCR은 주로 어떤 사고가 발생하였을 때 동작하는가?

(5) 통전 중에 있는 변류기 2차 측 기기를 교체하고자 할 때 가장 먼저 취하여야 할 조치는 무엇인지 쓰시오.

답안작성 (1) 감극성

(2) • 계산 과정: $P = \sqrt{3}\,VI\cos\theta = \sqrt{3} \times 22{,}900 \times 3 \times \dfrac{40}{5} \times 0.9 \times 10^{-3} = 856.74[\text{kW}]$

 • 답: $856.74[\text{kW}]$

(3) L2상 전류

(4) 단락 사고

(5) 2차 측 단락

해설비법 (2) 수전전력[kW] $= \sqrt{3} \times$ 수전전압[V] $\times$ 측정전류[A] $\times$ CT비 $\times \cos\theta \times 10^{-3}$

(3) 과전류 계전기(OCR)에 흐르는 전류의 상
①: L1상, ②: L3상, ③: L2상

(4) 과전류 계전기: 단락 사고 또는 정정값 이상의 전류가 흘렀을 때 동작하여 차단기의 트립 코일을 여자

(5) 계기용 변성기 점검 시
CT: 2차 측 단락(2차 측 과전압 및 절연 보호)
PT: 2차 측 개방(2차 측 과전류 보호)

08
★☆☆

전기안전관리자는 전기설비의 유지 · 운용 업무를 위해 국가표준기본법 제14조 및 교정대상 및 주기설정을 위한 지침 4조에 따라 다음의 계측장비를 주기적으로 교정하고 또한 안전장구의 성능을 적정하게 유지할 수 있도록 시험하여야 한다. 다음 표의 권장 교정 및 시험주기는 각각 몇 년인지 쓰시오.　　[5점]

구분	권장 교정 및 시험주기[년]
절연저항 측정기	
계전기 시험기	
접지저항 측정기	
절연저항계	
클램프미터	

답안작성

구분	권장 교정 및 시험주기[년]
절연저항 측정기	1
계전기 시험기	1
접지저항 측정기	1
절연저항계	1
클램프미터	1

09
★★★

정격 용량 $500[\text{kVA}]$의 변압기에서 배전선의 전력 손실을 $40[\text{kW}]$로 유지하면서 부하 L_1, L_2에 전력을 공급하고 있다. 지금 그림과 같이 전력용 콘덴서를 기존 부하와 병렬로 연결하여 합성 역률을 $90[\%]$로 개선하려고 할 때 다음 각 물음에 답하시오.(단, 부하 L_1은 역률 $60[\%]$, $180[\text{kW}]$이고, 부하 L_2의 전력은 $120[\text{kW}]$, $160[\text{kVar}]$이다.) [6점]

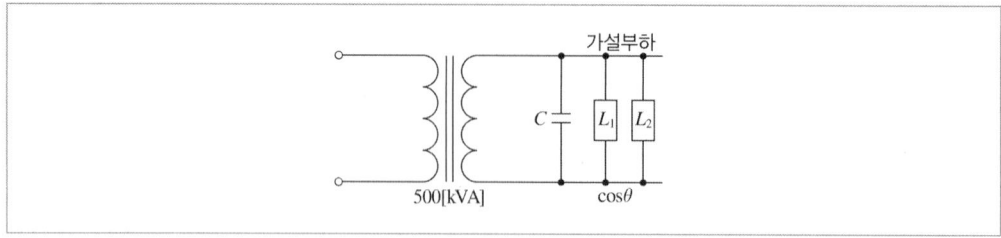

(1) 부하 L_1과 부하 L_2의 합성 용량은 몇 $[\text{kVA}]$인가?
- 계산 과정:
- 답:

(2) 부하 L_1과 부하 L_2의 합성 역률은 얼마인가?
- 계산 과정:
- 답:

(3) 합성 역률을 $90[\%]$로 개선하는 데 필요한 콘덴서 용량은 몇 $[\text{kVA}]$인가?
- 계산 과정:
- 답:

(4) 역률 개선 시 배전 전력 손실은 몇 $[\text{kW}]$인가?
- 계산 과정:
- 답:

답안작성

(1) • 계산 과정

합성 유효 전력 $P = 180 + 120 = 300[\text{kW}]$

합성 무효 전력 $Q = \left(180 \times \dfrac{0.8}{0.6}\right) + 160 = 400[\text{kVar}]$

합성 피상 전력 $P_a = \sqrt{300^2 + 400^2} = 500[\text{kVA}]$

• 답: $500[\text{kVA}]$

(2) • 계산 과정

합성 역률 $\cos\theta = \dfrac{P}{P_a} \times 100 = \dfrac{300}{500} \times 100 = 60[\%]$

• 답: $60[\%]$

(3) • 계산 과정

콘덴서 용량 $Q_c = 300 \times \left(\dfrac{\sqrt{1-0.6^2}}{0.6} - \dfrac{\sqrt{1-0.9^2}}{0.9}\right) = 254.7[\text{kVA}]$

• 답: $254.7[\text{kVA}]$

(4) • 계산 과정

역률 개선 전 배전 전력 손실 $P_{l1} = 40[\text{kW}]$이므로

$P_{l2} = \dfrac{0.6^2}{0.9^2} \times P_{l1} = \dfrac{0.36}{0.81} \times 40 = 17.78[\text{kW}]$

• 답: $17.78[\text{kW}]$

(4) 전력 손실 $P_l = \dfrac{P^2 R}{V^2 \cos^2\theta}$[kW]

전압이 일정할 경우 전력 손실은 역률의 제곱에 반비례한다.

$$\therefore \; \frac{P_{l2}}{P_{l1}} = \frac{\cos^2\theta_1}{\cos^2\theta_2} = \frac{0.6^2}{0.9^2}$$

역률 개선용 콘덴서 용량

$$Q_c = P(\tan\theta_1 - \tan\theta_2) = P\left(\frac{\sin\theta_1}{\cos\theta_1} - \frac{\sin\theta_2}{\cos\theta_2}\right)[\text{kVA}]$$

(단, P: 부하 전력[kW], $\cos\theta_1$: 개선 전 역률, $\cos\theta_2$: 개선 후 역률)

10

★★☆

$40[\text{kVA}]$, 3상 $380[\text{V}]$, $60[\text{Hz}]$용 전력용 콘덴서의 결선 방식에 따른 용량을 구하시오. [6점]

(1) Δ 결선인 경우 $C_1[\mu\text{F}]$
- 계산 과정:
- 답:

(2) Y 결선인 경우 $C_2[\mu\text{F}]$
- 계산 과정:
- 답:

(1) • 계산 과정

$Q = 3 \times 2\pi f C_1 E^2[\text{VA}]$에서 Δ 결선인 경우 선간 전압 $V[\text{V}]$는 상전압 $E[\text{V}]$와 같으므로

$$C_1 = \frac{Q}{3 \times 2\pi f E^2} = \frac{Q}{3 \times 2\pi f V^2} = \frac{40 \times 10^3}{3 \times 2\pi \times 60 \times 380^2}$$

$= 244.93 \times 10^{-6}[\text{F}] = 244.93[\mu\text{F}]$

• 답: $244.93[\mu\text{F}]$

(2) • 계산 과정

$Q = 3 \times 2\pi f C_2 E^2[\text{VA}]$에서 Y 결선인 경우 상전압 $E = \dfrac{V}{\sqrt{3}}[\text{V}]$이므로

$$C_2 = \frac{Q}{3 \times 2\pi f E^2} = \frac{Q}{3 \times 2\pi f\left(\dfrac{V}{\sqrt{3}}\right)^2} = \frac{40 \times 10^3}{3 \times 2\pi \times 60 \times \left(\dfrac{380}{\sqrt{3}}\right)^2}$$

$= 734.79 \times 10^{-6}[\text{F}] = 734.79[\mu\text{F}]$

• 답: $734.79[\mu\text{F}]$

$$Q = 3 \times 2\pi f \cdot C \cdot E^2[\text{VA}]$$
(단, f: 주파수[Hz], C: 전선 1선당 정전 용량[F], E: 상전압[V])

11

★★☆

다음 논리회로를 보고 각 물음에 답하시오.　　　　　　　　　　　　　　　　[6점]

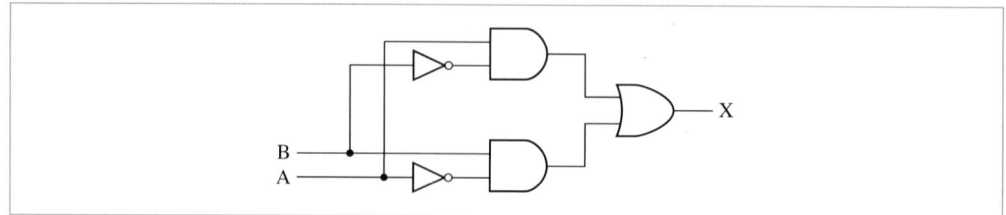

(1) 유접점 회로를 완성하시오.

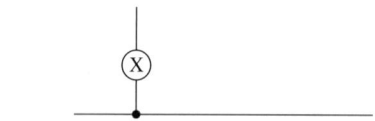

(2) 타임차트를 완성하시오.

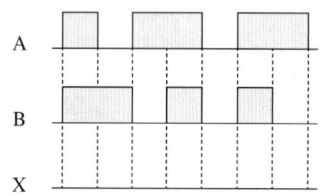

답안작성 (1)

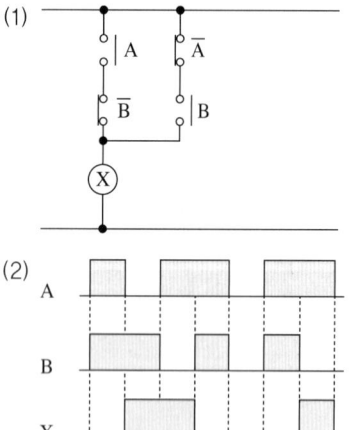

(2)

해설비법　　주어진 회로의 논리식은 다음과 같다.

$$X = (A \cdot \overline{B}) + (\overline{A} \cdot B)$$

다음과 같은 회로를 '배타적 논리합 회로'라고 한다.

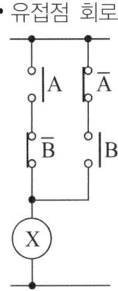

개념체크 배타적 논리합 회로(XOR)

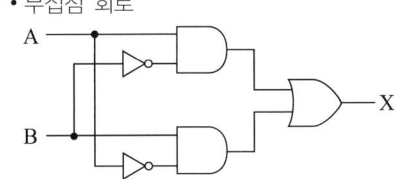

• 유접점 회로
• 무접점 회로
• 진리표

A	B	X
0	0	0
0	1	1
1	0	1
1	1	0

12
★☆☆

그림과 같은 회로에서 단자전압이 $V_0[\mathrm{V}]$일 때 전압계의 눈금 $V[\mathrm{V}]$로 측정하기 위해서는 배율기의 저항 $R_m[\Omega]$은 얼마로 하여야 하는지 구하시오.(단, 전압계의 내부 저항은 $R_v[\Omega]$로 한다.)　　　[4점]

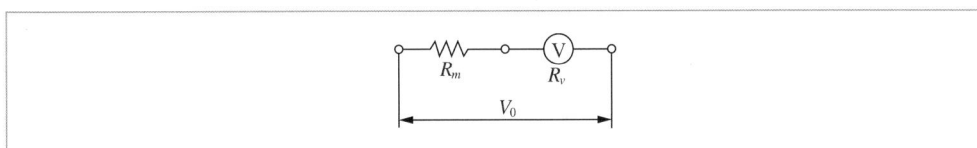

• 계산 과정:
• 답:

답안작성 ・ 계산 과정

전압계에 걸리는 전압 $V = IR_v[\mathrm{V}]$

회로에 흐르는 전류 $I = \dfrac{V_0}{R_m + R_v}[\mathrm{A}]$

$I = \dfrac{V}{R_v} = \dfrac{V_0}{R_m + R_v}[\mathrm{A}] \;\rightarrow\; V = \dfrac{R_v}{R_m + R_v}V_0[\mathrm{V}]$

$\dfrac{R_m + R_v}{R_v} = 1 + \dfrac{R_m}{R_v} = \dfrac{V_0}{V} \;\rightarrow\; \dfrac{V_0}{V} - 1 = \dfrac{R_m}{R_v}$

∴ 배율기의 저항 $R_m = R_v\left(\dfrac{V_0}{V} - 1\right)[\Omega]$

• 답: $R_v\left(\dfrac{V_0}{V} - 1\right)[\Omega]$

배율기

측정 전압 범위가 작은 전압계를 이용하여 높은 전압을 측정할 때 사용

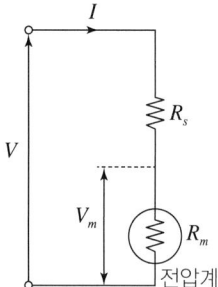

• 측정 전압

$$V_m = \frac{R_m}{R_s + R_m} V[\text{V}]$$

• 배율

$$m = \frac{V}{V_m} = \frac{R_s + R_m}{R_m} = 1 + \frac{R_s}{R_m}[\text{배}]$$

(단, R_m: 전압계의 내부 저항[Ω], R_s : 배율기 저항[Ω])

• 배율기 저항

$$R_s = (m-1)R_m[\Omega]$$

---

13 ★★★

3상 3선식 $380[\text{V}]$로 수전하는 부하전력 $10[\text{kW}]$, 구내 배선의 길이는 $10[\text{m}]$이며 배선에서의 전압강하는 $3[\%]$까지 허용하는 경우 구내 배선의 굵기를 계산하시오.(단, 배선의 굵기는 2.5, 4, 6, 10, 16, 25, 35, 50, $75[\text{mm}^2]$ 중에서 선정한다.) **[5점]**

• 계산 과정:

• 답:

답안작성
• 계산 과정: $A = \dfrac{30.8 \times 10 \times \dfrac{10 \times 10^3}{\sqrt{3} \times 380}}{1{,}000 \times 380 \times 0.03} = 0.41[\text{mm}^2] \ \rightarrow \ 2.5[\text{mm}^2]$ 선정

• 답: $2.5[\text{mm}^2]$

개념체크 전선의 단면적 계산 공식

단상 2선식	$A = \dfrac{35.6LI}{1{,}000e}[\text{mm}^2]$
3상 3선식	$A = \dfrac{30.8LI}{1{,}000e}[\text{mm}^2]$
단상 3선식 3상 4선식	$A = \dfrac{17.8LI}{1{,}000e}[\text{mm}^2]$

그림은 $3\phi4W$ Line에 적산전력량계(WHM)를 접속하여 전력량을 적산하기 위한 결선도이다. 다음 각 물음에 답하시오. **[8점]**

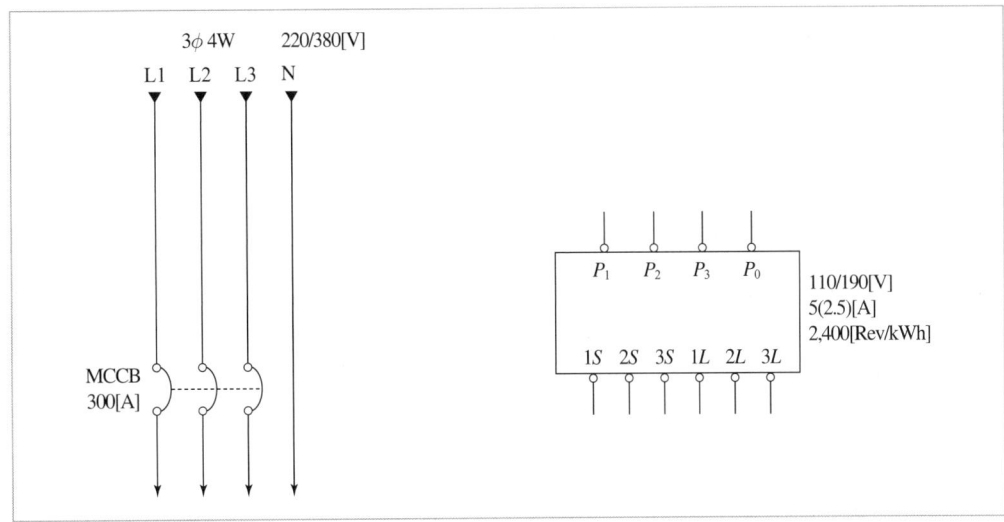

(1) 적산전력량계(WHM)가 정상적으로 적산하도록 변성기를 추가하여 결선도를 완성하시오.

(2) 다음이 의미하는 것을 쓰시오.
- 5[A]
- 2.5[A]

(3) PT비는 220/110, CT비는 300/5라고 한다. 전력량계의 승률은 얼마인가?
- 계산 과정:
- 답:

답안작성 (1)

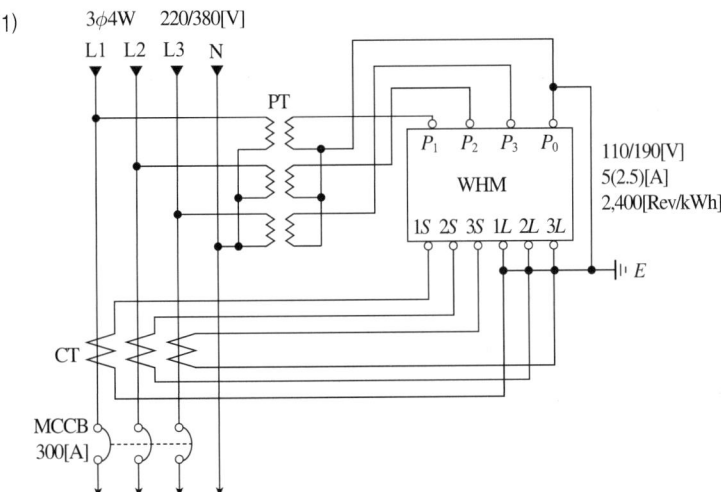

(2) • 5[A]: 정격전류 5[A]로 최대 부하 전류를 5[A]까지 적용할 수 있다.
  • 2.5[A]: 기준 전류로 정상적인 동작 및 시험에 따른 전류를 의미한다.

(3) • 계산 과정: 승률 $= \dfrac{220}{110} \times \dfrac{300}{5} = 120$

　　• 답: 120

개념체크　승률 $=$ PT비 $\times$ CT비

15
★☆☆

적산전력량계(WHM)의 계기 정수는 $2,400[\mathrm{Rev/kWh}]$이고 소비전력은 $500[\mathrm{W}]$이다. 전력량계 원판의 1분간 회전수는 얼마인지 구하시오. **[5점]**

• 계산 과정:

• 답:

답안작성　• 계산 과정: $P = \dfrac{3,600n}{tk}[\mathrm{kW}]$에서 $n = \dfrac{tkP}{3,600} = \dfrac{60 \times 2,400 \times 0.5}{3,600} = 20[\mathrm{rpm}]$

　　• 답: $20[\mathrm{rpm}]$

개념체크　적산 전력계의 측정 소비전력

$$P = \frac{3,600n}{t \times k}[\mathrm{kW}]$$

(단, n: 적산 전력계 원판의 회전수[회], t: 시간[sec], k: 계기 정수[Rev/kWh])

16
★☆☆

대지 고유저항률 $500[\Omega \cdot \mathrm{m}]$, 직경 $0.01[\mathrm{m}]$, 길이 $2[\mathrm{m}]$인 접지봉을 전부 매입했다고 한다. 접지저항 (대지 저항)값은 얼마인가?(단, Tagg법으로 계산하시오.) **[5점]**

• 계산 과정:

• 답:

답안작성　• 계산 과정

$$R = \frac{500}{2\pi \times 2} \times \ln\frac{2 \times 2}{\frac{0.01}{2}} = 265.97[\Omega]$$

　　• 답: $265.97[\Omega]$

접지봉의 접지저항 계산 공식

$$R = \frac{\rho}{2\pi l} \ln \frac{2l}{r} \ [\Omega]$$

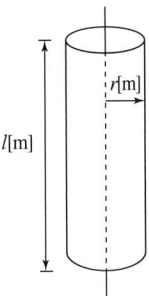

17

★★☆

송전전압 $66[\text{kV}]$의 3상 3선식 송전선에서 1선 지락사고로 영상전류 $50[\text{A}]$가 흐를 때 통신선에 유기되는 전자 유도 전압$[\text{V}]$을 구하시오.(단, 상호 인덕턴스 $0.06[\text{mH/km}]$, 병행거리 $30[\text{km}]$, 주파수는 $60[\text{Hz}]$이다.) [5점]

• 계산 과정:

• 답:

답안작성

• 계산 과정

$E_m = -j2\pi \times 60 \times 0.06 \times 10^{-3} \times 30 \times 3 \times 50 = -j101.79[\text{V}]$

$\therefore \ |E_m| = 101.79[\text{V}]$

• 답: $101.79[\text{V}]$

개념체크   전자 유도 장해: 전력선과 통신선의 상호 인덕턴스(M)에 의해 통신선에 전자 유도 전압이 발생하여 통신선에 생기는 유도 장해

$$E_m = -j\omega Ml \times 3I_0 [\text{V}]$$

(단, M: 전력선과 통신선 간의 상호 인덕턴스$[\text{H/km}]$, l: 전력선과 통신선의 병행 길이$[\text{km}]$, I_0: 지락 사고에 의해 발생하는 영상 전류$[\text{A}]$($\because I_g = 3I_0 [\text{A}]$))

배점 100
1회독
득점 2회독
3회독

01

★★★

그림은 $22.9[kV]$ 특고압 수전설비의 단선도이다. 다음 각 물음에 답하시오.

[11점]

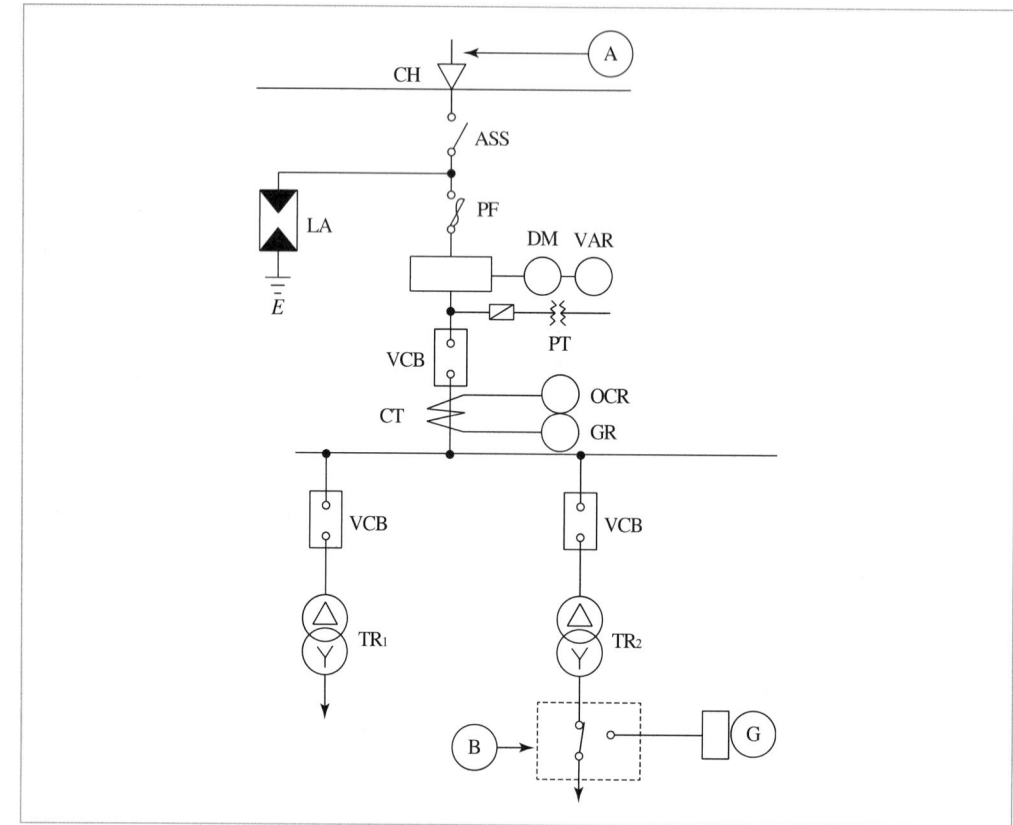

(1) 도면에 표시된 다음 각 약호의 명칭을 우리말로 쓰시오.
    ① ASS ② LA ③ VCB ④ PF

(2) TR₁쪽의 부하 용량의 합이 $300[kW]$이고, 역률 및 효율이 각각 0.8, 수용률이 0.6이라면 TR₁ 변압기의 용량은 몇 $[kVA]$가 적당한지를 계산하고, 규격 용량으로 답하시오.
    • 계산 과정:
    • 답:

(3) Ⓐ에는 어떤 종류의 케이블이 사용되는가?

(4) Ⓑ의 명칭은 무엇인가?

(5) 변압기의 결선도를 복선도로 작성하시오.

답안작성 (1) ① ASS: 자동 고장 구분 개폐기

② LA: 피뢰기

③ VCB: 진공 차단기

④ PF: 전력 퓨즈

(2) • 계산 과정: TR_1 변압기의 용량 $= \dfrac{300 \times 0.6}{0.8 \times 0.8} = 281.25[kVA]$

• 답: $300[kVA]$ 선정

(3) CNCV-W 케이블(수밀형) 또는 TR CNCV-W 케이블(트리 억제형)

(4) 자동 절체 스위치

(5)

해설비법 (2) 변압기 용량 $P_{TR}[kVA] \geq \dfrac{\text{설비 용량}[kW] \times \text{수용률}}{\text{역률} \times \text{효율}}$

(3) 지중 인입선의 경우에 $22.9[kV-Y]$ 계통은 CNCV-W 케이블(수밀형) 또는 TR CNCV-W(트리 억제형)을 사용하여야 한다.

02
★★☆

도로의 너비가 $25[m]$인 곳에 양쪽으로 $30[m]$ 간격으로 지그재그식으로 등주를 배치하여 도로 위의 평균 조도를 $5[lx]$가 되도록 하려면 각 등주에 사용되는 수은등은 몇 $[W]$의 것을 사용하면 되는지를 주어진 표를 참고하여 구하시오.(단, 노면의 광속이용률은 $30[\%]$, 유지율은 $75[\%]$로 한다.) [5점]

수은등의 광속

용량[W]	전광속[lm]
100	$3,200 \sim 3,500$
200	$7,700 \sim 8,500$
300	$10,000 \sim 11,000$
400	$13,000 \sim 14,000$
500	$18,000 \sim 20,000$

• 계산 과정:

• 답:

답안작성 • 계산 과정

광속 $F = \dfrac{5 \times \left(\dfrac{25 \times 30}{2}\right) \times \dfrac{1}{0.75}}{0.3 \times 1} = 8,333.33[lm]$

표에서 광속 $7,700 \sim 8,500[lm]$에 해당하는 용량 $200[W]$를 선정한다.

• 답: $200[W]$

도로 조명 설계 중 양쪽 지그재그 배열

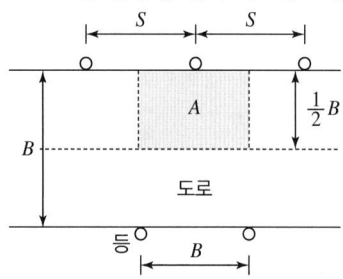

$$A = \frac{B \times S}{2} [\text{m}^2] \, (B: \text{도로의 폭}[\text{m}], \ S: \text{등 간격}[\text{m}])$$

$$FUN = EAD$$

(단, F: 광속[lm], U: 조명률, N: 사용하는 등의 개수, E: 조도[lx], A: 등기구 1개당 비추는 도로의 면적
[m^2], D: 감광 보상률($= \frac{1}{M}$), M: 보수율(유지율))

03

★★☆

3상 3선식 송전계통에서 한 선의 저항이 $2.5[\Omega]$, 리액턴스가 $5[\Omega]$이고 수전단의 선간 전압은 $3[\text{kV}]$, 부하 역률이 0.8인 경우, 전압강하율을 $10[\%]$라 하면 이 송전선로는 몇 $[\text{kW}]$까지 수전할 수 있는지 구하시오. [5점]

• 계산 과정:

• 답:

• 계산 과정

$$\text{수전전력} \ P_r = \frac{\varepsilon V_r^2}{R + X\tan\theta} = \frac{0.1 \times (3 \times 10^3)^2}{2.5 + 5 \times \dfrac{0.6}{0.8}} \times 10^{-3} = 144[\text{kW}]$$

• 답: $144[\text{kW}]$

전압강하율: 수전단 전압을 기준으로 하였을 때 선로에서 발생한 전압강하의 백분율

$$\varepsilon = \frac{e}{V_r} \times 100[\%] = \frac{V_s - V_r}{V_r} \times 100[\%]$$

$$= \frac{\sqrt{3}\,I(R\cos\theta + X\sin\theta)}{V_r} \times 100 = \frac{P_r \times (R + X\tan\theta)}{V_r^2} \times 100[\%]$$

(단, V_s: 송전단 선간 전압[V], V_r: 수전단 선간 전압[V])

04 ★☆☆

가동 코일형 전압계에 전압 $45[\text{mV}]$를 인가했을 때 흐르는 최대 전류가 $30[\text{mA}]$라고 한다. 다음 각 물음에 답하시오. [5점]

(1) 전압계의 내부 저항을 구하시오.
  • 계산 과정:
  • 답:

(2) $100[\text{V}]$를 측정하기 위해서는 배율기 저항을 얼마로 하여야 하는지 구하시오.
  • 계산 과정:
  • 답:

답안작성 (1) • 계산 과정

$$R_m = \frac{V}{I} = \frac{45 \times 10^{-3}}{30 \times 10^{-3}} = 1.5[\Omega]$$

  • 답: $1.5[\Omega]$

(2) • 계산 과정

배율기 저항 $R_s = R_m \left(\frac{V}{V_m} - 1 \right) = 1.5 \times \left(\frac{100}{45 \times 10^{-3}} - 1 \right) = 3,331.83[\Omega]$

  • 답: $3,331.83[\Omega]$

개념체크 배율기

측정 전압 범위가 작은 전압계를 이용하여 높은 전압을 측정할 때 사용

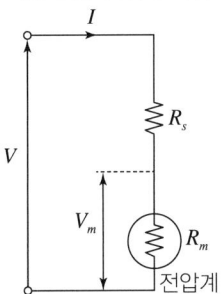

• 측정 전압

$$V_m = \frac{R_m}{R_s + R_m} V[\text{V}]$$

• 배율

$$m = \frac{V}{V_m} = \frac{R_s + R_m}{R_m} = 1 + \frac{R_s}{R_m}[\text{배}]$$

(단, R_m: 전압계의 내부 저항$[\Omega]$, R_s: 배율기 저항$[\Omega]$)

• 배율기 저항

$$R_s = (m-1)R_m[\Omega]$$

05 ★★☆

그림과 같은 교류 $100[\text{V}]$ 단상 2선식 분기 회로의 부하 중심점 거리를 구하시오.　　　[5점]

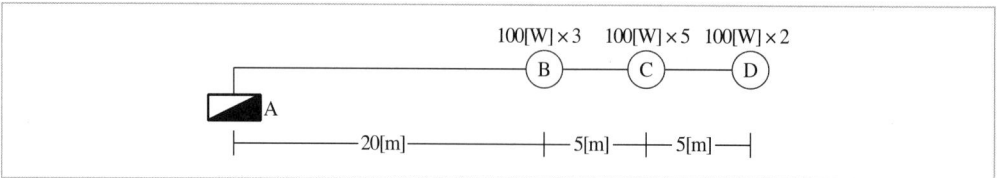

- 계산 과정:
- 답:

답안작성

- 계산 과정

　B에 흐르는 전류 $I_B = \dfrac{100 \times 3}{100} = 3[\text{A}]$

　C에 흐르는 전류 $I_C = \dfrac{100 \times 5}{100} = 5[\text{A}]$

　D에 흐르는 전류 $I_D = \dfrac{100 \times 2}{100} = 2[\text{A}]$

　따라서 부하 중심거리 $L = \dfrac{20 \times 3 + 25 \times 5 + 30 \times 2}{3 + 5 + 2} = 24.5[\text{m}]$

- 답: $24.5[\text{m}]$

개념체크　부하 중심까지의 거리 $L[\text{m}] = \dfrac{\Sigma(L \times I)}{\Sigma I} = \dfrac{L_1 I_1 + L_2 I_2 + L_3 I_3}{I_1 + I_2 + I_3}$

06 ★☆☆

선간전압 $22.9[\text{kV}]$, 주파수 $60[\text{Hz}]$, 정전용량 $0.03[\mu\text{F/km}]$, 유전체 역률이 0.003인 경우 유전체 손실은 몇 $[\text{W/km}]$인가?　　　[5점]

- 계산 과정:
- 답:

답안작성

- 계산 과정: $P = 2\pi \times 60 \times 0.03 \times 10^{-6} \times (22.9 \times 10^3)^2 \times 0.003 = 17.79[\text{W/km}]$
- 답: $17.79[\text{W/km}]$

개념체크　유전체 손실

$$P = 2\pi f C V^2 \tan\delta [\text{W/km}]$$

(여기서 f: 주파수[Hz], C: 정전용량[μF/km], V: 선간전압[kV], $\tan\delta$: 유전체 역률)

07

★☆☆

외부 피뢰시스템에 대하여 다음 각 물음에 답하시오. **[6점]**

(1) 수뢰부시스템의 구성요소 3가지를 쓰시오.

(2) 피뢰시스템의 배치법 3가지를 쓰시오.

답안작성

(1) 돌침, 수평도체, 메시도체
(2) 보호각법, 회전구체법, 메시법

해설비법 수뢰부시스템

(1) 수뢰부시스템은 돌침, 수평도체, 메시도체의 요소 중에 한 가지 또는 이를 조합한 형식으로 시설하여야 한다.
(2) 수뢰부시스템의 배치는 다음에 의한다.
    ① 보호각법, 회전구체법, 메시법 중 하나 또는 조합된 방법으로 배치하여야 한다.
    ② 건축물·구조물의 뾰족한 부분, 모서리 등에 우선하여 배치한다.

08

★★☆

중성점 접지에 관한 다음 물음에 답하시오. **[8점]**

(1) 송전 계통에서의 중성점 접지방식 4가지를 쓰시오.

(2) 우리나라의 154[kV], 345[kV] 송전계통에 적용하는 중성점 접지방식을 쓰시오.

(3) 유효 접지는 1선 지락 사고 시 건전상의 전압상승이 상규 대지전압의 몇 배를 넘지 않도록 접지 임피던스를 조절해서 접지해야 하는지 쓰시오.

답안작성

(1) 비접지방식, 저항 접지방식, 직접 접지방식, 소호리액터 접지방식
(2) 직접 접지방식
(3) 1.3배

09

★★☆

대용량 변압기의 내부 고장을 보호할 수 있는 보호 장치 3가지를 쓰시오. **[6점]**

답안작성

• 부흐홀츠 계전기
• 비율 차동 계전기
• 충격압력 계전기

단답 정리함 대용량 변압기의 내부고장 보호 장치

• 유온계
• 방압 안전장치
• 부흐홀츠 계전기
• 비율 차동 계전기
• 충격압력 계전기

10 ★★★

단상 2선식 220[V]의 옥내배선에서 소비전력 40[W], 역률 80[%]의 형광등을 180등 설치할 때 이 시설을 16[A]의 분기회로로 하려고 한다. 이때 필요한 분기 회로는 최소 몇 회선이 필요한지 구하시오.(단, 한 회로의 부하전류는 분기회로 용량의 80[%]로 하고 수용률은 100[%]로 한다.) [5점]

• 계산 과정:

• 답:

• 계산 과정

$$분기 \ 회로수 \ n = \frac{\frac{40}{0.8} \times 180 \times 1}{220 \times 16 \times 0.8} = 3.20 \ \rightarrow \ 4(절상)$$

• 답: 16[A] 분기 4회로

$$분기 \ 회로수 = \frac{표준 \ 부하 \ 용량[VA]}{전압[V] \times 분기 \ 회로의 \ 전류[A] \times 정격률}$$

• 분기 회로수 계산 결과값에 소수점이 발생하면 소수점 이하 절상한다.
• 분기 회로의 전류가 주어지지 않을 때에는 16[A]를 표준으로 한다.

11 ★★☆

가로 6[m], 세로 8[m], 높이 4.1[m], 작업면의 높이가 0.8[m]인 사무실에 천장 직부 형광등을 시설하려고 한다. 다음 각 물음에 답하시오. [4점]

(1) 벽면을 이용하지 않는 경우 등과 벽 사이의 간격은 몇 [m] 이하이어야 하는가?
   • 계산 과정:
   • 답:

(2) 벽면을 이용하는 경우 등과 벽 사이의 간격은 몇 [m] 이하이어야 하는가?
   • 계산 과정:
   • 답:

(1) • 계산 과정: $S \leq \frac{1}{2}H = \frac{1}{2} \times (4.1 - 0.8) = 1.65[m]$

   • 답: 1.65[m]

(2) • 계산 과정: $S \leq \frac{1}{3}H = \frac{1}{3} \times (4.1 - 0.8) = 1.1[m]$

   • 답: 1.1[m]

• 등기구와 등기구의 간격: $S \le 1.5H$
• 벽과 등기구의 간격

   – 벽면을 사용하지 않을 경우: $S \le \dfrac{H}{2}$

   – 벽면을 사용할 경우: $S \le \dfrac{H}{3}$

12 ★★☆

거리 계전기의 설치점에서 고장점까지의 임피던스를 $70[\Omega]$이라면 계전기 측에서 보는 임피던스는 얼마인가?(단, PT의 비는 $154{,}000/110[\mathrm{V}]$, CT의 비는 $500/5[\mathrm{A}]$이다.)　　　　[5점]

• 계산 과정:
• 답:

• 계산 과정

   계전기 측에서 보는 임피던스 $Z = 70 \times \dfrac{500}{5} \times \dfrac{110}{154{,}000} = 5[\Omega]$

• 답: $5[\Omega]$

계전기 측에서 보는 임피던스 = 설치점에서 고장점까지의 임피던스 × CT비 × $\dfrac{1}{\text{PT비}}$

13 ★☆☆

누름버튼 스위치 $\mathrm{BS_1}$, $\mathrm{BS_2}$, $\mathrm{BS_3}$에 의하여 직접 제어되는 계전기 $\mathrm{X_1}$, $\mathrm{X_2}$, $\mathrm{X_3}$가 있다. 이 계전기 3개가 모두 소자(복귀)되어 있을 때만 출력램프 $\mathrm{L_1}$이 점등되고, 그 이외에는 출력램프 $\mathrm{L_2}$가 점등되도록 계전기를 사용한 시퀀스 제어회로를 설계하려고 한다. 이때 다음 각 물음에 답하시오.　　　　[6점]

(1) 본문 요구조건과 같은 진리표를 작성하시오.

입력			출력	
$\mathrm{X_1}$	$\mathrm{X_2}$	$\mathrm{X_3}$	$\mathrm{L_1}$	$\mathrm{L_2}$
0	0	0		
0	0	1		
0	1	0		
0	1	1		
1	0	0		
1	0	1		
1	1	0		
1	1	1		

(2) 다음 출력에 대한 최소 접점수를 갖는 논리식을 쓰시오.

- L_1
- L_2

(3) 논리식에 대응되는 계전기 시퀀스 제어회로(유접점 회로)를 작성하시오.

답안작성 (1)

입력			출력	
X_1	X_2	X_3	L_1	L_2
0	0	0	1	0
0	0	1	0	1
0	1	0	0	1
0	1	1	0	1
1	0	0	0	1
1	0	1	0	1
1	1	0	0	1
1	1	1	0	1

(2) ① $L_1 = \overline{X_1}\,\overline{X_2}\,\overline{X_3}$

② $L_2 = \overline{X_1}\,\overline{X_2}X_3 + \overline{X_1}X_2\overline{X_3} + \overline{X_1}X_2X_3 + X_1\overline{X_2}\,\overline{X_3} + X_1\overline{X_2}X_3 + X_1X_2\overline{X_3} + X_1X_2X_3$

$= X_1 + X_2 + X_3$

(3)

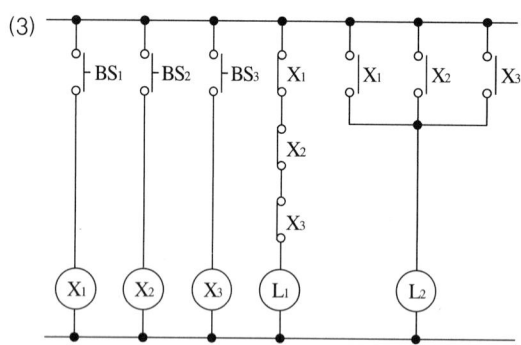

해설비법 (2) • L_2의 논리식은 X_1, X_2, X_3 중 하나 이상만 동작하면 점등이 되므로 $L_2 = X_1 + X_2 + X_3$가 된다.

• $L_2 = \overline{L_1} = \overline{\overline{X_1}\,\overline{X_2}\,\overline{X_3}} = X_1 + X_2 + X_3$

14 ★★☆

제5고조파 전류의 확대 방지 및 스위치 투입 시 돌입전류 억제를 목적으로 역률 개선용 콘덴서에 직렬 리액터를 설치하고자 한다. 콘덴서의 용량이 $500[\mathrm{kVA}]$라고 할 때 다음 각 물음에 답하시오. [6점]

(1) 이론상 필요한 직렬 리액터의 용량은 몇 $[\mathrm{kVA}]$인가?
   • 계산 과정:
   • 답:

(2) 실제적으로 설치하는 직렬 리액터의 용량은 몇 $[\mathrm{kVA}]$인지 구하고 그 이유를 설명하시오.
   • 계산 과정:
   • 답:

 답안작성

(1) • 계산 과정: $500 \times 0.04 = 20[\mathrm{kVA}]$
   • 답: $20[\mathrm{kVA}]$

(2) • 계산 과정
   주파수 변동을 고려한 실제상 콘덴서 용량의 6[%]를 선정한다.
   $500 \times 0.06 = 30[\mathrm{kVA}]$
   • 답: $30[\mathrm{kVA}]$

해설비법

(1) 이론상 콘덴서 용량의 4[%]
(2) 주파수 변동을 고려한 실제상 콘덴서 용량의 6[%] 선정

15 ★★☆

다음과 같은 논리회로의 출력을 가장 간단한 식으로 작성하시오. [4점]

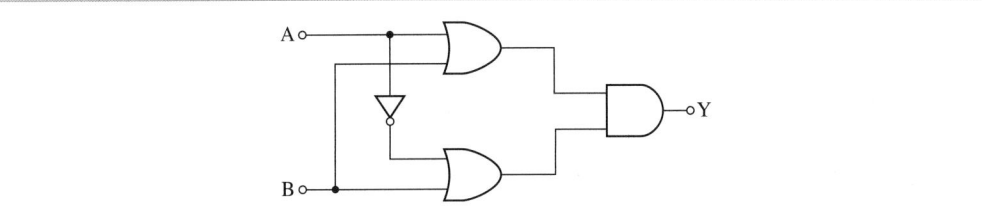

답안작성

• 계산 과정
$$Y = (A+B)(\overline{A}+B) = A\overline{A} + \overline{A}B + AB + BB$$
$$= \overline{A}B + AB + B = B(\overline{A}+A+1) = B$$
• 답: $Y = B$

해설비법

$Y = (A+B)(\overline{A}+B) = A\overline{A} + \overline{A}B + AB + BB \; (\because A \cdot \overline{A} = 0, \; B \cdot B = B)$
$= \overline{A}B + AB + B = B(\overline{A}+A+1) \; (\because \overline{A}+A+1 = 1)$
$= B$

16 ★★★

지표면상 $10[m]$ 높이에 수조가 있다. 이 수조에 초당 $1[m^3]$의 물을 양수하려고 한다. 펌프 효율이 $70[\%]$이고, 펌프축 동력에 $25[\%]$의 여유를 둔다면 전동기의 소요동력은 몇 $[kW]$인가?(단, 펌프용 3상 농형 유도 전동기의 역률은 $100[\%]$로 가정한다.) [5점]

• 계산 과정:

• 답:

답안작성

• 계산 과정: $P = \dfrac{9.8 \times 1 \times 10}{0.7} \times 1.25 = 175[kW]$

• 답: $175[kW]$

개념체크 양수 펌프용 전동기 용량

$$P = \frac{9.8QH}{\eta}k[kW]$$

(단, Q: 양수량$[m^3/s]$, H: 양정(양수 높이)$[m]$, k: 여유 계수, η: 효율)

17 ★★☆

다음은 한국전기설비규정에서 정하는 수용가 설비에서의 전압강하에 관한 내용이다. 다른 조건을 고려하지 않는다면 수용가 설비의 인입구로부터 기기까지의 전압강하는 표의 값 이하로 하여야 한다. 다음 빈칸에 알맞은 값을 쓰시오. [4점]

설비의 유형	조명[%]	기타[%]
A-저압으로 수전하는 경우	①	②
B-고압 이상으로 수전하는 경우*	③	④

* 가능한 한 최종회로 내의 전압강하가 A 유형의 값을 넘지 않도록 하는 것이 바람직하다. 사용자의 배선설비가 $100[m]$를 넘는 부분의 전압강하는 미터 당 $0.005[\%]$ 증가할 수 있으나 이러한 증가분은 $0.5[\%]$를 넘지 않아야 한다.

답안작성 ① 3   ② 5   ③ 6   ④ 8

개념체크 수용가 설비의 전압강하

설비의 유형	조명(%)	기타(%)
A – 저압으로 수전하는 경우	3	5
B – 고압 이상으로 수전하는 경우*	6	8

* 가능한 한 최종회로 내의 전압강하가 A 유형의 값을 넘지 않도록 하는 것이 바람직하다. 사용자의 배선설비가 $100[m]$를 넘는 부분의 전압강하는 미터 당 $0.005[\%]$ 증가할 수 있으나 이러한 증가분은 $0.5[\%]$를 넘지 않아야 한다.

18

★★☆

아래 [조건]과 같은 3상 유도 전동기가 있다. 다음 각 물음에 답하시오. [5점]

> [조건]
> - 전압: 3상 380[V]
> - 부하의 종류: 전동기(효율과 역률은 고려하지 않는다.)
> - 전동기 정격출력: 30[kW]
> - 전동기 기동시간에 따른 차단기의 규약동작배율: 5배
> - 기동전류: 전부하전류의 8배
> - 기동방식: 전전압 기동방식
>
> | 차단기의 정격전류 [A] | 32 40 50 63 80 100 125 150 175 200 225 250 300 400 |
> |---|---|

(1) 부하의 설계전류를 구하시오.
- 계산 과정:
- 답:

(2) 차단기의 정격전류를 선정하시오.
- 계산 과정:
- 답:

답안작성

(1) • 계산 과정

부하의 설계전류: $I_B = \dfrac{P}{\sqrt{3}\,V} = \dfrac{30 \times 10^3}{\sqrt{3} \times 380} = 45.58[\text{A}]$

• 답: 45.58[A]

(2) • 계산 과정

설계전류를 고려한 차단기의 정격전류

$I_n \geq I_B = 45.58[\text{A}]$ ······ ㉠

기동전류를 고려한 차단기의 정격전류

$I_n \geq \dfrac{I_B \times \beta}{\gamma} = \dfrac{45.58 \times 8}{5} = 72.93[\text{A}]$ ······ ㉡

기동 돌입전류를 고려한 차단기의 정격전류

$I_n \geq \dfrac{I_i \times \alpha}{\delta} = \dfrac{I_B \times \beta \times C \times k \times \alpha}{\delta} = \dfrac{45.58 \times 8 \times 1 \times 1.5 \times 1}{10} = 54.7[\text{A}]$ ······ ㉢

㉠, ㉡, ㉢ 값 중 가장 큰 값인 72.93[A]을 넘는 차단기의 정격전류 80[A]를 선정한다.

• 답: 80[A]

개념체크

• 전동기의 기동전류를 고려한 차단기의 정격전류

$I_n \geq \dfrac{I_B \times \beta}{\gamma}$

(단, β: 전동기의 전전압 기동배율, γ: 보호장치의 규약 동작(차단)배율)

• 전동기의 기동 돌입전류를 고려한 차단기의 정격전류

$I_n \geq \dfrac{I_i \times \alpha}{\delta} = \dfrac{I_B \times \beta \times C \times k \times \alpha}{\delta}$

(단, I_i: 전동기의 기동 돌입전류, I_B: 전동기 회로의 설계전류, β: 전동기의 전전압 기동배율, C: 전동기의 기동방식에 따른 계수, k: 돌입전류의 배율, α: 설계 여유계수, δ: 차단기 순시차단배율)

1회 학습전략

합격률: 39.21%

난이도 下

- 단답형: 유도 전동기, 접지, 도면, 지락 보호, 이격거리, 조명방식, 공칭 전압, 감리
- 공식형: 수전단 전압, 분기 회로수, 이도, 부하율, 변압기 용량
- 복합형: 수전설비 결선도, 예비전원설비
- 전기산업기사 실기 시험에는 단답형 문제가 반복 출제되므로, '싹! 쓰리 노트'의 '빈출단답'을 통해 단답 이론을 외워두면 좋습니다. 자주 출제되는 문제 위주로 우선 학습하는 것이 좋은 회차입니다.

2회 학습전략

합격률: 41.12%

난이도 下

- 단답형: 공통접지, 차단기 점검, 차단기 종류, 측정기기, 건축화 조명, 시퀀스, 직렬 리액터
- 공식형: 차단기 용량, 부하설비, 승압, 발전기 용량, 송전단 전압, 분기 회로
- 복합형: 수전설비 결선도, 차단기
- 단답형 문제에서 득점하기 좋은 회차로 합격률이 높았습니다. '단답 정리함'을 잘 활용하여 자신만의 노트를 정리하는 것도 좋은 방법입니다. 이번 회차의 계산 문제는 모두 빈출되는 내용으로 정리하면서 학습하시는 것이 좋습니다.

3회 학습전략

합격률: 6.20%

난이도 上

- 단답형: 시퀀스, 변류기, 수전설비 결선도, 절연저항, 서지보호장치, 변압기 병렬운전조건
- 공식형: 주상 변압기, 양수용 전동기, 전력용 콘덴서, 조명설계, 축전지 용량, 부하율, 전등 부하, 계약 전력, 누설전류
- 복합형: 유도형 원판 OCR
- 낮은 합격률을 기록한 회차 중 하나였습니다. 계산 과정이 까다로운 문제가 많아 어렵게 느껴질 수 있습니다. 별표가 많은 빈출 문제 위주로 학습한 후, 어려운 문제는 2~3회독 시 정리하는 방법을 추천합니다.

4·5회 학습전략

합격률: 24.34%

난이도 中

- 단답형: 3로 스위치, 시퀀스, 조도, 대전, 감리, 후크온 메타
- 공식형: 역률 개선, 전일 효율, 퓨즈, 정전용량, 전선 굵기, 양수용 전동기, 유도 전동기, 단락용량
- 복합형: 조명설계
- 개념을 확실히 잡아 두면 득점하기 좋은 시퀀스 부분에서 많이 출제되었습니다. 계산 문제에서 다소 어렵게 느껴질 수 있는 부분이 많기에 꼼꼼히 학습하는 것이 좋습니다.

01 다음 도면은 어떤 수용가 수전설비의 단선 결선도이다. 도면과 [참고 자료]를 이용하여 다음 각 물음에
★★☆ 답하시오. [14점]

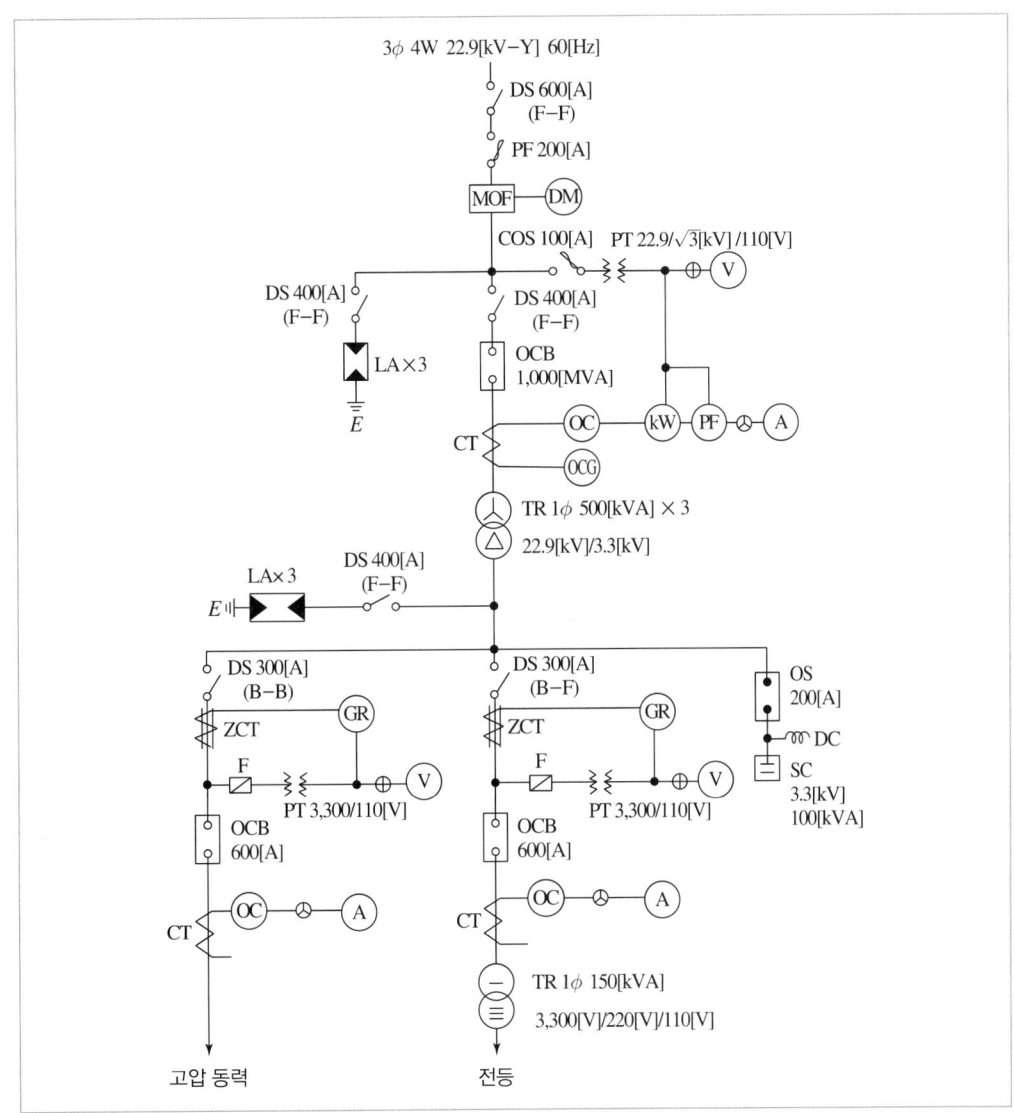

[참고 자료] 계기용 변압기, 변류기 정격(일반 고압용)

종별	정격	
PT	1차 정격전압[V]	3,300, 6,600
	2차 정격전압[V]	110
	정격부담[VA]	50, 100, 200, 400
CT	1차 정격전류[A]	10, 15, 20, 30, 40, 50, 75, 100, 150, 200, 300, 400, 500, 600
	2차 정격전류[A]	5
	정격부담[VA]	15, 40, 100(일반적으로 고압 회로는 40[VA] 이하, 저압 회로는 15[VA] 이상)

(1) 22.9[kV] 측에 대하여 다음 각 물음에 답하시오.

① MOF에 연결되어 있는 (DM)은 무엇인가?

② DS의 정격전압은 몇 [kV]인가?

③ LA의 정격전압은 몇 [kV]인가?

④ OCB의 정격전압은 몇 [kV]인가?

⑤ OCB의 정격차단용량 선정은 무엇을 기준으로 하는가?

⑥ CT의 변류비는?(단, 1차 전류의 여유는 25[%]로 한다.)

- 계산 과정:
- 답:

⑦ DS에 표시된 F-F의 뜻은?

⑧ 그림과 같은 결선에서 단상 변압기가 2부싱형 변압기이면 1차 중성점의 접지는 어떻게 해야 하는가?(단, "접지를 한다", "접지를 하지 않는다"로 답하시오.)

⑨ OCB의 차단 용량이 1,000[MVA]일 때 정격 차단 전류는 몇 [A]인가?

- 계산 과정:
- 답:

(2) 3.3[kV] 측에 대하여 다음 각 물음에 답하시오.

① 옥내용 PT는 주로 어떤 형을 사용하는가?

② 고압 동력용 OCB에 표시된 600[A]는 무엇을 의미하는가?

③ 콘덴서에 내장된 DC의 역할은?

④ 전등 부하의 수용률이 70[%]일 때 전등용 변압기에 걸 수 있는 부하 용량은 몇 [kW]인가?

- 계산 과정:
- 답:

답안작성 (1) ① 최대 수요 전력량계

② 25.8[kV]

③ 18[kV]

④ 25.8[kV]

⑤ 단락용량

⑥ • 계산 과정: $I_1 = \dfrac{500 \times 3}{\sqrt{3} \times 22.9} \times 1.25 = 47.27$[A] 이므로, CT의 변류비는 50/5 선정

• 답: 50/5

⑦ 접속 단자의 접속 방법이 표면 접속임을 의미한다.

⑧ 접지를 하지 않는다.

⑨ • 계산 과정: $P_s = \sqrt{3}\, V_n I_s$ 에서, $I_s = \dfrac{P_s}{\sqrt{3}\, V_n} = \dfrac{1{,}000 \times 10^3}{\sqrt{3} \times 25.8} = 22{,}377.92$[A]

• 답: 22,377.92[A]

(2) ① 몰드형

② 정격 전류

③ 콘덴서에 축적된 잔류 전하의 신속한 방전

④ • 계산 과정: 부하 용량 $= \dfrac{150}{0.7} = 214.29[\text{kW}]$

  • 답: $214.29[\text{kW}]$

(1) ②, ④ 차단기(CB) 및 단로기(DS)의 공칭 전압(V)별 정격 전압(V_n)의 관계

공칭 전압	6.6[kV]	22.9[kV]	66[kV]	154[kV]	345[kV]	765[kV]
정격 전압	7.2[kV]	25.8[kV]	72.5[kV]	170[kV]	362[kV]	800[kV]

③ 적용 장소별 피뢰기(LA) 정격 전압

전력 계통		피뢰기 정격 전압[kV]	
전압[kV]	중성점 접지 방식	변전소	배전 선로
345	유효접지	288	–
154	유효접지	144	–
66	PC 접지 또는 비접지	72	–
22	PC 접지 또는 비접지	24	–
22.9	3상 4선 다중접지	21	18

⑤ 차단기의 정격 차단 용량은 단락 용량 이상이어야 한다.

⑥ 수전 회로에서의 변류비

$$\text{변류기 1차 전류} = \dfrac{P_1}{\sqrt{3}\,V_1\cos\theta} \times k[\text{A}] = \dfrac{P_1}{\sqrt{3}\,V_1\cos\theta} \times k[\text{A}]$$

$$(\text{단, } k = 1.25 \sim 1.5\text{: 변압기의 여자 돌입 전류를 감안한 여유도})$$

$$\text{변류비} = \dfrac{I_1}{I_2}(\text{단, 정격 2차 전류 } I_2 = 5[\text{A}])$$

• CT 1차 전류: 5, 10, 15, 20, 30, 40, 50, 75, 100, 150, 200, 300, 400, 500, 600, 750, 1,000[A]

• CT 2차 전류: 5[A]

⑨ 정격 차단 용량 $P_s = \sqrt{3}\,V_n I_s$(여기서, V_n: 정격 전압, I_s: 정격 차단 전류)

(2) ④ 부하 용량 $= \dfrac{\text{변압기 용량}}{\text{수용률}}$

02 ★★★ 3상 3선식 $6,600[\text{V}]$인 변전소에서 저항 $6[\Omega]$, 리액턴스 $8[\Omega]$의 송전선을 통하여 역률 0.8의 부하에 전력을 공급할 때 수전단 전압을 $6,000[\text{V}]$ 이상으로 유지하기 위해서 걸 수 있는 부하는 몇 $[\text{kW}]$까지 가능하겠는지 구하시오. [5점]

• 계산 과정:

• 답:

답안작성
- 계산 과정

$$P = \frac{e\,V_r}{R + X\tan\theta} = \frac{(6,600 - 6,000) \times 6,000}{6 + \left(8 \times \dfrac{0.6}{0.8}\right)} = 300,000[\text{W}] = 300[\text{kW}]$$

- 답: $300[\text{kW}]$

해설비법 전압강하 $e = V_s - V_r = \dfrac{P}{V_r}(R + X\tan\theta)$ 에서 $P = \dfrac{e\,V_r}{R + X\tan\theta}$

03
★★☆

그림은 3상 유도 전동기의 $Y - \Delta$ 기동법을 나타내는 결선도이다. 다음 각 물음에 답하시오. [7점]

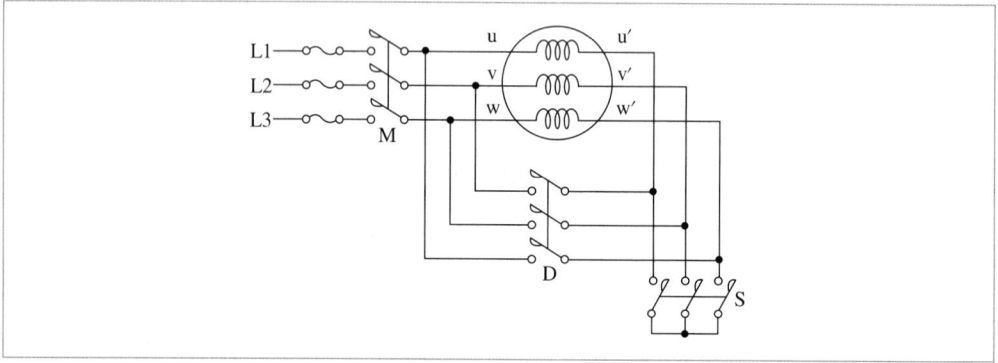

(1) 다음 표의 빈칸에 기동 시 및 운전 시 전자개폐기 접점의 ON, OFF 상태 및 접속상태(Y 결선, Δ 결선)를 쓰시오.

구분	전자개폐기 접점상태(ON, OFF)			접속상태
	S	D	M	
기동 시				
운전 시				

(2) 전전압 기동과 비교하여 $Y - \Delta$ 기동법의 기동 시 기동전압, 기동전류 및 기동토크는 각각 어떻게 되는가?
① 기동전압(선간전압)
② 기동전류
③ 기동토크

답안작성 (1)

구분	전자개폐기 접점상태(ON, OFF)			접속상태
	S	D	M	
기동 시	ON	OFF	ON	Y 결선
운전 시	OFF	ON	ON	Δ 결선

(2) ① 기동전압(선간전압): $\dfrac{1}{\sqrt{3}}$ 배, ② 기동전류: $\dfrac{1}{3}$ 배, ③ 기동토크: $\dfrac{1}{3}$ 배

(1) M 개폐기: 기동 및 운전 시 상시 ON(전원 투입)

S 개폐기: Y 결선으로 Y 기동 시 ON, Δ 운전 시 OFF

D 개폐기: Δ 결선으로 Y 기동 시 OFF, Δ 운전 시 ON

(2) ① 기동전압 $\dfrac{V_Y}{V_\Delta} = \dfrac{\dfrac{V}{\sqrt{3}}}{V} = \dfrac{1}{\sqrt{3}}$

② 기동전류 $I_Y = \dfrac{\dfrac{V}{\sqrt{3}}}{Z} = \dfrac{V}{\sqrt{3}\,Z}$, $I_\Delta = \dfrac{\sqrt{3}\,V}{Z}$

$\therefore \dfrac{I_Y}{I_\Delta} = \dfrac{\dfrac{V}{\sqrt{3}\,Z}}{\dfrac{\sqrt{3}\,V}{Z}} = \dfrac{1}{3}$

③ 기동토크 $T \propto V^2 = \left(\dfrac{1}{\sqrt{3}}\right)^2 = \dfrac{1}{3}$

04 ★★★

배전용 변전소의 각종 전기 시설에는 접지를 한다. 그 접지 목적을 3가지로 요약하고, 중요접지 개소를 3가지 쓰시오. [6점]

(1) 접지 목적

(2) 중요접지 개소

(1) • 기기의 손상 방지

• 인체의 감전 사고 방지

• 보호 계전기의 확실한 동작

(2) • 피뢰기 접지

• 피뢰침 접지

• 일반기기 및 제어반 외함 접지

접지 공사의 목적

• 이상 전압 억제

• 감전 사고 방지

• 기기 손상 방지

• 보호 계전기의 확실한 동작

05 ★★☆ 건축물 연면적 $350[\mathrm{m}^2]$의 주택에 [조건]과 같은 전기설비를 시설하고자 할 때 분전반에 사용할 $20[\mathrm{A}]$와 $30[\mathrm{A}]$의 총 분기 회로수를 구하시오.(단, 분전반 전압은 $220[\mathrm{V}]$단상, 전등 및 전열 분기 회로는 $20[\mathrm{A}]$, 에어컨은 $30[\mathrm{A}]$ 분기 회로이다.) [5점]

[조건]
- 전등과 전열용 부하는 $25[\mathrm{VA/m}^2]$
- $2,500[\mathrm{VA}]$ 용량의 에어컨 2대
- 예비 부하 $3,500[\mathrm{VA}]$

- 계산 과정:
- 답:

답안작성
- 계산 과정

  전등 및 전열: $20[\mathrm{A}]$ 분기 회로수 $= \dfrac{25 \times 350 + 3,500}{220 \times 20} = 2.78 \;\rightarrow\; 3$회로

  에어컨: $30[\mathrm{A}]$ 분기 회로수 $= \dfrac{2,500 \times 2}{220 \times 30} = 0.76 \;\rightarrow\; 1$회로

- 답: $20[\mathrm{A}]$ 분기 3회로, 에어컨 $30[\mathrm{A}]$ 분기 1회로, 총 4회로 선정

개념체크 분기 회로수 결정

$$\text{분기 회로수} = \frac{\text{표준 부하 밀도}[\mathrm{VA/m}^2] \times \text{바닥 면적}[\mathrm{m}^2]}{\text{전압}[\mathrm{V}] \times \text{분기 회로의 전류}[\mathrm{A}]}$$

- 분기 회로수 계산 결과값에 소수점이 발생하면 소수점 이하 절상한다.
- 분기 회로의 전류가 주어지지 않을 때에는 $16[\mathrm{A}]$를 표준으로 한다.
- 냉방 기기(에어컨) 및 취사용 기기의 사용 전압 $110[\mathrm{V}]$에서 용량이 $1.5[\mathrm{kW}]$, 사용 전압 $220[\mathrm{V}]$에서 $3[\mathrm{kW}]$ 이상 이면 전용 분기 회로를 적용하여야 한다.

---

06 ★★☆ 경간 $200[\mathrm{m}]$인 가공 송전선로가 있다. 전선 $1[\mathrm{m}]$당 무게는 $2[\mathrm{kg}]$이고 풍압 하중은 없다고 한다. 인장 강도 $4,000[\mathrm{kg}]$의 전선을 사용할 때 이도와 전선의 실제 길이를 구하시오.(단, 안전율은 2.2로 한다.) [6점]

(1) 이도
  - 계산 과정:
  - 답:

(2) 전선의 실제 길이
  - 계산 과정:
  - 답:

(1) • 계산 과정

$$이도 \ D = \frac{2 \times 200^2}{8 \times 4,000} \times 2.2 = 5.5[\text{m}]$$

  • 답: 5.5[m]

(2) • 계산 과정

$$전선의 \ 실제 \ 길이 \ L = 200 + \frac{8 \times 5.5^2}{3 \times 200} = 200.4[\text{m}]$$

  • 답: 200.4[m]

• 전선의 이도 $D = \dfrac{WS^2}{8T}[\text{m}]$(단, 안전율 고려 시: $D = \dfrac{WS^2}{8T}k$)

• 전선의 실제 길이 $L = S + \dfrac{8D^2}{3S}[\text{m}]$

• 지지점의 평균 높이 $h = H - \dfrac{2}{3}D[\text{m}]$

(단, W: 전선 1[m]당 무게[kg/m], S: 철탑과 철탑 간의 경간[m] T: 전선의 수평 장력(인장 하중)[kg], k: 안전율, H: 지지점의 높이[m])

07 ★★★

200[V], 15[kVA]인 3상 유도 전동기를 부하로 사용하는 공장이 있다. 이 공장의 어느 날 1일 사용전력량이 90[kWh]이고, 1일 최대전력이 10[kW]일 경우 다음 각 물음에 답하시오.(단, 최대전력일 때의 전류값은 43.3[A]라고 한다.) **[6점]**

(1) 일 부하율은 몇 [%]인가?
  • 계산 과정:
  • 답:

(2) 최대 전력일 때의 역률은 몇 [%]인가?
  • 계산 과정:
  • 답:

(1) • 계산 과정

$$일 \ 부하율 = \frac{\dfrac{90}{24}}{10} \times 100 = 37.5[\%]$$

  • 답: 37.5[%]

(2) • 계산 과정

$$최대전력일 \ 때의 \ 역률 \ \cos\theta = \frac{10 \times 10^3}{\sqrt{3} \times 200 \times 43.3} \times 100 = 66.67[\%]$$

  • 답: 66.67[%]

- 일 부하율 $= \dfrac{평균\ 수용\ 전력}{최대\ 수용\ 전력} \times 100[\%] = \dfrac{\dfrac{사용전력량[\text{kWh}]}{24[\text{h}]}}{최대\ 수용\ 전력[\text{kW}]} \times 100[\%]$

- 역률 $\cos\theta = \dfrac{유효\ 전력}{피상\ 전력} \times 100[\%] = \dfrac{P}{P_a} \times 100[\%] = \dfrac{P}{\sqrt{3}\ VI} \times 100[\%]$

08

★★★

예비 전원으로 이용되는 축전지에 대한 다음 각 물음에 답하시오.　　　　　　　　[6점]

(1) 그림과 같은 부하 특성을 갖는 축전지를 사용할 때 보수율이 0.8, 최저 축전지 온도 5[℃], 허용 최저 전압 90[V]일 때 몇 [Ah] 이상인 축전지를 선정하여야 하는가?(단, $I_1 = 60[\text{A}]$, $I_2 = 50[\text{A}]$, $K_1 = 1.15$, $K_2 = 0.91$, 셀(cell)당 전압은 1.06[V/cell]이다.)

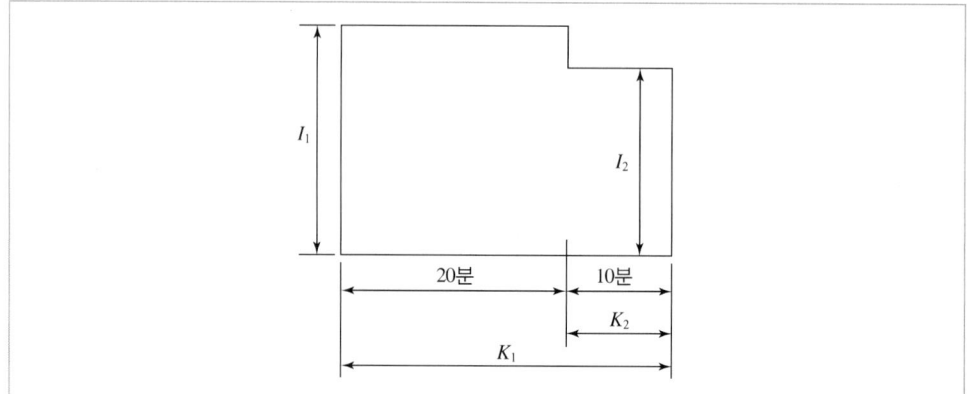

- 계산 과정:
- 답:

(2) 연축전지와 알칼리 축전지의 공칭 전압은 각각 몇 [V/cell]인가?
　　① 연축전지
　　② 알칼리 축전지

(1) • 계산 과정

$$C = \frac{1}{0.8} \times \{1.15 \times 60 + 0.91 \times (50 - 60)\} = 74.88[\text{Ah}]$$

- 답: 74.88[Ah]

(2) ① 연축전지: 2[V/cell]
　　② 알칼리 축전지: 1.2[V/cell]

• 축전지의 용량

$$C = \frac{1}{L}\{K_1 I_1 + K_2(I_2 - I_1) + K_3(I_3 - I_2)\}[\text{Ah}]$$

(단, L: 보수율, k: 용량 환산 시간 계수, I: 방전 전류[A])

• 연 축전지

기전력: 약 $2.05 \sim 2.08[\text{V/cell}]$, 공칭 전압: $2.0[\text{V/cell}]$

• 알칼리 축전지

기전력: 약 $1.32[\text{V/cell}]$, 공칭 전압: $1.2[\text{V/cell}]$

09

도면은 사무실 일부의 조명 및 전열 도면이다. 주어진 조건을 이용하여 다음 물음에 답하시오. [8점]

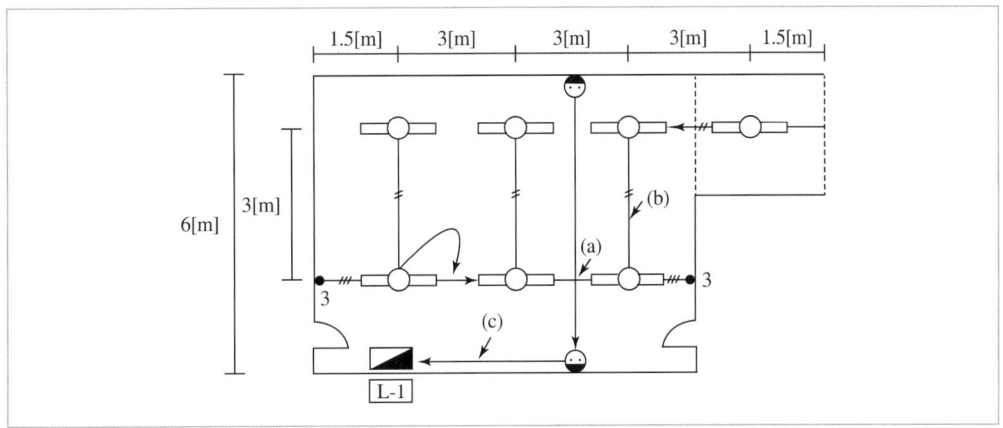

[조건]

• 층고: 3.6[m] 2중 천장
• 2중 천장과 천장 사이: 1[m]
• 조명 기구: FL40×2 매입형
• 전선관: 금속 전선관
• 콘크리트 슬라브 및 미장 마감

[분전반]

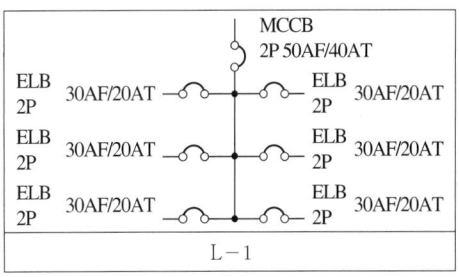

(1) 전등과 전열에 사용할 수 있는 전선의 최소 굵기는 얼마인가?(단, 접지도체는 제외한다.)
   ① 전등
   ② 전열

(2) (a)와 (b)에 배선되는 전선수는 최소 몇 본이 필요한가?(단, 접지도체는 제외한다.)

(3) (c)에 사용될 전선의 종류와 전선의 굵기 및 전선 가닥수를 쓰시오.(단, 접지도체는 제외한다.)

(4) 도면에서 박스(4각 박스 + 8각 박스)는 몇 개가 필요한가?(단, 분전반은 제외한다.)

(5) ELB의 우리말 명칭을 쓰시오.

(6) 30AF/20AT에서 AF와 AT의 의미는 무엇인가?
   ① AF
   ② AT

답안작성　(1) ① 전등 $2.5[\text{mm}^2]$
   ② 전열 $2.5[\text{mm}^2]$

(2) (a) 6가닥
   (b) 4가닥

(3) NR, 굵기 $2.5[\text{mm}^2]$, 4가닥

(4) 11개

(5) 누전차단기

(6) ① AF: 차단기 프레임 전류
   ② AT: 차단기 트립 전류

해설비법　(1) 저압 옥내배선의 전선은 단면적 $2.5[\text{mm}^2]$ 이상의 연동선 또는 이와 동등 이상의 강도 및 굵기의 것

(4) 박스의 개수: 등기구 7개, 콘센트 2개, 스위치 2개

10
★★☆

주변압기가 3상 △결선($6.6[\text{kV}]$ 계통)일 때 지락사고 시 지락보호에 대한 다음 각 물음에 답하시오.
[6점]

(1) 지락보호에 사용하는 변성기 및 계전기의 명칭을 각 1개씩 쓰시오.
   ① 변성기
   ② 계전기

(2) 영상전압을 얻기 위하여 단상 PT 3대를 사용하는 경우 접속방법을 간단히 설명하시오.

답안작성　(1) ① 변성기: 접지형 계기용 변압기(GPT) 또는 영상 변류기(ZCT)
   ② 계전기: 지락 과전압 계전기(OVGR) 또는 선택 지락 계전기(SGR)

(2) 3대의 단상 PT를 사용하여 1차 측을 Y결선하여 중성점을 직접 접지하고, 2차 측은 개방 △결선한다.

접지형 계기용 변압기(GPT)

• 용도: 지락 사고 시 영상전압을 검출하여 지락 과전압 계전기(OVGR)를 동작시키기 위하여 설치

• 정격 전압: 1차 전압 $\frac{22,900}{\sqrt{3}}$[V], 2차 전압 $\frac{190}{\sqrt{3}}$[V], 3차 전압: $\frac{190}{3}$[V]

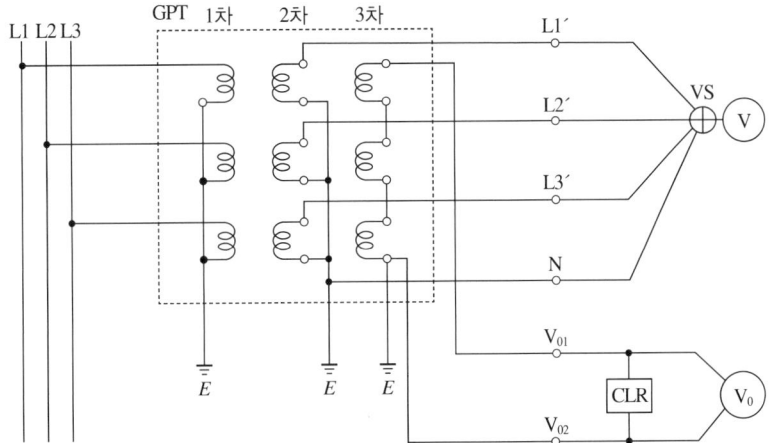

11 ★☆☆

어떤 수용가의 최대 수용전력이 각각 $200[\text{W}]$, $300[\text{W}]$, $800[\text{W}]$, $1,200[\text{W}]$ 및 $2,500[\text{W}]$일 때 주상 변압기의 용량을 선정하시오.(단, 부등률은 1.14, 역률은 1로 하며, 변압기 표준용량으로 선정한다.) [5점]

[표] 단상 변압기 표준용량

표준용량[kVA]	1, 2, 3, 5, 7.5, 10, 15, 20, 30, 50, 100, 150, 200

• 계산 과정:

• 답:

답안작성

• 계산 과정

$$P_{Tr} = \frac{200+300+800+1,200+2,500}{1.14 \times 1} \times 10^{-3} = 4.39[\text{kVA}]$$

표에서 표준용량 5[kVA] 선정

• 답: 5[kVA]

개념체크 변압기 용량 $P_a[\text{kVA}] \geq \dfrac{\text{각 부하의 최대 수용전력의 합계[kW]}}{\text{부등률} \times \text{역률}}$

12

★ ☆ ☆

단상 유도 전동기의 기동방법 3가지를 쓰시오. [5점]

• 반발 기동형
• 콘덴서 기동형
• 분상 기동형

단상 유도 전동기의 기동 방법
• 반발 기동형
• 콘덴서 기동형
• 분상 기동형
• 셰이딩 코일형

13

★ ☆ ☆

옥내에 시설하는 관등회로의 사용전압이 $1[kV]$를 초과하는 방전등으로서 방전관에 네온 방전관을 사용하는 경우 전선과 조영재 사이의 이격거리는 전개된 곳에서 다음 표와 같다. 표를 완성하시오. [6점]

사용전압의 구분	이격거리
6[kV] 이하	( )[cm] 이상
6[kV] 초과 9[kV] 이하	( )[cm] 이상
9[kV] 초과	( )[cm] 이상

사용전압의 구분	이격거리
6[kV] 이하	2[cm] 이상
6[kV] 초과 9[kV] 이하	3[cm] 이상
9[kV] 초과	4[cm] 이상

14

★ ☆ ☆

조명방식 중 기구 배치에 따른 조명방식의 종류를 3가지 쓰시오. [6점]

• 전반조명 방식
• 국부조명 방식
• 전반국부병용조명(TAL조명) 방식

15

★ ☆ ☆

우리나라에서 통상적으로 사용하는 공칭 전압에 대한 정격 전압을 쓰시오. [4점]

공칭 전압[kV]	정격 전압[kV]
22.9	
154	
345	
765	

공칭 전압[kV]	정격 전압[kV]
22.9	25.8
154	170
345	362
765	800

계통의 공칭 전압(V)별 정격 전압(V_n)의 관계

공칭 전압	6.6[kV]	22.9[kV]	66[kV]	154[kV]	345[kV]	765[kV]
정격 전압	7.2[kV]	25.8[kV]	72.5[kV]	170[kV]	362[kV]	800[kV]

16

★ ☆ ☆

전기기술인협회의 종합설계업으로 등록해야 할 기술인력의 등록요건을 3가지 쓰시오. [5점]

- 전기분야기술사 2명
- 설계사 2명
- 설계 보조자 2명

01
★★☆

협소한 면적의 대형 건축물 내에 설치된 여러 설비의 접지를 공통으로 묶어서 사용하는 접지를 공통접지라 한다. 공통접지의 특징 중 장점 5가지를 쓰시오. [5점]

답안작성
- 접지극의 신뢰도가 향상된다.
- 접지도체가 짧아져 접지계통이 단순해지므로 보수가 용이하다.
- 접지극의 연접으로 합성저항 저감 효과가 있다.
- 접지극의 수량이 감소된다.
- 구조물과 연접하면 큰 접지전극 효과를 얻을 수 있다.

단답 정리함
공통접지의 장단점
[장점]
- 접지극의 신뢰도가 향상된다.
- 접지도체가 짧아져 접지계통이 단순해지므로 보수가 용이하다.
- 접지극의 연접으로 합성저항 저감 효과가 있다.
- 접지극의 수량이 감소된다.
- 구조물과 연접하면 큰 접지전극 효과를 얻을 수 있다.
[단점]
- 피뢰침용과 공용하므로 뇌서지 영향을 받을 수 있다.
- 다른 기기 계통으로부터 사고 파급의 우려가 있다.
- 보호대상물을 제한할 수 없다.

02
★★★

그림과 같은 변전설비에서 무정전 상태로 차단기 CB를 점검하고자 한다. 차단기 점검을 하기 위한 조작 순서를 쓰시오.(단, 평상시에 DS_3는 열려 있는 상태이다.) [4점]

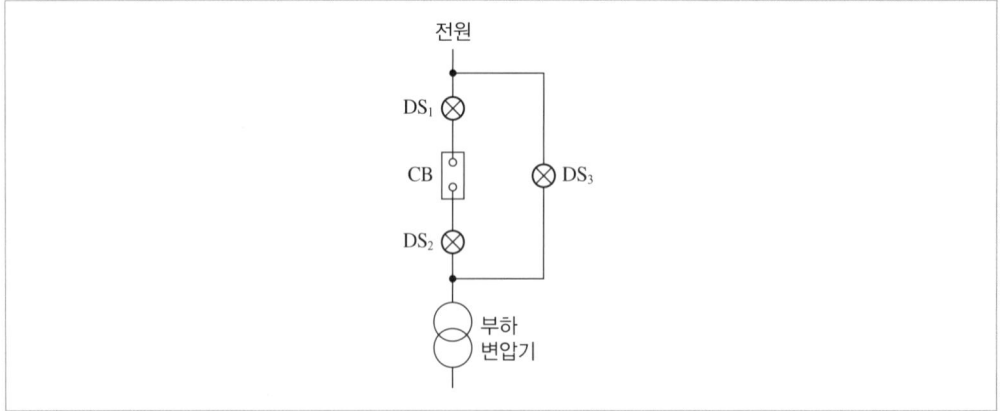

$DS_3(ON) \rightarrow CB(OFF) \rightarrow DS_2(OFF) \rightarrow DS_1(OFF)$

차단(휴전, 점검) 작업 시 조작 순서: $DS_3(ON) \rightarrow CB(OFF) \rightarrow DS_2(OFF) \rightarrow DS_1(OFF)$

투입(전력 공급) 작업 시 조작 순서: $DS_2(ON) \rightarrow DS_1(ON) \rightarrow CB(ON) \rightarrow DS_3(OFF)$

03
★★☆

그림은 고압 수전설비 단선 결선도이다. 다음 각 물음에 답하시오. [12점]

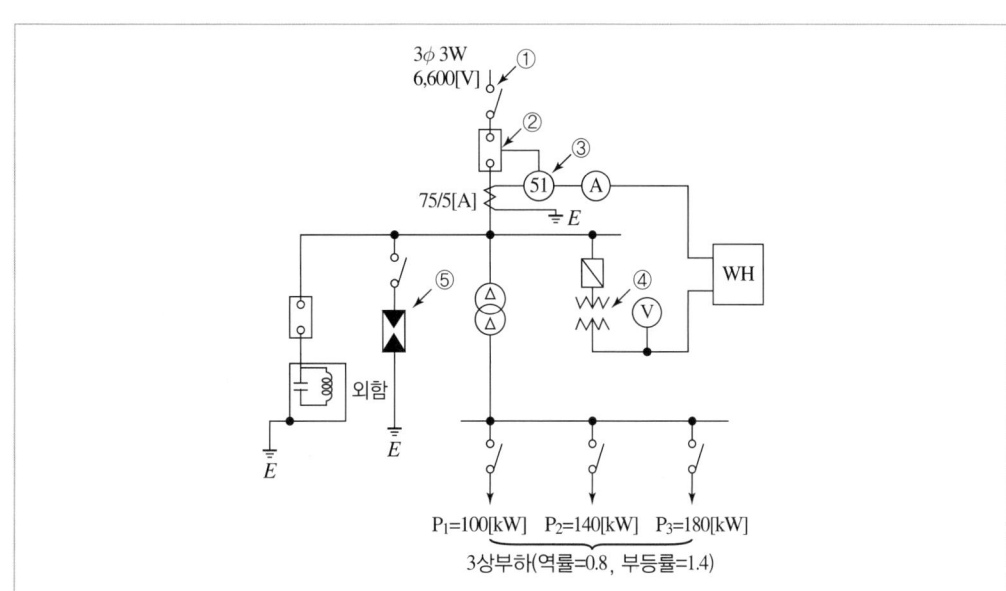

(1) 그림에서 ①~⑤의 명칭은 각각 무엇인가?

(2) 각 부하의 최대 전력이 그림과 같고 역률이 0.8, 부등률이 1.4일 때 변압기 1차 전류계 Ⓐ에 흐르는 전류의 최대치를 구하시오. 또 동일한 조건에서 합성 역률 0.92 이상으로 유지하기 위한 전력용 콘덴서의 최소 용량은 몇 [kVA]인가?

　① 전류
　　• 계산 과정:
　　• 답:
　② 콘덴서 용량
　　• 계산 과정:
　　• 답:

(3) DC(방전 코일)의 설치 목적을 설명하시오.

(1) ① 단로기　② 차단기　③ 과전류 계전기　④ 계기용 변압기　⑤ 피뢰기

(2) ① • 계산 과정

$$P = \frac{100+140+180}{1.4} = 300[\mathrm{kW}]$$

$$\therefore I = \frac{300 \times 10^3}{\sqrt{3} \times 6{,}600 \times 0.8} \times \frac{5}{75} = 2.19[\mathrm{A}]$$

　　• 답: $2.19[\mathrm{A}]$

② • 계산 과정

콘덴서 용량 $Q_c = 300 \times \left(\dfrac{0.6}{0.8} - \dfrac{\sqrt{1-0.92^2}}{0.92} \right) = 97.2 [\text{kVA}]$

• 답: 97.2[kVA]

(3) 콘덴서 회로 개방 시 잔류 전하의 신속한 방전

해설비법 (1)

명칭	약호	심벌(단선도)	용도(역할)
단로기	DS		무부하 전류 개폐, 회로의 접속 변경, 기기를 전로로부터 개방
차단기	CB		부하 전류 개폐 및 사고 전류의 차단
과전류 계전기	OCR	(OCR)	과전류에 의해 동작하며 차단기 트립 코일 여자
계기용 변압기	PT		고전압을 저전압으로 변성하여 계기나 계전기에 공급
피뢰기	LA		뇌전류를 대지로 방전하고 속류 차단

(2) • 최대 전력 $P = \dfrac{P_1 + P_2 + P_3}{\text{부등률}} = 300[\text{kW}]$ (여기서, P_1, P_2, P_3는 [kW] 단위를 갖는다고 가정)

• 변류기 1차 전류 $I_1 = \dfrac{P}{\sqrt{3}\,V\cos\theta} = \dfrac{300 \times 10^3}{\sqrt{3} \times 6,600 \times 0.8} = 32.8[\text{A}]$

• 전류계에 흐르는 전류 $I = I_1 \times \dfrac{1}{\text{CT비}} = 32.8 \times \dfrac{5}{75} = 2.19[\text{A}]$

• 역률 개선용 콘덴서 용량

$$Q_c = P(\tan\theta_1 - \tan\theta_2) = P\left(\dfrac{\sin\theta_1}{\cos\theta_1} - \dfrac{\sin\theta_2}{\cos\theta_2} \right)[\text{kVA}]$$

(단, P: 부하 전력[kW], $\cos\theta_1$: 개선 전 역률, $\cos\theta_2$: 개선 후 역률)

(3) 역률 개선용 콘덴서(진상 콘덴서) 설비의 부속 장치

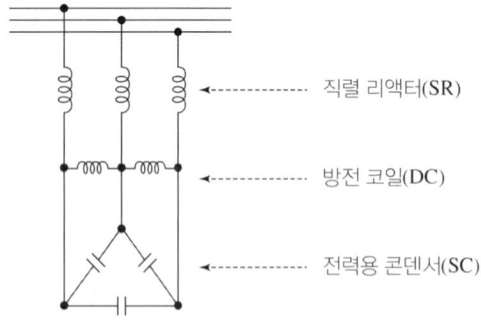

직렬 리액터(SR)

방전 코일(DC)

전력용 콘덴서(SC)

• **직렬 리액터**: 변압기 등에서 발생하는 제5고조파 제거
• **방전 코일**: 콘덴서에 남아 있는 잔류 전하를 신속히 방전시켜 인체의 감전 방지
• **전력용 콘덴서**: 부하의 역률을 개선

04 ★★☆ 주변압기 단상 $22{,}900/380[\mathrm{V}]$, $500[\mathrm{kVA}]$ 3대를 $\mathrm{Y-Y}$ 결선으로 하여 사용하고자 하는 경우 2차 측에 설치할 차단기 용량은 몇 $[\mathrm{MVA}]$로 하면 되는지 구하시오.(단, 변압기의 %임피던스는 $3[\%]$로 계산하며, 그 외 임피던스는 고려하지 않는다.) [4점]

- 계산 과정:
- 답:

답안작성

- 계산 과정: $P_s = \dfrac{100}{3} \times (500 \times 3 \times 10^3) \times 10^{-6} = 50[\mathrm{MVA}]$
- 답: $50[\mathrm{MVA}]$

해설비법 주어진 조건을 임피던스 맵으로 그리면 다음과 같다.

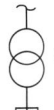 주변압기 $\%Z = 3[\%]$

 차단기

그 외 임피던스는 고려하지 않으므로 전체 $\%Z = 3[\%]$

$\therefore P_s = \dfrac{100}{\%Z} P_n = \dfrac{100}{3} \times (500 \times 3 \times 10^3) \times 10^{-6} = 50[\mathrm{MVA}]$

05 ★☆☆ 전기기기 및 송변전 선로의 고장 시 회로를 자동차단하는 고압 차단기의 종류 5가지와 각각의 소호매체를 쓰시오. [5점]

고압 차단기	소호매체

답안작성

고압 차단기	소호매체
가스 차단기	SF_6 가스
유입 차단기	절연유
공기 차단기	압축공기
진공 차단기	고진공
자기 차단기	전자력

개념체크 **소호 원리에 따른 차단기의 종류**

- 유입 차단기(OCB)
  : 절연유가 고온 아크에 의해 발생하는 수소 가스의 높은 열 전도도를 이용하여 아크를 냉각, 소호
- 자기 차단기(MBB)
  : 아크와 직각으로 자계를 주어 소호실 내에 아크를 끌어 넣어 아크 전압을 증대시키고 또한 냉각하여 소호
- 진공 차단기(VCB)
  : 파센의 법칙에 의해 10^{-4}[Torr] 이하의 진공 중으로 아크 금속 증기가 확산 후 전류 영점에서 아크 소호
- 공기 차단기(ABB)
  : 아크를 $10 \sim 30$[kg/cm²] 정도의 강력한 압축 공기로 불어서 소호
- 가스 차단기(GCB)
  : SF_6 가스의 소호 능력이 공기의 100배 성능임을 이용하여 아크를 강력하게 흡습하여 소호(치환 효과)

06 ★★☆

다음과 같은 값을 측정하는 데 어떤 측정기기를 사용하는 것이 적합한지 쓰시오.　　　[5점]

(1) 단선인 전선의 굵기

(2) 옥내전등선의 절연저항

(3) 접지저항

답안작성
(1) 와이어 게이지
(2) 메거 또는 절연저항계
(3) 콜라우시 브리지 또는 접지저항 측정기

개념체크 **저항 측정**

- 저저항 측정(1[Ω] 이하): 켈빈 더블 브리지법(저저항 정밀 측정)
- 중저항 측정(1[Ω]~10[kΩ])
  - 전압 강하법: 백열등의 필라멘트 저항 측정
  - 휘스톤 브리지법
- 특수 저항 측정
  - 검류계의 내부 저항: 휘스톤 브리지법
  - 전해액의 저항: 콜라우시 브리지법
  - 접지저항: 콜라우시 브리지법

07
★★☆

어떤 변전실에서 그림과 같이 일부하 곡선이 A, B, C인 부하에 전기를 공급하고 있다. 이 변전실의 총 부하에 대한 다음 각 물음에 답하시오.(단, A, B, C의 역률은 시간에 관계없이 각각 $80[\%]$, $100[\%]$ 및 $60[\%]$이다.)

[11점]

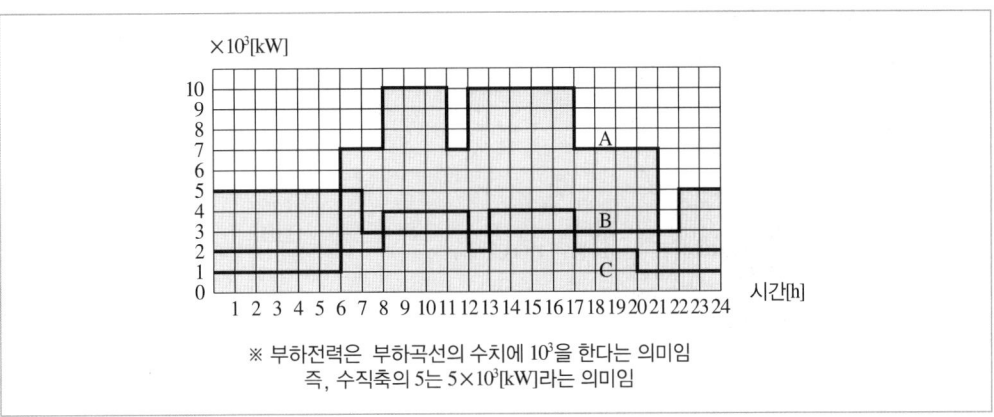

※ 부하전력은 부하곡선의 수치에 10^3을 한다는 의미임
즉, 수직축의 5는 $5 \times 10^3[kW]$라는 의미임

(1) 합성 최대 전력은 몇 $[kW]$인가?
  • 계산 과정:
  • 답:

(2) A, B, C 각 부하에 대한 평균 전력은 몇 $[kW]$인가?
  • 계산 과정:
  • 답:

(3) 총 부하율은 몇 $[\%]$인가?
  • 계산 과정:
  • 답:

(4) 부등률은 얼마인가?
  • 계산 과정:
  • 답:

(5) 최대 부하일 때의 합성 총 역률은 몇 $[\%]$인가?
  • 계산 과정:
  • 답:

답안작성 (1) • 계산 과정
  합성 최대 전력은 8~11시, 13~17시에 나타나며
  $P = (10+4+3) \times 10^3 = 17 \times 10^3 [kW]$
  • 답: $17 \times 10^3 [kW]$

(2) • 계산 과정

$$A = \frac{\{(1 \times 6)+(7 \times 2)+(10 \times 3)+(7 \times 1)+(10 \times 5)+(7 \times 4)+(2 \times 3)\} \times 10^3}{24} = 5,875 [kW]$$

$$B = \frac{\{(5 \times 7)+(3 \times 15)+(5 \times 2)\} \times 10^3}{24} = 3,750 [kW]$$

$$C = \frac{\{(2 \times 8)+(4 \times 4)+(2 \times 1)+(4 \times 4)+(2 \times 3)+(1 \times 4)\} \times 10^3}{24} = 2,500 [kW]$$

  • 답: $A = 5,875 [kW]$, $B = 3,750 [kW]$, $C = 2,500 [kW]$

(3) • 계산 과정

$$\text{종합 부하율} = \frac{5,875 + 3,750 + 2,500}{17,000} \times 100 = 71.32[\%]$$

• 답: 71.32[%]

(4) • 계산 과정

$$\text{부등률} = \frac{(10 + 5 + 4) \times 10^3}{17 \times 10^3} = 1.12$$

• 답: 1.12

(5) • 계산 과정

최대 부하에서 무효전력 Q

$$Q_A = 10 \times 10^3 \times \frac{\sqrt{1 - 0.8^2}}{0.8} = 7,500[\text{kVar}]$$

$$Q_B = 5 \times 10^3 \times \frac{\sqrt{1 - 1^2}}{1} = 0[\text{kVar}]$$

$$Q_C = 4 \times 10^3 \times \frac{\sqrt{1 - 0.6^2}}{0.6} = 5,333.33[\text{kVar}]$$

$$Q = Q_A + Q_B + Q_C = 12,833.33[\text{kVar}]$$

$$\cos\theta = \frac{P}{\sqrt{P^2 + Q^2}} = \frac{17,000}{\sqrt{17,000^2 + 12,833.33^2}} \times 100 = 79.81[\%]$$

• 답: 79.81[%]

08 ★★★

가정용 $110[\text{V}]$ 전압을 $220[\text{V}]$로 승압할 경우 저압 간선에 나타나는 효과로서 다음 물음에 답하시오.

[6점]

(1) 공급능력 증대는 몇 배인가?

• 계산 과정:

• 답:

(2) 전력손실의 감소는 몇 [%]인가?

• 계산 과정:

• 답:

(3) 전압강하율의 감소는 몇 [%]인가?

• 계산 과정:

• 답:

답안작성 (1) • 계산 과정

$P_a = VI$에서 $P_a \propto V$이므로

$P_a : P_a' = 110 : 220 \rightarrow P_a' = 2P_a$

∴ 2배

• 답: 2배

(2) • 계산 과정

$$P_L \propto \frac{1}{V^2} \text{이므로} \quad P_L' = \left(\frac{110}{220}\right)^2 P_L = 0.25 P_L \text{이다.}$$

$$\therefore \text{감소율: } 1 - 0.25 = 0.75 (\therefore 75[\%])$$

• 답: $75[\%]$

(3) • 계산 과정

$$\varepsilon \propto \frac{1}{V^2} \text{이므로} \quad \varepsilon' = \left(\frac{110}{220}\right)^2 \varepsilon = 0.25\varepsilon \text{이다.}$$

$$\therefore \text{감소율: } 1 - 0.25 = 0.75 (\therefore 75[\%])$$

• 답: $75[\%]$

개념체크 승압

• 승압 효과
  – 공급능력 증대
  – 공급전력 증대
  – 전력 손실 감소
  – 전압강하 및 전압강하율 감소
  – 고압 배전선 연장의 감소
  – 대용량 전기기기 사용이 용이

• 승압 관련 공식 정리
  – 공급능력: $P_a \propto V$(전압에 비례)
  – 공급전력: $P \propto V^2$(전압의 제곱에 비례)
  – 전압강하: $e \propto \dfrac{1}{V}$(전압에 반비례), $e = \dfrac{P}{V}(R + X\tan\theta)[\text{V}]$
  – 전압강하율: $\varepsilon \propto \dfrac{1}{V^2}$(전압의 제곱에 반비례), $\varepsilon = \dfrac{e}{V} \times 100 = \dfrac{P}{V^2}(R + X\tan\theta) \times 100[\%]$
  – 전압변동률: $\delta \propto \dfrac{1}{V^2}$(전압의 제곱에 반비례)
  – 전력 손실: $P_L \propto \dfrac{1}{V^2}$(전압의 제곱에 반비례), $P_L = \dfrac{P^2 R}{V^2 \cos^2\theta}[\text{W}]$
  – 전력 손실률: $k \propto \dfrac{1}{V^2}$(전압의 제곱에 반비례), $k = \dfrac{P_L}{P} \times 100 = \dfrac{PR}{V^2 \cos^2\theta} \times 100[\%]$

09
★★★
비상용 자가 발전기를 구입하고자 한다. 부하는 단일 부하로서 유도 전동기이며, 기동용량이 $2,000[\text{kVA}]$이고, 기동 시 전압강하는 $20[\%]$까지 허용하며, 발전기의 과도 리액턴스는 $25[\%]$로 본다면 자가 발전기의 용량은 이론(계산)상 몇 $[\text{kVA}]$ 이상의 것을 선정하여야 하는가? [5점]

• 계산 과정:
• 답:

답안작성 • 계산 과정: $P_a \geq 2,000 \times 0.25 \times \left(\dfrac{1}{0.2} - 1\right) = 2,000[\text{kVA}]$

• 답: 2,000[kVA]

개념체크 발전기 용량 $P_a[\text{kVA}] \geq$ 기동용량$[\text{kVA}] \times$ 과도 리액턴스 $\times \left(\dfrac{1}{\text{허용 전압강하}} - 1\right)$

10
★☆☆

그림과 같이 저항 $3[\Omega]$과 리액턴스 $4[\Omega]$의 선로에 역률 0.6의 부하전류 15[A]가 흐른다. 이때 유도 리액턴스를 무시할 경우 송전단 전압을 구하시오. [5점]

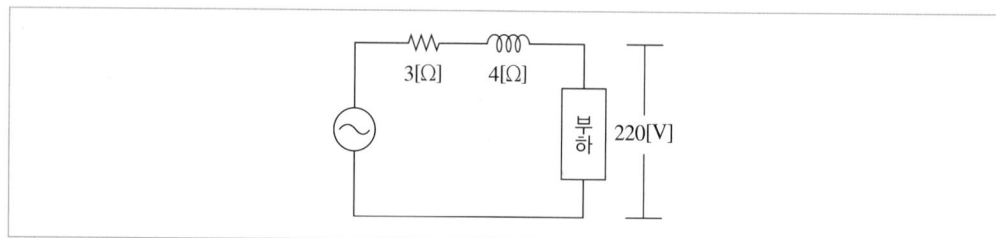

• 계산 과정:

• 답:

답안작성 • 계산 과정: $V_s = V_r + I(R\cos\theta + X\sin\theta) = V_r + IR\cos\theta (\because$ 유도 리액턴스를 무시하므로 $X=0)$

$\qquad\qquad = 220 + 15 \times 3 \times 0.6 = 247[\text{V}]$

• 답: 247[V]

해설비법 단상에서의 전압강하 $e = V_s - V_r = I(R\cos\theta + X\sin\theta)[\text{V}]$에서

송전단 전압 $V_s = V_r + IR\cos\theta (\because$ 유도 리액턴스를 무시할 경우, $X=0)$

11
★☆☆

건축화 조명은 건축물의 천장이나 벽을 조명기구 겸용 디자인으로 마무리하는 것으로 조명기구의 배치방식에 의하면 거의 전반조명 방식에 해당한다. 또한, 조명기구 독립설치 방식에 비해 글레어의 제어나 빛의 공간배분 및 미관상 뛰어난 조명효과가 창출된다. 천장면을 이용하는 건축화 조명의 종류를 4가지 쓰시오. [4점]

답안작성 • 매입형광등 조명

• 다운라이트 조명

• 핀홀라이트 조명

• 코퍼 조명

• 건축화 조명에서 천장면을 이용하는 방식
  - 코퍼 조명
  - 다운라이트 조명
  - 루버 조명
  - 광천장 조명

• 건축화 조명에서 벽면을 이용하는 방식
  - 코너 조명
  - 코니스 조명
  - 밸런스 조명

12 ★★☆

그림과 같은 유도 전동기의 미완성 시퀀스 회로도를 보고 다음 각 물음에 답하시오. [8점]

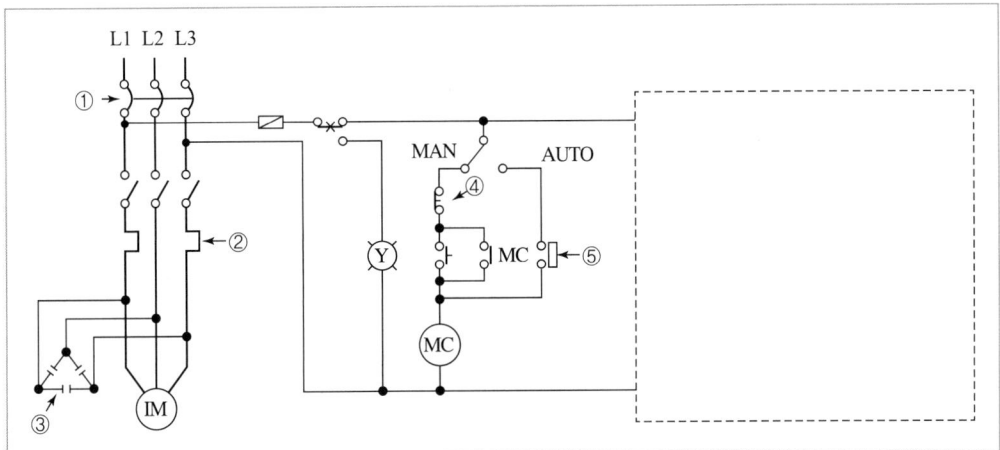

(1) 도면에 표시된 ① ~ ⑤의 명칭을 각각 쓰시오.

(2) 도면에 그려져 있는 Ⓨ등은 어떤 역할을 하는 등인가?

(3) 전동기가 정지하고 있을 때는 녹색등 Ⓖ가 점등되고, 전동기가 운전 중일 때는 녹색등 Ⓖ가 소등되고 적색등 Ⓡ이 점등되도록 표시등 Ⓖ, Ⓡ을 회로의 점선 박스 내에 설치하시오.

답안작성

(1) ① 배선용 차단기
    ② 열동 계전기
    ③ 전력용 콘덴서
    ④ 푸시버튼 스위치 b접점
    ⑤ 리미트 스위치 a접점

(2) 과부하 동작 표시 램프

(3)

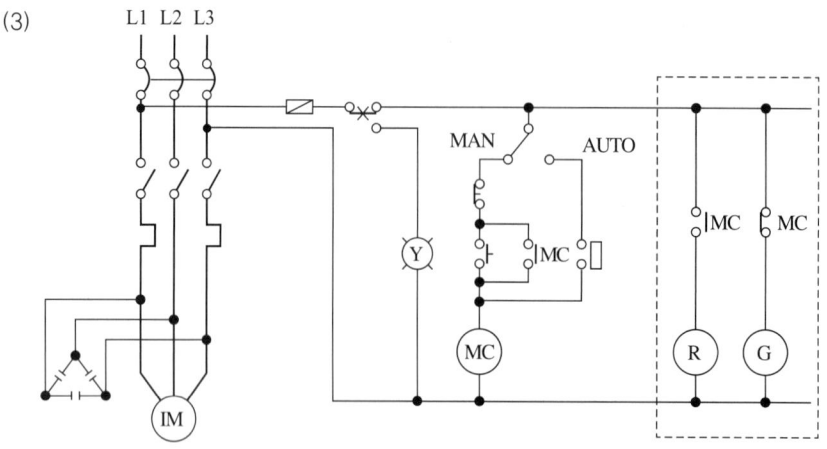

(2) 과부하가 흐를 시 점등되어 과부하 상태를 표시하는 기능을 한다.
(3) • 전동기가 정지하고 있을 때는 녹색등 G가 점등: MC의 b접점과 연결
 • 전동기가 운전 중일 때는 적색등 R이 점등: MC의 a접점과 연결

13

★★★

다음의 무접점 논리 회로(무접점 시퀀스 회로)를 유접점 시퀀스 회로로 바꾸시오. [4점]

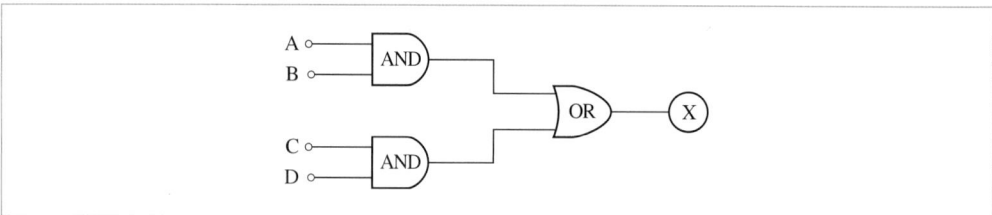

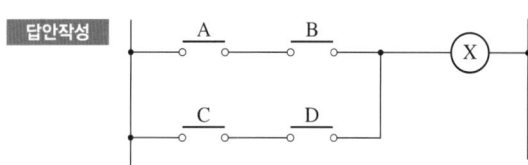

주어진 회로의 논리식은 다음과 같다.
$X = A \cdot B + C \cdot D$

14

★★☆

주어진 조건을 참조하여 다음 각 물음에 답하시오.　　　　　　　　[7점]

[조건]

차단기 명판(Name plate)에 BIL 150[kV], 정격 차단전류 20[kA], 차단시간 8 사이클, 솔레노이드(Solenoid)형이라고 기재되어 있다. 단, BIL은 절연계급 20호 이상 비유효 접지계에서 계산하는 것으로 한다.

(1) BIL이란 무엇인가?

(2) 이 차단기의 정격 전압은 몇 [kV]인가?
　　• 계산 과정:
　　• 답:

(3) 이 차단기의 정격 차단 용량은 몇 [MVA]인가?
　　• 계산 과정:
　　• 답:

(4) 차단기의 트립방식 3가지를 쓰시오.

답안작성 (1) 기준 충격 절연 강도

(2) • 계산 과정

BIL = 절연 계급 × 5 + 50[kV]에서

$$절연\ 계급 = \frac{BIL - 50}{5} = \frac{150 - 50}{5} = 20[kV]$$

$$공칭\ 전압 = 절연계급 × 1.1 = 20 × 1.1 = 22[kV]$$

$$정격\ 전압\ V_n = 22 × \frac{1.2}{1.1} = 24[kV]$$

• 답: 24[kV]

(3) • 계산 과정: $P_s = \sqrt{3} × 24 × 20 = 831.38[MVA]$

• 답: 831.38[MVA]

(4) • 직류 전압 트립 방식
　　• 과전류 트립 방식
　　• 콘덴서 트립 방식

개념체크 • BIL = 절연 계급 × 5 + 50[kV]
• 공칭 전압 = 절연 계급 × 1.1
• 정격 전압 = 공칭 전압 × $\frac{1.2}{1.1}$
• 정격 차단 용량 $P_s[MVA] = \sqrt{3}$ × 정격 전압[kV] × 정격 차단 전류[kA]

15 ★★☆

역률 개선용 콘덴서와 직렬로 연결하여 사용하는 직렬 리액터의 사용 목적 4가지를 쓰시오.   [5점]

답안작성
- 제5고조파의 제거 및 파형 개선
- 콘덴서 투입 시 돌입전류 억제
- 콘덴서 개방 시 재점호한 경우 모선의 과전압 억제
- 고조파 발생원에 의한 고조파전류의 유입억제와 개선 오동작 방지

개념체크
직렬 리액터의 사용 목적
- 제5고조파의 제거 및 파형 개선
- 콘덴서 투입 시 돌입전류 억제
- 콘덴서 개방 시 재점호한 경우 모선의 과전압 억제
- 고조파 발생원에 의한 고조파전류의 유입억제와 개선 오동작 방지
- 보호계전기 오동작 방지
- 과도돌입전류 억제

16 ★☆☆

상점이 붙어 있는 주택이 그림과 같을 때 주어진 참고 자료를 이용하여 다음 물음에 답하시오.(단, 사용 전압은 220[V]라고 한다.)   [10점]

- RC는 220[V]에서 3[kW](110[V], 1.5[kW]) 전용 분기 회로를 사용한다.
- 주어진 참고 자료의 수치 적용은 최대값을 적용하도록 한다.

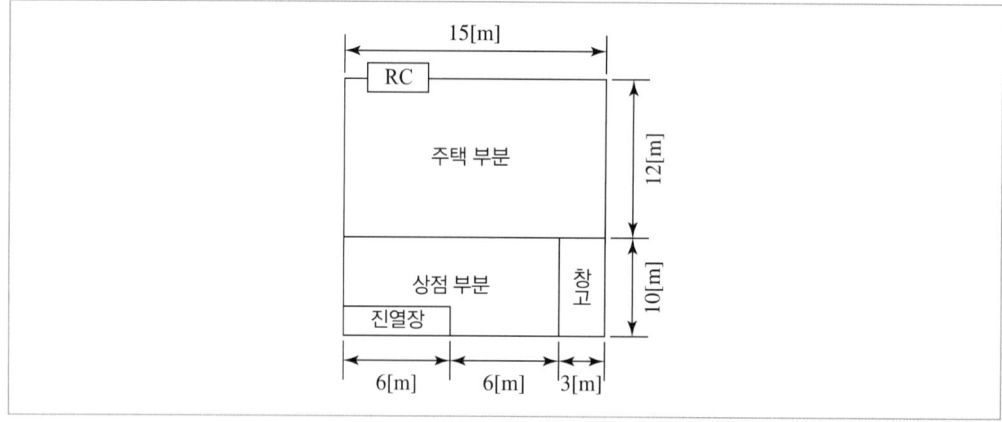

[참고사항]

가. 설비 부하 용량은 다만 "가" 및 "나"에 표시하는 종류 및 그 부분에 해당하는 표준 부하에 바닥면적을 곱한 값에 "다"에 표시하는 건물 등에 대응하는 표준 부하[VA]를 가산한 값으로 할 것

건축물의 종류	표준 부하[VA/m²]
공장, 공회당, 사원, 교회, 극장, 영화관, 연회장 등	10
기숙사, 여관, 호텔, 병원, 학교, 음식점, 다방, 대중목욕탕	20
사무실, 은행, 상점, 이발소, 미용원	30

[비고] 주상복합 등과 같이 건축물이 여러 종류로 분리될 경우는 각각 적용할 것

[비고] 학교와 같이 건물의 일부분이 사용되는 경우에는 그 부분만을 적용한다.

나. 주택의 부하설비용량 산정기준

구분	부하설비용량
전용면적 $60[\text{m}^2]$ 이하	$3[\text{kW}]$
전용면적 $60[\text{m}^2]$ 초과	$3[\text{kW}] + 0.5[\text{kW}/10\text{m}^2]$

다. 건축물 중 별도 계산할 부분의 표준 부하

건축물의 부분	표준 부하[VA/m²]
복도, 계단, 세면장, 창고, 다락	5
강당, 관람석	10

라. 표준 부하에 따라 산출한 수치에 가산하여야 할 [VA]수
- 상점의 진열장에 대하여는 진열장 폭 $1[\text{m}]$에 대하여 $300[\text{VA}]$
- 옥외의 광고등, 전광 사인등의 [VA]수
- 극장, 댄스홀 등의 무대 조명, 영화관 등의 특수 전등부하의 [VA]수

(1) 소형 기계기구의 설비부하용량을 구하시오.
- 계산 과정:
- 답:

(2) 사용전압이 $220[\text{V}]$인 경우 분기 회로수는 몇 회로인지 구하시오.
- 계산 과정:
- 답:

(3) 사용전압이 $110[\text{V}]$인 경우 분기 회로수는 몇 회로인지 구하시오.
- 계산 과정:
- 답:

(1) • 계산 과정

P = 주택의 설비 부하 + 상점의 설비 부하 + 창고의 설비 부하 + 진열장의 설비 부하

$$= \left[3 + \frac{0.5}{10} \times (180 - 60)\right] \times 1{,}000 + (12 \times 10 \times 30) + (3 \times 10 \times 5) + (6 \times 300) = 14{,}550[\text{VA}]$$

• 답: $14{,}550[\text{VA}]$

(2) • 계산 과정

분기 회로수 $= \dfrac{14{,}550}{220 \times 16} = 4.13$, 절상하면 5회로가 된다. 룸 에어컨(220[V], 3[kW])이 설치되어 있어 별도 1회로를 추가하면 회로수는 6회로가 된다.

• 답: 16[A] 분기 6회로

(3) • 계산 과정

분기 회로수 $= \dfrac{14{,}550}{110 \times 16} = 8.27$, 절상하면 9회로가 된다. 룸 에어컨(110[V], 3[kW])이 설치되어 있어 별도 1회로를 추가하면 회로수는 10회로가 된다.

• 답: 16[A] 분기 10회로

※ $1[\text{kW}] = 1{,}000[\text{VA}]$

개념체크 분기 회로수 결정

$$분기\ 회로수 = \frac{표준\ 부하\ 밀도[\text{VA/m}^2] \times 바닥\ 면적[\text{m}^2]}{전압[\text{V}] \times 분기\ 회로의\ 전류[\text{A}]}$$

• 분기 회로수 계산 결과값에 소수점이 발생하면 소수점 이하 절상한다.
• 분기 회로의 전류가 주어지지 않을 때에는 16[A]를 표준으로 한다.
• 냉방 기기(에어컨) 및 취사용 기기의 용량이 사용 전압 110[V]에서 1.5[kW], 사용 전압 220[V]에서 3[kW] 이상 이면 전용 분기 회로를 적용하여야 한다.

2020년 3회 기출문제

배점 100
1회독
득점 2회독
3회독

01 ★☆☆

단상 주상 변압기의 2차 측(105[V] 단자)에 1[Ω]의 저항을 접속하여 1차 측에 1[A]의 전류가 흘렀을 때 1차 단자 전압이 900[V]였다. 1차 측 탭 전압[V]과 2차 측 전류[A]는 얼마인지 구하시오.(단, V_T는 1차 탭 전압, I_2는 2차 전류이다.) [5점]

(1) 1차 측 탭 전압
 • 계산 과정:
 • 답:

(2) 2차 측 전류
 • 계산 과정:
 • 답:

답안작성 (1) • 계산 과정

$$R_1 = a^2 R_2 = a^2 \times 1 = a^2 [\Omega]$$

$$I_1 = \frac{V_1}{R_1} = \frac{900}{a^2} = 1[A]$$

$a^2 = 900$에서, $a = 30$

∴ 1차 측 탭 전압 $V_T = aV_2 = 30 \times 105 = 3{,}150[V]$

 • 답: 3,150[V]

(2) • 계산 과정

2차 측 전류 $I_2 = aI_1 = 30 \times 1 = 30[A]$

 • 답: 30[A]

개념체크 변압기의 권수비 $a = \dfrac{N_1}{N_2} = \dfrac{V_1}{V_2} = \dfrac{I_2}{I_1} = \sqrt{\dfrac{R_1}{R_2}}$

02 ★★★

45[kW]의 전동기를 사용하여 지상 10[m], 용량 300[m³]의 저수조에 물을 채우려 한다. 펌프의 효율이 85[%], 여유율 $k = 1.2$라면 몇 [분] 후에 가득 차는지 구하시오. [5점]

 • 계산 과정:
 • 답:

답안작성 • 계산 과정

$$P = \frac{QH}{6.12\eta}k = \frac{\frac{V}{t}H}{6.12\eta}k[kW]에서$$

$$\therefore t = \frac{VH}{P \times 6.12\eta}k = \frac{300 \times 10}{45 \times 6.12 \times 0.85} \times 1.2 = 15.38[분]$$

 • 답: 15.38[분]

$$P = \frac{QH}{6.12\,\eta}k[\text{kW}]$$

(단, Q: 양수량$[\text{m}^3/\text{min}]$, H: 양정(양수 높이)$[\text{m}]$, k: 여유 계수, η: 효율)

03

★☆☆

다음 릴레이 시퀀스도를 논리회로로 표현하고 타임차트를 완성하시오. [7점]

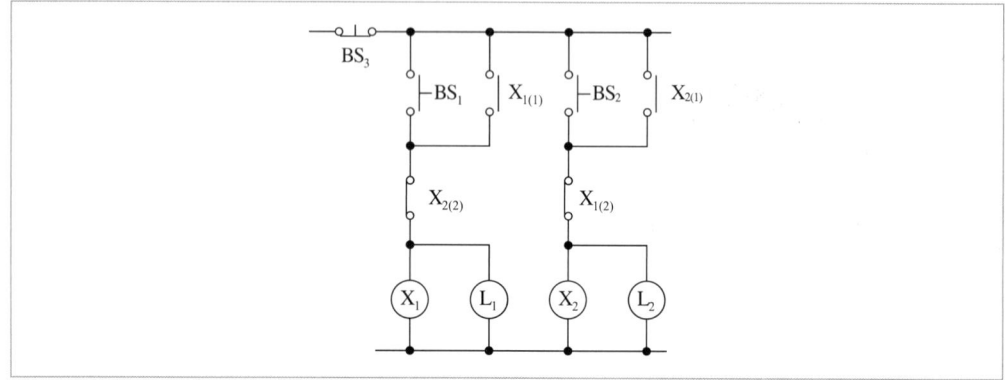

(1) 무접점 논리회로를 작성하시오.(단, OR(2입력, 1출력), AND(3입력, 1출력), NOT만을 사용하시오.)

(2) 주어진 타임차트를 완성하시오.

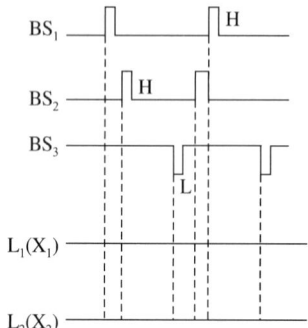

답안작성 (1)

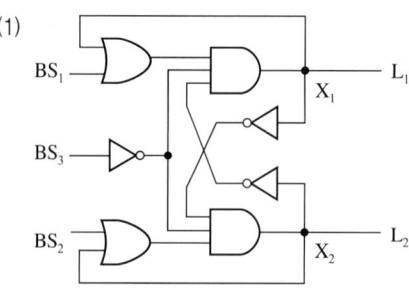

(2)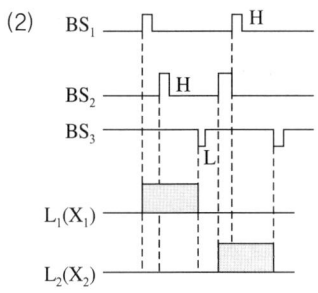

주어진 회로의 논리식은 다음과 같다.

$X_1 = \overline{BS_3} \cdot (BS_1 + X_1) \cdot \overline{X_2}, \ L_1 = X_1$

$X_2 = \overline{BS_3} \cdot (BS_2 + X_2) \cdot \overline{X_1}, \ L_2 = X_2$

인터록 회로로 X_1이 여자되어 있을 때 X_2가 여자될 수 없고, X_2가 여자되어 있을 때 X_1이 여자될 수 없다.

04
★★☆

다음은 어느 계전기 회로의 논리식이다. 이 논리식을 이용하여 다음 각 물음에 답하시오.(단, 여기서 A, B, C는 입력이고 X는 출력이다.) [5점]

• 논리식: $X = \overline{A} \cdot B + C$

(1) 이 논리식을 무접점 시퀀스도(논리회로)로 나타내시오.

(2) 물음 (1)에서 무접점 시퀀스도로 표현된 것을 2입력 NAND gate만으로 등가 변환하시오.

(1)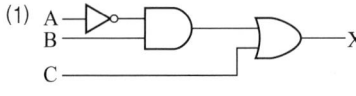

(2)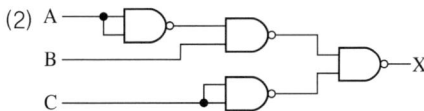

(2) $X = \overline{A} \cdot B + C = \overline{\overline{\overline{A} \cdot B + C}} = \overline{\overline{\overline{A} \cdot B} \cdot \overline{C}}$

드 모르간의 정리

$\overline{A + B} = \overline{A} \cdot \overline{B}$

$\overline{A \cdot B} = \overline{A} + \overline{B}$

05 ★★☆

지상 역률 $80[\%]$인 $100[\text{kW}]$ 부하에 지상 역률 $60[\%]$의 $70[\text{kW}]$ 부하를 연결하였다. 이때 합성 역률을 $90[\%]$로 개선하는 데 필요한 콘덴서 용량은 몇 $[\text{kVA}]$인지 계산하시오. [5점]

• 계산 과정:

• 답:

답안작성 • 계산 과정

유효 전력 $P = 100 + 70 = 170[\text{kW}]$

무효 전력 $Q = 100 \times \dfrac{\sqrt{1-0.8^2}}{0.8} + 70 \times \dfrac{\sqrt{1-0.6^2}}{0.6} = 168.33[\text{kVar}]$

부하에 의한 합성 역률

$\cos\theta = \dfrac{P}{\sqrt{P^2+Q^2}} = \dfrac{170}{\sqrt{170^2 + 168.33^2}} = 0.71$

따라서, 합성 역률을 $90[\%]$로 개선시키기 위한 콘덴서 용량

$Q_c = 170 \times \left(\dfrac{\sqrt{1-0.71^2}}{0.71} - \dfrac{\sqrt{1-0.9^2}}{0.9} \right) = 86.28[\text{kVA}]$

• 답: $86.28[\text{kVA}]$

개념체크 역률 개선용 콘덴서 용량

$$Q_c = P(\tan\theta_1 - \tan\theta_2) = P\left(\dfrac{\sin\theta_1}{\cos\theta_1} - \dfrac{\sin\theta_2}{\cos\theta_2} \right)[\text{kVA}]$$

(단, P: 부하 전력$[\text{kW}]$, $\cos\theta_1$: 개선 전 역률, $\cos\theta_2$: 개선 후 역률)

06 ★★☆

그림과 같이 CT가 결선되어 있을 때 전류계 A_3의 지싯값은 얼마인가?(단, 부하전류 $I_1 = I_2 = I_3 = I$로 한다.) [5점]

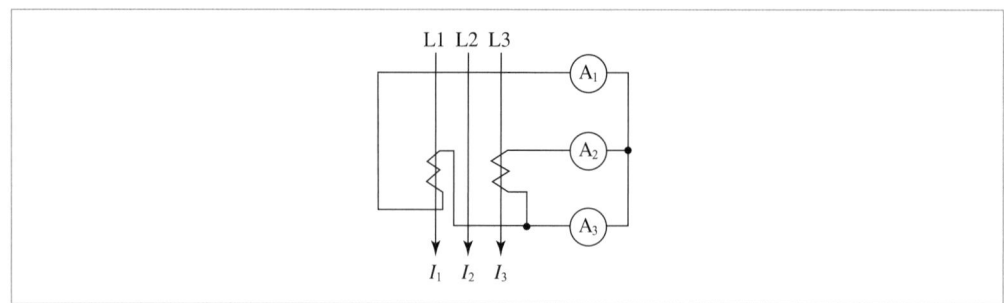

• 계산 과정:

• 답:

답안작성 • 계산 과정

$A_3 = 2 \times I_1 \cos 30° = 2 \times I_1 \times \dfrac{\sqrt{3}}{2} = \sqrt{3}\,I_1 = \sqrt{3}\,I[\text{A}]$

• 답: $\sqrt{3}\,I[\text{A}]$

전류계 A_3의 지싯값

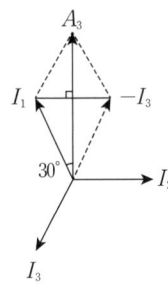

$$A_3 = 2 \times I_1 \cos 30° = 2 \times I_1 \times \frac{\sqrt{3}}{2} = \sqrt{3}\,I_1 = \sqrt{3}\,I\,[A]$$

07
★★☆

그림과 같은 인입변대에 $22.9[kV]$ 수전설비를 설치하여 $380/220[V]$를 사용하고자 한다. 다음 각 물음에 답하시오. [14점]

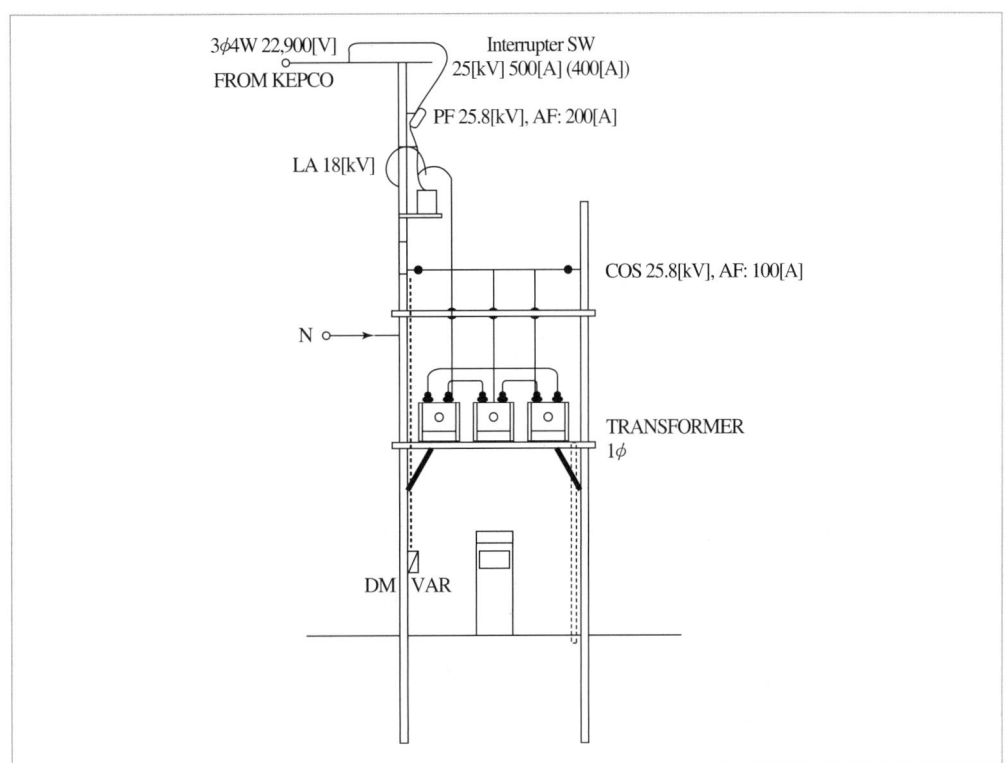

(1) DM 및 VAR의 명칭을 쓰시오.

(2) 도면에 사용된 LA의 수량은 몇 개이며 정격전압은 몇 $[kV]$인가?

(3) $22.9[kV - Y]$ 계통에는 주로 어떤 케이블이 사용되는가?

(4) 주어진 도면을 단선도로 작성하시오.(단, 피뢰기는 접지를 하여야 한다.)

(1) DM: 최대 수요 전력량계
　　　 VAR: 무효 전력량계

(2) LA의 수량: 3개

정격 전압: 18[kV]

(3) CNCV-W 케이블(수밀형)

또는 TR CNCV-W(트리 억제형)

(4)

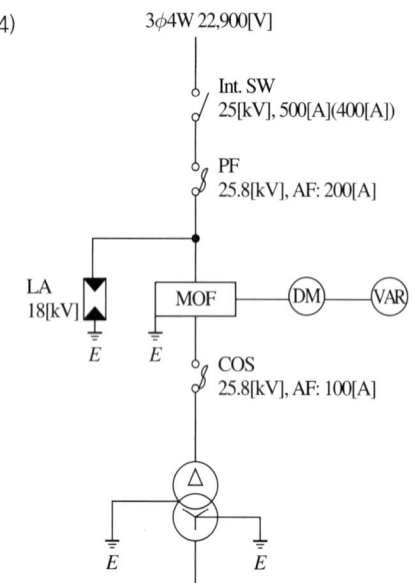

3φ4W 22,900[V]

Int. SW
25[kV], 500[A](400[A])

PF
25.8[kV], AF: 200[A]

LA
18[kV]

MOF — DM — VAR

COS
25.8[kV], AF: 100[A]

해설비법 (2) 피뢰기(LA)는 각 상에 1개씩 필요하므로 위의 3상 도면에서는 3개를 설치해야 한다.

(3) 지중 인입선의 경우에 22.9[kV−Y] 계통은 CNCV-W 케이블(수밀형) 또는 TR CNCV-W(트리 억제형)을 사용하여야 한다.

08

★★★

다음은 저압전로의 절연성능에 관한 표이다. 다음 빈칸에 들어갈 알맞은 내용을 쓰시오. [6점]

전로의 사용전압[V]	DC 시험전압[V]	절연저항[MΩ]
SELV 및 PELV		
FELV를 포함한 500[V] 이하		
500[V] 초과		

답안작성

전로의 사용전압[V]	DC 시험전압[V]	절연저항[MΩ]
SELV 및 PELV	250	0.5 이상
FELV를 포함한 500[V] 이하	500	1.0 이상
500[V] 초과	1,000	1.0 이상

저압 전로의 절연저항값

전로의 사용전압[V]	DC 시험전압[V]	절연저항[MΩ]
SELV 및 PELV	250	0.5 이상
FELV를 포함한 500[V] 이하	500	1.0 이상
500[V] 초과	1,000	1.0 이상

09 ★★☆

과도적인 과전압을 제한하고 서지(Surge)전류를 분류하는 목적으로 사용되는 서지보호장치(SPD: Surge Protective Device)에 대한 다음 물음에 답하시오. [4점]

(1) 기능에 따라 3가지로 분류하여 쓰시오.

(2) 구조에 따라 2가지로 분류하여 쓰시오.

답안작성
(1) • 전압 제한형 SPD
  • 전압 스위칭형 SPD
  • 복합형 SPD

(2) • 1포트 SPD
  • 2포트 SPD

10 ★★★

단상 변압기 병렬운전 조건 4가지를 쓰시오. [4점]

답안작성
• 극성이 같을 것
• 권수비 및 1차, 2차 정격 전압이 같을 것
• %임피던스 강하가 같을 것
• 내부 저항과 누설 리액턴스의 비가 같을 것

단답 정리함 단상 변압기의 병렬운전 조건 – 조건에 맞지 않을 경우 나타나는 현상
• 극성이 같을 것 – 큰 순환전류가 흘러 권선이 소손
• 권수비 및 1차, 2차 정격 전압이 같을 것 – 순환전류가 흘러 권선이 과열
• %임피던스 강하가 같을 것 – 부하 분담이 각 변압기의 용량의 비가 되지 않아 부하 분담이 불균형
• 내부 저항과 누설 리액턴스의 비가 같을 것 – 각 변압기의 전류 간에 위상차가 생겨 동손 증가

11 ★★☆ 폭 $24[\text{m}]$의 도로 양쪽에 $30[\text{m}]$ 간격으로 양쪽 배열로 가로등을 배치하여 노면의 평균 조도를 $5[\text{lx}]$로 한다면 각 등주상에 몇 $[\text{lm}]$의 전구가 필요한지 구하시오.(단, 도로면에서의 광속 이용률은 $35[\%]$, 감광 보상률은 1.3이다.) [5점]

• 계산 과정:

• 답:

답안작성 • 계산 과정

$FUN = EAD$에서

$$F = \frac{EAD}{UN} = \frac{5 \times \left(\frac{1}{2} \times 24 \times 30\right) \times 1.3}{0.35 \times 1} = 6,685.71[\text{lm}]$$

• 답: $6,685.71[\text{lm}]$

개념체크 • 도로 조명 설계

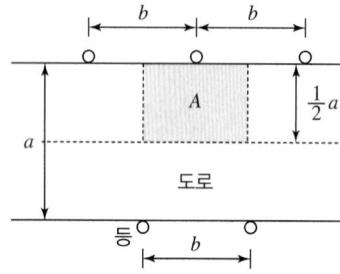

• 양측 대칭 배열, 양측 지그재그 배열에서 등기구 1개당 도로를 비추는 면적

$$A = \frac{a \times b}{2}[\text{m}^2]$$

(단, a: 도로의 폭$[\text{m}]$, b: 등 간격$[\text{m}]$)

$$FUN = EAD$$

(단, F: 광속$[\text{lm}]$, U: 조명률, N: 사용하는 등의 개수, E: 조도$[\text{lx}]$, A: 등기구 1개당 비추는 도로의 면적 $[\text{m}^2]$, D: 감광 보상률$(= \frac{1}{M})$, M: 보수율(유지율))

12

★★★

다음과 같은 특성의 축전지 용량[Ah]을 구하시오.(단, 방전전류 $I_1 = 70[A]$, $I_2 = 50[A]$이고, 축전지 사용 시의 보수율 0.8, 축전지 온도 5[℃], 셀당 전압 1.06[V/cell], $K_1 = 1.15$, $K_2 = 0.92$ 이다.) [5점]

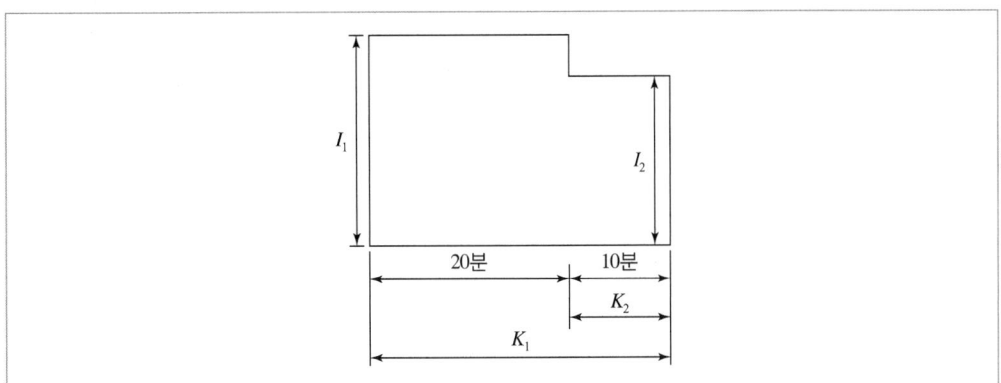

• 계산 과정:

• 답:

• 계산 과정

$$C = \frac{1}{L}\{K_1 I_1 + K_2(I_2 - I_1)\}$$

$$= \frac{1}{0.8} \times \{1.15 \times 70 + 0.92 \times (50 - 70)\}$$

$$= 77.63[Ah]$$

• 답: 77.63[Ah]

축전지의 용량 계산

$$C = \frac{1}{L}KI[Ah]$$

(단, C: 축전지 용량[Ah], I: 방전 전류[A], L: 보수율, K: 용량 환산 시간 계수)

13

★★★

200[V], 10[kVA]인 3상 유도 전동기를 부하 설비로 사용하는 곳이 있다. 어느 날 이곳의 부하실적이 1일 사용 전력량 60[kWh], 1일 최대전력 8[kW], 최대전류일 때의 전류값이 30[A]이었을 경우, 다음 각 물음에 답하시오. [5점]

(1) 일 부하율은 얼마인가?

• 계산 과정:

• 답:

(2) 최대 공급 전력일 때의 역률은 얼마인가?

• 계산 과정:

• 답:

$$일\ 부하율 = \frac{\frac{60}{24}}{8} \times 100[\%] = 31.25[\%]$$

• 답: $31.25[\%]$

(2) • 계산 과정: $\cos\theta = \dfrac{8 \times 10^3}{\sqrt{3} \times 200 \times 30} \times 100 = 76.98[\%]$

• 답: $76.98[\%]$

(1) 일 부하율 $= \dfrac{평균\ 수용\ 전력}{최대\ 수용\ 전력} \times 100[\%] = \dfrac{\frac{1일\ 사용\ 전력량[kWh]}{24[h]}}{최대\ 수용\ 전력[kW]} \times 100[\%]$

(2) 역률 $\cos\theta = \dfrac{유효\ 전력}{피상\ 전력} \times 100[\%] = \dfrac{P}{P_a} \times 100[\%] = \dfrac{P}{\sqrt{3}\,VI} \times 100[\%]$

---

14 ★☆☆

$100[kVA]$ 단상 변압기 3대를 $Y-\Delta$ 결선한 경우, 2차 측 1상에 접속할 수 있는 전등 부하는 최대 몇 $[kVA]$인가?(단, 변압기는 과부하되지 않아야 한다.) [5점]

• 계산 과정:

• 답:

• 계산 과정: $P = 100 \times 1 + 100 \times \dfrac{1}{2} = 150[kVA]$

• 답: $150[kVA]$

변압기 2차 측이 Δ결선인 상태에서 단상인 전등 부하를 접속하면 변압기 Δ 결선의 1상에는 전부하가 걸리며 나머지 2상에는 $\dfrac{1}{2}$ 부하를 분담하게 되므로, 총 공급 전력 $P = 100 \times 1 + 100 \times \dfrac{1}{2} = 150[kVA]$

---

15 ★☆☆

계약전력 $3,000[kW]$, 월 기본요금 $4,045[원/kW]$, 전력량 요금 $51[원/kWh]$인 곳의 1개월간 사용전력량이 $540[MWh]$이고 무효전력량이 $350[MVarh]$인 경우 1개월간의 총 전력요금을 구하시오.(단, 역률 $90[\%]$를 기준으로, 역률 $60[\%]$까지는 부족 역률 $1[\%]$마다 기본요금의 $0.2[\%]$를 할증하며, $90[\%]$를 초과하는 경우 초과 역률 $1[\%]$마다 기본요금의 $0.2[\%]$를 할인한다.) [5점]

• 계산 과정:

• 답:

• 계산 과정
　　－ 문제의 조건에 따른 역률

$$\cos\theta = \frac{540}{\sqrt{540^2 + 350^2}} = 0.84$$

　　　역률 미달분 $= 0.9 - 0.84 = 0.06(\therefore \ 6[\%])$
　　　역률 미달에 따른 기본요금 추가 $= (3,000 \times 4,045) \times 6 \times 0.002 = 145,620[원]$
　　－ 기본요금 $= 3,000 \times 4,045 = 12,135,000[원]$
　　－ 사용량 요금 $= 540,000 \times 51 = 27,540,000[원]$
　　$\therefore$ 총 전력요금 $= 12,135,000 + 27,540,000 + 145,620 = 39,820,620[원]$
　• 답: $39,820,620[원]$

16 ★☆☆

$22,900/220 - 380[\text{VA}], \ 30[\text{kVA}]$ **변압기를 사용하는 저압 전로의 최대 누설전류와 최소 절연저항을 구하시오.** [5점]

(1) 최대 누설전류[mA]
　• 계산 과정:
　• 답:

(2) 최소 절연저항[MΩ]
　• 계산 과정:
　• 답:

(1) • 계산 과정

　　최대 누설전류 $I_g = \dfrac{30 \times 10^3}{\sqrt{3} \times 380} \times \dfrac{1}{2,000} = 0.02279[\text{A}] = 22.79[\text{mA}]$

　• 답: $22.79[\text{mA}]$

(2) • 계산 과정

　　절연저항 $R = \dfrac{380}{22.79 \times 10^{-3}} = 16,673.98[\Omega] = 0.02[\text{M}\Omega]$

　　사용전압이 $500[\text{V}]$ 이하인 경우 저압 전로의 절연저항은 $1.0[\text{M}\Omega]$ 이상을 만족해야 한다.

　• 답: $1.0[\text{M}\Omega]$

(1) 누설전류 $\leq$ 최대 공급전류 $\times \dfrac{1}{2,000}$

(2) 저압 전로의 절연저항

전로의 사용전압[V]	DC 시험전압[V]	절연저항[MΩ]
SELV 및 PELV	250	0.5 이상
FELV를 포함한 500[V] 이하	500	1.0 이상
500[V] 초과	1,000	1.0 이상

유도형 원판 OCR에 관한 내용이다. 다음 각 물음에 답하시오. [10점]

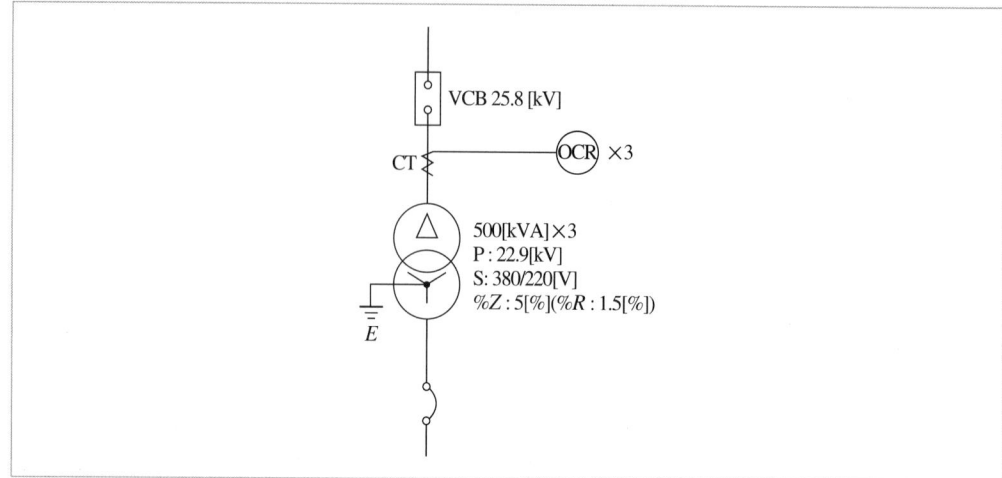

과전류 계전기 규격

과전류 계전기	항목	탭전류[A]
	한시탭	3, 4, 5, 6, 7, 8, 9
	순시탭	20, 30, 40, 50, 60, 70, 80

변류기 규격

변류기	항목	탭전류[A]
	1차 전류	5, 10, 15, 20, 30, 40, 50, 75, 100, 150, 200, 300, 400, 500, 600, 750, 1,000, 1,500, 2,000, 2,500
	2차 전류	5

(1) 그림에서 유도형 원판 OCR을 정정하고자 한다. 변류비를 구하고 한시탭 전류값을 선정하시오.(단, 변류비는 전부하 전류의 1.25배, 한시탭 전류는 전부하 전류의 1.5배를 적용한다.)
　• 계산 과정:
　• 답:

(2) 변압기 2차의 3상 단락이 발생한 경우 유도형 원판 OCR의 순시탭 전류값을 구하시오. 2차의 3상 단락전류는 20,087[A]이다.(단, 순시탭 전류는 3상 단락전류의 1.5배를 적용한다.)
　• 계산 과정:
　• 답:

(3) 유도형 원판 OCR의 레버는 무엇을 의미하는지 쓰시오.

(4) 반한시 특성은 무엇을 의미하는지 쓰시오.

(1) • 계산 과정

$$I_1 = \frac{500 \times 3}{\sqrt{3} \times 22.9} \times 1.25 = 47.27[\mathrm{A}] \text{이므로 } 50[\mathrm{A}] \text{ 선정}$$

∴ 변류비 = 50/5

과전류 계전기 한시탭은 전부하 전류의 1.5배이므로

$$I_T = \frac{500 \times 3}{\sqrt{3} \times 22.9} \times 1.5 \times \frac{5}{50} = 5.67[\mathrm{A}] \text{이다.}$$

∴ 6[A] 선정

• 답: 변류비 50/5, 한시탭 6[A]

(2) • 계산 과정

OCR 순시탭 선정

$$I = 20{,}087 \times \frac{380}{22.9 \times 10^3} \times 1.5 \times \frac{5}{50} = 50.00[\mathrm{A}] (\because \text{3상 단락전류의 1.5배})$$

∴ 50[A] 선정

• 답: 순시탭 50[A]

(3) 한시탭 전류에 의해서 보호 계전기가 동작하는 시간을 정정하는 것

(4) 고장전류가 크면 빨리 동작하고, 고장전류가 작으면 느리게 동작하는 것으로 보호 계전기의 고장전류와 동작 시간이 반비례하는 특성을 의미한다.

변류기의 변류비 선정 및 전류 계산

$$\text{변류비} = \frac{I_1}{I_2} (\text{단, 정격 2차 전류 } I_2 = 5[\mathrm{A}])$$

• 1차 전류: 5, 10, 15, 20, 30, 40, 50, 75, 100, 150, 200, 300, 400, 500[A]
• 2차 전류: 5[A]

$$\text{CT 2차측에 흐르는 전류 } I_2 = \frac{I_1}{\text{변류비}}[\mathrm{A}]$$

(단, 이때 I_2는 정격 2차 전류가 아닌, CT 2차측에 흐르는 전류이다.)

2020년

01 ★☆☆

다음 회로도에서 3로 스위치 2개를 이용하여 2개소에서 램프를 점등하고자 한다. 주어진 회로도를 완성하시오. [5점]

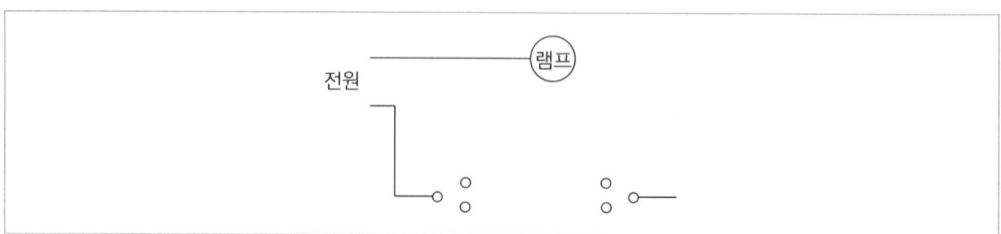

답안작성

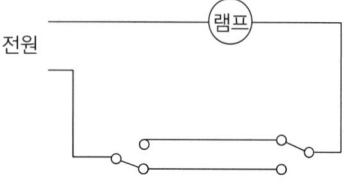

02 ★★☆

$5,000[\text{kVA}]$의 변압기에 역률 $80[\%]$의 부하 $5,000[\text{kVA}]$가 접속되어 있다. 이 부하와 병렬로 콘덴서를 접속해서 합성 역률을 $95[\%]$로 개선하면 부하는 몇 $[\text{kW}]$까지 증가시킬 수 있는가? [5점]

• 계산 과정:

• 답:

답안작성

• 계산 과정

$P_1 = 5,000 \times 0.95 = 4,750[\text{kW}]$

$P_2 = 5,000 \times 0.8 = 4,000[\text{kW}]$

$\therefore \Delta P = P_1 - P_2 = 4,750 - 4,000 = 750[\text{kW}]$

• 답: $750[\text{kW}]$

해설비법 증가시킬 수 있는 용량

$\Delta P[\text{kW}] = P_a \cos\theta_{개선 후} - P_a \cos\theta_{개선 전}$

03 ★★★

어느 회사에서 한 부지에 A, B, C의 세 공장을 세워 3대의 급수 펌프 P_1(소형), P_2(중형), P_3(대형)으로 다음 계획과 같이 급수 계획을 세웠다. 다음 물음에 답하시오.　　　　　　　　　　　　　　　　[12점]

> [계획]
> ① 모든 공장 A, B, C가 휴무일 때 또는 그 중 한 공장만 가동할 때에는 펌프 P_1만 가동시킨다.
> ② 모든 공장 A, B, C 중 어느 것이나 두 개의 공장만 가동할 때에는 P_2만 가동시킨다.
> ③ 모든 공장 A, B, C가 모두 가동할 때에는 P_3만 가동시킨다.

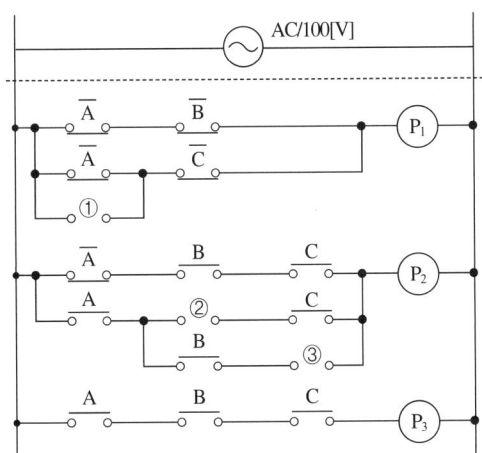

(1) 조건과 같은 진리표를 작성하시오.

(2) ①~③의 접점 문자 기호를 쓰시오.

(3) P_1~P_3의 출력식을 간소화하여 나타내시오.
　　• 계산 과정:
　　• 답:

답안작성 (1)

A	B	C	P_1	P_2	P_3
0	0	0	1	0	0
0	0	1	1	0	0
0	1	0	1	0	0
0	1	1	0	1	0
1	0	0	1	0	0
1	0	1	0	1	0
1	1	0	0	1	0
1	1	1	0	0	1

(2) ① $\overline{B}$　② $\overline{B}$　③ $\overline{C}$

(3) • 계산 과정

$$P_1 = \overline{A}\,\overline{B}\,\overline{C} + \overline{A}\,\overline{B}C + \overline{A}B\overline{C} + A\overline{B}\,\overline{C}$$
$$= \overline{A}\,\overline{B}\,\overline{C} + \overline{A}\,\overline{B}C + \overline{A}\,\overline{B}\,\overline{C} + \overline{A}B\overline{C} + A\overline{B}\,\overline{C} + A\overline{B}\,\overline{C}$$
$$= \overline{A}\,\overline{B}(\overline{C}+C) + \overline{A}\,\overline{C}(\overline{B}+B) + \overline{B}\,\overline{C}(\overline{A}+A)$$

$$= \overline{A}\overline{B} + \overline{A}\overline{C} + \overline{B}\overline{C} = \overline{A}\overline{B} + (\overline{A}+\overline{B})\overline{C}$$

$$P_2 = \overline{A}BC + A\overline{B}C + AB\overline{C} = \overline{A}BC + A(\overline{B}C + B\overline{C})$$

$$P_3 = ABC$$

- 답: $P_1 = \overline{A}\overline{B} + (\overline{A}+\overline{B})\overline{C}$, $P_2 = \overline{A}BC + A(\overline{B}C + B\overline{C})$, $P_3 = ABC$

해설비법 (2)

(3) $P_1 = \overline{A}\overline{B}\overline{C} + \overline{A}\overline{B}C + \overline{A}B\overline{C} + A\overline{B}\overline{C}$

$\quad = \overline{A}\overline{B}\overline{C} + \overline{A}\overline{B}C + \overline{A}B\overline{C} + \overline{A}\overline{B}\overline{C} + \overline{A}\overline{B}\overline{C} + A\overline{B}\overline{C}$ ($\because \overline{A}\overline{B}\overline{C} + \overline{A}\overline{B}\overline{C} = \overline{A}\overline{B}\overline{C}$)

$\quad = \overline{A}\overline{B}(\overline{C}+C) + \overline{A}\overline{C}(\overline{B}+B) + \overline{B}\overline{C}(\overline{A}+A)$ ($\because \overline{C}+C=1$, $\overline{B}+B=1$, $\overline{A}+A=1$)

$\quad = \overline{A}\overline{B} + \overline{A}\overline{C} + \overline{B}\overline{C}$

$\quad = \overline{A}\overline{B} + (\overline{A}+\overline{B})\overline{C}$

04
★★★
$500[\mathrm{kVA}]$의 변압기가 그림과 같은 부하로 운전되고 있다. 오전에는 역률 $80[\%]$로, 오후에는 역률 $100[\%]$로 운전된다고 하면 전일 효율은 몇 $[\%]$가 되겠는가?(단, 변압기의 철손은 $6[\mathrm{kW}]$, 전부하 시 동손은 $10[\mathrm{kW}]$라고 한다.) **[6점]**

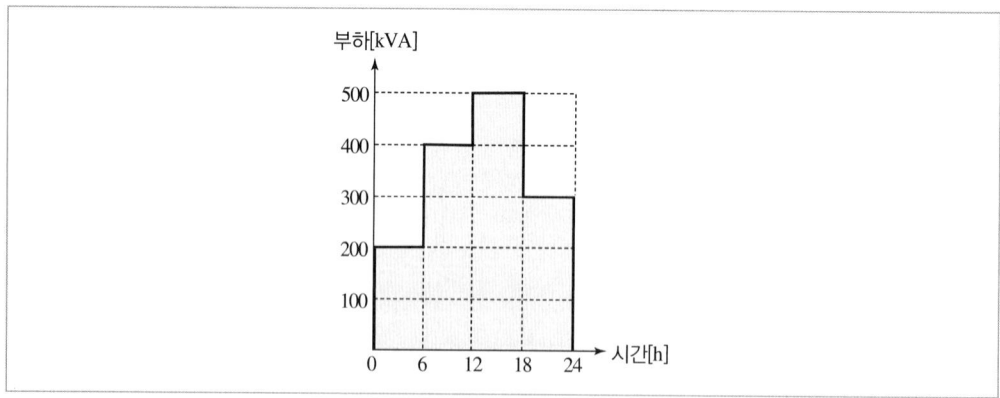

- 계산 과정:
- 답:

• 계산 과정

하루(24시간) 동안의 총 전력 사용량

$W_0 = (200 \times 0.8 \times 6) + (400 \times 0.8 \times 6) + (500 \times 1.0 \times 6) + (300 \times 1.0 \times 6)$

$\quad = 7,680 [\text{kWh}]$

철손 $W_i = 6 [\text{kW}] \times 24 [\text{h}] = 144 [\text{kWh}]$

동손 $W_c = \left(\dfrac{200}{500}\right)^2 \times 10 \times 6 + \left(\dfrac{400}{500}\right)^2 \times 10 \times 6 + \left(\dfrac{500}{500}\right)^2 \times 10 \times 6 + \left(\dfrac{300}{500}\right)^2 \times 10 \times 6 = 129.6 [\text{kWh}]$

전일 효율

$\eta = \dfrac{W_0}{W_0 + W_i + W_c} \times 100 [\%] = \dfrac{7,680}{7,680 + 144 + 129.6} \times 100 [\%] = 96.56 [\%]$

• 답: 96.56 [%]

전일 효율

$$\text{전일 효율 } \eta = \dfrac{W_0}{W_0 + W_l} \times 100 [\%]$$

(단, W_0: 사용 전력량, W_l: 전 손실 전력량, $W_l = W_i + W_c$, W_i: 철손, W_c: 동손)

05

★★☆

빈칸에 들어갈 알맞은 내용을 쓰시오. [5점]

임의의 면에서 한 점의 조도는 광원의 광도 및 입사각의 코사인에 비례하고 거리의 제곱에 반비례한다. 이와 같이 입사각의 코사인에 비례하는 것을 Lambert의 코사인 법칙이라 한다. 또 광선과 피조면의 위치에 따라 조도를 ( )조도, ( )조도, ( )조도 등으로 분류할 수 있다.

법선, 수평면, 수직면

조도

• 어떤 물체에 광속이 입사하면 그 면이 밝게 빛나게 되는 정도로, 어떤 면에 입사되는 광속의 밀도를 나타낸다.
• 기호로는 E, 단위로는 [lx](룩스: lux)를 사용한다.
• 조도의 계산

$E = \dfrac{F}{A} = \dfrac{I}{r^2} [\text{lx}]$

조도는 광원의 광도(I)에 비례하고, 거리(r)의 제곱에 반비례한다.

– 법선 조도

$E_n [\text{lx}] = \dfrac{I}{r^2} = \dfrac{I}{h^2} \cos^2 \theta$

– 수평면 조도

$E_h [\text{lx}] = \dfrac{I}{r^2} \cos\theta = \dfrac{I}{h^2} \cos^3 \theta$

– 수직면 조도

$E_v [\text{lx}] = \dfrac{I}{r^2} \sin\theta = \dfrac{I}{h^2} \cos^2 \theta \sin\theta$

($\cos\theta = \dfrac{h}{r}$ 에서 $r = \dfrac{h}{\cos\theta}$)

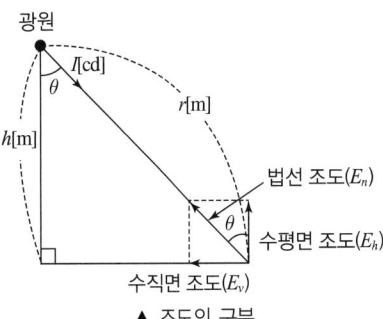

▲ 조도의 구분

06 ★★☆

다음 회로는 전동기의 정역변환 시퀀스 회로이다. 전동기는 가동 중 회전 방향을 곧바로 바꾸면 과전류와 기계적 손상이 발생하여 타이머로 지연시간을 주었을 때 다음 각 물음에 답하시오. [6점]

> [동작사항]
> ① 누름버튼 스위치 PB1을 눌렀을 경우 설정시간 T_1초 이후 정방향 운전
> ② 누름버튼 스위치 PB2를 눌렀을 경우 설정시간 T_2초 이후 역방향 운전
> ③ 정방향과 역방향 운전을 동시에 할 수 없음(인터록 회로)
> ④ 누름버튼 스위치 PB-OFF를 눌렀을 경우 전동기 운전 정지

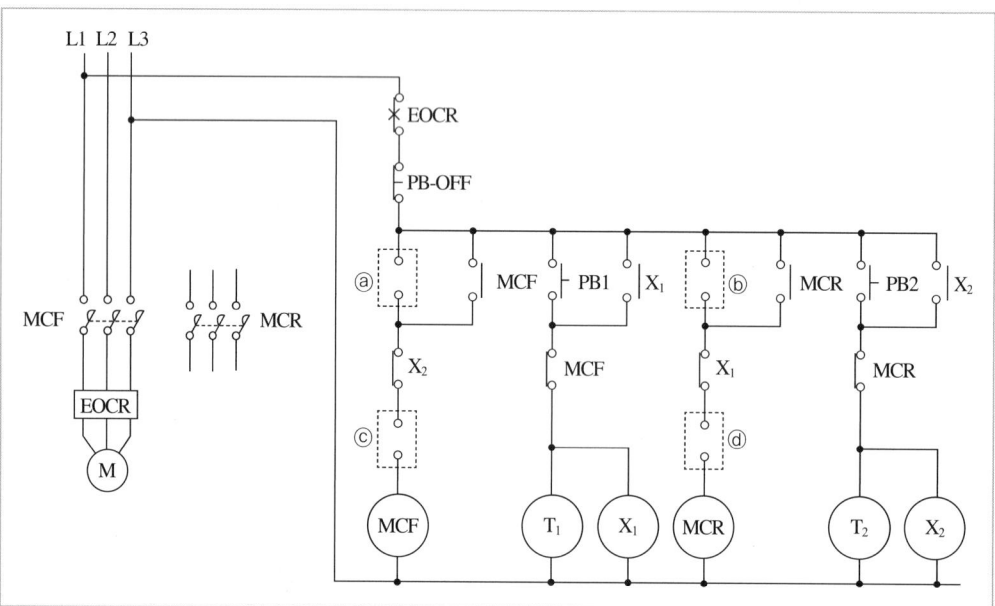

(1) ⓐ, ⓑ, ⓒ, ⓓ에 들어갈 접점을 작성하고 접점 옆에 접점 기호를 표시하시오.

(2) 주회로 부분을 작성하시오.

(3) 약호 EOCR은 무엇인가?

답안작성

(1) ⓐ ▷ T_1 ⓑ ▷ T_2 ⓒ MCR-b   ⓓ MCF-b

(2)

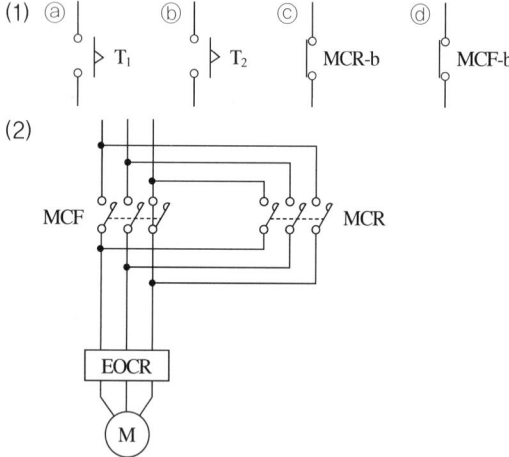

(3) 전자식 과전류 계전기

(1) ⓐ 누름버튼 스위치 PB1을 눌렀을 경우 설정시간 T_1초 이후 정방향 운전: T_1의 한시동작 순시복귀 a접점
  ⓑ 누름버튼 스위치 PB2을 눌렀을 경우 설정시간 T_2초 이후 역방향 운전: T_2의 한시동작 순시복귀 a접점
  ⓒ 정방향과 역방향 운전을 동시에 할 수 없게 하는 인터록 회로: MCR의 순시동작 순시복귀 b접점
  ⓓ 정방향과 역방향 운전을 동시에 할 수 없게 하는 인터록 회로: MCF의 순시동작 순시복귀 b접점
(2) 전동기의 정역 운전 주회로 결선 방법은 전원의 3단자 중 2단자의 접속을 바꾼다.
(3) EOCR(전자식 과전류 계전기): 정정값 이상의 전류가 흐르면 동작하여 차단기의 트립코일을 여자시키는 계전기

07

★☆☆

전원이 $100[V]$인 회로에 $600[W]$의 전기솥 1대, $350[W]$의 전기다리미 1대, $150[W]$의 텔레비전 1대를 사용하며, 사용되는 모든 부하의 역률이 1이라고 할 때, 이 회로에 연결된 $10[A]$의 고리퓨즈는 어떻게 되겠는지 그 상태와 이유를 설명하시오. [5점]

- 계산 과정:
- 답:

답안작성 • 계산 과정

$$I = \frac{(600 \times 1) + (350 \times 1) + (150 \times 1)}{100 \times 1} = 11[A]$$

4[A] 초과 16[A] 미만의 저압용 퓨즈는 정격전류의 1.5배($10 \times 1.5 = 15[A]$)에 견디어야 하므로 용단되지 않는다.
- 답: 정격전류의 1.5배 이하이므로 용단되지 않는다.

개념체크 저압 전로에 사용하는 범용의 퓨즈
gG, gM 퓨즈의 용단 특성

정격전류의 구분	시간	정격전류의 배수		적용
		불용단전류	용단전류	
4[A] 이하	60분	1.5배	2.1배	gG
4[A] 초과 16[A] 미만	60분	**1.5배**	1.9배	gG
16[A] 이상 63[A] 이하	60분	1.25배	1.6배	gG, gM
63[A] 초과 160[A] 이하	120분	1.25배	1.6배	gG, gM
160[A] 초과 400[A] 이하	180분	1.25배	1.6배	gG, gM
400[A] 초과	240분	1.25배	1.6배	gG, gM

08

★★☆

콘덴서 3개를 이용하여 선간 전압 $3,300[\text{V}]$, 주파수 $60[\text{Hz}]$의 선로에 $\triangle$결선으로 접속하여 용량이 $60[\text{kVA}]$가 되도록 한다. 이때 콘덴서 1개의 정전 용량은 몇 $[\mu\text{F}]$로 하여야 하는지 구하시오. [5점]

• 계산 과정:

• 답:

답안작성 • 계산 과정

$Q_c = 3 \times 2\pi f C E^2$ 에서

$$C = \frac{Q_c}{3 \times 2\pi f E^2} = \frac{60 \times 10^3}{3 \times 2\pi \times 60 \times 3,300^2} = 4.87 \times 10^{-6}[\text{F}] = 4.87[\mu\text{F}]$$

• 답: $4.87[\mu\text{F}]$

09

★★★

다음 그림은 무접점 회로도이다. 무접점 회로도의 논리식을 간략화하고, 유접점 회로로 변환하여 작성하시오. [6점]

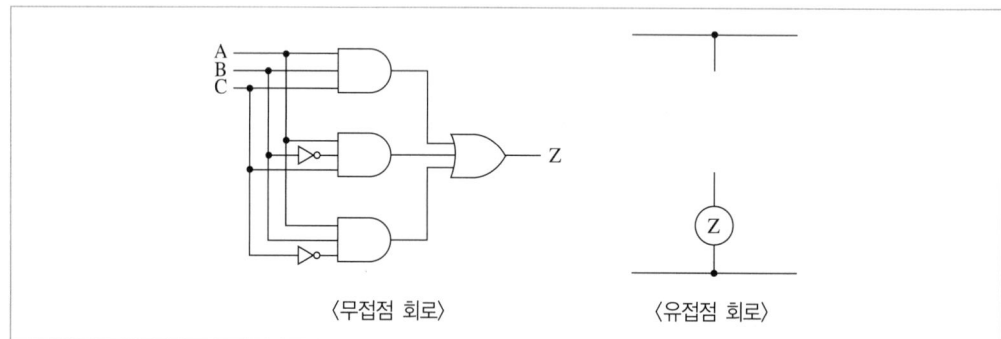

〈무접점 회로〉 〈유접점 회로〉

답안작성 • 논리식: $Z = \text{ABC} + \text{A}\overline{\text{B}}\text{C} + \text{AB}\overline{\text{C}} = \text{ABC} + \text{ABC} + \text{A}\overline{\text{B}}\text{C} + \text{AB}\overline{\text{C}} = \text{AC}(\overline{\text{B}} + \text{B}) + \text{AB}(\overline{\text{C}} + \text{C}) = \text{AC} + \text{AB}$
$= \text{A}(\text{B} + \text{C})$

• 유접점 회로

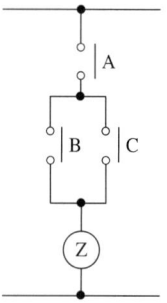

해설비법 $Z = \text{ABC} + \text{A}\overline{\text{B}}\text{C} + \text{AB}\overline{\text{C}}$

$= \text{ABC} + \text{ABC} + \text{A}\overline{\text{B}}\text{C} + \text{AB}\overline{\text{C}} \ (\because \text{ABC} + \text{ABC} = \text{ABC})$

$= \text{AC}(\overline{\text{B}} + \text{B}) + \text{AB}(\overline{\text{C}} + \text{C}) = \text{AC} + \text{AB} = \text{A}(\text{B} + \text{C})$

10

★★☆

고압 수전의 수용가에서 3상 4선식 교류 사용전압이 $380[\text{V}]$인 $15[\text{kVA}]$ 3상 부하가 변전실 배전반 전용변압기에서 $50[\text{m}]$ 떨어져 설치되어 있다. 이 경우 간선 케이블의 최소 굵기를 선정하시오.(단, 케이블 규격은 IEC에 의한다.) [5점]

• 계산 과정:

• 답:

답안작성

• 계산 과정

부하전류 $I = \dfrac{15 \times 10^3}{\sqrt{3} \times 380} = 22.79[\text{A}]$

고압 이상으로 수전하는 경우 전압강하는 가능한 저압으로 수전하는 경우의 값을 넘지 않아야 하므로 $e = 5[\%]$

전선의 굵기 $A = \dfrac{17.8LI}{1,000e} = \dfrac{17.8 \times 50 \times 22.79}{1,000 \times (220 \times 0.05)} = 1.84[\text{mm}^2]$

• 답: $2.5[\text{mm}^2]$ 선정

해설비법

수용가설비의 전압강하

설비의 유형	조명[%]	기타[%]
A – 저압으로 수전하는 경우	3	5
B – 고압 이상으로 수전하는 경우*	6	8

* 가능한 한 최종회로 내의 전압강하가 A유형의 값을 넘지 않도록 하는 것이 바람직하다. 사용자의 배선설비가 $100[\text{m}]$를 넘는 부분의 전압강하는 미터당 $0.005[\%]$ 증가할 수 있으나 이러한 증가분은 $0.5[\%]$를 넘지 않아야 한다.

• 전선의 단면적 계산 공식

단상 2선식	$A = \dfrac{35.6LI}{1,000e} \ [\text{mm}^2]$
3상 3선식	$A = \dfrac{30.8LI}{1,000e} \ [\text{mm}^2]$
단상 3선식 3상 4선식	$A = \dfrac{17.8LI}{1,000e} \ [\text{mm}^2]$

• 전선 규격$[\text{mm}^2]$: 1.5, **2.5**, 4, 6, 10, 16, 25, 35, 50, 70, 95, 120, 150, 185, 240, 300

11

★★☆

다음과 같은 철골공장에 백열등 전반조명 시 작업반의 평균조도 $200[\text{lx}]$를 얻기 위한 광원의 소비전력 $[\text{W}]$은 얼마이어야 하는가를 다음 참고 자료를 이용하여 주어진 답안지의 순서에 의하여 구하시오.(단, 천장 및 벽면의 반사율은 $30[\%]$, 조명기구는 금속 반사갓 직부형, 광원은 천장 면하 $1[\text{m}]$에 부착하고, 천장고는 $9[\text{m}]$이며, 감광보상률은 보수상태의 양으로 적용하고 배광은 직접조명으로 한다.) [10점]

[참고 자료 1] 등기구 배치도

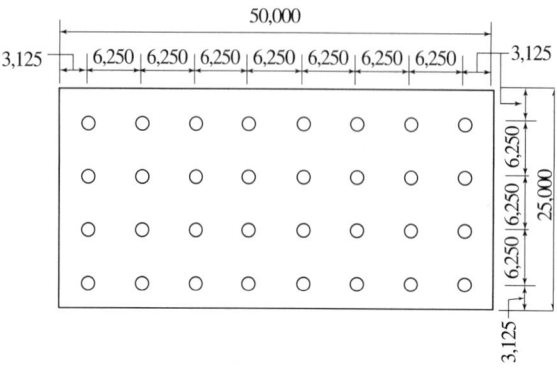

[참고 자료 2] 실지수

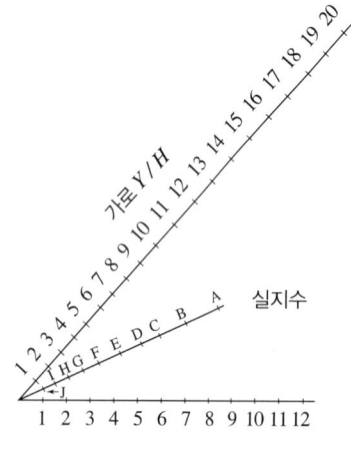

[표 1] 전구 특성

형식	종별	유리구의 지름 (표준치) [mm]	길이 [mm]	베이스	초기 특성			50[%] 수명에서의 효율 [lm/W]	수명 [h]
					소비전력 [W]	광속 [lm]	효율 [lm/W]		
L100V 10W	진공 단코일	55	101 이하	E26/25	10±0.5	76±0.6	7.6±0.6	6.5 이상	1,500
L100V 20W	진공 단코일	55	101 이하	E26/25	20±1.0	175±20	8.7±0.7	7.3 이상	1,500
L100V 30W	가스입 단코일	55	108 이하	E26/25	80±1.5	290±30	9.7±0.8	8.8 이상	1,000
L100V 40W	가스입 단코일	55	108 이하	E26/25	40±2.0	440±45	11.0±0.9	10.0 이상	1,000
L100V 60W	가스입 단코일	50	114 이하	E26/25	60±3.0	760±75	12.6±1.0	11.5 이상	1,000
L100V 100W	가스입 단코일	70	140 이하	E26/25	100±5.0	1,500±150	15.0±1.2	13.5 이상	1,000
L100V 150W	가스입 단코일	80	170 이하	E26/25	150±7.5	2,450±250	16.4±1.3	14.8 이상	1,000
L150V 200W	가스입 단코일	80	180 이하	E26/25	200±10	3,450±350	17.3±1.4	15.3 이상	1,000
L100V 300W	가스입 단코일	95	220 이하	E39/41	300±15	5,550±550	18.3±1.5	15.8 이상	1,000
L100V 500W	가스입 단코일	110	240 이하	E39/41	500±25	9,900±990	19.7±1.6	16.9 이상	1,000
L100V 1,000W	가스입 단코일	165	332 이상	E39/41	1,000±50	21,000±2,100	21.0±1.7	17.4 이상	1,000
Ld100V 30W	가스입 이중코일	55	108 이상	E26/25	30±1.5	330±35	11.1±0.9	10.1 이상	1,000
Ld100V 40W	가스입 이중코일	55	108 이상	E26/25	40±2.0	500±50	12.4±1.0	11.3 이상	1,000
Ld100V 50W	가스입 이중코일	60	114 이상	E26/25	50±2.5	660±65	13.2±1.1	12.0 이상	1,000
Ld100V 60W	가스입 이중코일	60	114 이상	E26/25	60±3.0	830±85	13.0±1.1	12.7 이상	1,000
Ld100V 75W	가스입 이중코일	60	117 이상	E26/25	75±4.0	1,100±110	14.7±1.2	13.2 이상	1,000
Ld100V 100W	가스입 이중코일	65 또는 67	128 이상	E26/25	100±5.0	1,570±160	15.7±1.3	14.1 이상	1,000

[표 2] 조명률, 감광보상률 및 설치간격

번호	배광 / 설치간격	조명기구	감광보상률 (D) 보수 상태 양	중	부	반사율ρ 실지수	천장 0.75 벽 0.5	0.3	0.1	0.50 0.5	0.3	0.1	0.30 0.3	0.1
(1)	간접 0.80 / 0 $S \le 1.2H$	전구 / 형광등	전구 1.5 / 형광등 1.7	1.7 / 2.0	2.0 / 2.5	J0.6	16	13	11	12	10	08	06	05
						I0.8	20	16	15	15	13	11	08	07
						H1.0	23	20	17	17	14	13	10	08
						G1.25	26	23	20	20	17	15	11	10
						F1.5	29	26	22	22	19	17	12	11
						E2.0	32	29	26	24	21	19	13	12
						D2.5	36	32	30	26	24	22	15	14
						C3.0	38	35	32	28	25	24	16	15
						B4.0	42	39	36	30	29	27	18	17
						A5.0	44	41	39	33	30	29	19	18
(2)	반간접 0.19 / 0.10 $S \le 1.2H$	전구 / 형광등	전구 1.4 / 형광등 1.7	1.5 / 2.0	1.7 / 2.5	J0.6	18	14	12	14	11	09	08	07
						I0.8	22	19	17	17	15	13	10	09
						H1.0	26	22	19	20	17	15	12	10
						G1.25	29	25	22	22	19	17	14	12
						F1.5	32	28	25	24	21	19	15	14
						E2.0	35	32	29	27	24	21	17	15
						D2.5	39	35	32	29	26	24	19	18
						C3.0	42	38	35	31	28	27	20	19
						B4.0	46	42	39	34	31	29	22	21
						A5.0	48	44	42	36	33	31	23	22
(3)	전반확산 0.40 / 0.40 $S \le 1.2H$	전구 / 형광등	전구 1.3 / 형광등 1.4	1.4 / 1.7	1.5 / 2.0	J0.6	24	19	16	22	18	15	16	14
						I0.8	29	25	22	27	23	20	21	19
						H1.0	33	28	26	30	26	24	24	21
						G1.25	37	32	29	33	29	26	26	24
						F1.5	40	36	31	36	32	29	29	26
						E2.0	45	40	36	40	36	33	32	29
						D2.5	48	43	39	43	39	36	34	33
						C3.0	51	46	42	45	41	38	37	34
						B4.0	55	50	47	49	45	42	40	38
						A5.0	57	53	49	51	47	44	41	40

조명률 U[%]

(4)	반직접 0.25 ⊕ 0.55 $S \le H$	전구				J0.6	26	22	19	24	21	18	19	17
		1.3	1.4	1.5		I0.8	33	28	26	30	26	24	25	23
						H1.0	36	32	30	33	30	28	28	26
						G1.25	40	36	33	36	33	30	30	29
		형광등				F1.5	43	39	35	39	35	33	33	31
						E2.0	47	44	40	43	39	36	36	34
		1.6	1.7	1.8		D2.5	51	47	43	46	42	40	39	37
						C3.0	54	49	45	48	44	42	42	38
						B4.0	57	53	50	51	46	45	43	41
						A5.0	58	55	52	53	49	47	47	43
(5)	직접 0 ⊖ 0.75 $S \le 1.3H$	전구				J0.6	34	29	26	32	29	27	29	27
		1.3	1.4	1.5		I0.8	43	38	35	39	36	35	36	34
						H1.0	47	43	40	41	40	38	40	38
						G1.25	50	47	44	44	43	41	42	41
		형광등				F1.5	52	50	47	46	44	43	44	43
						E2.0	58	55	52	49	48	46	47	46
		1.4	1.7	2.0		D2.5	62	58	56	52	51	49	50	49
						C3.0	64	61	58	54	52	51	51	50
						B4.0	67	64	62	55	53	52	52	52
						A5.0	68	66	64	56	54	53	54	52

[표 3] 실지수 기호표

기호	A	B	C	D	E	F	G	H	I	J
실지수	5.0	4.0	3.0	2.5	2.0	1.5	1.25	1.0	0.8	0.6
범위	4.5 이상	4.5~3.5	3.5~2.75	2.75~2.25	2.25~1.74	1.75~1.38	1.38~1.12	1.12~0.9	0.9~0.7	0.7 이하

(1) 광원의 높이 (2) 실지수 및 실지수 기호 (3) 광원의 간격
(4) 조명률, 감광보상률 (5) 광속계산(1등당 광속) (6) 와트수, 소비전력[kW]

답안작성

(1) $H = 9 - 1 = 8[\text{m}]$

(2) • 계산 과정: 실지수 $RI = \dfrac{50 \times 25}{8 \times (50 + 25)} = 2.08$

  • 답: 실지수 2.0, 기호 E 선정

(3) • 광원 간격 $S \le 1.3 \times H = 1.3 \times 8 = 10.4[\text{m}]$
  • 벽면 $S_w \le 0.5 \times H = 0.5 \times 8 = 4[\text{m}]$

(4) [표2]에서 조명률 47[%], 감광보상률 1.3

(5) • 계산 과정

  총 소요광속 $NF = \dfrac{EAD}{U} = \dfrac{200 \times (50 \times 25) \times 1.3}{0.47} = 691,489.36[\text{lm}]$

  1등당 광속 $F = \dfrac{691,489.36}{32} = 21,609.04[\text{lm}]$

  • 답: 21,690.04[lm]

(6) • 계산 과정

　　[표1]에서 광속 $21,000 \pm 2,100$에 해당되므로 $P = 1,000[\text{W}]$ 선정

　　32등이므로 $32 \times 1,000 = 32,000[\text{W}] = 32[\text{kW}]$

• 답: 소비전력 $P = 32[\text{kW}]$

12

★☆☆

다음 각 물음에 답하시오.　　　　　　　　　　　　　　　　　　[5점]

(1) 정전기 대전의 종류 3가지

(2) 대전 방지대책 2가지

답안작성　(1) 마찰대전, 유동대전, 충돌대전

(2) • 금속, 인체와 같은 도체가 대상인 경우에는 접지를 확실히 함

　　　• 접지하는 대상이 많을 때에는 각각의 대상을 본딩해서 접지

13

★★★

지표면상 $18[\text{m}]$ 높이의 수조가 있다. 이 수조에 $20[\text{m}^3/\text{min}]$의 물을 양수하는 데 필요한 펌프용 전동기의 소요 동력은 몇 $[\text{kW}]$인가?(단, 펌프의 효율은 $70[\%]$로 하고, 여유계수는 1.1로 한다.)　　[5점]

• 계산 과정:

• 답:

답안작성　• 계산 과정: $P = \dfrac{20 \times 18}{6.12 \times 0.7} \times 1.1 = 92.44[\text{kW}]$

• 답: $92.44[\text{kW}]$

개념체크　양수 펌프용 전동기의 소요 출력 계산식

$$P = \frac{QH}{6.12\eta}k\,[\text{kW}]$$

（단, Q: 양수량$[\text{m}^3/\text{min}]$, H: 양수 높이$[\text{m}]$, k: 여유 계수(손실 계수), η: 펌프 효율）

14 ★★★

$50[\text{Hz}]$로 설계된 3상 유도 전동기를 동일 전압으로 $60[\text{Hz}]$에 사용할 경우 다음 각 요소는 어떻게 변화하는지 수치를 이용하여 설명하시오. [6점]

(1) 무부하 전류
- 계산 과정:
- 답:

(2) 온도
- 계산 과정:
- 답:

(3) 속도
- 계산 과정:
- 답:

답안작성

(1) • 계산 과정: 무부하 전류 $\dfrac{I_2}{I_1} = \dfrac{f_1}{f_2} = \dfrac{50}{60} = \dfrac{5}{6}$

   • 답: $\dfrac{5}{6}$ 배로 감소

(2) • 계산 과정: 온도 감소 $\dfrac{t_2}{t_1} = \dfrac{f_1}{f_2} = \dfrac{50}{60} = \dfrac{5}{6}$

   • 답: $\dfrac{5}{6}$ 배로 감소

(3) • 계산 과정: 속도 $\dfrac{N_2}{N_1} = \dfrac{f_2}{f_1} = \dfrac{60}{50} = \dfrac{6}{5}$

   • 답: $\dfrac{6}{5}$ 배으로 증가

해설비법

(1) 무부하 전류 $I_\phi \propto \phi \propto \dfrac{1}{f}$

주파수가 높아지면 자속이 감소하고, 무부하 전류(여자전류)도 감소한다.

(2) 철손 $P_i \propto \dfrac{1}{f}$

주파수가 높아지면 철손이 감소하고, 이에 전동기의 온도도 감소하게 된다.

(3) 속도 $N_s = \dfrac{120f}{p}[\text{rpm}]$에서 $N_s \propto f$

주파수가 높아지면 전동기의 속도도 증가하게 된다.

15
★☆☆

다음 그림과 같이 기준 용량이 $10[\text{MVA}]$인 계통이 있다. 이 전력계통의 고장점 F에서의 단락 용량을 구하시오. [5점]

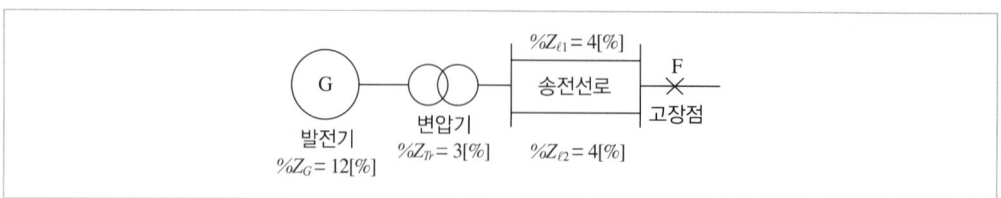

- 계산 과정:
- 답:

답안작성 • 계산 과정

$$\%Z = \%Z_G + \%Z_{Tr} + \frac{\%Z_{\ell 1} \times \%Z_{\ell 2}}{\%Z_{\ell 1} + \%Z_{\ell 2}} = 12 + 3 + \frac{4 \times 4}{4 + 4} = 17[\%]$$

$$\therefore P_s = \frac{100}{17} \times 10 = 58.82[\text{MVA}]$$

- 답: $58.82[\text{MVA}]$

개념체크 퍼센트 임피던스($\%Z$)가 주어진 경우, 차단기의 단락 용량은 다음과 같다.

$$P_s = \frac{100}{\%Z} P_n [\text{MVA}]$$

(P_n: 기준 용량[MVA], $\%Z$: 전원 측으로부터 합성 임피던스)

16
★☆☆

다음은 검측절차를 나타낸 것으로, 감리원은 검측절차에 따라 검측업무를 수행하여야 한다. 빈칸에 들어갈 알맞은 말을 쓰시오. [4점]

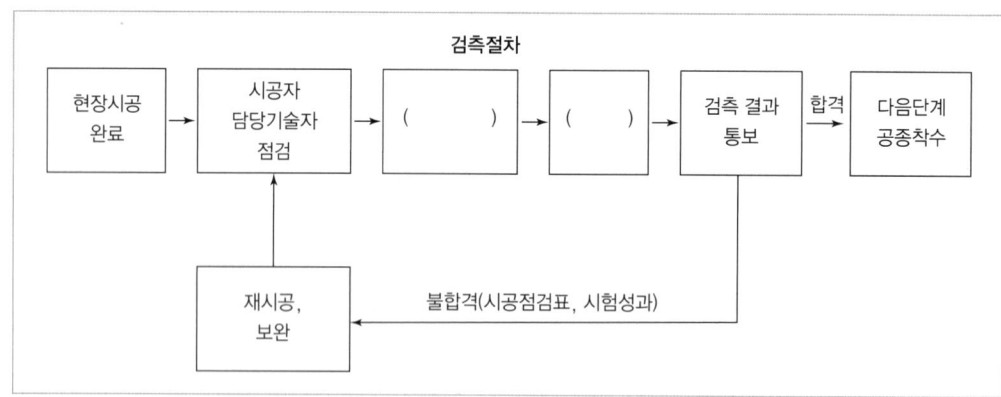

답안작성 • 검측요청서 제출
• 감리원 현장검측

17

★☆☆

다음 물음에 답하시오. [5점]

(1) 후크온 메타를 이용하여 전류를 측정하려고 한다. 그림과 같이 모든 상을 포함하여 전류를 측정할 때 전류의 측정값을 구하시오.(단, 누설전류는 3[A]이다.)

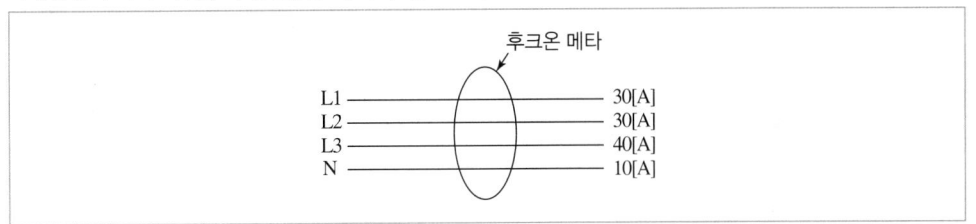

(2) 다음 그림과 같은 계통에서 지락사고가 발생하였다. 이때 후크온 메타를 이용하여 전류값을 측정한다면 a점, b점에서의 전류 측정값을 구하시오.

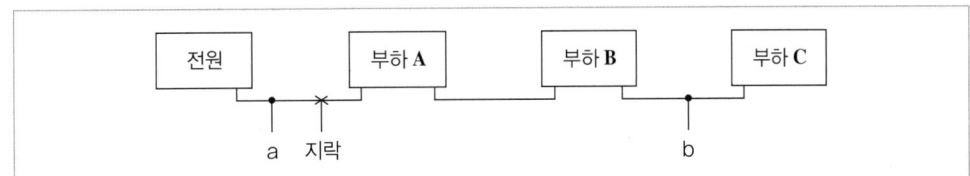

답안작성

(1) 3[A]

(2) a점 3[A], b점 0[A]

해설비법

(1) 후크온 메타를 이용해 L1, L2, L3, N상을 묶어 전류를 측정하면 누설전류 3[A]를 구할 수 있다.

(2) a점에서 측정한 값은 지락전류를 의미하므로 3[A]이다.
지락사고 시 전류는 대지를 통해 흐르므로, b점에서 측정한 값은 0[A]이다.

1회 학습전략

합격률: 50.05%

난이도 下
- 단답형: 조명, 한시 계전기, 피뢰기, 약호, 변류기, 큐비클
- 공식형: 조도, 예비전원설비, 분기 회로수, 변압기 용량, 정전용량, 수용설비, 부하율
- 복합형: 절연내력 시험, 수전설비 결선도, 회로도
- 기본 개념을 묻는 단답 문제가 많아 비교적 난도가 낮은 편입니다. 일 부하율과 전일 효율을 묻는 문제는 최근 자주 출제되기에 정리하여 본인의 것으로 만드는 것이 좋습니다.

2회 학습전략

합격률: 14.43%

난이도 上
- 단답형: 서지 흡수기, PLC, 시퀀스, 유효 접지, 전동기, 케이블, 예비전원설비, 전원장치
- 공식형: 거리 계전기, 전압계, 배전선로, 수변전설비, 조명설계, 부하율
- 복합형: 수전 설비도
- 전원장치 및 케이블 등 단답형 문제와 관련해서는 지엽적인 부분에서 문제가 출제되었습니다. PLC 및 시퀀스는 평소에 학습해 두면 좋습니다.

3회 학습전략

합격률: 20.7%

난이도 中
- 단답형: 몰드 변압기, 시퀀스, 서지 흡수기, 점등 회로, 전력퓨즈
- 공식형: 일 부하율, 설비 불평형률, V결선, 단선 후 전력, 전선 굵기, 허용전류, 전압 변동률, 변압기 용량, 전압강하
- 복합형: 수전설비 결선도
- 어려운 문제도 있지만 그보다는 확실히 득점할 수 있는 문제 위주로 차분히 풀이하는 것이 중요합니다. 자주 출제되는 공식 대입 문제는 계산 과정을 정리해 두는 학습법을 추천합니다.

※ KEC 적용에 의거해 삭제된 문제가 있어 배점 합계가 100점이 되지 않습니다.

2019년 1회 기출문제

01

★☆☆

조명에서 사용되는 다음 용어의 정의를 설명하시오.　　　　　　　　　　　[6점]

(1) 광속

(2) 조도

(3) 광도

답안작성
(1) 광속: 방사속 중에서 빛으로 느끼는 부분
(2) 조도: 어떤 면의 단위 면적당의 입사 광속
(3) 광도: 광원에서 어떤 방향에 대한 단위 입체각으로 발산되는 광속

개념체크
- 광속: 광원에서 나오는 방사속(복사속)을 눈으로 보아 느껴지는 크기를 나타낸 것으로, 기호로는 F, 단위로는 [lm](루멘: lumen)을 사용한다.
- 조도: 어떤 면에 입사되는 광속의 밀도를 나타내며, 기호로는 E, 단위로는 [lx](룩스: lux)를 사용한다.
- 광도: 모든 방향으로 나오는 광속 중에서 어느 임의의 방향인 단위 입체각에 포함되는 광속 수로 빛의 세기라고도 하며, 기호로는 I, 단위로는 [cd](칸델라: candela)를 사용한다.

02

★★☆

한시(Time delay) 보호 계전기의 종류 4가지를 쓰시오.　　　　　　　　[4점]

답안작성
- 순한시 계전기
- 반한시 계전기
- 정한시 계전기
- 반한시성 정한시 계전기

단답 정리함　한시 보호 계전기의 종류
- 순한시 계전기
- 반한시 계전기
- 정한시 계전기
- 반한시성 정한시 계전기
- 순시 비례한시 계전기
- 계단한시 계전기

03

★★★

바닥에서 $3[\text{m}]$ 떨어진 높이에 광도 $300[\text{cd}]$의 광원이 있다. 그 광원 밑에서 수평으로 $4[\text{m}]$ 떨어진 지점의 수평면 조도를 구하시오. [5점]

- 계산 과정:
- 답:

답안작성

- 계산 과정: $E_h = \dfrac{300}{\left(\sqrt{3^2 + 4^2}\right)^2} \times \dfrac{3}{\sqrt{3^2 + 4^2}} = 7.2[\text{lx}]$
- 답: $7.2[\text{lx}]$

해설비법 주어진 조건을 그림으로 나타내면 다음과 같다.

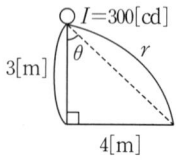

수평면 조도 $E_h = \dfrac{I}{r^2}\cos\theta = \dfrac{I}{h^2}\cos^3\theta[\text{lx}]$

04

★★★

52C, 52T의 명칭을 각각 쓰시오. [5점]

(1) 52C

(2) 52T

답안작성 (1) 52C: 차단기 투입 코일

(2) 52T: 차단기 트립 코일

05

★★★

변류기에 대한 다음 각 물음에 답하시오. [5점]

(1) 변류기 역할에 대해 서술하시오.

(2) 변류기의 정격 부담이란 무엇인지 서술하시오.

답안작성 (1) 대전류를 소전류로 변성하여 계기나 계전기에 공급

(2) 변류기 2차 측 단자 간에 접속되는 부하의 한도[VA]

06
★★★

피뢰기는 이상 전압이 기기에 침입했을 때 그 파고값을 저감시키기 위하여 뇌전류를 대지로 방전시켜 절연 파괴를 방지하며, 방전에 의하여 생기는 속류를 차단하여 원래의 상태로 회복시키는 장치이다. 다음 각 물음에 답하시오.   [8점]

(1) 갭형 피뢰기의 구성 요소를 쓰시오.

(2) 피뢰기의 기능상 필요한 구비 조건을 4가지 쓰시오.

(3) 피뢰기의 제한 전압에 관하여 설명하시오.

(4) 피뢰기의 정격 전압에 관하여 설명하시오.

(5) 충격 방전 개시 전압에 관하여 설명하시오.

답안작성 (1) 직렬 갭, 특성 요소

(2) • 충격 방전 개시 전압이 낮을 것
　　　• 상용 주파 방전 개시 전압이 높을 것
　　　• 방전 내량이 크면서 제한 전압이 낮을 것
　　　• 속류 차단 능력이 클 것

(3) 피뢰기 방전 중 피뢰기 단자에 남게 되는 충격 전압

(4) 속류를 차단할 수 있는 교류 최고 전압

(5) 피뢰기 단자 간에 충격 전압을 인가하였을 경우 방전을 개시하는 전압

개념체크 • 피뢰기 구조

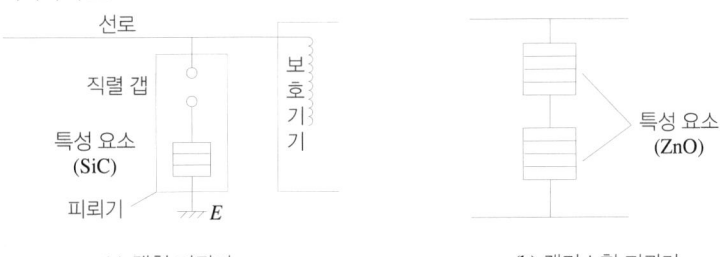

(a) 갭형 피뢰기　　　　　(b) 갭리스형 피뢰기
▲ 피뢰기의 종류 및 구조

　– 직렬 갭: 뇌전류를 대지로 방전시키고 속류를 차단한다.
　– 특성 요소: 뇌전류 방전 시 피뢰기 자신의 전위 상승을 억제하여 자신의 절연 파괴를 방지한다.
• 피뢰기의 역할: 이상 전압 내습 시 뇌전류를 대지로 방전하고 속류를 차단한다.

비상용 조명으로 $40[W]$ 120등, $60[W]$ 50등을 30분간 사용하려고 한다. 납 급방전형 축전지(HS형) $1.7[V/cell]$을 사용하여 허용 최저 전압 $90[V]$, 최저 축전지 온도를 $5[℃]$로 할 경우, [참고 자료]를 사용하여 각 물음에 답하시오.(단, 비상용 조명 부하의 전압은 $100[V]$로 한다.)   [6점]

[참고 자료] 납 축전지 용량 환산 시간(K)

형식	온도 [℃]	10분			30분		
		1.6[V]	1.7[V]	1.8[V]	1.6[V]	1.7[V]	1.8[V]
CS	25	0.9	1.15	1.6	1.41	1.6	2.0
		0.8	1.06	1.42	1.34	1.55	1.88
	5	1.15	1.35	2.0	1.75	1.85	2.45
		1.1	1.25	1.8	1.75	1.8	2.34
	−5	1.35	1.6	2.65	2.05	2.2	3.1
		1.25	1.5	2.25	2.05	2.2	3.0
HS	25	0.58	0.7	0.93	1.03	1.14	1.38
	5	0.62	0.74	1.05	1.11	1.22	1.54
	−5	0.68	0.82	1.15	1.2	1.35	1.68

※ 상단은 $900[Ah]$를 넘는 것($2,000[Ah]$까지), 하단은 $900[Ah]$ 이하인 것

(1) 비상용 조명 부하의 전류는?
- 계산 과정:
- 답:

(2) HS형 납축전지의 셀 수는?(단, 1[cell]의 여유를 준다.)
- 계산 과정:
- 답:

(3) HS형 납축전지의 용량[Ah]은?(단, 경년 용량 저하율은 0.8이다.)
- 계산 과정:
- 답:

답안작성 (1) • 계산 과정: 부하 전류 $I = \dfrac{40 \times 120 + 60 \times 50}{100} = 78[A]$
- 답: $78[A]$

(2) • 계산 과정

$n = \dfrac{90}{1.7} = 52.94[cell]$ → 절상하여 $n = 53[cell]$

따라서 1[cell]의 여유를 주어 $54[cell]$
- 답: $54[cell]$

(3) • 계산 과정

표에서 30분 1.7[V] 칸과 HS형 5[℃] 칸이 만나는 지점의 용량 환산 시간 계수 1.22 선정

∴ 축전지 용량 $C = \dfrac{1}{L} KI = \dfrac{1}{0.8} \times 1.22 \times 78 = 118.95[Ah]$
- 답: $118.95[Ah]$

(2) 셀 수 $n[\text{cell}] = \dfrac{90[\text{V}]}{1.7[\text{V/cell}]} = 52.94$에서 절상하여 $n = 53[\text{cell}]$이다. $1[\text{cell}]$의 여유를 주는 조건이므로

$n = 53 + 1 = 54[\text{cell}]$

(3)

형식	온도 [℃]	10분			30분		
		1.6[V]	1.7[V]	1.8[V]	1.6[V]	1.7[V]	1.8[V]
CS	25	0.9	1.15	1.6	1.41	1.6	2.0
		0.8	1.06	1.42	1.34	1.55	1.88
	5	1.15	1.35	2.0	1.75	1.85	2.45
		1.1	1.25	1.8	1.75	1.8	2.34
	−5	1.35	1.6	2.65	2.05	2.2	3.1
		1.25	1.5	2.25	2.05	2.2	3.0
HS	25	0.58	0.7	0.93	1.03	1.14	1.38
	5	0.62	0.74	1.05	1.11	**1.22**	1.54
	−5	0.68	0.82	1.15	1.2	1.35	1.68

개념체크 축전지의 용량 계산

$$C = \frac{1}{L} KI[\text{Ah}]$$

(단, C: 축전지 용량[Ah], I: 방전 전류[A], L: 보수율, K: 용량 환산 시간 계수)

08
★★☆

고압 수전설비에 사용되는 큐비클을 주차단장치에 의하여 분류할 때, 그 종류를 3가지 쓰시오. [5점]

답안작성
- CB형
- PF−CB형
- PF−S형

개념체크 주차단장치에 따른 큐비클의 종류
- CB형: 차단기(CB)를 사용한 것
- PF−CB형: 한류형 전력 퓨즈(PF)와 차단기(CB)를 조합하여 사용하는 것
- PF−S형: 한류형 전력 퓨즈(PF)와 고압 개폐기(S)를 조합하여 사용하는 것

09 ★★☆

최대 사용 전압이 $22.9[\text{kV}]$인 중성점 다중접지 방식의 절연내력 시험전압은 몇 $[\text{V}]$이며, 이 시험전압을 몇 $[\text{분}]$간 가하여 이에 견디어야 하는지 계산하시오. **[5점]**

(1) 시험전압
　　• 계산 과정:
　　• 답:

(2) 시험시간

답안작성 (1) • 계산 과정
　　　절연내력 시험전압 $= 22{,}900 \times 0.92 = 21{,}068[\text{V}]$
　　　• 답: $21{,}068[\text{V}]$

(2) $10[\text{분}]$

개념체크 절연내력 시험전압

접지방식	최대 사용 전압	배율	최저 시험전압
비접지식	$7[\text{kV}]$ 이하	1.5	–
	$7[\text{kV}]$ 초과	1.25	$10.5[\text{kV}]$
중성점 다중접지식	$7[\text{kV}]$ 초과 $25[\text{kV}]$ 이하	0.92	–
중성점 접지식	$60[\text{kV}]$ 초과	1.1	$75[\text{kV}]$
중성점 직접접지식	$60[\text{kV}]$ 초과 $170[\text{kV}]$ 이하	0.72	–
	$170[\text{kV}]$ 초과	0.64	–

절연내력 시험전압 = 최대 사용 전압 × 배율
절연내력 시험방법: 시험전압을 연속하여 10분간 인가하여 견뎌야 한다.

10 ★★★

단상 2선식 $200[\text{V}]$의 옥내배선에서 소비 전력 $60[\text{W}]$, 역률 $65[\%]$의 형광등 100등을 설치할 때 $16[\text{A}]$의 최소 분기 회로수는 몇 회선인지 계산하시오. (단, 한 회로의 부하 전류는 분기 회로 용량의 $80[\%]$로 하고 수용률은 $100[\%]$로 한다.) **[5점]**

• 계산 과정:
• 답:

답안작성 • 계산 과정
　부하 용량 $P_a = \dfrac{60 \times 100}{0.65} \times 1.0 = 9{,}230.77[\text{VA}]$

　분기 회로수 $N = \dfrac{9{,}230.77}{200 \times 16 \times 0.8} = 3.61 \rightarrow 4$회로(절상)

• 답: $16[\text{A}]$ 분기 4회로

개념체크

$$\text{분기 회로수 } N = \frac{\text{표준 부하 용량}[\text{VA}]}{\text{전압}[\text{V}] \times \text{분기 회로의 전류}[\text{A}] \times \text{정격률}}$$

• 분기 회로수 계산 결과값에 소수점이 발생하면 소수점 이하 절상한다.
• 분기 회로의 전류가 주어지지 않을 때에는 $16[\text{A}]$를 표준으로 한다.

11

★★☆

신설 공장의 부하 설비가 [표]와 같을 때 다음 각 물음에 답하시오. [5점]

변압기군	부하의 종류	출력[kW]	수용률[%]	부등률	역률[%]
A	플라스틱 압출기(전동기)	50	60	1.3	80
	일반 동력 전동기	85	40	1.3	80
B	전등 조명	60	80	1.1	90
C	플라스틱 압출기	100	60	1.3	80

(1) 각 변압기군의 최대 수용 전력은 몇 [kW]인가?

　① A 변압기의 최대 수용 전력

　② B 변압기의 최대 수용 전력

　③ C 변압기의 최대 수용 전력

　　• 계산 과정:

　　• 답:

(2) 변압기 효율은 98[%]로 할 때, 각 변압기의 최소 용량은 몇 [kVA]인가?

　① A 변압기의 최소 용량

　② B 변압기의 최소 용량

　③ C 변압기의 최소 용량

　　• 계산 과정:

　　• 답:

답안작성

(1) ① • 계산 과정: $P_A = \dfrac{50 \times 0.6 + 85 \times 0.4}{1.3} = 49.23[\text{kW}]$

　　• 답: 49.23[kW]

　② • 계산 과정: $P_B = \dfrac{60 \times 0.8}{1.1} = 43.64[\text{kW}]$

　　• 답: 43.64[kW]

　③ • 계산 과정: $P_C = \dfrac{100 \times 0.6}{1.3} = 46.15[\text{kW}]$

　　• 답: 46.15[kW]

(2) ① • 계산 과정: A 변압기의 최소 용량 $\text{Tr}_A = \dfrac{50 \times 0.6 + 85 \times 0.4}{1.3 \times 0.8 \times 0.98} = 62.79[\text{kVA}]$

　　• 답: 62.79[kVA]

　② • 계산 과정: B 변압기의 최소 용량 $\text{Tr}_B = \dfrac{60 \times 0.8}{1.1 \times 0.9 \times 0.98} = 49.47[\text{kVA}]$

　　• 답: 49.47[kVA]

　③ • 계산 과정: C 변압기의 최소 용량 $\text{Tr}_C = \dfrac{100 \times 0.6}{1.3 \times 0.8 \times 0.98} = 58.87[\text{kVA}]$

　　• 답: 58.87[kVA]

해설비법

(1) 최대 수용 전력[kW] $= \dfrac{\sum(\text{설비 용량[kW]} \times \text{수용률})}{\text{부등률}}$

(2) 변압기 용량[kVA] $\geq \dfrac{\sum(\text{설비 용량[kW]} \times \text{수용률})}{\text{부등률} \times \text{역률} \times \text{효율}}$

12
★☆☆

사용 전압은 3상 $380[V]$이고, 주파수는 $60[Hz]$, $1[kVA]$의 전력용 콘덴서를 설치하고자 할 때 필요한 콘덴서의 정전용량$[\mu F]$을 선정하시오. [5점]

콘덴서의 정전용량$[\mu F]$

10	15	20	30	50	75

- 계산 과정:
- 답:

답안작성

- 계산 과정

$$C = \frac{Q}{2\pi f V^2} = \frac{1 \times 10^3}{2\pi \times 60 \times 380^2} \times 10^6 = 18.37[\mu F]$$

   ∴ 표에서 $20[\mu F]$ 선정

- 답: $20[\mu F]$

개념체크 Y결선에서의 충전 용량

$$Q_c = 3 \times 2\pi f \cdot C \cdot E^2 = 3 \times 2\pi f \cdot C \cdot \left(\frac{V}{\sqrt{3}}\right)^2 = 2\pi f \cdot C \cdot V^2[VA]$$

(단, f: 주파수$[Hz]$, C: 전선 1선당 정전용량$[F]$, E: 상전압$[V]$, V: 선간 전압$[V]$)

※ 결선이 주어지지 않은 경우 Y결선의 충전용량으로 구한다.

13
★★★

어떤 변전소의 공급 구역 내의 총 부하 용량은 전등 $600[kW]$, 동력 $800[kW]$이다. 각 수용가의 수용률은 전등 $60[\%]$, 동력 $80[\%]$, 각 수용가 간의 부등률은 전등 1.2, 동력 1.6이다. 또한 변전소에서 전등 부하와 동력 부하 간의 부등률은 1.4라 하고, 배전 선로(주상 변압기 포함)의 전력손실을 전등 부하, 동력 부하 각각 $10[\%]$라 할 때, 다음 각 물음에 답하시오. [5점]

(1) 전등의 종합 최대 수용 전력은 몇 $[kW]$인가?
- 계산 과정:
- 답:

(2) 동력의 종합 최대 수용 전력은 몇 $[kW]$인가?
- 계산 과정:
- 답:

(3) 변전소에 공급하는 최대 전력은 몇 $[kW]$인가?
- 계산 과정:
- 답:

답안작성

(1) - 계산 과정: 전등의 종합 최대 수용 전력 $= \dfrac{600 \times 0.6}{1.2} = 300[kW]$
- 답: $300[kW]$

(2) - 계산 과정: 동력의 종합 최대 수용 전력 $= \dfrac{800 \times 0.8}{1.6} = 400[kW]$
- 답: $400[kW]$

(3) • 계산 과정: 최대 전력 $= \dfrac{300+400}{1.4} \times (1+0.1) = 550[\text{kW}]$

　　• 답: $550[\text{kW}]$

해설비법 (1), (2) 최대 수용 전력$[\text{kW}] = \dfrac{\text{설비 용량}[\text{kW}] \times \text{수용률}}{\text{부등률}}$

(3) 부등률 $= \dfrac{\text{각 부하의 최대 수용 전력의 합계}[\text{kW}]}{\text{합성 최대 전력}[\text{kW}]}$ 에서

　　합성 최대 전력$[\text{kW}] = \dfrac{\text{각 부하의 최대 수용 전력의 합계}[\text{kW}]}{\text{부등률}}$

　　(단, 전력손실이 주어지면 여유를 주기 위해 전력손실만큼의 여유를 곱하여 계산한다.)

14 ★★☆ 용량 $30[\text{kVA}]$의 단상 주상 변압기가 있다. 이 변압기의 어느 날의 부하가 $30[\text{kW}]$로 4시간, $24[\text{kW}]$로 8시간 및 $8[\text{kW}]$로 10시간이었다고 할 경우, 이 변압기의 일 부하율 및 전일 효율을 계산하시오.(단, 부하의 역률은 1.0, 변압기의 전부하 동손은 $500[\text{W}]$, 철손은 $200[\text{W}]$이다.)　　　　[6점]

(1) 일 부하율
　　• 계산 과정:
　　• 답:

(2) 전일 효율
　　• 계산 과정:
　　• 답:

답안작성 (1) • 계산 과정

　　일 부하율 $= \dfrac{\dfrac{30\times4+24\times8+8\times10}{24}}{30} \times 100 = 54.44[\%]$

　　• 답: $54.44[\%]$

(2) • 계산 과정

　　출력 $= 30\times4+24\times8+8\times10 = 392[\text{kWh}]$

　　철손 $= 200\times24\times10^{-3} = 4.8[\text{kWh}]$

　　동손 $= 500\times\left\{4\times\left(\dfrac{30}{30}\right)^2 + 8\times\left(\dfrac{24}{30}\right)^2 + 10\times\left(\dfrac{8}{30}\right)^2\right\}\times10^{-3} = 4.92[\text{kWh}]$

　　전일 효율 $= \dfrac{392}{392+4.8+4.92} \times 100 = 97.58[\%]$

　　• 답: $97.58[\%]$

개념체크 (1) 일 부하율 $= \dfrac{\text{평균 전력}}{\text{최대 전력}} \times 100[\%] = \dfrac{\dfrac{\text{사용 전력량}[\text{kWh}]}{24[\text{h}]}}{\text{최대 전력}[\text{kW}]} \times 100[\%]$

(2) η(전일 효율) $= \dfrac{W_o[\text{kWh}]}{W_o[\text{kWh}] + W_l[\text{kWh}]} \times 100[\%]$

　　　　$= \dfrac{\text{1일간의 출력 전력량}[\text{kWh}]}{\text{1일간의 출력 전력량}[\text{kWh}] + \text{1일간의 손실 전력량}[\text{kWh}]} \times 100[\%]$

15

★★☆

그림은 $22.9[kV]$ 특고압 수전설비의 단선도이다. 이 도면을 보고 다음 각 물음에 답하시오. [11점]

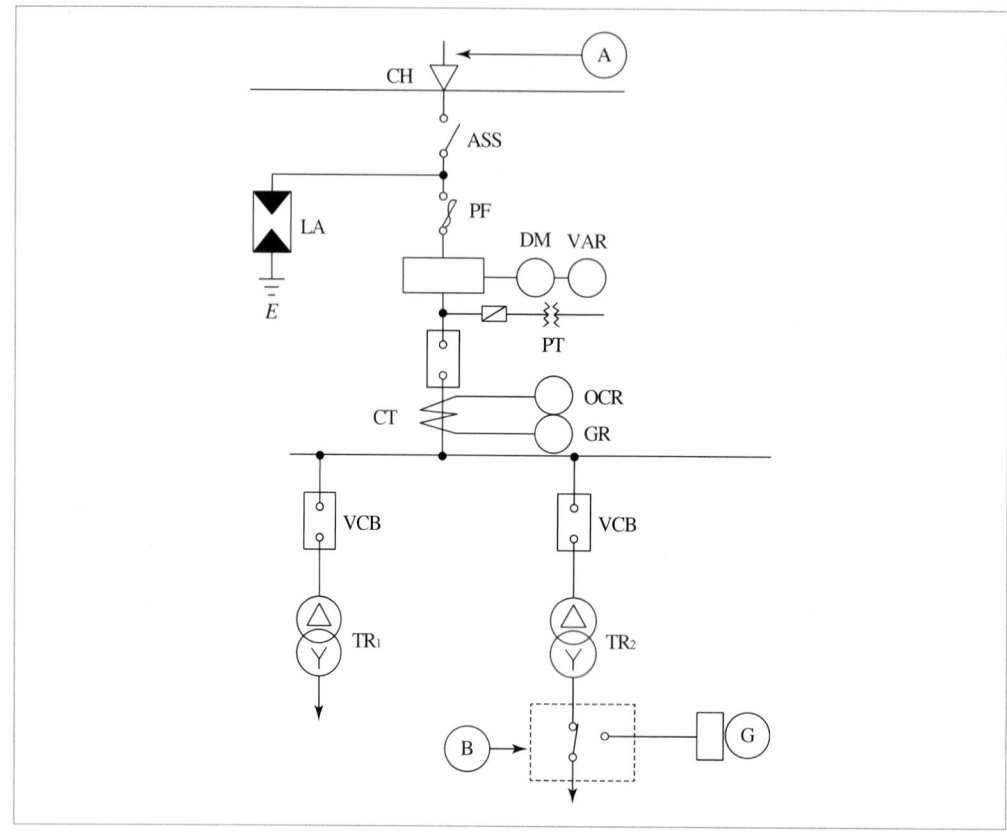

(1) 도면에 표시되어 있는 다음 약호의 명칭을 우리말로 쓰시오.
   ① ASS   ② LA   ③ VCB   ④ DM

(2) TR_1쪽의 부하 용량의 합이 300[kW]이고, 역률 및 효율이 각각 0.8, 수용률이 0.6이라면 TR_1 변압기의 용량은 몇 [kVA]가 적당한지를 구하고, 표준 규격 용량으로 답하시오.
   • 계산 과정:
   • 답:

(3) Ⓐ에는 어떤 종류의 케이블이 사용되는가?

(4) Ⓑ의 명칭은 무엇인가?

(5) 변압기의 결선도를 복선도로 작성하시오.

답안작성 (1) ① ASS: 자동 고장 구분 개폐기
   ② LA: 피뢰기
   ③ VCB: 진공 차단기
   ④ DM: 최대 수요 전력량계

(2) • 계산 과정: TR_1 변압기의 용량 $= \dfrac{300 \times 0.6}{0.8 \times 0.8} = 281.25[kVA]$

   • 답: 300[kVA] 선정

(3) CNCV-W 케이블(수밀형) 또는 TR CNCV-W 케이블(트리 억제형)

(4) 자동 절체 스위치

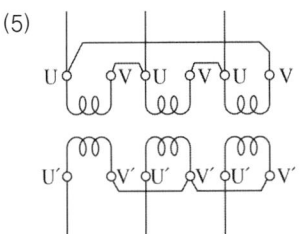

(5)

(2) 변압기 용량$[kVA] \geq \dfrac{\text{설비 용량}[kW] \times \text{수용률}}{\text{부등률} \times \text{역률} \times \text{효율}}$

변압기 표준 용량[kVA] : 3, 5, 7.5, 10, 15, 20, 30, 50, 75, 100, 150, 200, 250, 300, 500, 750, 1,000

(3) 지중 인입선의 경우에 22.9[kV – Y] 계통은 CNCV–W 케이블(수밀형) 또는 TR CNCV–W(트리억제형)을 사용하여야 한다.

(4) 자동 절체 스위치(ATS) : 상용 전원과 비상 전원 사이에 설치하여 평상시에는 상용 전원을 부하 측과 연결하여 사용하다가, 정전 시 비상 전원 측으로 절체하여 연결하는 개폐기로 자동 절환 스위치라고도 한다.

16

★★☆

회로도는 펌프용 3.3[kV] 모터 및 GPT 단선 결선도이다. 회로도를 보고 다음 물음에 답하시오. [14점]

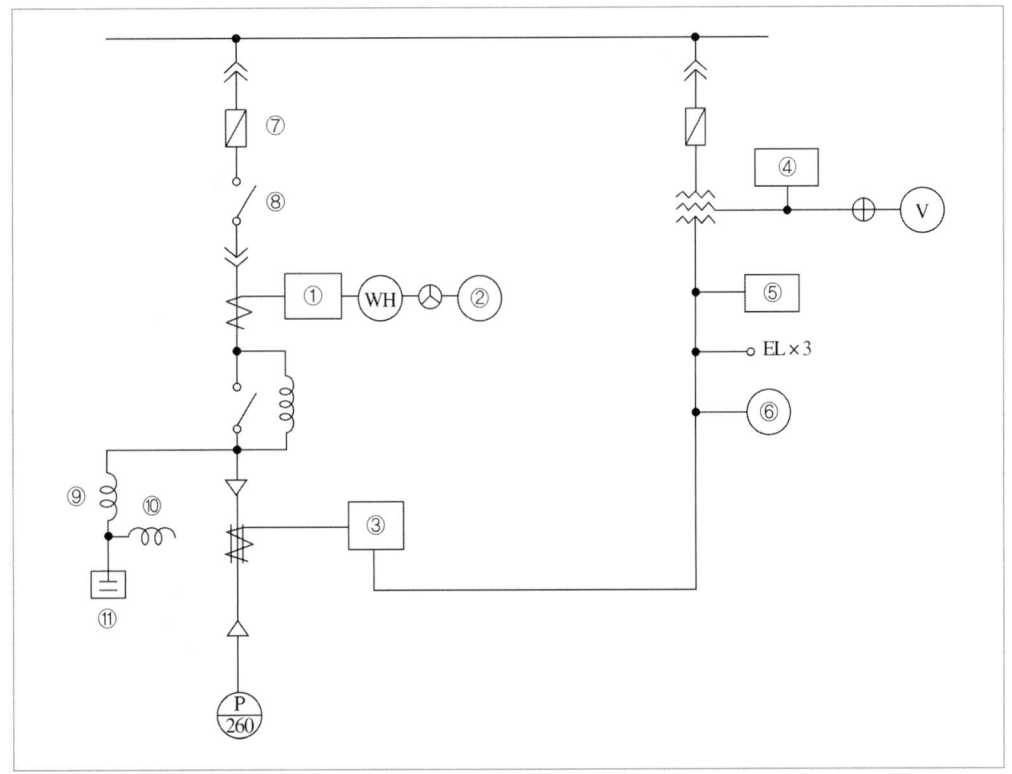

(1) ①~⑥으로 표시된 보호 계전기 및 기기의 명칭을 쓰시오.

(2) ⑦~⑪로 표시된 전기 기계 기구의 명칭과 용도를 간단히 설명하시오.

(3) 펌프용 모터의 출력이 $260[\text{kW}]$, 역률 $85[\%]$인 뒤진 역률 부하를 $95[\%]$로 개선하는 데 필요한 전력용 콘덴서의 용량을 구하시오.

  • 계산 과정:

  • 답:

답안작성 (1) ① 과전류 계전기

  ② 전류계

  ③ 선택 지락 계전기

  ④ 부족 전압 계전기

  ⑤ 지락 과전압 계전기

  ⑥ 영상 전압계

(2) ⑦ 명칭: 전력 퓨즈

  용도: 단락 사고 시 기기를 전로로부터 분리하여 사고 확대 방지

  ⑧ 명칭: 개폐기

  용도: 전동기의 기동 정지

  ⑨ 명칭: 직렬 리액터

  용도: 제5고조파의 제거

  ⑩ 명칭: 방전 코일

  용도: 잔류 전하의 방전

  ⑪ 명칭: 전력용 콘덴서

  용도: 역률 개선

(3) • 계산 과정: $Q_c = 260 \times \left(\dfrac{\sqrt{1-0.85^2}}{0.85} - \dfrac{\sqrt{1-0.95^2}}{0.95} \right) = 75.68[\text{kVA}]$

  • 답: $75.68[\text{kVA}]$

개념체크 역률 개선용 콘덴서 용량

$$Q_c = P(\tan\theta_1 - \tan\theta_2) = P\left(\frac{\sin\theta_1}{\cos\theta_1} - \frac{\sin\theta_2}{\cos\theta_2} \right)[\text{kVA}]$$

(단, P: 부하 전력$[\text{kW}]$, $\cos\theta_1$: 개선 전 역률, $\cos\theta_2$: 개선 후 역률)

2019년 2회 기출문제

01 ★★☆ 변압기와 고압 모터에 서지 흡수기를 설치하고자 한다. 다음 각 경우에 대하여 서지 흡수기를 그려 넣고, 각 공칭 전압에 따른 서지 흡수기의 정격(정격 전압 및 공칭 방전 전류)도 함께 쓰시오. [5점]

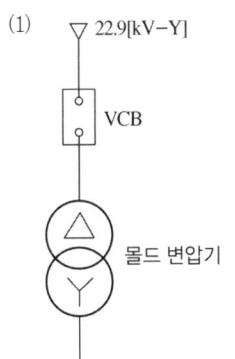

(1) 22.9[kV-Y] VCB 몰드 변압기

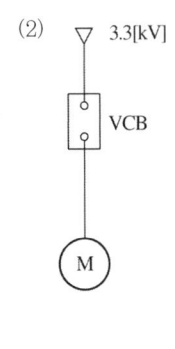

(2) 3.3[kV] VCB M

답안작성

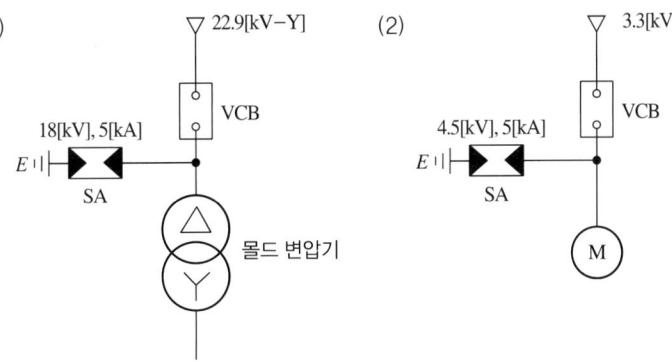

(1) 22.9[kV-Y] VCB, 18[kV], 5[kA] SA, 몰드 변압기

(2) 3.3[kV] VCB, 4.5[kV], 5[kA] SA, M

개념체크 서지 흡수기
- 목적: 개폐 서지 등 내부 이상 전압이 2차 기기에 악영향 주는 것을 막기 위해 설치
- 설치 위치: 진공 차단기 2차 측과 몰드형 변압기 1차 측 사이에 설치 또는 진공 차단기 2차 측과 부하 측 사이에 설치 운용
- 정격

계통 공칭 전압	3.3[kV]	22.9[kV]
정격 전압	4.5[kV]	18[kV]
공칭 방전 전류	5[kA]	5[kA]

※ 접지(E) 표기를 놓치지 않고 잘 표기해야 한다.

02 ★★☆

거리 계전기의 설치점에서 고장점까지의 임피던스를 $70[\Omega]$이라고 하면 계전기 측에서 본 임피던스는 몇 $[\Omega]$인지 계산하시오.(단, PT의 변압비는 $154,000/110[V]$이고, CT의 변류비는 $500/5[A]$라고 한다.)

[5점]

• 계산 과정:
• 답:

답안작성

• 계산 과정: $Z_2 = \dfrac{110}{154,000} \times \dfrac{500}{5} \times 70 = 5[\Omega]$

• 답: $5[\Omega]$

해설비법 계전기 측에서 본 임피던스 $Z_2 = \dfrac{V_2}{I_2} = \dfrac{\dfrac{1}{\text{PT비}} \times V_1}{\dfrac{1}{\text{CT비}} \times I_1} = \dfrac{\text{CT비}}{\text{PT비}} \times \dfrac{V_1}{I_1} = \dfrac{110}{154,000} \times \dfrac{500}{5} \times 70 = 5[\Omega]$

---

03 ★★☆

최대 눈금 $250[V]$인 전압계 V_1, V_2를 직렬로 접속하여 측정하면 몇 $[V]$까지 측정할 수 있는지 계산하시오.(단, 전압계 내부저항은 R_{V_1}은 $15[k\Omega]$, R_{V_2}는 $18[k\Omega]$으로 한다.)

[5점]

• 계산 과정:
• 답:

답안작성 • 계산 과정

– 전압계 V_1의 눈금이 최대일 때 $250 = \dfrac{15}{15+18} \times V$이므로 전체 전압 $V = \dfrac{15+18}{15} \times 250 = 550[V]$

이때 전압계 V_2의 전압은 $550-250 = 300[V]$이므로 측정 범위를 벗어났다.

– 전압계 V_2의 눈금이 최대일 때 $250 = \dfrac{18}{15+18} \times V$이므로 전체 전압 $V = \dfrac{15+18}{18} \times 250 = 458.33[V]$

이때 전압계 V_1의 전압은 $458.33-250 = 208.33[V]$이므로 측정이 가능하다.

∴ 최대 측정 전압은 $458.33[V]$

• 답: $458.33[V]$

04 ★★☆ PLC 프로그램을 보고 프로그램에 맞도록 주어진 PLC 접점 회로도를 완성하시오. **[6점]**

[조건]
① STR: 입력 A 접점(신호)
② STRN: 입력 B 접점(신호)
③ AND: AND A 접점
④ ANDN: AND B 접점
⑤ OR: OR A 접점
⑥ ORN: OR B 접점
⑦ OB: 병렬 접속점
⑧ OUT: 출력
⑨ END: 끝
⑩ W: 각 번지 끝

어드레스	명령어	데이터	비고
01	STR	001	W
02	STR	003	W
03	ANDN	002	W
04	OB	–	W
05	OUT	100	W
06	STR	001	W
07	ANDN	002	W
08	STR	003	W
09	OB	–	W
10	OUT	200	W
11	END	–	W

• PLC 접점 회로도

답안작성

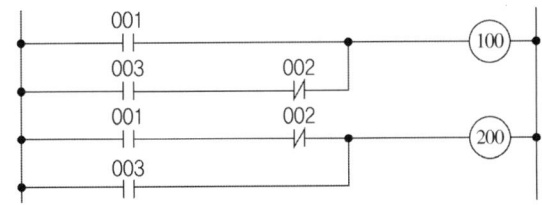

해설비법 병렬 접속점(OB)을 사용하여 두 개의 블록을 합한다.

05 ★★★

그림과 같은 무접점의 논리 회로도를 보고 다음 각 물음에 답하시오. [6점]

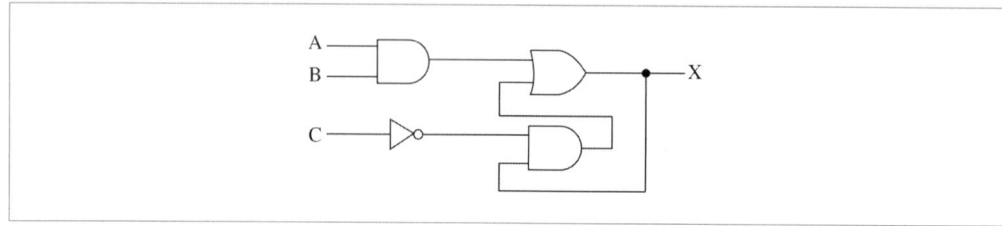

(1) 출력식을 쓰시오.

(2) 주어진 무접점 논리 회로를 유접점 논리 회로로 바꾸어 작성하시오.

(3) 주어진 타임 차트를 완성하시오.

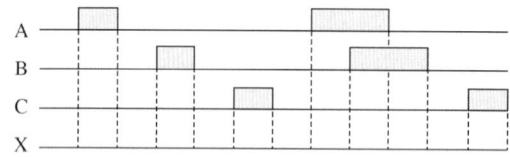

답안작성 (1) $X = A \cdot B + \overline{C} \cdot X$

(2)

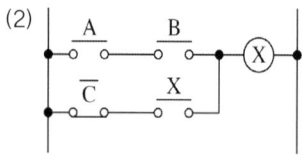

(3)

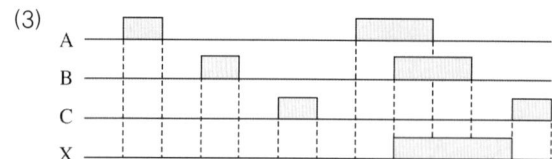

06
★★☆

그림은 중형 환기 팬의 수동 운전 및 고장 표시등 회로의 일부이다. 이 회로를 이용하여 다음 각 물음에 답하시오. [12점]

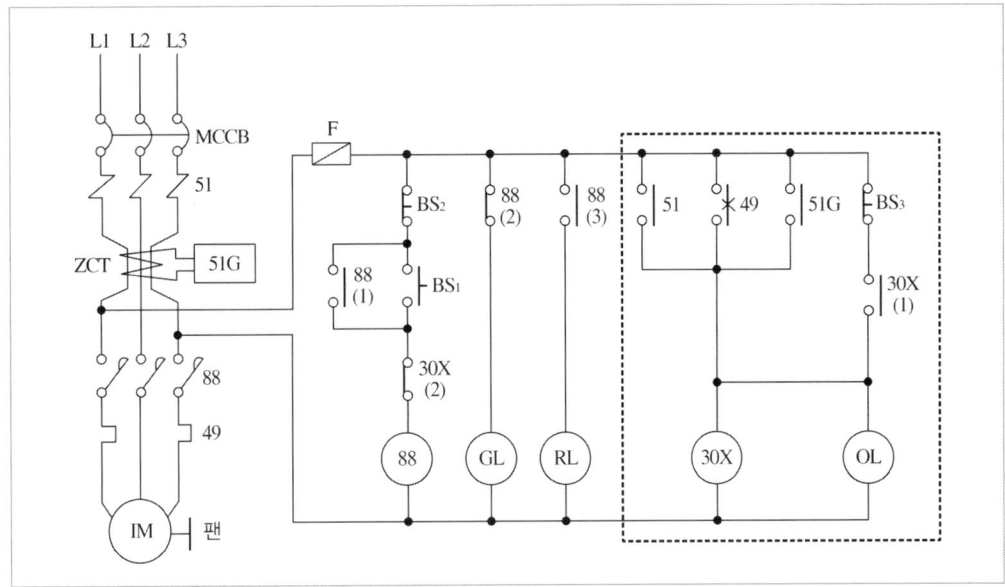

(1) 88은 MC로 도면에서는 출력 기구이다. 도면에 표시된 기구에 대하여 다음에 해당하는 명칭을 그 약호로 쓰시오.(단, 중복은 없고 MCCB, ZCT, IM, 팬은 제외하며 해당되는 기구가 여러 가지일 경우에는 모두 쓰도록 한다.)
　① 고장 표시 기구
　② 고장 회복 확인 기구
　③ 기동 기구
　④ 정지 기구
　⑤ 운전 표시 램프
　⑥ 정지 표시 램프
　⑦ 고장 표시 램프
　⑧ 고장 검출 기구

(2) 그림의 점선으로 표시된 회로를 AND, OR, NOT 회로를 사용하여 로직 회로를 작성하시오.(단, 로직 소자는 3입력 이하로 한다.)

답안작성 (1) ① 30X ② BS₃ ③ BS₁ ④ BS₂ ⑤ RL ⑥ GL ⑦ OL ⑧ 51, 51G, 49

(2)

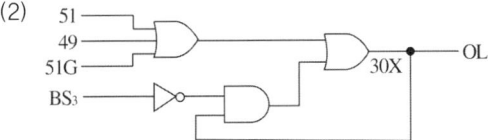

해설비법 점선으로 표시된 회로의 논리식은 다음과 같다.
$$30X = (51 + 49 + 51G) + (\overline{BS_3} \cdot 30X), \quad OL = 30X$$

07
★★☆

3상 3선식 배전 선로의 1선당 저항이 $3[\Omega]$, 리액턴스가 $2[\Omega]$이고, 수전단 전압이 $6,000[\mathrm{V}]$인 수전단에 용량 $480[\mathrm{kW}]$, 역률 0.8(지상)의 3상 평형 부하가 접속되어 있을 경우에 송전단 전압, 송전단 전력 및 송전단 역률을 구하시오. [6점]

(1) 송전단 전압[V]
- 계산 과정:
- 답:

(2) 송전단 전력[kW]
- 계산 과정:
- 답:

(3) 송전단 역률[%]
- 계산 과정:
- 답:

답안작성 (1) • 계산 과정

$$V_s = V_r + \sqrt{3}\,I(R\cos\theta + X\sin\theta) = V_r + \frac{P_r}{V_r}(R + X\tan\theta)$$

$$= 6,000 + \frac{480\times10^3}{6,000}\times\left(3 + 2\times\frac{0.6}{0.8}\right) = 6,360[\mathrm{V}]$$

• 답: $6,360[\mathrm{V}]$

(2) • 계산 과정

부하에 흐르는 전류 $I = \dfrac{P_r}{\sqrt{3}\,V_r\cos\theta} = \dfrac{480\times10^3}{\sqrt{3}\times6,000\times0.8} = 57.74[\mathrm{A}]$

$P_s = P_r + 3I^2R = 480 + 3\times57.74^2\times3\times10^{-3} = 510.01[\mathrm{kW}]$

• 답: $510.01[\mathrm{kW}]$

(3) • 계산 과정

$$\cos\theta_s = \frac{P_s}{\sqrt{3}\,V_s I} = \frac{510.01\times10^3}{\sqrt{3}\times6,360\times57.74} = 0.8018(\therefore\ 80.18[\%])$$

• 답: $80.18[\%]$

개념체크 3상 선로에서 발생하는 전압강하

$$e = V_s - V_r = \sqrt{3}\,I\,(R\cos\theta + X\sin\theta)$$

(단, V_s: 송전단 전압[V], V_r: 수전단 전압[V], I: 전류[A], X: 리액턴스$[\Omega]$, $\cos\theta$: 역률, $\sin\theta$: 무효율)

08
★★☆

송전 계통의 중성점 접지 방식에서 어떻게 접지하는 것을 유효 접지(Effective grounding)라 하는 지 설명하고, 유효 접지의 가장 대표적인 접지 방식을 한 가지 쓰시오. [4점]

(1) 유효 접지

(2) 유효 접지의 가장 대표적인 접지 방식

답안작성 (1) 전력 계통에서 1선 지락 사고 시 건전상의 전위 상승이 평상시 상규 대지 전위의 1.3배가 넘지 않도록 접지 임피던스를 조절하여 접지하는 방식이다.
(2) 직접 접지 방식

09
★☆☆

다음 각 전동기의 회전 방향을 반대로 하려면 어떻게 해야 하는지 설명하시오. [6점]

(1) 직류 직권 전동기

(2) 3상 유도 전동기

(3) 단상 유도 전동기(분상 기동형)

답안작성 (1) 전기자 권선 또는 계자 권선의 접속을 반대로 한다.
(2) 전원 3선 중 2선의 접속을 반대로 한다.
(3) 기동 권선의 접속을 반대로 한다.

10
★☆☆

한국전기설비규정에 의해 저압에 사용 가능한 케이블의 종류 3가지를 쓰시오. [6점]

답안작성
• 0.6/1[kV] 연피케이블
• 클로로프렌외장케이블
• 비닐외장케이블

개념체크 저압 케이블
• 0.6/1[kV] 연피케이블
• 비닐외장케이블
• 무기물 절연케이블
• 저독성 난연 폴리올레핀외장케이블

• 클로로프렌외장케이블
• 폴리에틸렌외장케이블
• 금속외장케이블
• 300/500[V] 연질 비닐시스케이블

11

★★☆

축전지 설비에 대하여 다음 각 물음에 답하시오. [5점]

(1) 연축전지의 전해액이 변색되며, 충전하지 않고 방치된 상태에서도 다량으로 가스가 발생하고 있다. 어떤 원인의 고장으로 추정되는가?

(2) 거치용 축전 설비에서 가장 많이 사용하는 충전 방식으로 자기 방전을 보충함과 동시에 상용 부하에 대한 전력 공급은 충전기가 부담하도록 하되, 충전기가 부담하기 어려운 일시적인 대전류 부하는 축전지로 하여금 부담하게 하는 충전 방식은?

(3) 연축전지와 알칼리 축전지의 공칭 전압은 각각 몇 [V/cell]인가?
   ① 연축전지   ② 알칼리 축전지

(4) 축전지 용량을 구하는 식 $C = \dfrac{1}{L}\{K_1 I_1 + K_2(I_2 - I_1) + K_3(I_3 - I_2) + \cdots + K_n(I_n - I_{n-1})\}$에서 L은 무엇을 나타내는가?

답안작성

(1) 전해액의 불순물 혼입

(2) 부동 충전 방식

(3) ① 연축전지: 2.0[V/cell]
      ② 알칼리 축전지: 1.2[V/cell]

(4) 보수율

개념체크

• 축전지 고장 현상 및 원인

고장 현상	고장 원인
단전지 전압의 비중 저하, 전압계의 역전	축전지의 역접속
전체 셀 전압의 불균형이 크고, 비중이 낮음	• 부동 충전 전압이 낮다. • 균등 충전의 부족 • 방전 후의 회복 충전 부족
어떤 셀만의 비중이 높음	국부 단락
전체 셀의 비중이 높음.(전압은 정상)	• 액면 저하 • 보수 시 묽은 황산의 혼입
충전 중 비중이 낮고 전압은 높음 방전 중 전압은 낮고 용량이 감소	• 방전 상태에서 장기간 방치 • 충전 부족의 상태에서 장기간 사용 • 극판 노출 • 불순물 혼입
전해액의 변색, 충전하지 않고 방치 중에도 다량으로 가스가 발생	불순물 혼입
전해액의 감소가 빠름	• 충전 전압이 높다. • 실온이 높다.
축전지 온도의 현저한 상승 또는 소손	• 충전 장치의 고장 • 과충전 • 액면 저하로 인한 극판의 노출 • 교류 전류의 유입이 크다.

• 부동 충전 방식
   상용 부하에 대한 전력 공급은 충전기가 부담하고, 충전기가 공급하기 어려운 일시적인 대전류 부하에 대해서는 축전지로 하여금 부담하게 하는 방식이다.

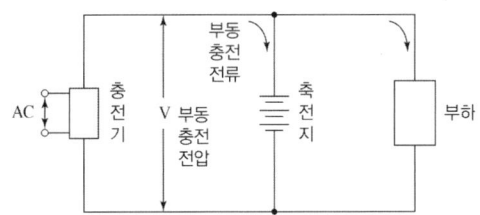

• 축전지 용량 계산

$$C = \frac{1}{L} KI [\text{Ah}]$$

(단, C: 축전지 용량[Ah], I: 방전 전류[A], L: 보수율, K: 용량 환산 시간 계수)

12
★★★

어떤 변전소의 공급 구역 내의 총부하 용량은 전등 $600[\text{kW}]$, 동력 $800[\text{kW}]$이다. 각 수용가의 수용률은 전등 $60[\%]$, 동력 $80[\%]$, 각 수용가 간의 부등률은 전등 1.2, 동력 1.6이며, 또한 변전소에서 전등 부하와 동력 부하 간의 부등률은 1.4라 하고, 배전선(주상 변압기 포함)의 전력 손실을 전등 부하, 동력 부하 각각 $10[\%]$라 할 때, 다음 각 물음에 답하시오. [6점]

(1) 전등의 종합 최대 수용 전력은 몇 $[\text{kW}]$인가?
   • 계산 과정:
   • 답:

(2) 동력의 종합 최대 수용 전력은 몇 $[\text{kW}]$인가?
   • 계산 과정:
   • 답:

(3) 변전소에 공급하는 최대 전력은 몇 $[\text{kW}]$인가?
   • 계산 과정:
   • 답:

답안작성 (1) • 계산 과정: 전등의 종합 최대 수용 전력 $= \dfrac{600 \times 0.6}{1.2} = 300[\text{kW}]$

   • 답: $300[\text{kW}]$

(2) • 계산 과정: 동력의 종합 최대 수용 전력 $= \dfrac{800 \times 0.8}{1.6} = 400[\text{kW}]$

   • 답: $400[\text{kW}]$

(3) • 계산 과정: 최대 전력 $= \dfrac{300 + 400}{1.4} \times (1 + 0.1) = 550[\text{kW}]$

   • 답: $550[\text{kW}]$

해설비법 (1), (2) 최대 수용 전력$[\text{kW}] = \dfrac{\text{설비 용량}[\text{kW}] \times \text{수용률}}{\text{부등률}}$

(3) 부등률 $= \dfrac{\text{각 부하의 최대 수용 전력의 합계}[\text{kW}]}{\text{합성 최대 전력}[\text{kW}]}$ 에서

합성 최대 전력$[\text{kW}] = \dfrac{\text{각 부하의 최대 수용 전력의 합계}[\text{kW}]}{\text{부등률}}$

(단, 전력손실이 주어지면 여유를 주기 위해 전력손실만큼의 여유를 곱하여 계산한다.)

13
★★☆

$12 \times 24[\mathrm{m}^2]$인 사무실의 조도를 $300[\mathrm{lx}]$로 할 경우에 형광등 $40[\mathrm{W}]$ 2등용을 시설할 경우 등수는 몇 [등]이 되는지 계산하시오.(단, $40[\mathrm{W}]$ 2등용 형광등의 전체 광속은 $6,000[\mathrm{lm}]$, 조명률은 $50[\%]$, 보수율은 $80[\%]$이다.) [4점]

- 계산 과정:
- 답:

- 계산 과정: $N = \dfrac{EAD}{FU} = \dfrac{300 \times (12 \times 24) \times \dfrac{1}{0.8}}{6,000 \times 0.5} = 36[\text{등}]$
- 답: $36[\text{등}]$

2등용 전체 광속이 $6,000[\mathrm{lm}]$으로 주어졌으므로 공식 중 $F = 6,000[\mathrm{lm}]$을 대입한다.

$$FUN = EAD$$

(단, F: 광속[lm], U: 조명률, N: 사용하는 등의 개수, E: 조도[lx], A: 방의 면적[m²], D: 감광 보상률 $(= \dfrac{1}{M})$, M: 보수율(유지율))

14
★☆☆

부하 관계 용어에 관한 다음 물음에 답하시오. [7점]

(1) 다음 개념의 식을 쓰시오.
　① 수용률
　② 부등률
　③ 부하율

(2) 부하율은 수용률 및 부등률과 어떤 관계인가를 비례, 반비례 관계로 답하시오.

(1) ① 수용률 $= \dfrac{\text{최대 수용 전력}}{\text{설비 용량의 합계}} \times 100[\%]$

　② 부등률 $= \dfrac{\text{각 부하 최대 수용 전력의 합}}{\text{합성 최대 수용 전력}}$

　③ 부하율 $= \dfrac{\text{평균 수용 전력}}{\text{최대 수용 전력}} \times 100[\%]$

(2) 부하율은 부등률에 비례하고 수용률에 반비례한다.

부하율 $= \dfrac{\text{평균 수용 전력}}{\text{최대 수용 전력}} \times 100[\%] = \dfrac{\text{평균 수용 전력}}{\dfrac{\text{각 부하 최대 수용 전력의 합}}{\text{부등률}}} \times 100[\%]$

$= \dfrac{\text{평균 수용 전력} \times \text{부등률}}{\text{설비 용량} \times \text{수용률}} \times 100[\%]$

15 ★☆☆ 그림은 간이 수전설비도이다. 다음 물음에 답하시오.　　　　　　　　　　[12점]

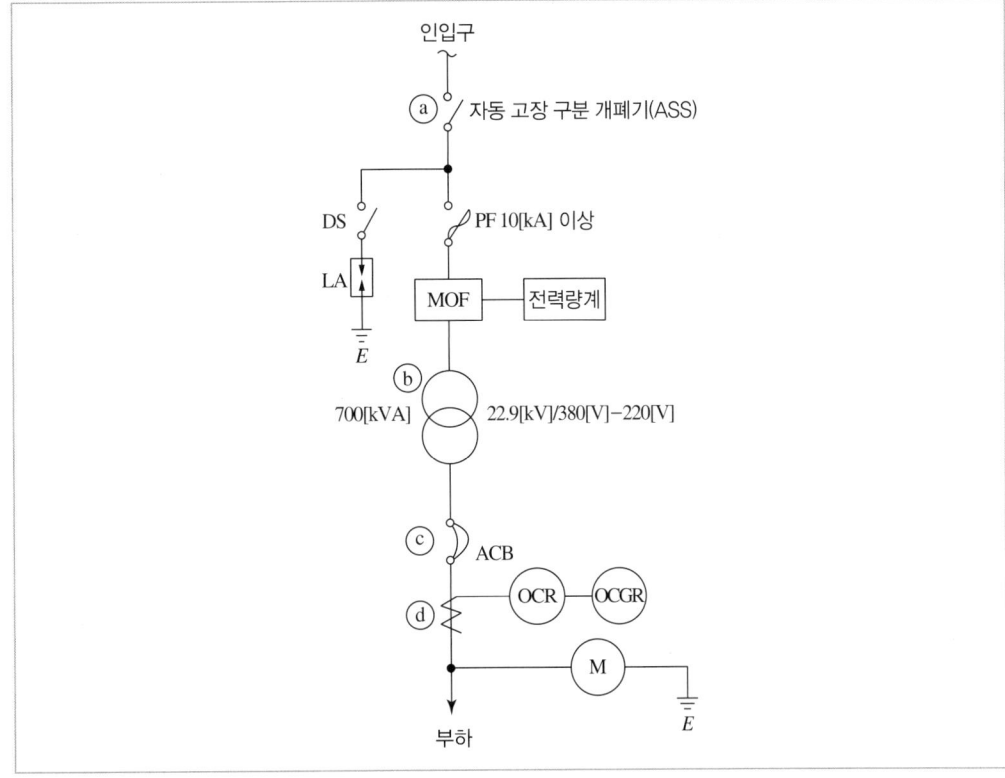

(1) 주어진 수전설비는 (　　　)[kVA] 이하일 때 사용하고 300[kVA] 이하일 경우 ASS 대신 (　　　)을 사용하여야 한다. 빈칸에 들어갈 알맞은 답을 쓰시오.

(2) ⓑ의 과전류강도는 최대부하전류의 (　　　)배 전류를 (　　　)초 동안 흘릴 수 있어야 한다.

(3) ⓒ는 변압기 2차 개폐장치 ACB이다. 보호 요소 3가지를 쓰시오.

(4) ⓓ의 변류비를 구하시오.(단, 변류기 1차 정격 전류는 1,000, 1,200, 1,500, 2,000, 2,500[A]이며, 2차 전류는 5[A]이다. 여유는 1.25배를 적용한다.)
 • 계산 과정:
 • 답:

답안작성

(1) 1,000, 기중 부하 개폐기

(2) 25, 2

(3) 단락 보호, 과부하 보호, 결상 보호

(4) • 계산 과정: $I = \dfrac{700 \times 10^3}{\sqrt{3} \times 380} \times 1.25 = 1,329.42[\mathrm{A}]$, ∴ 1,500/5 선정
 • 답: 1,500/5

2019년

(1) 22.9[kV − Y], 1,000[kVA] 이하를 시설하는 경우 간이 수전설비 결선도

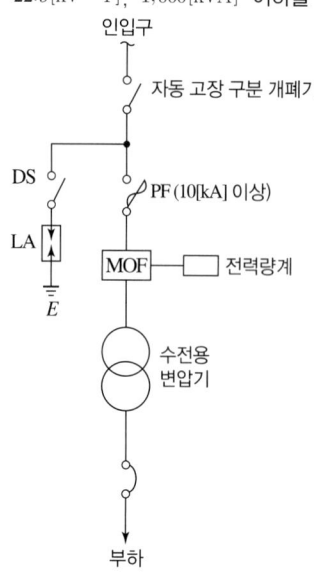

300[kVA] 이하인 경우 자동 고장 구분 개폐기(ASS) 대신 기중 부하 개폐기(IS, 인터럽트 스위치)를 사용하여야 한다.

(2) 변압기의 과전류강도

변압기의 과전류강도는 최대부하전류의 25배 전류를 2초 동안 흘릴 수 있다.

(4) 변류기의 변류비 선정

$$변류기 \ 1차 \ 전류 = \frac{P_1}{\sqrt{3} \ V_1 \cos\theta} \times (1.25 \sim 1.5)[A]$$

(단, $k = 1.25 \sim 1.5$: 변압기의 여자 돌입 전류를 감안한 여유도)

$$변류비 = \frac{I_1}{I_2}$$

(단, 정격 2차 전류 $I_2 = 5[A]$)

16

★☆☆

빈칸에 들어갈 알맞은 내용을 쓰시오.   [5점]

전기 방식 설비의 전원 장치는 (①), (②), (③), (④)로 구성되어 있으며, 최대 사용 전압은 직류 (⑤)[V] 이하이다.

① 절연 변압기 ② 정류기 ③ 개폐기 ④ 과전류 차단기 ⑤ 60

전원 장치란 절연 변압기, 정류기, 개폐기 및 과전류 차단기를 말한다.

01
★★☆

유입 변압기와 비교한 몰드 변압기의 장점 3가지와 단점 3가지를 쓰시오. [6점]

(1) 몰드 변압기의 장점

(2) 몰드 변압기의 단점

답안작성 (1) • 절연유가 필요없어 화재의 우려가 없다.
- 소형, 경량화가 가능하다.
- 코로나 특성 및 임펄스 강도가 높다.

(2) • 서지에 약하므로 이에 대한 대책이 필요하다.
- 옥외 설치가 곤란하고, 대용량으로 제작이 어렵다.
- 내전압 성능이 낮아 VCB와 같이 사용 시 서지 흡수기 설치가 필요하다.

02
★★☆

어떤 공장의 어느 날 부하 실적이 1일 사용 전력량 $100[\text{kWh}]$, 1일 최대 전력이 $7[\text{kW}]$, 최대 전력일 때의 전류값이 $20[\text{A}]$이었을 경우 다음 각 물음에 답하시오.(단, 이 공장은 $220[\text{V}]$, $11[\text{kVA}]$인 3상 유도 전동기를 부하 설비로 사용한다고 한다.) [5점]

(1) 일 부하율은 몇 $[\%]$인가?
- 계산 과정:
- 답:

(2) 최대 공급 전력일 때의 역률은 몇 $[\%]$인가?
- 계산 과정:
- 답:

답안작성 (1) • 계산 과정

$$\text{일 부하율} = \frac{\frac{100}{24}}{7} \times 100[\%] = 59.52[\%]$$

- 답: $59.52[\%]$

(2) • 계산 과정

$$\text{역률} = \frac{7 \times 10^3}{\sqrt{3} \times 220 \times 20} \times 100[\%] = 91.85[\%]$$

- 답: $91.85[\%]$

해설비법 (1) 일 부하율 $= \dfrac{\text{평균 수용 전력[kW]}}{\text{최대 수용 전력[kW]}} \times 100[\%] = \dfrac{\dfrac{\text{1일 사용 전력량[kWh]}}{24[\text{h}]}}{\text{최대 수용 전력[kW]}} \times 100[\%]$

(2) 역률 $= \dfrac{P}{P_a} \times 100[\%] = \dfrac{P}{\sqrt{3}\,VI} \times 100[\%]$

(단, P_a: 피상전력[VA], P: 유효전력[W])

03
★★★

그림과 같은 단상 3선식 선로에서 설비 불평형률은 몇 [%]인지 구하시오. [5점]

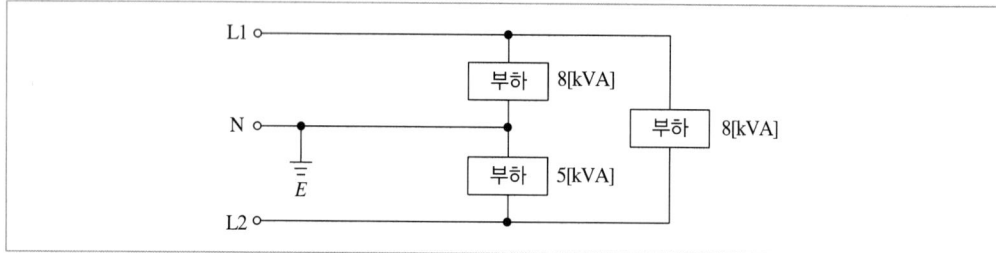

• 계산 과정:

• 답:

답안작성 • 계산 과정: 설비 불평형률 $= \dfrac{8-5}{(8+5+8)\times\dfrac{1}{2}} \times 100 = 28.57[\%]$

• 답: $28.57[\%]$

개념체크 저압 수전의 단상 3선식 설비 불평형률

$$\dfrac{\text{중성선과 각 전압 측 전선 간에 접속되는 부하설비 용량[kVA]의 차}}{\text{총 부하설비 용량[kVA]} \times \dfrac{1}{2}} \times 100[\%]$$

04 ★★☆ 스위치 S_1, S_2, S_3, S_4에 의하여 직접 제어되는 계전기 A_1, A_2, A_3, A_4가 있다. 전등 X, Y, Z가 동작표와 같이 점등되었다고 할 때 다음 각 물음에 답하시오. [10점]

[동작표]

A_1	A_2	A_3	A_4	X	Y	Z
0	0	0	0	0	1	0
0	0	0	1	0	0	0
0	0	1	0	0	0	0
0	0	1	1	0	0	0
0	1	0	0	0	0	0
0	1	0	1	0	0	0
0	1	1	0	1	0	0
0	1	1	1	1	0	0
1	0	0	0	0	0	0
1	0	0	1	0	0	1
1	0	1	0	0	0	0
1	0	1	1	1	1	0
1	1	0	0	0	0	1
1	1	0	1	0	0	1
1	1	1	0	0	0	0
1	1	1	1	1	0	0

- 출력 램프 X에 대한 논리식

$$X = \overline{A_1} \cdot A_2 \cdot A_3 \cdot \overline{A_4} + \overline{A_1} \cdot A_2 \cdot A_3 \cdot A_4 + A_1 \cdot \overline{A_2} \cdot A_3 \cdot A_4 + A_1 \cdot A_2 \cdot A_3 \cdot A_4$$
$$= A_3 \cdot (\overline{A_1} \cdot A_2 + A_1 \cdot A_4)$$

- 출력 램프 Y에 대한 논리식

$$Y = \overline{A_1} \cdot \overline{A_2} \cdot \overline{A_3} \cdot \overline{A_4} + A_1 \cdot \overline{A_2} \cdot A_3 \cdot A_4 = \overline{A_2} \cdot (\overline{A_1} \cdot \overline{A_3} \cdot \overline{A_4} + A_1 \cdot A_3 \cdot A_4)$$

- 출력 램프 Z에 대한 논리식

$$Z = A_1 \cdot \overline{A_2} \cdot \overline{A_3} \cdot A_4 + A_1 \cdot A_2 \cdot \overline{A_3} \cdot \overline{A_4} + A_1 \cdot A_2 \cdot \overline{A_3} \cdot A_4 = A_1 \cdot \overline{A_3} \cdot (A_2 + A_4)$$

(1) 다음 회로의 미완성 부분을 최소 접점 수로 접점 표시를 하고 접점 기호를 써서 유접점 회로를 완성하시오.

(예: ${}^{\circ}_{\circ}|A_1 \, {}^{\circ}_{\circ}|\overline{A_1}$)

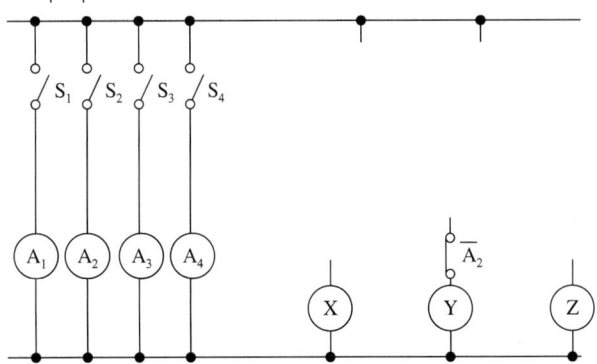

(2) 답란에 미완성 무접점 회로도를 완성하시오.

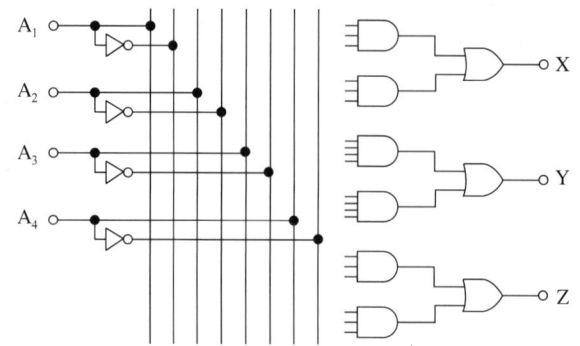

(1)

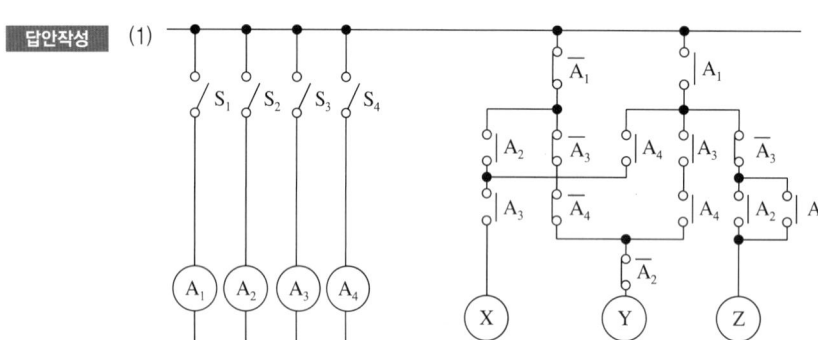

(2)

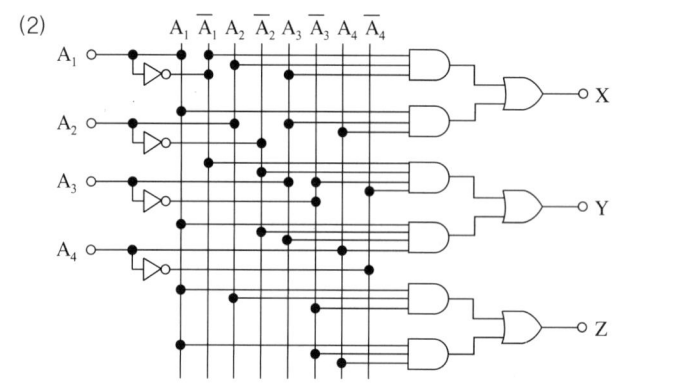

05
★★☆

어느 공장의 수전설비에서는 $100[\mathrm{kVA}]$ 단상 변압기 3대를 $\triangle$결선하여 $273[\mathrm{kW}]$ 부하에 전력을 공급한다. 변압기 1대가 고장이 발생하여 단상 변압기 2대로 V결선하여 전력을 공급할 경우 다음 각 물음에 답하시오.(단, 부하 역률은 1로 계산한다.)　　　　　　　　　　　　　　　　[6점]

(1) V결선 시 공급할 수 있는 최대 전력[kW]을 구하시오.
　• 계산 과정:
　• 답:

(2) V결선 상태에서 $273[\mathrm{kW}]$ 부하 모두를 연결할 때 과부하율[%]을 구하시오.
　• 계산 과정:
　• 답:

답안작성　(1)　• 계산 과정: $P_V = \sqrt{3}\,P_1\cos\theta = \sqrt{3}\times100\times1 = 173.21[\mathrm{kW}]$
　　　　　　　• 답: $173.21[\mathrm{kW}]$

　　　　　　(2)　• 계산 과정: 과부하율 $= \dfrac{273}{173.21}\times100 = 157.61[\%]$
　　　　　　　• 답: $157.61[\%]$

해설비법　(1)　V 결선 시 공급할 수 있는 최대 전력$[\mathrm{kW}]=\sqrt{3}\times P_1\cos\theta$ (여기서 P_1: 변압기 1대 용량$[\mathrm{kVA}]$)

　　　　　　(2)　과부하율 $= \dfrac{\text{부하 용량}}{V\ \text{결선 시 공급할 수 있는 최대 전력}} \times 100[\%]$

06　KEC 적용에 따라 삭제된 문제입니다.

아래 도면은 어느 수전설비의 단선 결선도이다. 다음 각 물음에 답하시오. [15점]

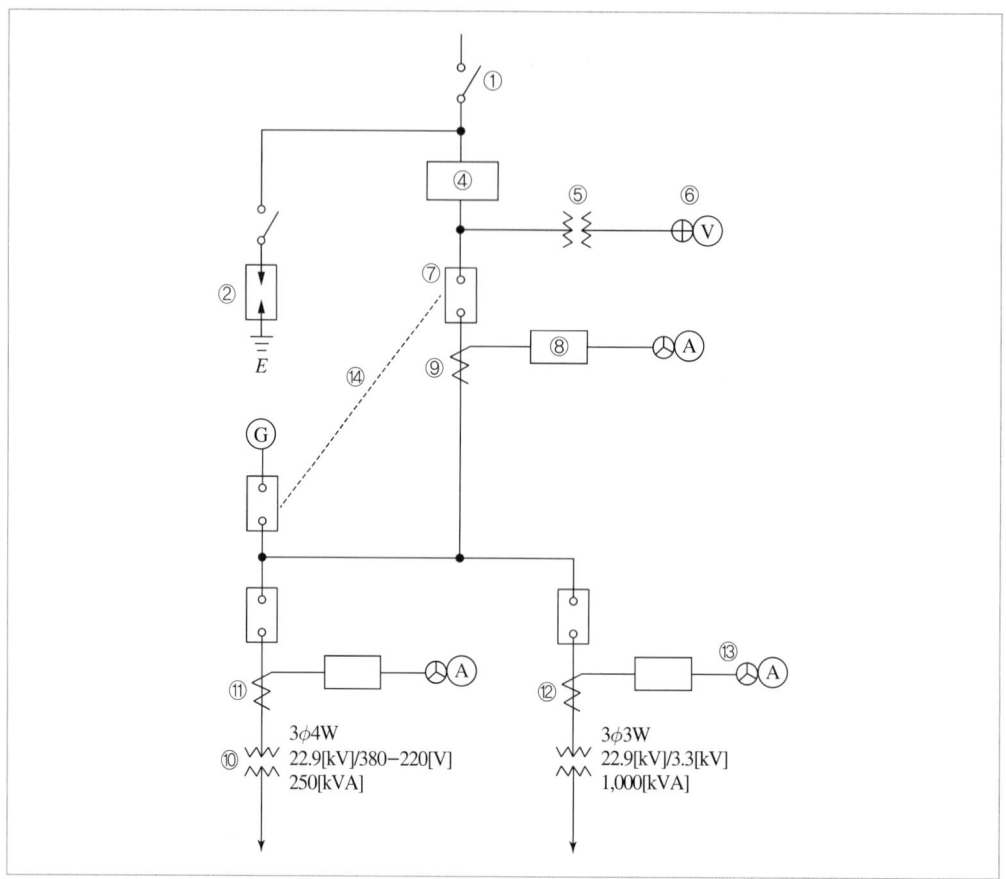

(1) ① ~ ②, ④ ~ ⑨, ⑬에 해당되는 부분의 명칭과 용도를 쓰시오.

(2) ⑤의 1차, 2차 전압은?

(3) ⑩의 2차 측 결선 방법은?

(4) ⑪, ⑫의 CT 비는?(단, CT 정격 전류는 부하 정격 전류의 150[%]로 한다.)
   • 계산 과정:
   • 답:

(5) ⑭의 목적은?

답안작성 (1) ① 단로기: 무부하 전류 개폐, 회로의 접속 변경, 기기를 전로로부터 개방
   ② 피뢰기: 이상 전압이 내습하면 이를 대지로 방전하고, 속류를 차단한다.
   ④ 전력 수급용 계기용 변성기: 전력량을 적산하기 위하여 고전압을 저전압으로, 대전류를 소전류로 변성시켜
      전력량계에 공급한다.
   ⑤ 계기용 변압기: 고전압을 저전압으로 변성시켜 계기 및 계전기 등의 전원으로 사용한다.
   ⑥ 전압계용 전환 개폐기: 1대의 전압계로 3상 각 상의 전압을 측정하기 위한 전환 개폐기
   ⑦ 차단기: 단락 사고, 과부하, 지락 사고 등 사고 전류를 차단하고 부하 전류를 개폐하기 위한 장치
   ⑧ 과전류 계전기: 계통에 과전류가 흐르면 동작하여 차단기의 트립 코일을 여자시킨다.
   ⑨ 변류기: 대전류를 소전류로 변성하여 계기 및 과전류 계전기에 공급한다.
   ⑬ 전류계용 전환 개폐기: 1대의 전류계로 3상 각 상의 전류를 측정하기 위한 전환 개폐기

(2) 1차 전압: $\dfrac{22,900}{\sqrt{3}}$[V], 2차 전압: 110[V]

(3) Y 결선

(4) ⑪ • 계산 과정

$$I_1 = \frac{250}{\sqrt{3} \times 22.9} \times 1.5 = 9.45[\text{A}]$$

∴ 변류비 10/5 선정

• 답: 10/5

⑫ • 계산 과정

$$I_1 = \frac{1,000}{\sqrt{3} \times 22.9} \times 1.5 = 37.82[\text{A}]$$

∴ 변류비 40/5 선정

• 답: 40/5

(5) 상용 전원과 예비 전원의 동시 투입을 방지한다.(인터록)

해설비법   (3) 2가지 종류의 전압(380, 220[V])을 사용할 수 있는 결선 방법은 Y 결선이다.

(4) CT 1차 측 정격 전류: 5, 10, 15, 20, 30, 40, 50, 75, 100, 150, 200, 300[A]

08

★★☆

그림과 같은 교류 3상 3선식 전로에 연결된 3상 평형 부하가 있다. 이때 L3상의 P점이 단선된 경우, 이 부하의 소비 전력은 단선 전 소비 전력에 비하여 어떻게 되는지 계산식을 이용하여 설명하시오.(단, 선간 전압은 E[V]이며, 부하의 저항은 R[Ω]이다.) [5점]

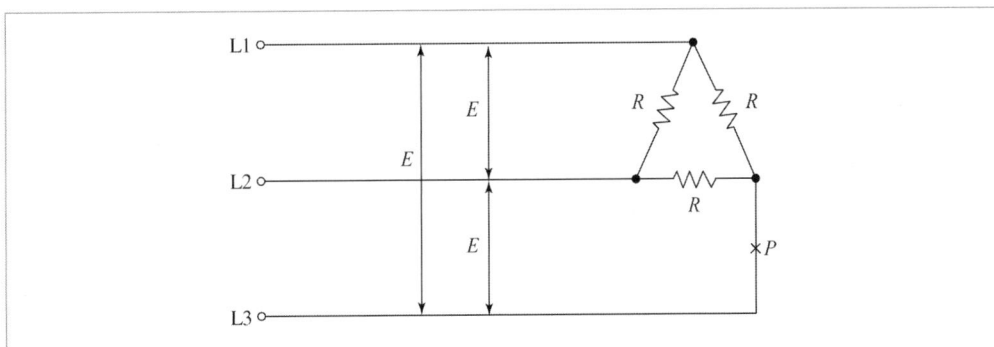

• 계산 과정:

• 답:

답안작성 • 계산 과정

단선 전 소비 전력 $P_1 = 3 \times \dfrac{E^2}{R} = \dfrac{3E^2}{R}$ [W]

단선 후 소비 전력 $P_2 = \dfrac{E^2}{R} + \dfrac{E^2}{2R} = \dfrac{3E^2}{2R}$ [W]

따라서 단선 전과 후의 소비 전력의 비는

$$\dfrac{P_2}{P_1} = \dfrac{\dfrac{3E^2}{2R}}{\dfrac{3E^2}{R}} = \dfrac{1}{2}$$

• 답: 단선 전의 소비 전력에 비해 단선 후의 소비 전력이 $\dfrac{1}{2}$ 배가 된다.

해설비법 단선 후 2개의 직렬 저항($R+R=2R$)과 1개의 저항(R)이 병렬로 연결된다.

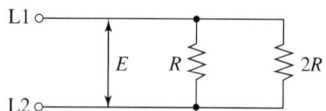

09
★★★
그림과 같은 분기 회로의 전선 굵기를 표준 공칭 단면적으로 산정하시오.(단, 전압강하는 $2[\text{V}]$ 이하이고, 배선 방식은 교류 $220[\text{V}]$ 단상 2선식이며, 후강 전선관 공사로 한다.) [6점]

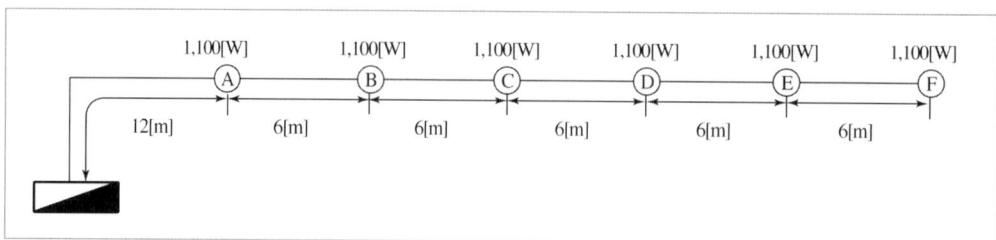

• 계산 과정:
• 답:

답안작성 • 계산 과정

부하 전류 $I = \dfrac{P}{V} = \dfrac{1,100 \times 6}{220} = 30[\text{A}]$

부하 중심점 거리 $L = \dfrac{5 \times 12 + 5 \times 18 + 5 \times 24 + 5 \times 30 + 5 \times 36 + 5 \times 42}{5 \times 6} = 27[\text{m}]$

분기 회로의 전선 굵기 $A = \dfrac{35.6 \times 27 \times 30}{1,000 \times 2} = 14.42[\text{mm}^2]$

따라서 공칭 단면적 $16[\text{mm}^2]$ 선정

• 답: $16[\text{mm}^2]$

• 부하 중심까지의 거리 $L = \dfrac{\Sigma(L \times I)}{\Sigma I} = \dfrac{L_1 I_1 + L_2 I_2 + L_3 I_3 + L_4 I_4 + L_5 I_5 + L_6 I_6}{I_1 + I_2 + I_3 + I_4 + I_5 + I_6}$

• 전선의 단면적 계산

전기 방식	전선 단면적
단상 3선식 3상 4선식	$A = \dfrac{17.8LI}{1,000e}[\text{mm}^2]$
단상 2선식	$A = \dfrac{35.6LI}{1,000e}[\text{mm}^2]$
3상 3선식	$A = \dfrac{30.8LI}{1,000e}[\text{mm}^2]$

• 전선의 공칭 단면적[mm^2] : 1.5, 2.5, 4, 6, 10, 16, 25, 35, 50, 70, 95, 120, 150

10 ★★★

서지 흡수기(Surge Absorber)의 기능과 설치하는 위치를 쓰시오.　　　　[5점]

(1) 기능

(2) 설치 위치

(1) 개폐 서지 등의 이상 전압으로부터 전력 기기 보호
(2) 개폐 서지를 발생시키는 차단기 후단과 부하 측 사이

서지 흡수기(SA)를 설치하는 이유
내부의 이상전압이 2차 기기에 악영향을 주는 이상전압은 막기 위해 설치한다.

11 ★☆☆

형광 방전 램프의 점등 방법에서 점등 회로의 종류 3가지를 쓰시오.　　　　[5점]

• 글로우 스타터 회로
• 순시 기동 회로
• 래피드 스타트 회로(속시 기동 회로)

형광 방전 램프의 점등 방법에서 점등 회로의 종류
• 글로우 스타터 회로
• 순시 기동 회로
• 래피드 스타트 회로(속시 기동 회로)
• 전자 스타트 회로

12

★★☆

3상 3선식 380[V] 회로에서 전동기 부하 2.5[kW], 7.5[kW], 50[kW]와 전열기 부하 5[kW]가 연결되어 있다. 간선의 최소 허용 전류를 구하시오.(단, 전동기의 평균 역률은 0.75이다.) **[5점]**

- 계산 과정:
- 답:

답안작성
- 계산 과정

전동기 전류의 합계 $I_M = \dfrac{(2.5+7.5+50)\times10^3}{\sqrt{3}\times380\times0.75} = 121.55[A]$

전동기의 유효 전류 $I_r = 121.55\times0.75 = 91.16[A]$

전동기의 무효 전류 $I_q = 121.55\times\sqrt{1-0.75^2} = 80.4[A]$

전열기의 전류 $I_H = \dfrac{5\times10^3}{\sqrt{3}\times380\times1} = 7.6[A]$

설계 전류 $I_B = \sqrt{(91.16+7.6)^2+80.4^2} = 127.35[A]$

$I_B \le I_n \le I_Z$를 만족하는 간선의 최소 허용 전류 $I_Z \ge 127.35[A]$

- 답: 127.35[A]

개념체크 과부하에 대해 케이블(전선)을 보호하는 장치의 동작특성

$$I_B \le I_n \le I_Z$$
$$I_2 \le 1.45\times I_Z$$

(단, I_B: 회로의 설계전류[A], I_Z: 케이블의 허용전류[A], I_n: 보호장치의 정격전류[A], I_2: 보호장치가 규약시간 이내에 유효하게 동작하는 것을 보장하는 전류[A])

해설비법 전열기의 역률은 주어지지 않았으므로 1로 간주한다.

13

★★☆

전력 퓨즈에서 퓨즈의 역할과 기능에 대한 다음 각 물음에 답하시오. **[7점]**

(1) 퓨즈의 역할을 2가지로 대별하여 간단하게 설명하시오.

(2) 퓨즈의 가장 큰 단점은 무엇인가?

(3) 주어진 표는 개폐 장치(기구)의 동작 가능한 곳에 ○표를 한 것이다. ①~③은 각각 어떤 개폐 장치인가?

기능 \ 능력	회로 분리		사고 차단	
	무부하	부하	과부하	단락
퓨즈	○			○
①	○	○	○	○
②	○	○	○	
③	○			

(4) 큐비클의 종류 중 PF-S형 큐비클은 주 차단 장치로서 어떤 것들을 조합하여 사용하는 것을 말하는가?

(1) • 부하 전류를 안전하게 통전한다.
　　　　• 고장 전류 및 일정값 이상의 과부하 전류는 즉시 용단시켜 전로나 기기를 보호한다.

(2) 재투입이 불가하다.

(3) ① 차단기
　　② 개폐기
　　③ 단로기

(4) 전력 퓨즈와 고압 개폐기

• 퓨즈와 각종 개폐기 및 차단기와의 기능 비교

기구 ＼ 능력	회로 분리		사고 차단	
	무부하 시	부하 시	과부하 시	단락 시
퓨즈	○			○
차단기	○	○	○	○
개폐기	○	○	○	
단로기	○			
전자 접촉기	○	○	○	

• 주차단 장치의 구성에 따른 큐비클의 종류

큐비클의 종류	설명
CB형	차단기(CB)를 사용하는 것
PF–CB형	한류형 전력 퓨즈(PF)와 차단기(CB)를 조합하여 사용하는 것
PF–S형	한류형 전력 퓨즈(PF)와 고압 개폐기(S)를 조합하여 사용하는 것

14 ★☆☆ $60[\text{Hz}]$, $6,600/210[\text{V}]$, $50[\text{kVA}]$의 단상 변압기가 있다. 저압 측을 단락하고 1차 측에 $170[\text{V}]$의 전압을 가하니 1차 측에 정격전류가 흘렀다. 이때 변압기의 입력이 $700[\text{W}]$라고 한다. 이 변압기에 역률 0.8의 정격부하를 걸었을 때의 전압 변동률을 구하시오. 　　　　　　　　　　　[5점]

• 계산 과정:
• 답:

• 계산 과정

$$z = \frac{V}{V_{1n}} \times 100 = \frac{170}{6,600} \times 100 = 2.58[\%]$$

$$p = \frac{P}{V_{1n}I_{1n}} \times 100 = \frac{700}{50 \times 10^3} \times 100 = 1.4[\%]$$

$$q = \sqrt{z^2 - p^2} = \sqrt{2.58^2 - 1.4^2} = 2.17[\%]$$

$$\therefore \ \varepsilon = p\cos\theta + q\sin\theta = 1.4 \times 0.8 + 2.17 \times 0.6 = 2.42[\%]$$

• 답: $2.42[\%]$

• 전압 변동률

$$\varepsilon = p\cos\theta + q\sin\theta \, [\%]$$
$$(p = \%R[\%], \ q = \%X[\%], \ \cos\theta: \text{역률}, \ \sin\theta: \text{무효율})$$

※ % 임피던스 $z = \sqrt{p^2 + q^2}\,[\%]$

15 ★★☆

설비 용량이 $350[\text{kW}]$, 수용률이 0.6일 때 변압기 용량을 구하시오.(단, 역률은 0.7이다.)　　　　[5점]

답안작성 • 계산 과정: 변압기 용량 $P = \dfrac{350 \times 0.6}{0.7} = 300[\text{kVA}]$

• 답: $300[\text{kVA}]$

개념체크 변압기 용량$[\text{kVA}] \geq \dfrac{\text{설비 용량}[\text{kW}] \times \text{수용률}}{\text{역률} \times \text{효율}}$

16 ★☆☆

단상 2선식 분기 회로에 $3[\text{kW}]$ 부하가 접속되어 있다. 부하단의 수전 전압이 $220[\text{V}]$인 경우, 간선에서 분기된 분기점에서부터 부하까지 한 선당 저항이 $0.03[\Omega]$일 때, 부하에 온전히 $220[\text{V}]$를 걸리게 하려면 분기점에서의 전압은 얼마이어야 하는지 구하시오.　　　　[5점]

• 계산 과정:
• 답:

답안작성 • 계산 과정

단상 2선식의 전압강하 $e = 2IR = 2 \times \dfrac{P}{V_r} \times R = 2 \times \dfrac{3 \times 10^3}{220} \times 0.03 = 0.82[\text{V}]$

분기점 전압 $V_s = V_r + e = 220 + 0.82 = 220.82[\text{V}]$

• 답: $220.82[\text{V}]$

개념체크 단상 선로에서 발생하는 전압강하

$$e = V_s - V_r = I(R\cos\theta + X\sin\theta)[\text{V}]$$
(단, V_s: 송전단 선간 전압[V], V_r: 수전단 선간 전압[V], I: 부하전류[A], R: 전선의 저항[Ω], X: 전선의 리액턴스[Ω], $\cos\theta$: 부하 측의 역률, $\sin\theta$: 무효율)

1회 학습전략

합격률: 47.87%

난이도 下

- 단답형: 차단기 종류, 조도, 케이블 매설, 시퀀스, 수변전설비 결선도
- 공식형: 양수용 전동기, 직렬 리액터, 단락 사고, 수전설비, 유도 전동기, 전선 굵기, 분기 회로, 전력용 콘덴서, 태양광 발전
- 복합형: 예비전원설비
- 태양광 발전 문제를 제외하고는 기존에 출제된 적 있는 문제가 많아 과년도 학습으로 충분히 합격하기 좋은 회차였습니다. 계산 과정에 사용되는 공식을 잘 정리하여 반복 출제되었을 때 득점할 수 있도록 학습하는 것이 좋습니다.

2회 학습전략

합격률: 43.56%

난이도 下

- 단답형: 서지보호장치, 계측, 수전설비, 계기용 변성기, 송전선로, 3개소 점멸, 변압기 병렬운전, 몰드형 변압기, PLC, 시퀀스, 수전설비 결선도
- 공식형: 발전기 용량, %임피던스, 일 부하율, 수전전력
- 단답형 문제의 비율이 많았던 회차로 득점하기 수월했습니다. 3개소 점멸의 단선도 문제와 수전설비와 유지하여야 할 거리 기준에 관한 문제는 2~3회독 학습 시 정리해도 괜찮습니다.

3회 학습전략

합격률: 23.79%

난이도 中

- 단답형: 전력퓨즈, 건축화 조명, 감리, 변압기 복선도, 1회선 수전 방식, 시퀀스, PLC
- 공식형: 조명설계, 형광등 역률, 부하설비, 이도, 송전선로, 전력용 콘덴서, 부등률, 수전설비
- 시퀀스 및 PLC에 관한 배점이 높았고, 공식형 문제는 소문항이 많은 지문으로 이루어져 어렵게 느껴질 수 있습니다. 특히 각 소문항의 답안이 연계된 문제의 경우, 계산 실수에 주의하여야 합니다.

2018년 1회

기출문제

배점		100
득점	1회독	
	2회독	
	3회독	

01
★★★

지표면상 $15[m]$ 높이의 수조가 있다. 이 수조에 시간당 $5,000[m^3]$의 물을 양수하는 데 필요한 펌프용 전동기의 소요동력은 몇 $[kW]$인가?(단, 펌프의 효율은 $55[\%]$로 하고, 여유 계수는 1.1로 한다.)　　　[5점]

• 계산 과정:

• 답:

답안작성　• 계산 과정

$$P = \frac{QH}{6.12\eta}k = \frac{\frac{5,000}{60}\times15}{6.12\times0.55}\times1.1 = 408.5[kW]$$

• 답: $408.5[kW]$

개념체크　양수 펌프용 전동기 용량

$$P = \frac{QH}{6.12\eta}k\,[kW]$$

(단, Q: 양수량$[m^3/min]$, H: 양정$[m]$, k: 여유 계수(손실 계수), η: 효율)

02
★★★

제5고조파 전류의 확대 방지 및 스위치 투입 시 돌입 전류 억제를 목적으로 역률 개선용 콘덴서에 직렬 리액터를 설치하고자 한다. 콘덴서의 용량이 $500[kVA]$일 때 다음 각 물음에 답하시오.　　　[5점]

(1) 이론상 필요한 직렬 리액터의 용량$[kVA]$을 구하시오.
• 계산 과정:
• 답:

(2) 실제적으로 설치하는 직렬 리액터의 용량$[kVA]$을 구하고, 그 이유를 설명하시오.
• 계산 과정:
• 답:
• 이유:

답안작성　(1) • 계산 과정: 리액터 용량 $= 500\times0.04 = 20[kVA]$
　　　　　• 답: $20[kVA]$

(2) • 계산 과정: 리액터 용량 $= 500\times0.06 = 30[kVA]$
　　• 답: $30[kVA]$
　　• 이유: 계통의 주파수 변동 등을 고려하여 콘덴서 용량의 $6[\%]$를 선정한다.

개념체크　직렬 리액터(SR: Series Reactor)
① 변압기 등에서 발생하는 제5고조파 제거
② 제5고조파 제거를 위한 직렬 리액터 용량

- 이론상: 제5고조파 공진 조건 $5\omega L = \dfrac{1}{5\omega C}$에서 $\omega L = \dfrac{1}{25\omega C} = 0.04 \times \dfrac{1}{\omega C}$

  ∴ 콘덴서 용량의 4[%] 설치
- 실제상: 여유를 두어 콘덴서 용량의 6[%] 설치

03 ★☆☆

다음 표의 빈칸에 고압 차단기의 종류 3가지와 각각의 소호 매체를 쓰시오. [6점]

고압 차단기	소호 매체

답안작성

고압 차단기	소호 매체
유입 차단기	절연유
가스 차단기	SF_6 가스
진공 차단기	고진공

개념체크 고압 차단기의 종류와 소호 매체
- 유입 차단기(OCB): 절연유
- 가스 차단기(GCB): SF_6 가스
- 진공 차단기(VCB): 고진공
- 공기 차단기(ABB): 압축 공기
- 자기 차단기(MBB): 전자력

04 ★★☆

3상 154[kV] 시스템의 회로도와 조건을 이용하여 점 F에서 3상 단락 고장이 발생하였을 때 단락 전류 등을 154[kV], 100[MVA] 기준으로 계산하는 과정에 대하여 다음 각 물음에 답하시오. [10점]

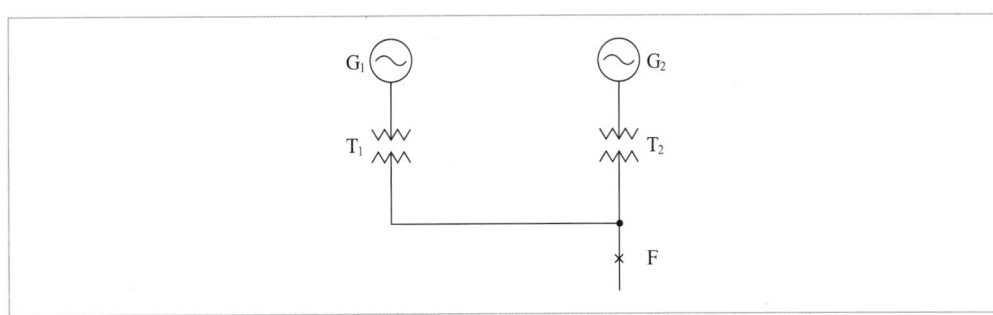

[조건]

발전기

G_1 : $S_{G_1} = 20[\text{MVA}]$, $\%Z_{G_1} = 30[\%]$

G_2 : $S_{G_2} = 5[\text{MVA}]$, $\%Z_{G_2} = 30[\%]$

변압기

T_1 : 전압 11/154[kV], 용량: 20[MVA], $\%Z_{T_1} = 10[\%]$

T_2 : 전압 6.6/154[kV], 용량: 5[MVA], $\%Z_{T_2} = 10[\%]$

송전선로: 전압 154[kV], 용량: 20[MVA], $\%Z_{TL} = 5[\%]$

(1) 정격 전압과 정격 용량을 각각 154[kV], 100[MVA]로 할 때 정격 전류 $I_n[\text{A}]$를 구하시오.
- 계산 과정:
- 답:

(2) 발전기(G_1, G_2), 변압기(T_1, T_2) 및 송전선로의 %임피던스 $\%Z_{G_1}$, $\%Z_{G_2}$, $\%Z_{T_1}$, $\%Z_{T_2}$, $\%Z_{TL}$을 각각 구하시오.
- 계산 과정:
- 답:

(3) 점 F에서의 합성 %임피던스를 구하시오.
- 계산 과정:
- 답:

(4) 점 F에서의 3상 단락 전류 $I_s[\text{A}]$를 구하시오.
- 계산 과정:
- 답:

(5) 점 F에서 설치할 차단기의 용량[MVA]을 구하시오.
- 계산 과정:
- 답:

답안작성 (1) • 계산 과정: $I_n = \dfrac{P}{\sqrt{3}\,V} = \dfrac{100 \times 10^3}{\sqrt{3} \times 154} = 374.9[\text{A}]$
- 답: $374.9[\text{A}]$

(2) • 계산 과정

$- \%Z_{G_1} = 30 \times \dfrac{100}{20} = 150[\%]$

$- \%Z_{G_2} = 30 \times \dfrac{100}{5} = 600[\%]$

$- \%Z_{T_1} = 10 \times \dfrac{100}{20} = 50[\%]$

$- \%Z_{T_2} = 10 \times \dfrac{100}{5} = 200[\%]$

$- \%Z_{TL} = 5 \times \dfrac{100}{20} = 25[\%]$

- 답: $\%Z_{G_1} = 150[\%]$, $\%Z_{G_2} = 600[\%]$, $\%Z_{T_1} = 50[\%]$, $\%Z_{T_2} = 200[\%]$, $\%Z_{TL} = 25[\%]$

(3) • 계산 과정: $\%Z = 25 + \dfrac{(150 + 50) \times (600 + 200)}{(150 + 50) + (600 + 200)} = 185[\%]$
- 답: $185[\%]$

(4) • 계산 과정: $I_s = \dfrac{100}{\%Z} I_n = \dfrac{100}{185} \times 374.9 = 202.65[\text{A}]$

   • 답: 202.65[A]

(5) • 계산 과정: $P_s = \sqrt{3} \times 170 \times 202.65 \times 10^{-3} = 59.67[\text{MVA}]$

   • 답: 59.67[MVA]

해설비법

(1) 정격전류 $I_n = \dfrac{P_n}{\sqrt{3}\,V_r}[\text{A}]$(여기서 P_n: 정격용량, V_r: 공칭 전압)

(2) $\%Z = \%Z_{\text{자기}} \times \dfrac{\text{기준 용량}}{\text{자기 용량}}[\%]$

(3) $\%Z = \%Z_{TL} + \dfrac{(\%Z_{G_1} + \%Z_{T_1}) \times (\%Z_{G_2} + \%Z_{T_2})}{(\%Z_{G_1} + \%Z_{T_1}) + (\%Z_{G_2} + \%Z_{T_2})} = 25 + \dfrac{(150 + 50) \times (600 + 200)}{(150 + 50) + (600 + 200)} = 185[\%]$

(4) 3상 단락 전류 $I_s = \dfrac{100}{\%Z} I_n[\text{A}]$(여기서 $\%Z$: 합성 %임피던스, I_n: 정격전류)

(5) 차단기 용량 $P_s = \sqrt{3}\,V_n I_s[\text{MVA}]$(여기서 $V_n = 170[\text{kV}]$: 공칭 전압 154[kV]일 때의 정격 전압)

---

05 예비전원설비를 축전지 설비로 하고자 할 때, 다음 각 물음에 답하시오. [8점]

★★☆

(1) 연축전지와 비교할 때 알칼리 축전지의 장점과 단점을 1가지씩 쓰시오.

(2) 연축전지와 알칼리 축전지의 공칭 전압은 각각 몇 [V]인지 쓰시오.

(3) 축전지의 일상적인 충전 방식 중 부동 충전 방식에 대하여 설명하시오.

(4) 연축전지의 정격 용량이 200[Ah]이고, 상시 부하가 15[kW]이며, 표준 전압이 100[V]인 부동 충전 방식 충전기의 2차 전류는 몇 [A]인지 구하시오.(단, 상시 부하의 역률은 1로 간주한다.)

   • 계산 과정:

   • 답:

답안작성

(1) • 장점: 충·방전 특성이 양호하다.
   • 단점: 연축전지에 비하여 공칭 전압이 낮다.

(2) • 연축전지: 2.0[V/cell]
   • 알칼리 축전지: 1.2[V/cell]

(3) 축전지의 자기 방전을 보충함과 동시에 상용 부하에 대한 전력 공급은 충전기가 부담하도록 하되, 충전기가 공급하기 어려운 일시적인 대전류 부하는 축전지가 공급하는 충전 방식

(4) • 계산 과정: $I = \dfrac{200}{10} + \dfrac{15 \times 10^3}{100 \times 1} = 170[\text{A}]$

   • 답: 170[A]

부동 충전 방식 충전기의 2차 전류

$$충전기\ 2차\ 전류[A] = \frac{축전지\ 용량[Ah]}{정격\ 방전율[h]} + \frac{상시\ 부하\ 용량[VA]}{표준\ 전압[V]}$$

(단, 연축전지의 정격 방전율: 10[h])

06 ★★★

3층 사무실용 건물에 3상 3선식의 $6,000[V]$를 수전하여 $200[V]$로 체강하여 수전하는 설비를 하였다. 각종 부하 설비가 다음 표와 같을 때 다음 물음에 답하시오. [14점]

동력 부하 설비

사용 목적	용량[kW]	대수	상용 동력[kW]	하계 동력[kW]	동계 동력[kW]
난방 설비					
• 보일러 펌프	6.7	1			6.7
• 오일 기어 펌프	0.4	1			0.4
• 온수 순환 펌프	3.7	1			3.7
공기 조화 설비					
• 1, 2, 3층 패키지 콤프레셔	7.5	6		45.0	
• 콤프레셔 팬	5.5	3	16.5		
• 냉각수 펌프	5.5	1		5.5	
• 쿨링 타워	1.5	1		1.5	
급수 배수 설비					
• 양수 펌프	3.7	1	3.7		
기타					
• 소화 펌프	5.5	1	5.5		
• 셔터	0.4	1	0.8		
합계			26.5	52.0	10.8

조명 및 콘센트 부하 설비

사용 목적	와트수[W]	설치 수량	환산 용량[VA]	총 용량[VA]	비고
전등 설비					
• 수은등 A	200	2	260	520	200[V] 고역률
• 수은등 B	100	8	140	1,120	100[V] 고역률
• 형광등	40	820	55	45,100	200[V] 고역률
• 백열 전등	60	20	60	1,200	
콘센트 설비					
• 일반 콘센트		70	150	10,500	2P 16[A]
• 환기팬용 콘센트		8	55	440	
• 히터용 콘센트	1,500	2		3,000	
• 복사기용 콘센트		4		3,600	
• 텔레타이프용 콘센트		4		2,400	
• 룸 쿨러용 콘센트		6		7,200	
기타					
• 전화 교환용 정류기		1		800	
합계				75,880	

[조건]
- 동력 부하의 역률은 모두 70[%]이며, 기타는 100[%]로 간주한다.
- 조명 및 콘센트 부하 설비의 수용률은 다음과 같다.
  - 전등 설비: 60[%]
  - 콘센트 설비: 70[%]
  - 전화 교환용 정류기: 100[%]
- 변압기 용량 산출 시 예비율(여유율)은 고려하지 않으며, 용량은 표준 규격으로 답한다.
- 변압기 용량 산정 시 필요한 동력 부하 설비의 수용률은 전체 평균 65[%]로 한다.

(1) 동계 난방 때 온수 순환 펌프는 상시 운전하고, 보일러용과 오일 기어 펌프의 수용률이 55[%]일 때 난방 동력 수용 부하는 몇 [kW]인가?
- 계산 과정:
- 답:

(2) 상용 동력, 하계 동력, 동계 동력에 대한 피상 전력은 몇 [kVA]가 되겠는가?

(3) 이 건물의 총 전기 설비 용량은 몇 [kVA]를 기준으로 하여야 하는가?
- 계산 과정:
- 답:

(4) 조명 및 콘센트 부하 설비에 대한 단상 변압기의 용량은 최소 몇 [kVA]가 되어야 하는가?
- 계산 과정:
- 답:

(5) 동력 부하용 3상 변압기의 용량은 몇 [kVA]가 되겠는가?
- 계산 과정:
- 답:

(6) 단상과 3상 변압기의 전류계용으로 사용되는 변류기의 1차 측 정격 전류는 각각 몇 [A]인가?
- 계산 과정:
- 답:

(7) 역률 개선을 위하여 각 부하마다 전력용 콘덴서를 설치하려고 할 때 보일러 펌프의 역률을 95[%]로 개선하려면 몇 [kVA]의 전력용 콘덴서가 필요한가?
- 계산 과정:
- 답:

2018년

답안작성 (1) • 계산 과정: $P = 3.7 \times 1 + (6.7 + 0.4) \times 0.55 = 7.61[\text{kW}]$
- 답: 7.61[kW]

(2) ① 상용 동력

$$P_{a1} = \frac{26.5}{0.7} = 37.86[\text{kVA}]$$

② 하계 동력

$$P_{a2} = \frac{52.0}{0.7} = 74.29[\text{kVA}]$$

③ 동계 동력

$$P_{a3} = \frac{10.8}{0.7} = 15.43[\text{kVA}]$$

(3) • 계산 과정: $P_a = 37.86 + 74.29 + 75.88 = 188.03[\text{kVA}]$
- 답: 188.03[kVA]

(4) • 계산 과정

　　－ 전등: $P_{a1} = (520+1,120+45,100+1,200) \times 0.6 \times 10^{-3} = 28.76 [\text{kVA}]$

　　－ 콘센트: $P_{a2} = (10,500+440+3,000+3,600+2,400+7,200) \times 0.7 \times 10^{-3} = 19 [\text{kVA}]$

　　－ 기타: $P_{a3} = 0.8 [\text{kVA}]$

　　$\therefore P_a = 28.76+19+0.8 = 48.56 [\text{kVA}]$

　• 답: $50 [\text{kVA}]$ 선정

(5) • 계산 과정: $P_a = \dfrac{26.5+52.0}{0.7} \times 0.65 = 72.89 [\text{kVA}]$

　• 답: $75 [\text{kVA}]$ 선정

(6) － 단상 변압기

　• 계산 과정

　　$I_1 = \dfrac{50 \times 10^3}{6,000} \times (1.25 \sim 1.5) = 10.42 \sim 12.5 [\text{A}]$

　• 답: $10 [\text{A}]$ 선정

　－ 3상 변압기

　• 계산 과정

　　$I_1 = \dfrac{75 \times 10^3}{\sqrt{3} \times 6,000} \times (1.25 \sim 1.5) = 9.02 \sim 10.83 [\text{A}]$

　• 답: $10 [\text{A}]$ 선정

(7) • 계산 과정: $Q_c = P(\tan\theta_1 - \tan\theta_2) = 6.7 \times \left(\dfrac{\sqrt{1-0.7^2}}{0.7} - \dfrac{\sqrt{1-0.95^2}}{0.95} \right) = 4.63 [\text{kVA}]$

　• 답: $4.63 [\text{kVA}]$

해설비법

(1) 수용 부하[kW] = 설비 용량[kW] × 수용률

(2) 피상 전력[kVA] = $\dfrac{\text{유효 전력[kW]}}{\text{역률}}$

(3) 계절 부하는 동시에 사용되지 않으므로 더 큰 부하인 하계 부하를 기준으로 구한다. 즉, 변압기의 용량 산정 시 총 전기 설비 용량은 상용 부하, 하계 부하, 조명 및 콘센트 부하를 고려한다.

(7) 역률 개선용 콘덴서 용량

$$Q_c = P(\tan\theta_1 - \tan\theta_2) = P\left(\dfrac{\sin\theta_1}{\cos\theta_1} - \dfrac{\sin\theta_2}{\cos\theta_2} \right)[\text{kVA}]$$

(단, P: 부하 전력[kW], $\cos\theta_1$: 개선 전 역률, $\cos\theta_2$: 개선 후 역률)

07
★★★

$50[\text{Hz}]$로 설계된 3상 유도 전동기를 동일 전압으로 $60[\text{Hz}]$에 사용할 경우 다음 요소는 어떻게 변화하는지 수치를 이용하여 설명하시오. [6점]

(1) 무부하 전류

　• 계산 과정:

　• 답:

(2) 온도

　• 계산 과정:

　• 답:

(3) 속도

　　• 계산 과정:

　　• 답:

(1) • 계산 과정: 무부하 전류 $\dfrac{I_2}{I_1} = \dfrac{f_1}{f_2} = \dfrac{50}{60} = \dfrac{5}{6}$

　　　• 답: $\dfrac{5}{6}$ 배 감소

(2) • 계산 과정: 온도 상승 $\dfrac{t_2}{t_1} = \dfrac{f_1}{f_2} = \dfrac{50}{60} = \dfrac{5}{6}$

　　　• 답: $\dfrac{5}{6}$ 배 감소

(3) • 계산 과정: 속도 $\dfrac{N_2}{N_1} = \dfrac{f_2}{f_1} = \dfrac{60}{50} = \dfrac{6}{5}$

　　　• 답: $\dfrac{6}{5}$ 배 증가

08
★★☆

다음 빈칸에 들어갈 알맞은 내용을 쓰시오. [5점]

임의의 면에서 한 점의 조도는 광원의 광도 및 입사각의 코사인에 비례하고 거리의 제곱에 반비례한다. 이와 같이 입사각의 코사인에 비례하는 것을 Lambert의 코사인 법칙이라고 한다. 또 광선의 피조면의 위치에 따라 조도를 (①) 조도, (②) 조도, (③) 조도 등으로 분류할 수 있다.

① 법선　　② 수평면　　③ 수직면

　조도

① 어떤 물체에 광속이 입사하면 그 면이 밝게 빛나게 되는 정도로, 어떤 면에 입사되는 광속의 밀도를 나타낸다.
② 기호로는 E, 단위로는 [lx](룩스: lux)를 사용한다.
③ 조도의 계산

$$E = \frac{F}{A} = \frac{I}{r^2}\,[\text{lx}]$$

조도는 광원의 광도(I)에 비례하고, 거리(r)의 제곱에 반비례한다.

• 법선 조도

$$E_n\,[\text{lx}] = \frac{I}{r^2} = \frac{I}{h^2}\cos^2\theta$$

• 수평면 조도

$$E_h\,[\text{lx}] = \frac{I}{r^2}\cos\theta = \frac{I}{h^2}\cos^3\theta$$

• 수직면 조도

$$E_v\,[\text{lx}] = \frac{I}{r^2}\sin\theta = \frac{I}{h^2}\cos^2\theta\sin\theta$$

$(\cos\theta = \dfrac{h}{r}$ 에서 $r = \dfrac{h}{\cos\theta})$

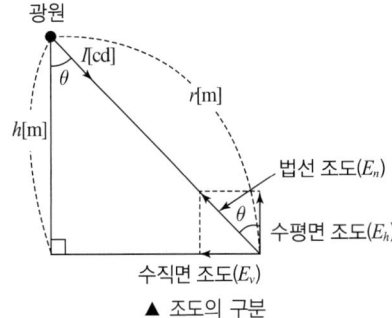

▲ 조도의 구분

09 ★★☆ 지중 전선로는 케이블을 사용하여 관로식, 암거식, 직접 매설식에 의하여 시설하여야 한다. 이때 케이블의 매설 깊이는 관로식인 경우와 직접 매설식(차량 및 기타 중량물의 압력을 받을 우려가 있는 경우)인 경우에 얼마 이상으로 하여야 하는지 답하시오. [4점]

시설방법	매설깊이
관로식	①
직접 매설식	②

답안작성 ① 1.0[m] 이상
② 1.0[m] 이상

개념체크 지중 전선로의 시설 매설 깊이
• 차량 및 기타 중량물의 압력을 받을 우려가 있는 장소(관로식, 직접 매설식): 1[m] 이상
• 기타 장소: 0.6[m] 이상

10 ★★☆ 다음 주어진 논리식에 대한 물음에 답하시오. [5점]

$X = \overline{A} \cdot B + C$

(1) 논리 회로를 작성하시오.

(2) (1)번을 2입력 NAND 소자로만 이루어진 논리 회로로 작성하시오.

답안작성 (1)

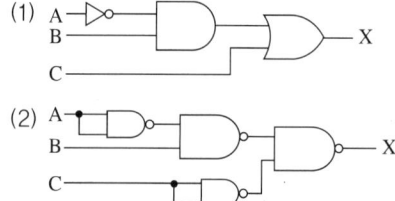

(2)

해설비법 (2) $X = \overline{A} \cdot B + C = \overline{\overline{\overline{A} \cdot B + C}} = \overline{\overline{\overline{A} \cdot B} \cdot \overline{C}}$

개념체크 드 모르간의 정리
$$\overline{A+B} = \overline{A} \cdot \overline{B}$$
$$\overline{A \cdot B} = \overline{A} + \overline{B}$$

논리회로 등가 모델

11 ★★★

분전반에서 $25[\text{m}]$의 거리에 $2[\text{kW}]$의 교류 단상 $100[\text{V}]$ 전열기를 설치하였다. 배선 방법을 금속관 공사로 하고 전압강하를 $2[\%]$ 이하로 하기 위해서 전선의 굵기를 얼마로 선정하는 것이 적당한지 구하시오.

[5점]

• 계산 과정:

• 답:

답안작성

• 계산 과정

전류 $I = \dfrac{P}{V} = \dfrac{2 \times 10^3}{100} = 20[\text{A}]$

전선 굵기 $A = \dfrac{35.6 LI}{1,000e} = \dfrac{35.6 \times 25 \times 20}{1,000 \times (100 \times 0.02)} = 8.9[\text{mm}^2]$

• 답: $10[\text{mm}^2]$

개념체크

• 전선 규격$[\text{mm}^2]$

1.5	2.5	4	6	10	16	25	⋯

• 전선의 단면적 계산 공식

단상 2선식	$A = \dfrac{35.6 LI}{1,000e} \; [\text{mm}^2]$
3상 3선식	$A = \dfrac{30.8 LI}{1,000e} \; [\text{mm}^2]$
단상 3선식 3상 4선식	$A = \dfrac{17.8 LI}{1,000e} \; [\text{mm}^2]$

※ 교류 단상이란 단상 2선식을 의미한다.

---

12 ★★★

단상 2선식 $200[\text{V}]$의 옥내배선에서 소비 전력 $40[\text{W}]$, 역률 $80[\%]$의 형광등 $160[\text{등}]$을 설치할 때 이 시설을 $16[\text{A}]$의 분기 회로로 하려고 한다. 이때 분기선은 최소 몇 회선이 필요한지 구하시오.(단, 한 회로의 부하 전류는 분기 회로 용량의 $80[\%]$로 하고, 수용률은 $100[\%]$로 한다.)

[5점]

• 계산 과정:

• 답:

답안작성

• 계산 과정

부하 용량 $P_L = \dfrac{40 \times 160}{0.8} \times 1.0 = 8,000[\text{VA}]$

분기 회로수 $n = \dfrac{8,000}{200 \times 16 \times 0.8} = 3.13 \rightarrow 4$회로(절상)

• 답: $16[\text{A}]$ 분기 4회로

$$\text{분기 회로수} = \frac{\text{표준 부하 용량[VA]}}{\text{전압[V]} \times \text{분기 회로의 전류[A]} \times \text{정격률}}$$

- 분기 회로수 계산의 결과값에 소수점이 발생하면 소수점 이하 절상한다.
- 분기 회로의 전류가 주어지지 않을 때에는 16[A]를 표준으로 한다.

13 ★★☆

역률(지상) $80[\%]$인 $100[\text{kW}]$ 부하에 새로 역률(지상) $60[\%]$의 $70[\text{kW}]$ 부하를 연결하였다. 이때 합성 역률을 $90[\%]$로 개선하는 데 필요한 콘덴서 용량은 몇 $[\text{kVA}]$인지 구하시오. [5점]

- 계산 과정:
- 답:

답안작성

- 계산 과정

유효 전력 $P = 100 + 70 = 170[\text{kW}]$

무효 전력 $Q = 100 \times \dfrac{0.6}{0.8} + 70 \times \dfrac{0.8}{0.6} = 168.33[\text{kVar}]$

개선 전 역률 $\cos\theta_1 = \dfrac{P}{P_a} = \dfrac{170}{\sqrt{170^2 + 168.33^2}} = 0.71$

$\therefore$ 콘덴서 용량 $Q_c = P(\tan\theta_1 - \tan\theta_2) = 170 \times \left(\dfrac{\sqrt{1-0.71^2}}{0.71} - \dfrac{\sqrt{1-0.9^2}}{0.9} \right) = 86.28[\text{kVA}]$

- 답: $86.28[\text{kVA}]$

개념체크 역률 개선용 콘덴서 용량

$$Q_c = P(\tan\theta_1 - \tan\theta_2) = P\left(\frac{\sin\theta_1}{\cos\theta_1} - \frac{\sin\theta_2}{\cos\theta_2} \right)[\text{kVA}]$$

(단, P: 부하 전력[kW], $\cos\theta_1$: 개선 전 역률, $\cos\theta_2$: 개선 후 역률)

14

★☆☆

다음은 수변전설비 단선 결선도이다. 다음 물음에 답하시오.

[12점]

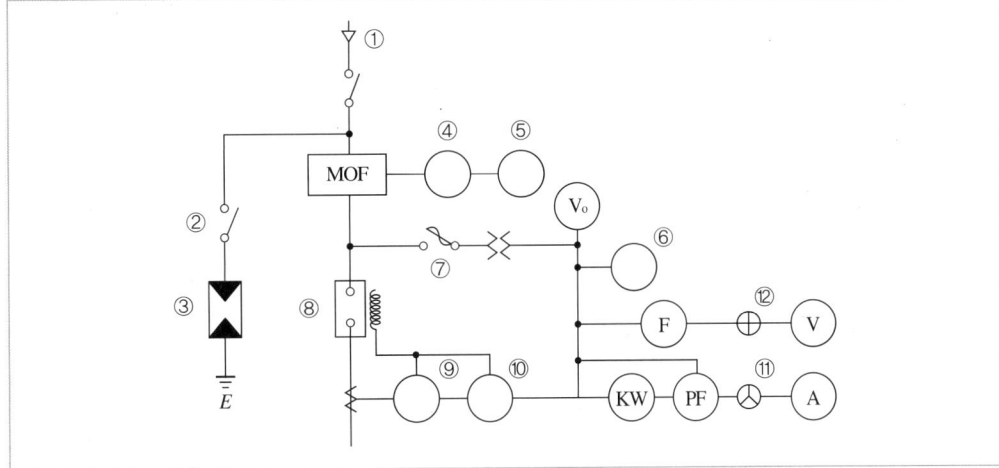

(1) ①의 심벌의 이름과 용도를 쓰시오.

(2) ②의 심벌의 이름과 용도를 쓰시오.

(3) ③의 심벌의 이름과 용도를 쓰시오.

(4) ④ ~ ⑫의 심벌의 명칭을 쓰시오.

답안작성

(1) • 이름: 케이블 헤드
   • 용도: 가공 전선과 케이블 말단 접속

(2) • 이름: 단로기
   • 용도: 피뢰기를 전로로부터 완전 개방

(3) • 이름: 피뢰기
   • 용도: 이상 전압이 내습하면 대지로 방전시키고 속류를 차단

(4) ④ 최대 수요 전력량계
   ⑤ 무효 전력량계
   ⑥ 지락 과전압 계전기
   ⑦ 전력 퓨즈(또는 컷아웃 스위치)
   ⑧ 차단기
   ⑨ 과전류 계전기
   ⑩ 지락 과전류 계전기
   ⑪ 전류계용 전환 개폐기
   ⑫ 전압계용 전환 개폐기

15 ★☆☆

태양광 모듈 1장의 출력이 $300[\mathrm{W}]$, 변환 효율이 $20[\%]$일 때, 발전용량 $12[\mathrm{kW}]$인 태양광 발전소의 최소 설치 필요 면적은 몇 $[\mathrm{m}^2]$인지 구하시오.(단, 일사량은 $1,000[\mathrm{W/m}^2]$이며, 이격 거리는 고려하지 않는다.) [5점]

• 계산 과정:

• 답:

답안작성

• 계산 과정

태양광 모듈 면적 $A = \dfrac{300}{0.2 \times 1,000} = 1.5[\mathrm{m}^2]$

태양광 모듈 수 $N = \dfrac{12 \times 10^3}{300} = 40[\text{장}]$

∴ 최소 설치 필요 면적: $40 \times 1.5 = 60[\mathrm{m}^2]$

• 답: $60[\mathrm{m}^2]$

개념체크

• 태양광 모듈 면적 $A = \dfrac{\text{모듈 1장의 출력}[\mathrm{W}]}{\text{변환 효율} \times \text{일사량}[\mathrm{W/m}^2]}$

• 태양광 모듈 수 $N = \dfrac{\text{발전 용량}[\mathrm{W}]}{\text{모듈 1장의 출력}[\mathrm{W}]}$

• 최소 설치 필요 면적 = 모듈 면적 × 모듈 수 = $NA[\mathrm{m}^2]$

2018년 2회

기출문제

배점	100
득점	1회독
	2회독
	3회독

01 ★★★

부하가 유도 전동기이며, 기동 용량이 $2,000[\text{kVA}]$이고, 기동 시 허용 전압 강하는 $20[\%]$이며, 발전기의 과도 리액턴스가 $25[\%]$이다. 이 전동기를 운전할 수 있는 자가 발전기의 최소 용량은 몇 $[\text{kVA}]$인지 구하시오.　　　　　　　　　　　　　　　　　　　　　　　　　　　　　　　　　　　　　[5점]

• 계산 과정:

• 답:

답안작성　• 계산 과정

$$P_G \geq \left(\frac{1}{0.2} - 1\right) \times 0.25 \times 2,000 = 2,000[\text{kVA}]$$

• 답: $2,000[\text{kVA}]$

해설비법　발전기 용량 $[\text{kVA}] \geq \left(\dfrac{1}{\text{허용 전압강하}} - 1\right) \times$ 과도 리액턴스 $\times$ 기동 용량$[\text{kVA}]$

02 ★★★

어떤 발전소의 발전기가 전압 $13.2[\text{kV}]$, 용량 $93,000[\text{kVA}]$, %임피던스 $95[\%]$일 때, 임피던스는 몇 $[\Omega]$인지 구하시오.　　　　　　　　　　　　　　　　　　　　　　　　　　　　　　　　　　　　　[5점]

• 계산 과정:

• 답:

답안작성　• 계산 과정

$$\%Z = \frac{PZ}{10V^2} \text{ 에서}$$

$$Z = \frac{\%Z \times 10V^2}{P} = \frac{95 \times 10 \times 13.2^2}{93,000} = 1.78[\Omega]$$

• 답: $1.78[\Omega]$

03

★★☆

서지 보호 장치(SPD: Surge Protective Device)에 대해 다음 물음에 답하시오.   [6점]

(1) 기능상 3종류로 분류하여 쓰시오.

(2) 구조상 2종류로 분류하여 쓰시오.

답안작성
(1) • 전압 스위칭형 SPD
    • 전압 제한형 SPD
    • 복합형 SPD

(2) • 1포트 SPD
    • 2포트 SPD

04

★☆☆

다음 각 항목을 측정하는 데 가장 알맞은 계측기 또는 측정 방법을 쓰시오.   [5점]

(1) 변압기의 절연 저항

(2) 검류계의 내부 저항

(3) 전해액의 저항

(4) 배전선의 전류

(5) 접지극의 접지 저항

답안작성
(1) 절연 저항계
(2) 휘스톤 브리지
(3) 콜라우시 브리지
(4) 후크온 미터
(5) 접지 저항계

해설비법
(1) 변압기의 절연 저항 측정 계측기는 절연 저항계 또는 메거라고 답하여도 가능하다.
(5) 접지극의 접지 저항 측정에 알맞은 계측기 또는 측정 방법을 답하는 문제이므로, 접지 저항계 또는 콜라우시 브리지법으로 답하여도 가능하다.

05

★★☆

수전설비의 수전실 등의 시설에 있어서 변압기, 배전반 등 수전설비의 주요 부분들이 원칙적으로 유지하여야 할 거리 기준과 관련하여 수전설비의 배전반 등의 최소 유지 거리에 대하여 빈칸에 알맞은 내용을 쓰시오.   [6점]

위치별 기기별	앞면 또는 조작 · 계측면	뒷면 또는 점검면	열상호 간 (점검하는 면)
특고압 배전반	(1) [m]	(2) [m]	(3) [m]
저압 배전반	(4) [m]	(5) [m]	(6) [m]

답안작성 (1) 1.7 (2) 0.8 (3) 1.4 (4) 1.5 (5) 0.6 (6) 1.2

개념체크 수전설비 배전반 등의 최소 유지거리

기기별 \ 위치별	앞면 또는 조작 · 계측면	뒷면 또는 점검면	열상호 간 (점검하는 면)	기타의 면
특고압 배전반	1.7[m]	0.8[m]	1.4[m]	—
고압 배전반 저압 배전반	1.5[m]	0.6[m]	1.2[m]	–
변압기 등	0.6[m]	0.6[m]	1.2[m]	0.3[m]

06

★☆☆

다음 그림은 배전반에서 계측을 하기 위한 계기용 변성기이다. 아래 그림을 보고 각 칸에 알맞은 내용을 적으시오. **[5점]**

구분	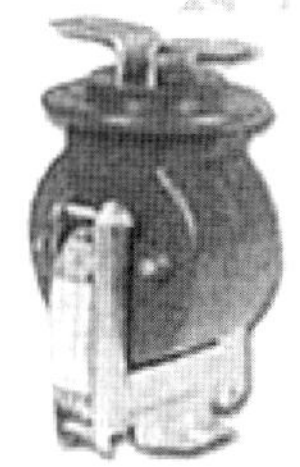	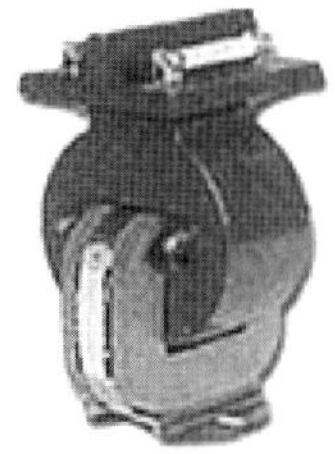
명칭		
약호		
심벌		
역할		

답안작성

구분	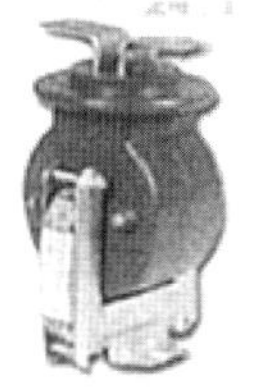	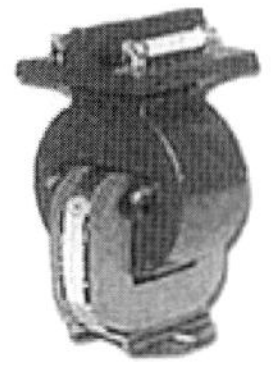
명칭	변류기	계기용 변압기
약호	CT	PT
심벌	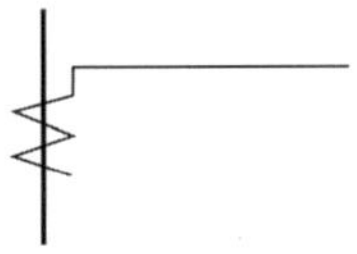	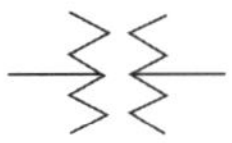
역할	대전류를 소전류로 변성하여 계기 및 계전기에 공급	고전압을 저전압으로 변성하여 계기 및 계전기 등의 전원으로 사용

07 ★★★ 다음 그림은 어느 공장의 일 부하 곡선이다. 이 공장에서의 일 부하율은 몇 [%]인지 구하시오. [4점]

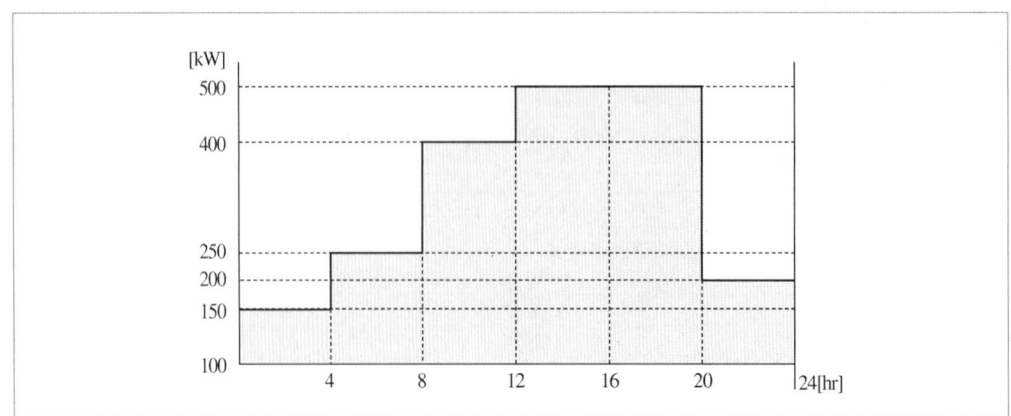

- 계산 과정:
- 답:

<hr/>

답안작성 • 계산 과정

$$일\ 부하율 = \frac{\dfrac{150 \times 4 + 250 \times 4 + 400 \times 4 + 500 \times 8 + 200 \times 4}{24}}{500} \times 100[\%] = 66.67[\%]$$

• 답: 66.67[%]

개념체크 $일\ 부하율 = \dfrac{평균\ 전력}{최대\ 전력} \times 100[\%] = \dfrac{\dfrac{사용\ 전력[kW] \times 사용\ 시간[h]}{24[h]}}{최대\ 전력[kW]} \times 100[\%]$

<hr/>

08 ★☆☆ 송전 선로에 대한 다음 물음에 답하시오. [5점]

(1) 송전 선로에서 사용하는 중성점 접지 방식을 4가지 쓰시오.

(2) 유효 접지는 1선 지락 사고 시 건전상의 전압 상승이 평상시 대지 전압의 몇 배를 넘지 않도록 접지 임피던스를 조절해서 접지해야 하는지 쓰시오.

답안작성 (1) • 비접지 방식
• 저항 접지 방식
• 직접 접지 방식
• 소호 리액터 접지 방식

(2) 1.3배

개념체크 유효 접지: 1선 지락 사고 시 건전상의 전압 상승이 평상시 대지 전압의 1.3배를 넘지 않도록 임피던스를 조절한 접지 방식

09

3상 3선식 계통에서 PT 6,600/110[V] 2대, CT 100/5[A] 2대를 이용하여 결선하였을 때 PT 및 CT 의 2차 측에서 측정한 전력은 300[W]이다. 이때 수전 전력[kW]을 구하시오. [5점]

- 계산 과정:
- 답:

답안작성
- 계산 과정

$$P = 300 \times \frac{100}{5} \times \frac{6,600}{110} = 360,000[\text{W}] = 360[\text{kW}]$$

- 답: 360[kW]

개념체크 수전 전력 = 측정 전력(전력계의 지시값)×CT비×PT비

10

다음 3로 스위치 4개를 사용한 3개소 점멸의 단선도를 참고하여 복선도를 완성하시오. [8점]

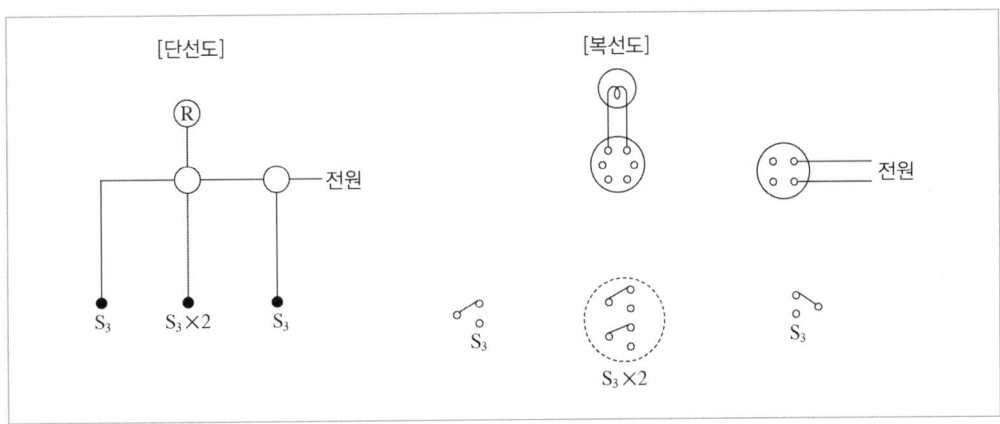

답안작성

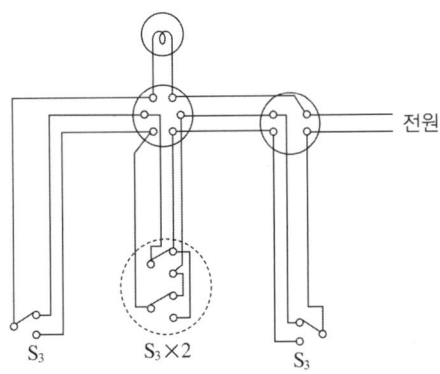

11 ★★★ 변압기 병렬 운전 조건을 3가지 쓰시오. [5점]

답안작성
- 극성이 일치할 것
- 권수비 및 정격 전압이 같을 것
- %임피던스 강하가 같을 것

단답 정리함 단상 변압기의 병렬운전 조건 – 조건에 맞지 않을 경우 나타나는 현상
- 극성이 같을 것 – 큰 순환전류가 흘러 권선이 소손
- 권수비 및 1차, 2차 정격전압이 같을 것 – 순환전류가 흘러 권선이 과열
- %임피던스 강하가 같을 것 – 부하 분담이 각 변압기의 용량의 비가 되지 않아 부하 분담이 불균형
- 내부 저항과 누설 리액턴스의 비가 같을 것 – 각 변압기의 전류 간에 위상차가 생겨 동손 증가

12 ★★☆ 몰드형 변압기의 장점을 3가지 쓰시오. [5점]

답안작성
- 내습, 내진성이 좋다.
- 소형, 경량화가 가능하다.
- 유지보수 및 점검이 용이하다.

단답 정리함 몰드 변압기의 장단점
[장점]
- 내습, 내진성이 좋다.
- 소형, 경량화가 가능하다.
- 유지보수 및 점검이 용이하다.
- 난연성이 우수하다.
- 전력 손실이 적다.

[단점]
- 충격파 내전압이 낮아 서지에 대한 대책이 필요하다.
- 가격이 고가이다.

13
★★☆

그림과 같은 PLC 시퀀스가 있다. PLC 프로그램에서의 신호 흐름은 단방향이므로 시퀀스를 수정해야 한다. 다음 도면을 바르게 작성하시오. [5점]

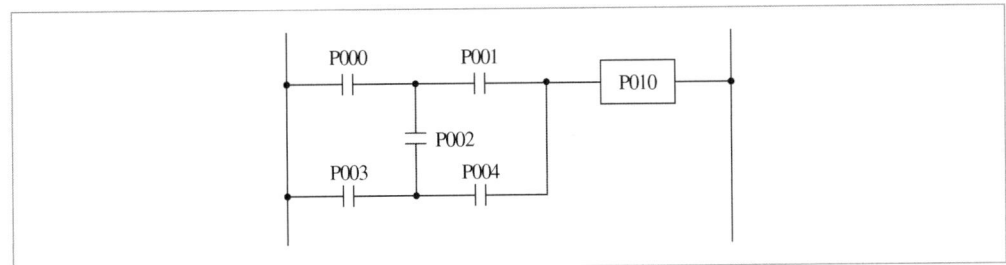

답안작성

해설비법 PLC 프로그램의 논리식은 다음과 같다.

$P010 = (P000 \cdot P001) + (P000 \cdot P002 \cdot P004) + (P003 \cdot P002 \cdot P001) + (P003 \cdot P004)$

14
★★★

다음 유접점 회로도를 보고 MC, RL, GL의 논리식을 쓰시오. [5점]

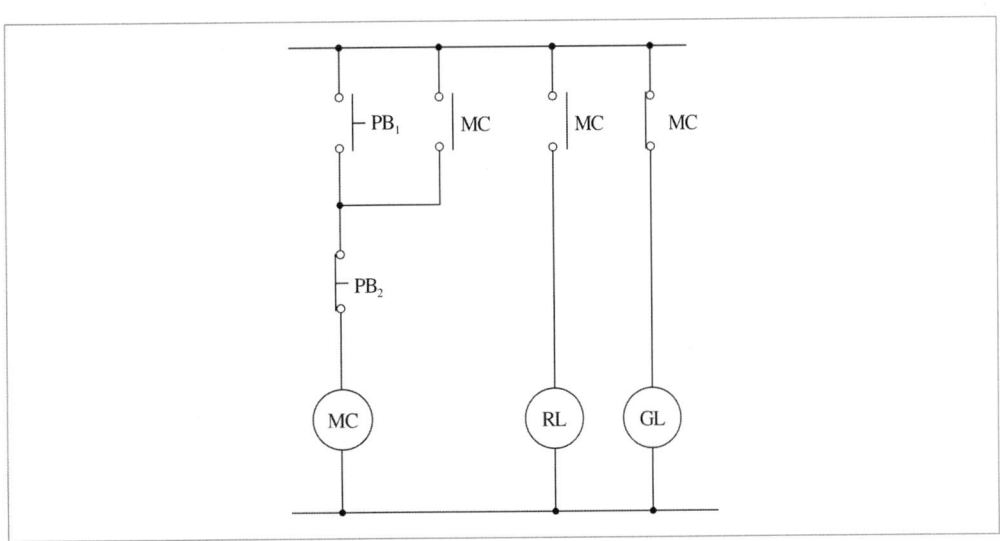

(1) MC 논리식

(2) RL 논리식

(3) GL 논리식

답안작성 (1) $MC = (PB_1 + MC) \cdot \overline{PB_2}$

(2) $RL = MC$

(3) $GL = \overline{MC}$

해설비법 주어진 회로도는 푸시버튼 스위치 PB_1을 눌러 MC가 여자된 후, PB_1에서 손을 떼어도 MC의 a접점에 의해 지속적으로 여자 상태를 유지하는 자기유지 회로이다.

15

도면은 어느 수용가의 수전설비 결선도이다. 이 결선도를 보고 다음 각 물음에 답하시오.　　[12점]

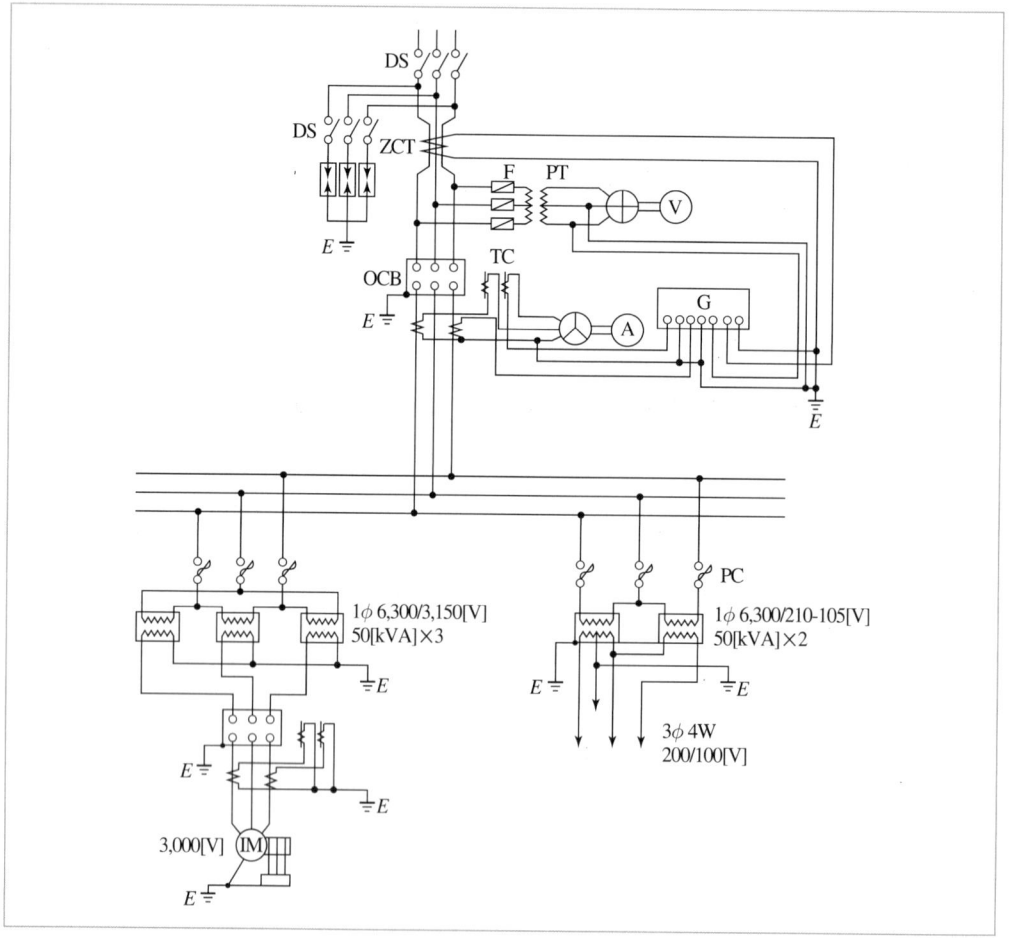

(1) ZCT의 명칭과 역할은?

- 명칭:
- 역할:

(2) 6,300/3,150[V] 단상 변압기 3대의 2차 측 결선 및 접지가 잘못되어 있다. 이 부분을 올바르게 고쳐서 그리시오.

(3) 도면에서 ⊕과 ⊗은 무엇을 나타내는가?

답안작성 (1) • 명칭: 영상 변류기
- 역할: 지락 사고 시 지락 전류(영상 전류)의 검출

(2) 올바른 결선도

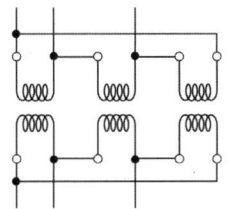

(3) • ⊕: 전압계용 전환 개폐기

- ⊗: 전류계용 전환 개폐기

해설비법 (2) 변압기 2차 측을 Y결선하면 2차 측 전압이 상전압의 $\sqrt{3}$ 배가 되어 3,000[V] 전동기에 고전압이 유기될 수 있으므로 $\Delta-\Delta$ 결선이 적합하다.

(3) 수변전설비의 구성기기

명칭	약호	심벌(단선도)	용도(역할)
전압계용 전환(절환) 개폐기	VS	⊕	1대의 전압계로 3상 전압을 측정하기 위하여 사용하는 전환 개폐기
전류계용 전환(절환) 개폐기	AS	⊗	1대의 전류계로 3상 전류를 측정하기 위하여 사용하는 전환 개폐기

16 ★★☆

그림과 같이 인입변대 $22.9[kV]$ 수전설비를 설치하여 $380/220[V]$를 사용하고자 한다. 다음 각 물음에 답하시오. [14점]

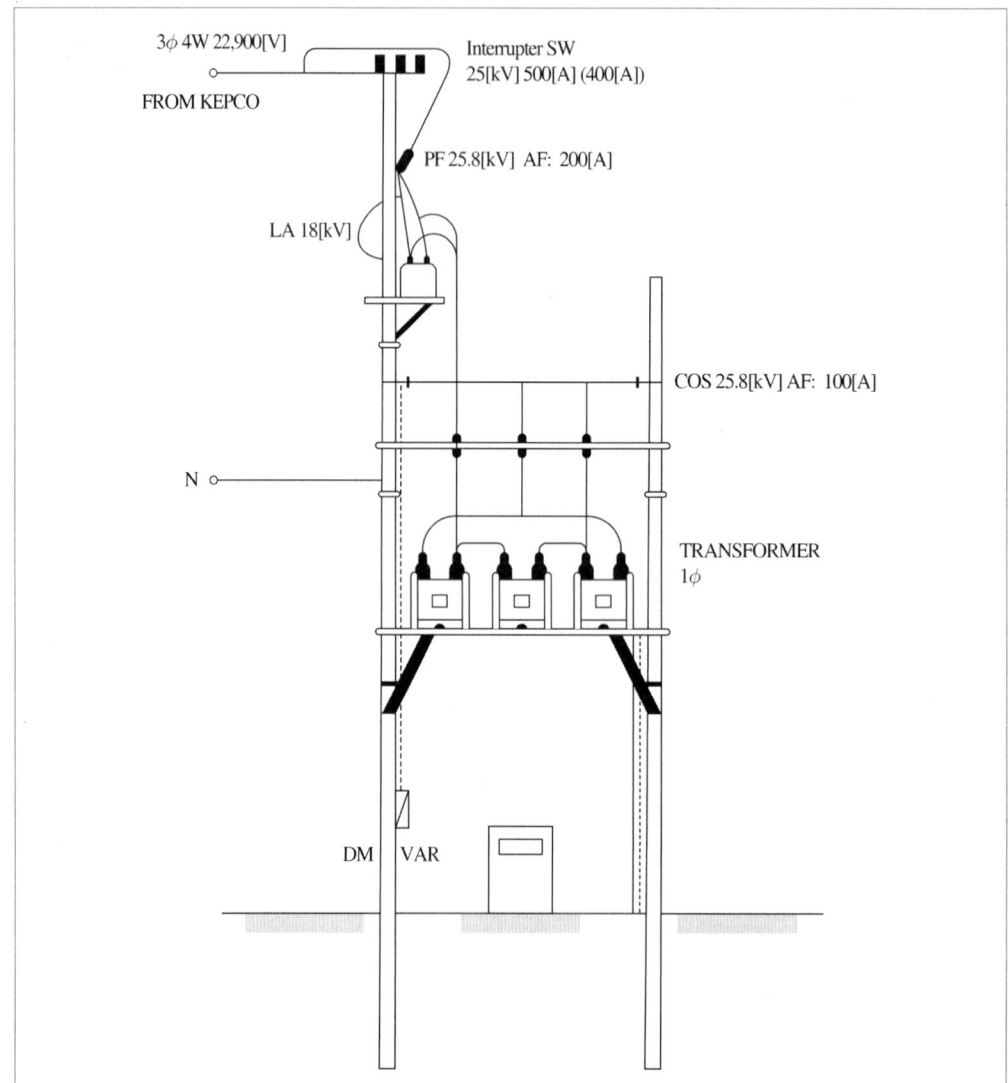

(1) DM 및 VAR의 명칭을 쓰시오.

(2) 도면에 사용된 LA의 수량은 몇 개이며, 정격 전압은 몇 $[kV]$인가?

(3) $22.9[kV-Y]$ 계통에 사용하는 것은 주로 어떤 케이블이 사용되는가?

(4) 주어진 도면을 단선도로 작성하시오.

(1) • DM: 최대 수요 전력량계
　　　 • VAR: 무효 전력량계

(2) • 수량: 3개
　　 • 정격 전압: 18[kV]

(3) CNCV − W 케이블(수밀형) 또는 TR CNCV − W(트리 억제형)

(4)

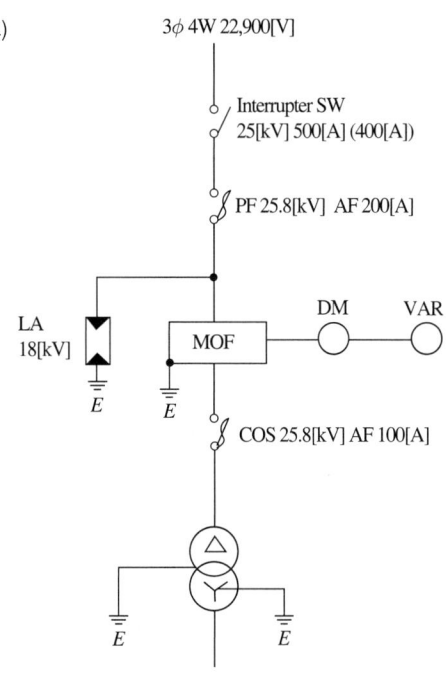

3ϕ 4W 22,900[V]

Interrupter SW
25[kV] 500[A] (400[A])

PF 25.8[kV] AF 200[A]

LA
18[kV]

MOF　　DM　　VAR

E　　E

COS 25.8[kV] AF 100[A]

E　　E

(2) 적용 장소별 피뢰기 정격 전압

전력 계통		피뢰기 정격 전압[kV]	
전압[kV]	중성점 접지 방식	변전소	배전 선로
345	유효접지	288	−
154	유효접지	144	−
66	PC 접지 또는 비접지	72	−
22	PC 접지 또는 비접지	24	−
22.9	3상 4선 다중접지	21	**18**

피뢰기(LA)는 각 상에 1개씩 필요하므로 도면에 사용된 LA의 수량은 3개이다.

(3) 지중 인입선의 경우에 22.9[kV − Y] 계통은 CNCV-W 케이블(수밀형) 또는 TR CNCV-W(트리 억제형)을 사용하여야 한다.

01
★★★

바닥 면적 $200[\text{m}^2]$의 교실에 전광속 $2,500[\text{lm}]$의 $40[\text{W}]$ 형광등을 시설하여 평균 조도를 $150[\text{lx}]$로 하는 경우, 설치할 전등의 수는 몇 개인지 구하시오.(단, 조명률 $50[\%]$, 감광 보상률 1.25로 한다.) [5점]

• 계산 과정:

• 답:

답안작성 • 계산 과정

$$N = \frac{EAD}{FU} = \frac{150 \times 200 \times 1.25}{2,500 \times 0.5} = 30[\text{개}]$$

• 답: $30[\text{개}]$

개념체크 등의 개수 산정

$$FUN = EAD$$

(단, F: 광속[lm], U: 조명률, N: 사용하는 등의 개수, E: 조도[lx], A: 방의 면적[m²], D: 감광 보상률 ($= \frac{1}{M}$), M: 보수율(유지율))

02
★★★

전력 퓨즈의 장점과 단점을 각각 3가지씩 쓰시오. [6점]

(1) 장점

(2) 단점

답안작성 (1) • 소형으로 큰 차단 용량을 갖는다.
  • 고속도 차단을 한다.
  • 릴레이나 변성기가 필요 없다.

(2) • 재투입을 할 수 없다.
  • 비보호 영역이 있다.
  • 과도 전류에 용단되기 쉽고, 결상을 일으킬 우려가 있다.

개념체크 전력 퓨즈(PF: Power Fuse)

• 전력 퓨즈(PF)의 역할
  – 평상시에 부하 전류는 안전하게 통전시킨다.
  – 이상 전류나 사고 전류(단락 전류)에 대해서는 즉시 차단시킨다.

• 전력 퓨즈의 장단점

장점	단점
– 소형이면서 차단 용량이 크다.	– 재투입이 불가능하다.(가장 큰 단점)
– 한류 효과가 크다.	– 차단 시 과전압이 발생한다.
– 차단 시 무소음, 무방출이다.	– 과도 전류에 용단되기 쉽다.
– 고속도 차단할 수 있다.	– 용단되어도 차단하지 못하는 전류 범위가 있다.(비보호 영역이 있다)
– 소형, 경량이다.	
– 가격이 저렴하다.	– 동작 시간과 전류 특성을 자유롭게 조정할 수 없다.

03 ★☆☆

FL − 20D 형광등의 전압이 100[V], 전류가 0.35[A], 안정기의 손실이 5[W]일 때 역률은 몇 [%]인지 구하시오. [6점]

• 계산 과정:
• 답:

답안작성

• 계산 과정

유효 전력 $P = 20 + 5 = 25[\text{W}]$

피상 전력 $P_a = VI = 100 \times 0.35 = 35[\text{VA}]$

$\therefore$ 역률 $\cos\theta = \dfrac{P}{P_a} \times 100[\%] = \dfrac{25}{35} \times 100[\%] = 71.43[\%]$

• 답: 71.43[%]

해설비법

• FL − 20D 형광등: 20[W] 형광등
• 입력 − 손실 = 출력에서 입력 = 출력 + 손실

04 ★☆☆

천장 매입 방법에 따른 건축화 조명 방식의 종류를 3가지 쓰시오. [6점]

답안작성

• 다운 라이트 방식
• 핀홀 라이트 방식
• 코퍼 방식

개념체크

• 건축화 조명의 종류
  – 다운 라이트 조명
  – 광량 조명
  – 코퍼 조명
  – 핀홀 라이트 조명
  – 루버 천장 조명

- 배광에 따른 조명기구 종류
  - 직접 조명
  - 반직접 조명
  - 간접 조명
  - 반간접 조명
  - 전반확산 조명

05 ★★★

3층 사무실용 건물에 3상 3선식의 $6,000[\text{V}]$를 수전하여 $200[\text{V}]$로 체강하여 수전하는 설비를 설치하였다. 각종 부하 설비가 표와 같을 때 다음 물음에 답하시오. [13점]

동력 부하 설비

사용 목적	용량[kW]	대수	상용 동력[kW]	하계 동력[kW]	동계 동력[kW]
난방 설비					
• 보일러 펌프	6.0	1			6.0
• 오일 기어 펌프	0.4	1			0.4
• 온수 순환 펌프	3.0	1			3.0
공기 조화 설비					
• 1, 2, 3층 패키지 콤프레셔	7.5	6		45.0	
• 콤프레셔 팬	5.5	3	16.5		
• 냉각수 펌프	5.5	1		5.5	
• 쿨링 타워	1.5	1		1.5	
급수 배수 설비					
• 양수 펌프	3.0	1	3.0		
기타					
• 소화 펌프	5.5	1	5.5		
• 셔터	0.4	2	0.8		
합계			25.8	52.0	9.4

조명 및 콘센트 부하 설비

사용 목적	와트수[W]	설치 수량	환산 용량[VA]	총 용량[VA]	비고
전등 설비					
• 수은등 A	200	2	260	520	$200[\text{V}]$ 고역률
• 수은등 B	100	8	140	1,120	$100[\text{V}]$ 고역률
• 형광등	40	820	55	45,100	$200[\text{V}]$ 고역률
• 백열 전등	60	20	60	1,200	
콘센트 설비					
• 일반 콘센트		80	150	12,000	2P 16[A]
• 환기팬용 콘센트		8	55	440	
• 히터용 콘센트	1,500	2		3,000	
• 복사기용 콘센트		4		3,600	
• 텔레타이프용 콘센트		2		2,400	
• 룸 쿨러용 콘센트		6		7,200	

기타				
• 전화 교환용 정류기	1		800	
합계			77,300	

[조건]

- 동력 부하의 역률은 모두 55[%]이며, 기타는 100[%]로 간주한다.
- 조명 및 콘센트 부하 설비의 수용률은 다음과 같다.
  - 전등 설비: 60[%]
  - 콘센트 설비: 70[%]
  - 전화 교환용 정류기: 100[%]
- 변압기 용량 산출 시 예비율(여유율)은 고려하지 않으며, 용량은 표준 규격으로 답하도록 한다.
- 변압기 용량 산정 시 필요한 동력 부하 설비의 수용률은 전체 평균 65[%]로 한다.

(1) 동계 난방 때 온수 순환 펌프는 상시 운전하고, 보일러용과 오일 기어 펌프의 수용률이 65[%]일 때 난방 동력 수용 부하는 몇 [kW]인가?
- 계산 과정:
- 답:

(2) 상용 동력, 하계 동력, 동계 동력에 대한 피상 전력은 몇 [kVA]가 되겠는가?
- 계산 과정:
- 답:

(3) 이 건물의 총 전기 설비 용량은 몇 [kVA]를 기준으로 하여야 하는가?
- 계산 과정:
- 답:

(4) 조명 및 콘센트 부하 설비에 대한 단상 변압기의 용량은 최소 몇 [kVA]가 되어야 하는가?
- 계산 과정:
- 답:

(5) 동력 부하용 3상 변압기의 용량은 몇 [kVA]가 되겠는가?
- 계산 과정:
- 답:

(6) 단상과 3상 변압기의 전류계용으로 사용되는 변류기의 1차 측 정격 전류는 각각 몇 [A]인가?
- 계산 과정:
- 답:

(7) 역률 개선을 위하여 각 부하마다 전력용 콘덴서를 설치하려고 할 때 보일러 펌프의 역률을 95[%]로 개선하려면 몇 [kVA]의 전력용 콘덴서가 필요한가?
- 계산 과정:
- 답:

답안작성

(1) • 계산 과정: $P = 3 \times 1 + (6.0 + 0.4) \times 0.65 = 7.16[kW]$
- 답: $7.16[kW]$

(2) • 계산 과정
  - 상용 동력

$$P_{a1} = \frac{25.8}{0.55} = 46.91[kVA]$$

– 하계 동력

$$P_{a2} = \frac{52.0}{0.55} = 94.55[\text{kVA}]$$

– 동계 동력

$$P_{a3} = \frac{9.4}{0.55} = 17.09[\text{kVA}]$$

• 답: 상용 동력: 46.91[kVA], 하계 동력: 94.55[kVA], 동계 동력: 17.09[kVA]

(3) • 계산 과정: $P_a = 46.91 + 94.55 + 77.3 = 218.76[\text{kVA}]$

• 답: 218.76[kVA]

(4) • 계산 과정

전등 $P_{a1} = (520 + 1{,}120 + 45{,}100 + 1{,}200) \times 0.6 = 28{,}764[\text{VA}] = 28.76[\text{kVA}]$

콘센트 $P_{a2} = (12{,}000 + 440 + 3{,}000 + 3{,}600 + 2{,}400 + 7{,}200) \times 0.7$
$$= 20{,}048[\text{VA}] = 20.05[\text{kVA}]$$

기타 $P_{a3} = 800[\text{VA}] = 0.8[\text{kVA}]$

∴ $P_a = 28.76 + 20.05 + 0.8 = 49.61[\text{kVA}]$

• 답: 50[kVA]

(5) • 계산 과정: $P_a = (46.91 + 94.55) \times 0.65 = 91.95[\text{kVA}]$

• 답: 100[kVA]

(6) • 계산 과정

– 단상 변압기

$$I_1 = \frac{50 \times 10^3}{6{,}000} \times (1.25 \sim 1.5) = 10.42 \sim 12.5[\text{A}]$$

→ CT 정격 5, 10, 15, 20, 30, 40[A] 중에서 10[A] 선정

– 3상 변압기

$$I_1 = \frac{100 \times 10^3}{\sqrt{3} \times 6{,}000} \times (1.25 \sim 1.5) = 12.03 \sim 14.43[\text{A}], \quad 15[\text{A}] \text{ 선정}$$

• 답: 단상 변압기용: 10[A], 3상 변압기용: 15[A]

(7) • 계산 과정

$$Q_c = P(\tan\theta_1 - \tan\theta_2) = 6 \times \left(\frac{\sqrt{1 - 0.55^2}}{0.55} - \frac{\sqrt{1 - 0.95^2}}{0.95} \right) = 7.14[\text{kVA}]$$

• 답: 7.14[kVA]

해설비법 (1) 수용 부하[kW] = 설비 용량[kW] × 수용률

(2) 피상 전력[kVA] = $\dfrac{\text{유효 전력[kW]}}{\text{역률}}$

(3) 계절 부하는 동시에 사용되지 않으므로 더 큰 부하인 하계 부하를 기준으로 구한다. 즉, 변압기의 용량 산정 시 총 전기 설비 용량은 상용 부하, 하계 부하, 조명 및 콘센트 부하를 고려한다.

06 ★☆☆

감리원은 매 분기마다 공사업자로부터 안전 관리 결과 보고서를 제출받아 이를 검토하고, 미비한 사항이 있을 때에는 시정하도록 조치하여야 한다. 안전 관리 결과 보고서에 포함되어야 하는 서류 3가지를 쓰시오. [6점]

답안작성
- 안전 관리 조직 및 교육 실적
- 안전 점검 실적
- 안전 관리비 사용 실적

07 ★☆☆

그림과 같이 같은 높이, 같은 경간에 전선이 가설되어 있다. 지금 지지점 B점에서 전선이 지지점으로부터 떨어졌다고 한다면, 전선의 이도는 전선이 떨어지기 전의 몇 배로 되는지 구하시오. [4점]

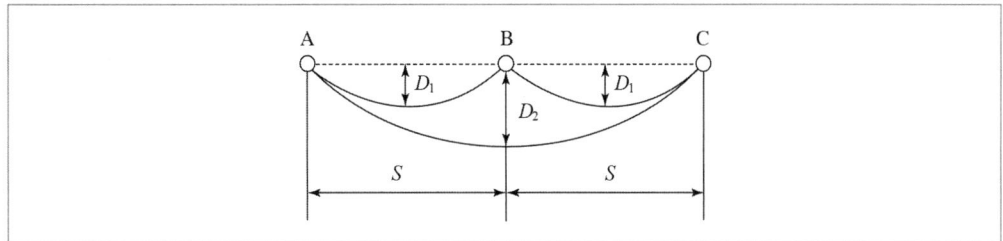

- 계산 과정:
- 답:

답안작성
- 계산 과정

전선이 떨어지기 전의 전선의 실제 길이 $L = \left(S + \dfrac{8D_1^2}{3S}\right) \times 2 \text{[m]}$

전선이 떨어진 후의 전선의 실제 길이 $L = 2S + \dfrac{8D_2^2}{3 \times 2S} \text{[m]}$

전선이 떨어지기 전과 후의 전선의 실제 길이는 같으므로

$\left(S + \dfrac{8D_1^2}{3S}\right) \times 2 = 2S + \dfrac{8D_2^2}{3 \times 2S} \rightarrow D_1^2 \times 2 = \dfrac{D_2^2}{2}$

$\therefore D_2 = 2 \times D_1$

- 답: 2배

개념체크

- 전선의 이도 $D = \dfrac{WS^2}{8T} \text{[m]}$ (단, 안전율 감안 시 $D = \dfrac{WS^2}{8T}k$)

- 전선의 실제 길이 $L = S + \dfrac{8D^2}{3S} \text{[m]}$

(단, W: 전선 1[m]당 무게[kg/m], S: 철탑과 철탑 간의 경간[m], T: 전선의 수평 장력(인장 하중)[kg], k: 안전율)

08

★★★

다음 변압기의 Δ−Y 복선도를 그리시오.　　　　　　　　　　　　　　　　　　　　　　[4점]

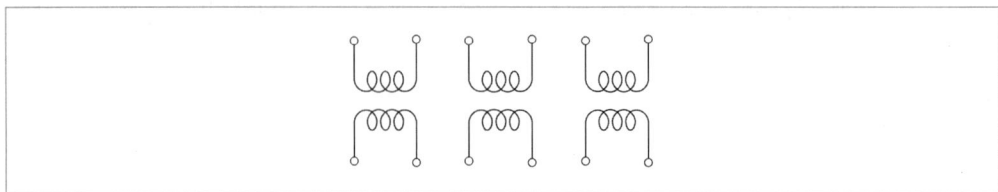

답안작성

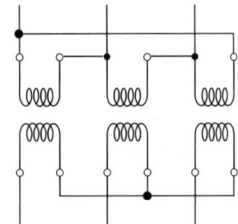

개념체크　변압기 결선법

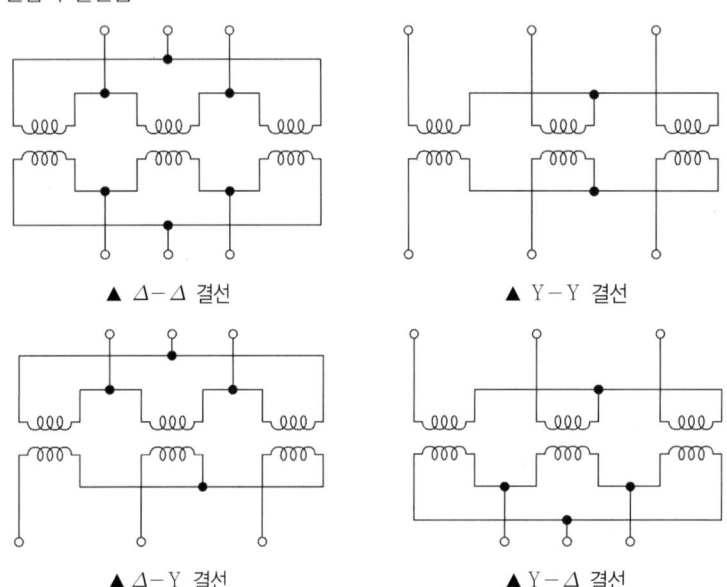

▲ Δ−Δ 결선　　　　　　　　　　　　　　▲ Y−Y 결선

▲ Δ−Y 결선　　　　　　　　　　　　　　▲ Y−Δ 결선

09

★★★

송전 선로 전압을 $154[\text{kV}]$에서 $345[\text{kV}]$로 승압할 경우 송전 선로에 나타나는 효과에 대하여 다음 각 물음에 답하시오.　　　　　　　　　　　　　　　　　　　　　　[6점]

(1) 전력 손실이 동일한 경우 공급 능력의 증대는 몇 배인지 구하시오.

　　• 계산 과정:

　　• 답:

(2) 전력 손실의 감소는 몇 [%]인지 구하시오.
- 계산 과정:
- 답:

(3) 전압 강하율의 감소는 몇 [%]인지 구하시오.
- 계산 과정:
- 답:

(1) • 계산 과정

공급 능력 $\dfrac{P_2}{P_1} = \dfrac{V_2}{V_1} = \dfrac{345}{154} = 2.24$

- 답: 2.24배

(2) • 계산 과정

전력 손실 $\dfrac{P_{l2}}{P_{l1}} = \left(\dfrac{V_1}{V_2}\right)^2 = \left(\dfrac{154}{345}\right)^2 = 0.1993 \rightarrow 1-0.1993 = 0.8007$

- 답: 80.07[%]

(3) • 계산 과정

전압 강하율 $\dfrac{\varepsilon_2}{\varepsilon_1} = \left(\dfrac{V_1}{V_2}\right)^2 = \left(\dfrac{154}{345}\right)^2 = 0.1993 \rightarrow 1-0.1993 = 0.8007$

- 답: 80.07[%]

• 공급 능력은 전압에 비례한다.

- 전력 손실 $P_l = \dfrac{P^2 R}{V^2 \cos^2\theta}$ 에서 전력 손실은 전압의 제곱에 반비례한다.

- 전압 강하율 $\varepsilon = \dfrac{P}{V^2}(R+X\tan\theta)$ 에서 전압 강하율은 전압의 제곱에 반비례한다.

10
★☆☆

1회선 수전 방식의 특징을 3가지 쓰시오.   [6점]

• 간단하며 경제적이다.
- 주로 소규모 용량에 적용한다.
- 고장 시 전력 공급이 불가능하다.

1회선 수전 방식의 특징
- 간단하며 경제적이다.
- 소규모 용량에 적용한다.
- 고장 시 전력 공급이 불가능하다.
- 신뢰도가 낮다.

11
★★★ 어느 공장의 3상 부하가 $30[\text{kW}]$이고, 역률이 $65[\%]$이다. 이 부하의 역률을 $90[\%]$로 개선하려면 몇 $[\text{kVA}]$ 전력용 콘덴서가 필요한지 구하시오. [4점]

• 계산 과정:

• 답:

답안작성 • 계산 과정

$$Q_c = 30 \times \left(\frac{\sqrt{1-0.65^2}}{0.65} - \frac{\sqrt{1-0.9^2}}{0.9} \right) = 20.54[\text{kVA}]$$

• 답: $20.54[\text{kVA}]$

개념체크 역률 개선용 콘덴서 용량

$$Q_c = P(\tan\theta_1 - \tan\theta_2) = P\left(\frac{\sin\theta_1}{\cos\theta_1} - \frac{\sin\theta_2}{\cos\theta_2} \right)[\text{kVA}]$$

(단, P: 부하 전력$[\text{kW}]$, $\cos\theta_1$: 개선 전 역률, $\cos\theta_2$: 개선 후 역률)

12
★★★ 표와 같이 어느 수용가 A, B, C에 공급하는 배전선로의 최대 전력은 $700[\text{kW}]$이다. 이때 수용가의 부등률은 얼마인지 구하시오. [5점]

수용가	설비 용량[kW]	수용률[%]
A	500	60
B	700	50
C	700	50

• 계산 과정:

• 답:

답안작성 • 계산 과정: 부등률$= \dfrac{(500 \times 0.6) + (700 \times 0.5) + (700 \times 0.5)}{700} = 1.43$

• 답: 1.43

개념체크 부등률$= \dfrac{\text{각각 최대 수용 전력의 합계}}{\text{합성 최대 수용 전력}} \geq 1$

13
★★★

그림은 어느 생산 공장의 수전설비이다. 아래 계통도와 표를 보고 다음 각 물음에 답하시오.   [7점]

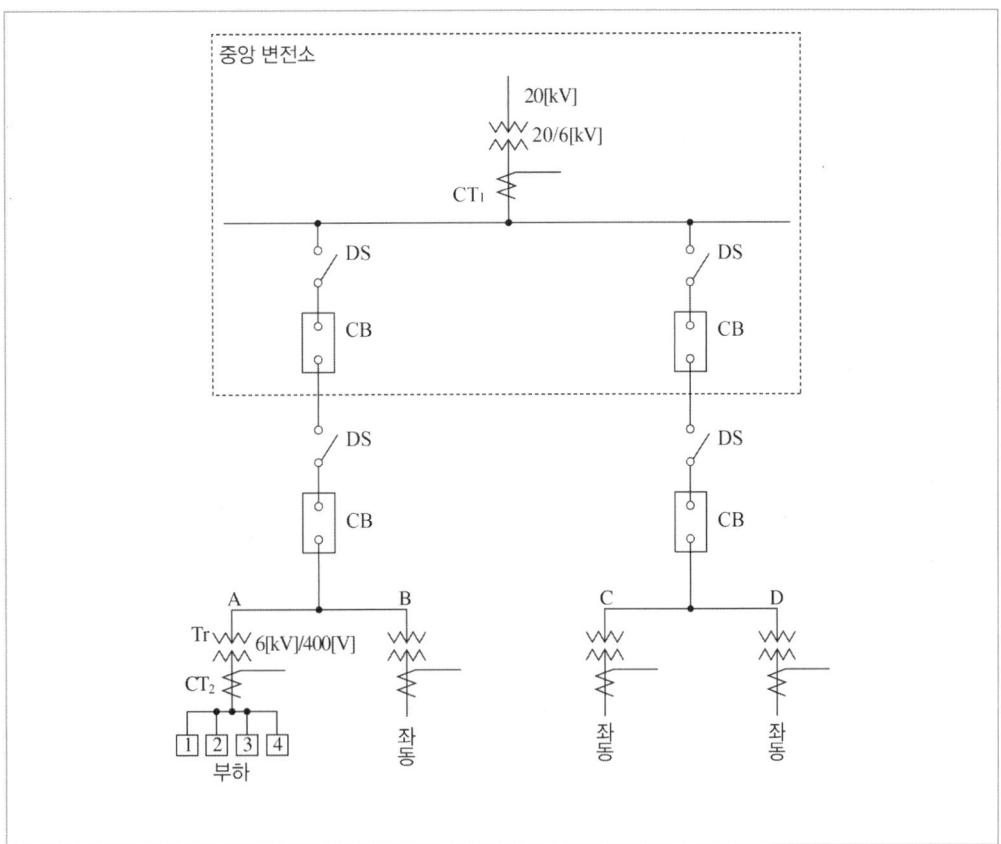

뱅크의 부하 용량표

피더	부하 설비 용량[kW]	수용률[%]
1	125	80
2	125	80
3	500	70
4	600	84

변류기 규격표

항목	변류기
정격 1차 전류[A]	5, 10, 15, 20, 30, 40, 50, 75, 100, 150, 200, 300, 400, 500, 600, 750, 1,000, 1,500, 2,000, 2,500
정격 2차 전류[A]	5

(1) 표와 같이 A, B, C, D 4개의 뱅크가 있으며, 각 뱅크 간 부등률은 1.3이다. 이때 중앙 변전소의 변압기 용량을 선정하시오.(단, 각 부하의 역률은 0.8이며, 변압기 용량은 표준 규격으로 답하시오.)
   • 계산 과정:
   • 답:

(2) 변류기 CT_1, CT_2의 변류비를 선정하시오.(단, 1차 수전 전압은 20,000/6,000[V], 2차 수전 전압은 6,000/400[V]이며, 변류비는 표준 규격으로 답하도록 한다.)
   • 계산 과정:
   • 답:

답안작성 (1) • 계산 과정

각 뱅크의 부하는 모두 동일하므로 A, B, C, D 뱅크들의 최대 수요 전력은

$$A = B = C = D = \frac{(125 \times 0.8) + (125 \times 0.8) + (500 \times 0.7) + (600 \times 0.84)}{0.8} = 1,317.5[\text{kVA}]$$

즉, 중앙 변전소 용량 $P = \frac{1,317.5 \times 4}{1.3} = 4,053.85[\text{kVA}]$ ∴ 5,000[kVA] 선정

• 답: 5,000[kVA]

(2) − CT_1

     • 계산 과정: $I_1 = \frac{4,053.85}{\sqrt{3} \times 6} \times (1.25 \sim 1.5) = 487.6 \sim 585.12[\text{A}]$

     • 답: 500/5

   − CT_2

     • 계산 과정: $I_1 = \frac{1,317.5}{\sqrt{3} \times 0.4} \times (1.25 \sim 1.5) = 2,377.06 \sim 2,852.47[\text{A}]$

     • 답: 2,500/5

개념체크 • 변압기 용량[kVA] ≥ 합성 최대 전력[kVA]이어야 한다.

$$\text{합성 최대 전력} = \frac{\text{각 부하의 최대 수용전력의 합계}}{\text{부등률}}$$

$$= \frac{\sum (\text{설비 용량[kVA]} \times \text{수용률})}{\text{부등률}}$$

• 변류기의 변류비 선정

$$\text{변류기 1차 전류} = \frac{P_1}{\sqrt{3} \, V_1 \cos\theta} \times k[\text{A}]$$

(단, $k = 1.25 \sim 1.5$: 변압기의 여자 돌입 전류를 감안한 여유도)

$$\text{변류비} = \frac{I_1}{I_2}$$

(단, 정격 2차 전류 $I_2 = 5[\text{A}]$)

단, 정격은 다음과 같다.

• 1차 전류: 5, 10, 15, 20, 30, 40, 50, 75, 100, 150, 200, 300, 400, 500, 600[A]
• 2차 전류: 5[A]

14
★★☆

어느 회사에서 한 부지에 A, B, C의 세 공장을 세워 3대의 급수 펌프 P_1(소형), P_2(중형), P_3(대형)으로 다음 계획에 따라 급수 계획을 세웠다. 다음 물음에 답하시오. [12점]

[계획]
• 모든 공장 A, B, C가 휴무일 때 또는 그 중 한 공장만 가동할 때에는 펌프 P_1만 가동시킨다.
• 모든 공장 A, B, C 중 어느 것이나 두 개의 공장만 가동할 때에는 P_2만 가동시킨다.
• 모든 공장 A, B, C가 모두 가동할 때에는 P_3만 가동시킨다.

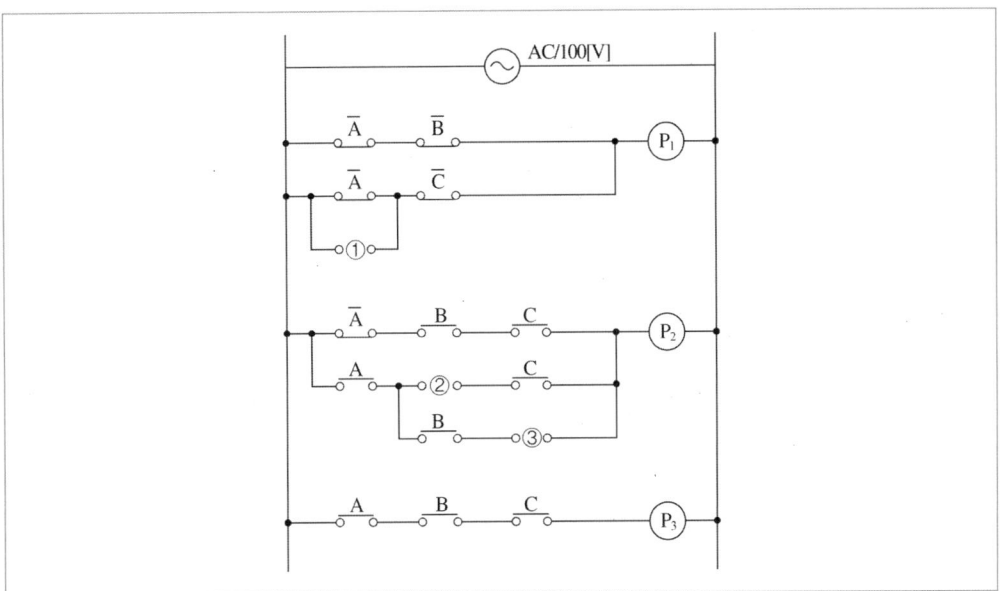

(1) 계획과 같은 진리표를 작성하시오.

A	B	C	P_1	P_2	P_3
0	0	0			
0	0	1			
0	1	0			
0	1	1			
1	0	0			
1	0	1			
1	1	0			
1	1	1			

(2) ①~③의 접점 문자 기호를 쓰시오.

(3) P_1~P_3의 출력식을 가장 간단한 식으로 나타내시오.(단, 접점 심벌을 표시할 때 A, B, C, $\overline{A}$, $\overline{B}$, $\overline{C}$ 등 문자 표시도 할 것)

(1)

A	B	C	P_1	P_2	P_3
0	0	0	1	0	0
0	0	1	1	0	0
0	1	0	1	0	0
0	1	1	0	1	0
1	0	0	1	0	0
1	0	1	0	1	0
1	1	0	0	1	0
1	1	1	0	0	1

(2) ① $\overline{B}$　② $\overline{B}$　③ $\overline{C}$

(3) • $P_1 = \overline{A} \cdot \overline{B} + (\overline{A} + \overline{B}) \cdot \overline{C}$

  • $P_2 = \overline{A} \cdot B \cdot C + A \cdot (\overline{B} \cdot C + B \cdot \overline{C})$

  • $P_3 = A \cdot B \cdot C$

(2)

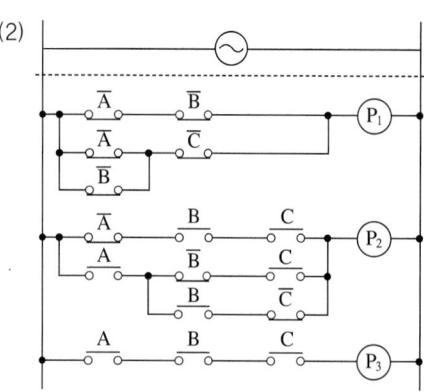

(3) $P_1 = \overline{A}\,\overline{B}\,\overline{C} + \overline{A}\,\overline{B}C + \overline{A}B\overline{C} + A\overline{B}\,\overline{C}$

$\quad = \overline{A}\,\overline{B}\,\overline{C} + \overline{A}\,\overline{B}C + \overline{A}\,\overline{B}\,\overline{C} + \overline{A}B\overline{C} + \overline{A}\,\overline{B}\,\overline{C} + A\overline{B}\,\overline{C}$ ($\because \overline{A}\,\overline{B}\,\overline{C} + \overline{A}\,\overline{B}\,\overline{C} = \overline{A}\,\overline{B}\,\overline{C}$)

$\quad = \overline{A}\,\overline{B}(\overline{C} + C) + \overline{A}\,\overline{C}(\overline{B} + B) + \overline{B}\,\overline{C}(\overline{A} + A)$ ($\because \overline{C} + C = 1,\ \overline{B} + B = 1,\ \overline{A} + A = 1$)

$\quad = \overline{A}\,\overline{B} + \overline{A}\,\overline{C} + \overline{B}\,\overline{C} = \overline{A}\,\overline{B} + (\overline{A} + \overline{B})\overline{C}$

$P_2 = \overline{A}BC + A\overline{B}C + AB\overline{C} = \overline{A}BC + A(\overline{B}C + B\overline{C})$

$P_3 = ABC$

15

다음 그림은 PLC 기호이다. 각각의 명칭과 기능을 쓰시오. [4점]

명령어	기호	명칭과 기능
LOAD	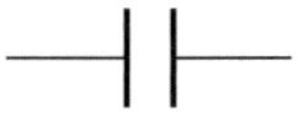 ┤├	
LOAD NOT	 ┤/├	

답안작성

명령어	기호	명칭과 기능
LOAD	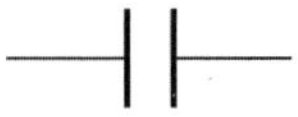 ┤├	시작 입력 a 접점, a 접점의 연산 개시 명령
LOAD NOT	 ┤/├	시작 입력 b 접점, b 접점의 연산 개시 명령

16

주어진 진리값 표는 3개의 리미트 스위치 LS_1, LS_2, LS_3에 입력을 주었을 때 출력 X와의 관계표이다. 이 표를 이용하여 다음 각 물음에 답하시오. [6점]

LS_1	LS_2	LS_3	X
0	0	0	0
0	0	1	0
0	1	0	0
0	1	1	1
1	0	0	0
1	0	1	1
1	1	0	1
1	1	1	1

(1) 진리값 표를 이용하여 다음과 같은 카르노도를 완성하시오.

LS_3 \ LS_1, LS_2	0 0	0 1	1 1	1 0
0				
1				

(2) (1)의 카르노도에 대한 논리식을 쓰시오.

(3) 진리값과 (2)의 논리식을 이용하여 무접점 회로도로 표시하시오.

답안작성 (1)

LS₃ \ LS₁, LS₂	0 0	0 1	1 1	1 0
0	0	0	1	0
1	0	1	1	1

(2) $X = LS_1 \cdot LS_2 + LS_2 \cdot LS_3 + LS_1 \cdot LS_3$

(3)

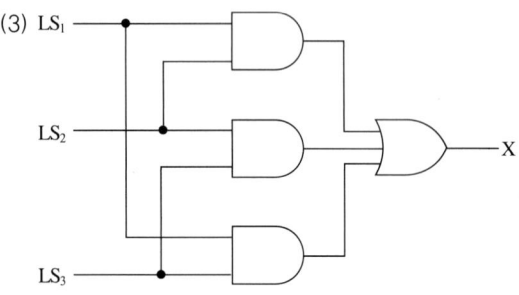

해설비법 (2) $X = LS_1 LS_2 LS_3 + LS_1 LS_2 \overline{LS_3} + \overline{LS_1} LS_2 LS_3 + LS_1 \overline{LS_2} LS_3$

$= LS_1 LS_2 LS_3 + LS_1 LS_2 LS_3 + LS_1 LS_2 LS_3 + LS_1 LS_2 \overline{LS_3} + \overline{LS_1} LS_2 LS_3 + LS_1 \overline{LS_2} LS_3 \ (\because A + A = A)$

$= LS_1 LS_2 (LS_3 + \overline{LS_3}) + LS_2 LS_3 (LS_1 + \overline{LS_1}) + LS_1 LS_3 (LS_2 + \overline{LS_2}) \ (\because A + \overline{A} = 1)$

$= LS_1 LS_2 + LS_2 LS_3 + LS_1 LS_3$

삶의 순간순간이
아름다운 마무리이며
새로운 시작이어야 한다.

– 법정 스님

여러분의 작은 소리
에듀윌은 크게 듣겠습니다.

본 교재에 대한 여러분의 목소리를 들려주세요.
공부하시면서 어려웠던 점, 궁금한 점,
칭찬하고 싶은 점, 개선할 점, 어떤 것이라도 좋습니다.

에듀윌은 여러분께서 나누어 주신 의견을
통해 끊임없이 발전하고 있습니다.

에듀윌 도서몰 book.eduwill.net
• 부가학습자료 및 정오표: 에듀윌 도서몰 → 도서자료실
• 교재 문의: 에듀윌 도서몰 → 문의하기 → 교재(내용, 출간) / 주문 및 배송

2026 에듀윌 전기 전기산업기사 실기 8개년 기출문제집

발 행 일	2026년 1월 29일 초판
편 저 자	에듀윌 전기수험연구소
펴 낸 이	양형남
개발책임	목진재
개 발	나현아
펴 낸 곳	(주)에듀윌
I S B N	979-11-360-4138-8
등록번호	제25100-2002-000052호
주 소	08378 서울특별시 구로구 디지털로34길 55 코오롱싸이언스밸리 2차 3층

* 이 책의 무단 인용 · 전재 · 복제를 금합니다.

www.eduwill.net
대표전화 1600-6700